“十三五”高等职业教育机械系列规划教材

“互联网＋”创新型教材

（2019年修订）

工程力学

主　编　景英锋

副主编　刘富豪　彭景春　蒋汉军

主　审　苏采兵

北京邮电大学出版社
www.buptpress.com

内 容 简 介

本教材是根据新形势下高职院校教学的实际情况，结合新时期高职院校工程力学课程教学大纲的基本要求，以培养技术应用型人才为目标，从工程实际出发，为培养学生分析问题、解决问题的能力而编写。内容包括构件的静力分析、构件的承载能力计算、构件的运动及动力分析。每个模块由若干个相互关联而又相对独立的来自实际生产的典型工作任务组成，任务有梯次，由简到繁、由易到难，利于读者解决实际应用问题。

本教材可供高职高专院校机械类专业使用，也可供成人教育机械类专业使用或参考。

图书在版编目(CIP)数据

工程力学/景英锋主编. —北京：北京邮电大学出版社，2013.8(2019.9 重印)

ISBN 978-7-5635-3573-6

Ⅰ.①工…　Ⅱ.①景…　Ⅲ.①工程力学—高等职业教育—教材　Ⅳ.①TB12

中国版本图书馆 CIP 数据核字(2013)第 165793 号

书　　名：工程力学
主　　编：景英锋
责任编辑：李路艳
出版发行：北京邮电大学出版社
社　　址：北京市海淀区西土城路 10 号(邮编：100876)
E-mail：publish@bupt.edu.cn
经　　销：各地新华书店
印　　刷：北京海石通印刷有限公司
开　　本：787 mm×1 092 mm　1/16
印　　张：15.75
字　　数：383 千字
版　　次：2013 年 8 月第 1 版　2019 年修订　2019 年 9 月第 6 次印刷

ISBN 978-7-5635-3573-6　　定　价：48.00 元

· 如有印装质量问题，请与北京邮电大学出版社发行部联系 ·

服务电话：400-615-1233

编审委员会

出版说明

高等职业教育以培养生产、建设、管理、服务第一线的高素质技能型专门人才为根本任务,在建设人力资源强国和高等教育强国的伟大进程中发挥着不可替代的作用。

近年来,我国高职高专教育蓬勃发展,积极推进校企合作、工学结合人才培养模式改革,办学水平不断提高,为现代化建设培养了一批高素质技能型专门人才,对高等教育大众化作出了重要贡献。尽管如此,我国高职高专教育的质量、结构、规模还不能很好地适应当前经济社会发展的需要,部分高职高专院校毕业生还不能很好地满足社会工作岗位对相关技术和能力的需求。

要加快高职高专教育改革和发展的步伐、全面提高人才培养质量,就必须对课程体系等问题进行深入探索。教育部在《关于全面提高高等职业教育教学质量的若干意见》中指出,"课程建设与改革是提高教学质量的核心,也是教学改革的重点和难点","建立突出职业能力培养的课程标准,规范课程教学的基本要求,提高课程教学质量",这为高职高专教育课程体系建设指明了方向。在课程体系建设过程中,教材无疑起着至关重要的基础性作用,高质量的教材是培养高素质人才的重要保证。

目前,我国高等职业教育教学改革正在深入进行,高职教材建设取得了显著的成效。但从整体上看,教材建设仍不能很好地适应高职高专教育的发展需要,主要表现在:缺乏科学理论的支持,缺乏行业支持,缺少对生产实际的调查研究和深入了解,缺乏对职业岗位所需的专业知识和专项能力的科学分析,出现体系不明、内容交叉或重复、脱离实际、针对性不强等问题;与专业课程相配套的实践性教材严重不足;同类教材建设缺乏统一标准,相关课程的教材内容自成体系,缺乏沟通衔接;版本偏老或内容陈旧,不能及时将新法规、新知识、新技术、新工艺、新装备、新案例反映到教材中来;与劳动部门颁发的职业资格证书或技能鉴定标准缺乏有效衔接。教材的相对落后成为制约高职高专教育发展的瓶颈之一。

在此背景下,为了更好地贯彻《国家中长期教育改革和发展规划纲要(2010—2020年)》相关精神,更好地推进高职高专教育的发展,我们组织了一批具有丰富理论知识和实践经验的专家、一线教师,成立了高职高专规划教材编审委员会,着力规划出版一批符合高职高专教育特点和需求的优质教材。

依据教育部制定的《高职高专教育基础课程教学基本要求》和《高职高专教育专业人才培养目标及规格》,我们调研了数百所具有代表性的高等职业技术学院和高等专科学校,广泛而深入地了解了高职高专教育的专业和课程设置,系统地研究了课程的体系结构;同时充分汲取各院校在探索培养应用型人才方面取得的成功经验,并在教材出版的各个环节设置专业的审定人员进行严格审查,从而确保了整套教材"突出行业需求,突出职业的核心能力"的特色。

本系列教材除了满足内容充实、完整，结构、体例合理，语言得体、流畅等基本要求外，还力求克服以往高职高专教材的缺陷和不足，在以下方面打造自己的优势和特色：

(1)本系列教材的定位更加强调“以就业为导向”。紧密依托行业或企业优势，建立产、学、研密切结合的运行机制，是高职高专教育健康发展的关键。我们通过对生产实际的调查研究和深入了解，对职业岗位(群)所需专业知识和专项能力的科学分析，以科学的课程理论为支持，力求使本系列教材定位与就业市场相结合，充分体现出“以就业为向导，以能力为本位，以学生为中心”的风格，从而更具实用性和前瞻性。

(2)本系列教材打破传统的教材编写模式，力求在编写风格和表达形式方面有所突破，充分体现“项目导向、任务驱动”的教学理念，通过构建具体的工作任务作为学生学习的切入点，这就促使学生能够主动学习，从而达到“教中做、做中学、学中练”的目的，全面提升学生解决问题的实战经验和能力。

(3)本系列教材编写思路清晰，体系结构安排合理，注重知识体系的有序衔接，力避知识的断层和重复。同时，教材也遵循教育部对高职高专教育提出的“以应用为目的，以必需、够用为度”原则，从实际应用的需要出发，减少枯燥、实用性不强的理论灌输。

(4)本系列教材的编写及时跟进社会及行业的最新发展动态，将最新、最权威、最具代表性的成果运用于教材当中，从而避免所讲知识与社会脱节。

为保证教材的总体质量和前瞻性，我们着重加强与示范性高等职业院校的合作，在全国范围遴选了具有丰富教学经验和实践经验、具有较高专业水平的双师型教师参加编写。

为支持“立体化”教学，我们为本系列教材精心策划了精品教学资料包和教学资源网，向教师用户提供教学课件、教学案例、教学参考、教学检测、教学资源推荐、课后习题答案等教学资源，以支持网络化及多媒体等现代化教学方式，有效提升教学质量。

希望各高职院校在使用本系列教材的过程中提出宝贵的意见和建议，我们将认真听取，不断完善。

编审委员会

PREFACE

前言

工程力学是研究有关物质宏观运动规律及其应用的科学。工程对力学提出问题，力学的研究成果改进工程设计思想。工程和力学联系极为广泛，工程力学涉及的领域有机械、土木、水利、建筑、化工、纺织、冶金、交通运输、航空、航天、军事、能源、生物技术、材料和微电子制造等，是工程技术的重要理论基础，也是将理论应用到实践中的一座重要桥梁。为进一步满足高职高专教学改革和发展的需要，我们根据教育部制定的工程力学课程教学基本要求和长期教学经验，精心组织编写了本书。

任何科学技术的发展都离不开社会的需要。本书以培养学生的技术应用能力为主线设计教学方案，以实际应用为主旨构建课程体系和教学内容，为国家培养更多“高”“精”“尖”技能型人才提供坚实的基础。所以，本书力求以应用为导向，在整体编排上，力求语言简明，通俗易懂，内容精练，简化理论推导和注重实际理论应用。每任务后有适量的思考与练习题，以满足教和练的需求。

为了提高教学效果，本书采用了模块引入的形式，根据内容对各部分的学时安排如下，授课学时也可根据教学计划和培养目标作适当调整。

模　块	任　务	学　时
构件的静力分析	刚体的受力分析	2
	平面汇交力系平衡问题的求解	4
	平面力偶系平衡问题的求解	4
	平面任意力系平衡问题的求解	2
	空间力系平衡问题的求解	2
构件的承载能力计算	轴向拉伸与压缩变形时的承载能力计算	4
	剪切与挤压变形时的承载能力计算	4
	圆轴扭转变形时的承载能力计算	4
	弯曲变形时的承载能力计算	4
	组合变形的强度计算	4
	细长压杆稳定性分析	4

续表

模块	任务	学时
构件的运动及动力分析	构件受冲击时的动力分析	4
	构件受交变应力作用时的动力分析	6
合计		48

本书由景英锋副教授任主编，刘富豪、彭景春、蒋汉军任副主编，天门职业学院王进兵参与了本书的编写。具体分工如下：模块一任务一、模块二任务一由苏采兵编写，模块一其余任务由蒋汉军编写，模块二任务二由魏可霏编写，模块二任务三、任务六由彭景春编写，模块二任务四、任务五由高峰、王进兵编写，模块三由刘富豪编写。全书由景英锋统稿，苏采兵主审。

本书选用了同类教材的部分例题和习题，在此向文献的诸位作者表示衷心感谢。限于编者水平，本书难免有不妥与疏漏之处，敬请广大师生和读者提出宝贵的意见和建议。

编　者

CONTENTS

目录

模块一 构件的静力分析

学习目标

掌握静力学的基本概念、静力学公理和推论的内容及适用范围；
学会分析物系内每个物体的受力情况，注意作用力与反作用力公理的应用；
理解力系和力偶系等相关定理，掌握力系的平衡条件及其应用；
掌握零件平衡问题的求解方法，学会对空间力系复杂平衡问题进行分析。

任务一 刚体的受力分析

任务描述

如图 1-1 所示，多跨梁 *ABC* 由 *ADB* 和 *BC* 两个简单的梁组合而成，受集中力 **F** 及均布载荷 *q* 作用，试画出整体及梁 *ADB* 和 *BC* 段的受力图。

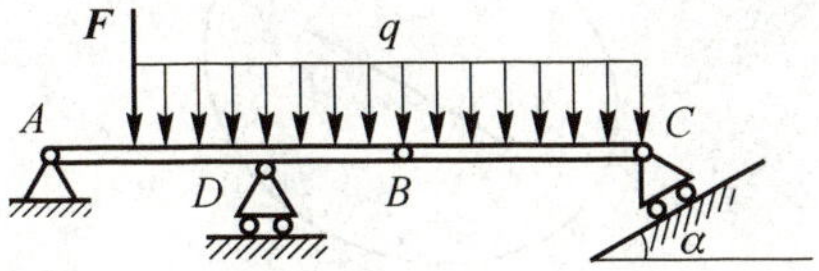

图 1-1 多跨梁受力分析

任务分析

了解静力学基本概念及常见的约束，分析物系内每个物体的受力情况。

知识准备

静力学是研究物体在平衡力系作用下受力规律的学科。静力学理论从生产实践中发展而来，是机械零件或机构承载问题的计算基础，在工程技术中有着广泛的应用。

本任务重点研究处于静止或匀速直线运动状态的刚体和刚体系统所受外力的平衡规律。为了正确分析物体的受力情况，先介绍静力学的一些基本概念和公理，然后介绍工程中常见的几种典型约束及其约束力，最后重点讲解刚体受力分析和画受力图的方法。

一、静力学的基本概念

1. 刚体

物体在力的作用下，内部任意两点之间的距离都保持不变，即不发生变形，这样的物体称为刚体。刚体是一个理想化的力学模型，不应该把概念绝对化。通常在静力学中研究的是平衡问题时，将受力的物体假想为刚体，但在研究力所产生的变形效果时，不得将物体视为刚体。静力学研究的对象仅限于刚体，故又称为刚体静力学。

2. 质点

静力学中根据问题的不同，除了将实际物体抽象为刚体外，还可以将物体抽象为另外一种理想模型，即质点。质点是指只有质量而不存在体积与形状的点。物体的大小和形状不起作用，或者所起的作用并不显著而可以忽略不计时，可近似地把该物体看作是一个具有质量但大小和形状可以忽略不计的理想物体，即将该物体简化为质点。

3. 力

力是物体间相互的机械作用，这种作用使物体的运动状态发生变化，或者使物体产生变形。前者称为力的外效应，后者称为力的内效应。静力学主要研究物体的外效应。

力的作用效果取决于力的三要素，即力的大小、力的方向和力的作用点。

物体间相互机械作用的强度通过力的大小度量，在国际单位制（SI）中，力的单位是牛顿或千牛顿，其代号为 N 或 kN。

力是矢量，在几何上可以用一个矢量图形表示一个力，如图 1-2 所示，矢量的长度表示力的大小，矢量的起点或终点表示力的作用点，矢量的箭头表示力的方向。

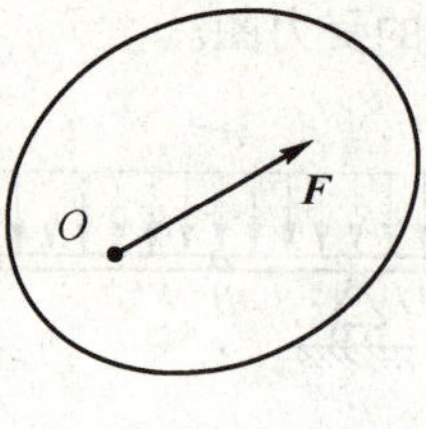

图 1-2　力的矢量图形

4. 力系

力系是指作用于物体上的多个力。力系中力的作用形式是千变万化的，可能是两个力，也可能是多个力，力的作用线可能在同一平面内，也可能在三维空间内。所有力的作用线在同一平面内的力系称为平面力系。所有力的作用线不在同一平面内的力系称为空间力系。若两个力或力系分别作用在同一个物体上，其效应完全相同，则称这两个力或力系为等效力或等效力系。如果一个力与一个力系等效，则称此力为该力系的合力，该力系中各力称为其合力的分力或分量，求合力的过程称为力系的合成。

5. 平衡

平衡是指物体相对于惯性参考系保持静止或匀速直线运动的状态。在一般的工程技术问题中，通常取地球作为惯性参考系。使物体处于平衡状态的力系称为平衡力系。研究物体的平衡问题，就是研究物体在各种力系作用下的平衡条件，并应用这些平衡条件解决工程技术问题。用一个简单的等效力系或一个力代替一个复杂力系的过程称为力系的简化。静力学主要研究三个问题：力系的简化，物体的受力分析，力系的平衡条件及其应用。

二、静力学公理

刚体的静力平衡问题是以静力学基本公理为前提的，静力学公理是人们经过长期实践总结的客观规律。静力学公理是对力的基本性质的概括和总结，是静力学全部理论的基础，是解决力系的简化、平衡条件以及物体受力分析等问题的关键。

1. 二力平衡公理

作用在刚体上的两个力使刚体处于平衡状态的必要和充分条件：两个力的大小相等，方向相反，作用在同一直线上，如图 1-3 所示，即

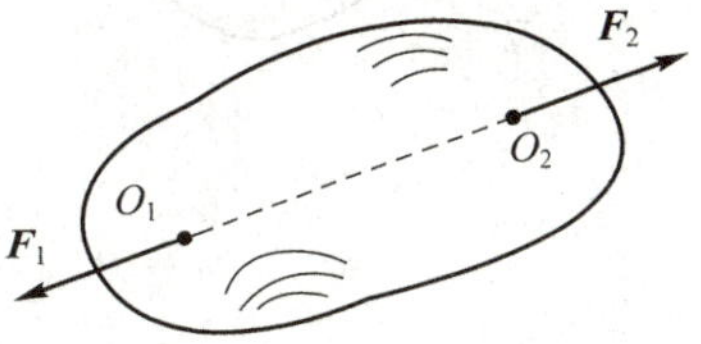

图 1-3　二力平衡

$$F_1 = -F_2 \tag{1-1}$$

注　意

二力平衡公理只适用于刚体，而不适应于变形体。例如，软绳受两个等值反向的拉力作用可以平衡，而受两个等值反向的压力作用就不能平衡。

工程上将只受到两个力作用处于平衡状态的构件称为二力构件。如图 1-4 所示，直杆 AB 和曲杆 AC 就是二力构件。需要强调的是，找出二力构件对于刚体，特别是刚体系统的静力学分析是非常重要的。

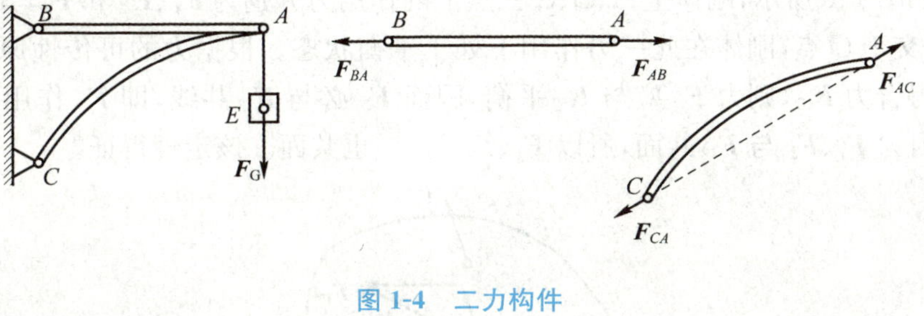

图 1-4　二力构件

2. 加减平衡力系公理

在作用于刚体的任意力系上加上或减去任意平衡力系，并不改变原力系对刚体的作用效果。加减平衡力系原理也只适用于刚体，而不能用于变形体。

推论 1　力的可传性

作用于刚体上某点的力，可以沿着它的作用线移到刚体内任意一点，并不改变该力对刚

体的作用。

证明:设在刚体上 O_1 点有作用力 $\boldsymbol{F}$,如图 1-5(a)所示。根据加减平衡力系公理,可在力的作用线上任取一点 O_2,并加上两个相互平衡的力 $\boldsymbol{F}_1$ 和 $\boldsymbol{F}_2$,使 $F_2=-F_1=F$,如图 1-5(b)所示。由于力 $\boldsymbol{F}$ 和 $\boldsymbol{F}_1$ 也是一个平衡力系,故可除去,这样只剩下一个力 $\boldsymbol{F}_2$,如图 1-5(c)所示。原来的这个力 $\boldsymbol{F}$ 与力系($\boldsymbol{F},\boldsymbol{F}_1,\boldsymbol{F}_2$)以及力 $\boldsymbol{F}_2$ 互等,力 $\boldsymbol{F}_2$ 就是原来的力 $\boldsymbol{F}$,只是作用点已移到了点 O_2。

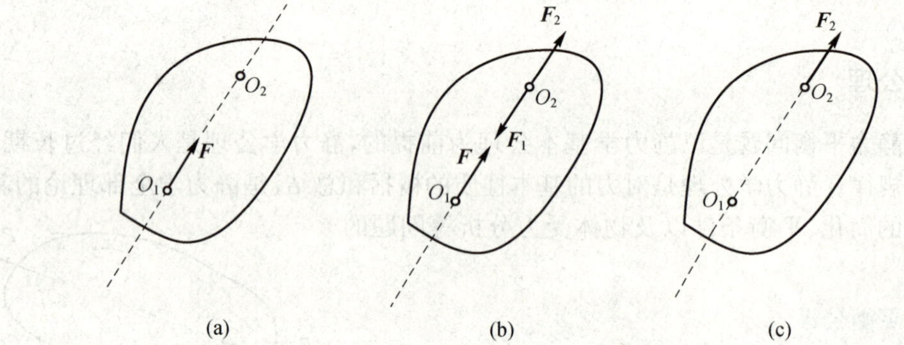

图 1-5　力的可传性

由此可见,对于刚体来说,力的作用点已不是决定力的作用效果的要素,它被作用线所代替。因此,作用于刚体上的力的三要素是力的大小、方向和作用线。

注　意

力的可传性原理只适用于刚体,而且力只能在刚体自身上沿其作用线移动,不能移到其他刚体上去。

推论 2　三力平衡汇交定理

刚体在三个力的作用下平衡,若其中两个力的作用线相交,则第三个力的作用线必过该交点,且三力共面。

证明:如图 1-6 所示,刚体上 A、B、C 三点上的作用力分别为 $\boldsymbol{F}_1$、$\boldsymbol{F}_2$ 和 $\boldsymbol{F}_3$,其中 $\boldsymbol{F}_1$ 与 $\boldsymbol{F}_2$ 的作用线相交于 O 点,刚体在此三力作用下处于平衡状态。根据力的可传性原理,将力 $\boldsymbol{F}_1$ 和 $\boldsymbol{F}_2$ 合成得合力 $\boldsymbol{F}_{12}$,则力 $\boldsymbol{F}_3$ 应与 $\boldsymbol{F}_{12}$ 平衡,因而 $\boldsymbol{F}_3$ 必与 $\boldsymbol{F}_{12}$ 共线,即 $\boldsymbol{F}_3$ 作用线也通过 O 点。另外,因为 $\boldsymbol{F}_1$、$\boldsymbol{F}_2$ 与 $\boldsymbol{F}_{12}$ 共面,所以 $\boldsymbol{F}_1$、$\boldsymbol{F}_2$ 与 $\boldsymbol{F}_3$ 也共面。该定理得证。

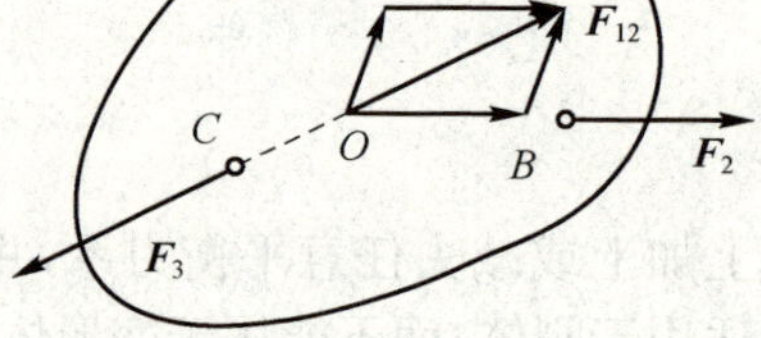

图 1-6　三力平衡汇交

利用三力平衡汇交定理可以确定刚体在三力作用下平衡时未知力的方向。

3. 力的平行四边形法则

作用于物体上同一点的两个力可以合成为一个合力。其合力仍作用于该点上，合力的大小和方向由以这两个力为邻边所构成的平行四边形的对角线来确定。

如图 1-7(a)所示，$\boldsymbol{F}_1$、$\boldsymbol{F}_2$ 为作用于 O 点的两个力，以这两个力为邻边作出平行四边形 $OACB$，则对角线 OC 即为 $\boldsymbol{F}_1$ 与 $\boldsymbol{F}_2$ 的合力 $\boldsymbol{F}_R$，或者说合力矢 $\boldsymbol{F}_R$ 等于原力矢 $\boldsymbol{F}_1$ 与 $\boldsymbol{F}_2$ 的矢量和，即

$$\boldsymbol{F}_R=\boldsymbol{F}_1+\boldsymbol{F}_2 \tag{1-2}$$

合力的大小可由余弦定理求出，即

$$F_R=\sqrt{F_1^2+F_2^2+2F_1F_2\cos\alpha} \tag{1-3}$$

式中，α 为 $\boldsymbol{F}_1$ 与 $\boldsymbol{F}_2$ 的夹角(°)。

实际上，根据平行四边形的性质，确定作用于一点的两个力的合力时，并没有必要作一个平行四边形，只要不改变这两个力的大小和方向，将它们首尾相接，则合力始于它们的起点，而止于它们的终点，如图 1-7(b)所示，这种求合力的方法称为力的三角形法则。

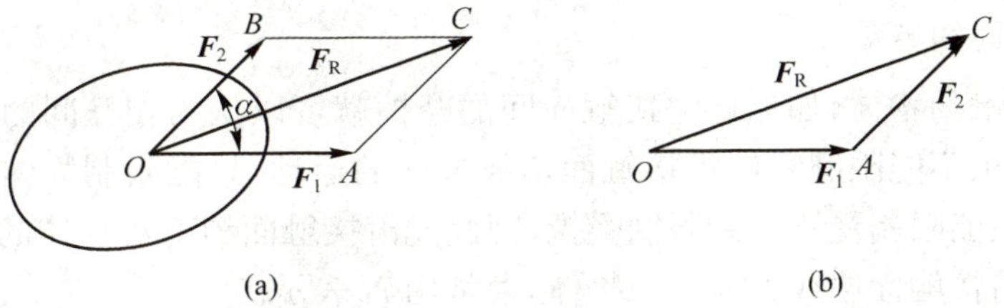

图 1-7 力的合成

利用力的平行四边形法则也可将一个力分解成作用于同一点的两个分力。一个力可以沿任意两个方向分解。在工程问题中常将力沿互相垂直的两个方向分解，这种分解称为正交分解。

4. 作用与反作用公理

一个物体受到其他物体作用时，施力物体一定也受到与受力物体等值反向的力的作用，这两个力就是一对作用力和反作用力。两物体间的作用力与反作用力总是同时存在，且两者大小相等、方向相反、沿同一直线，分别作用在相互作用的两个物体上。

作用力与反作用力是分别作用在两个物体上的力，因此不能将它们看作平衡力系而互相抵消，如图 1-8 所示。

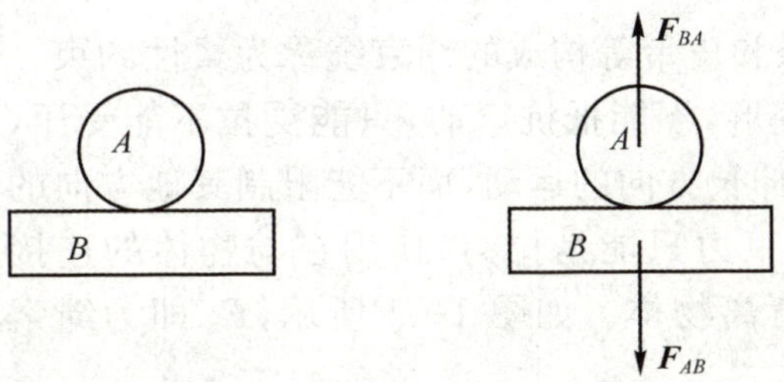

图 1-8 作用力与反作用力

三、工程中常见的约束

如果物体在空间沿任何方向的运动都不受限制，则该物体为自由体。如飞行的飞机和火箭等。在日常生活和工程中，有些物体通常总是以各种形式与周围的物体互相联系并受到周围物体的限制而不能做任意运动，这类物体为非自由体。如受到轴承限制的转轴、卧式车床中受床身导轨限制的刀架及受到吊绳限制的悬挂的重物等。

约束是指运动物体的几何位置所受到的限制。物体受到外力作用会产生运动或具有运动趋势，一旦这种运动或运动趋势被限制，该物体就会对限制其运动的限制物产生作用力，根据作用与反作用公理，限制物也必然会对该物体产生等值反向的作用力，这类作用力称为约束力。约束力来自于约束，它的作用取决于主动力的作用情况和约束的形式，又因为它对物体的运动起限制作用，因而约束力的方向必定与该约束阻碍的运动方向相反。应用这个准则，在受力分析中可以确定约束力的方向或作用线的位置。约束力的大小总是未知的，在静力学中如果约束力和物体受的其他已知力构成平衡力系，可通过平衡条件来求解未知力的大小。

下面介绍工程中常见的几种约束类型及确定约束力的方法。

1. 光滑接触面约束

两个互相接触的物体，如果略去接触面间的摩擦就可以认为相互间的约束是光滑接触面约束。这类约束不能限制物体沿接触面切线方向的运动，只能限制物体沿接触面法线方向的运动，并且只能限制受压不能限制受拉，因此光滑接触面约束对物体的约束力作用在接触点处，作用线沿接触面法线方向指向物体，通常用 $\boldsymbol{N}$ 表示。

如图 1-9 所示，$\boldsymbol{N}$ 即为曲面 A 对小球的约束力，又如图 1-10 所示，平面对小球的约束力为 $\boldsymbol{N}$。

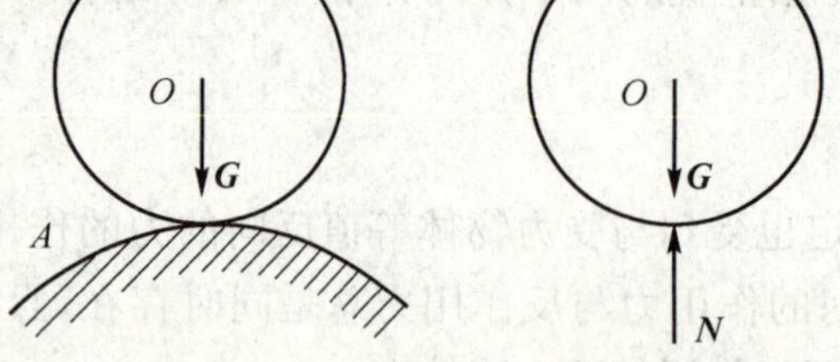

图 1-9　曲面光滑接触面约束

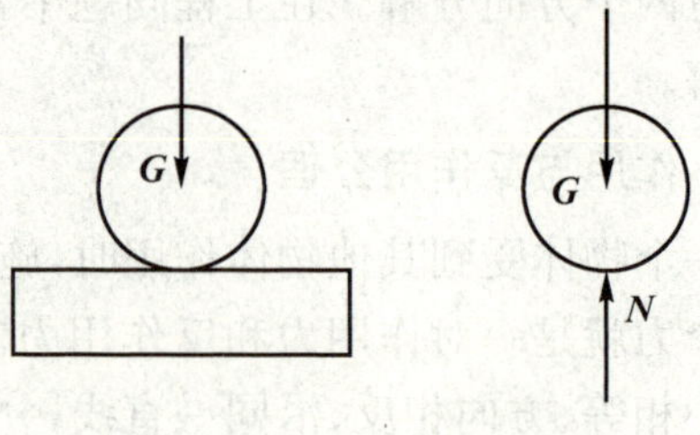

图 1-10　平面光滑接触面约束

2. 柔性约束

由柔软的绳索、链条和皮带等构成的约束统称为柔性约束。这类约束的特点：柔软易变形，不能抵抗弯曲，只能受拉不能受压，并且只能限制物体沿约束伸长方向的运动，而不能限制其他方向的运动。因此柔性约束的约束力只能是拉力，作用在与物体的连接点上，作用方向沿着绳索背离物体。如图 1-11 所示，$\boldsymbol{F}_S$ 即为绳索给球的约束力。

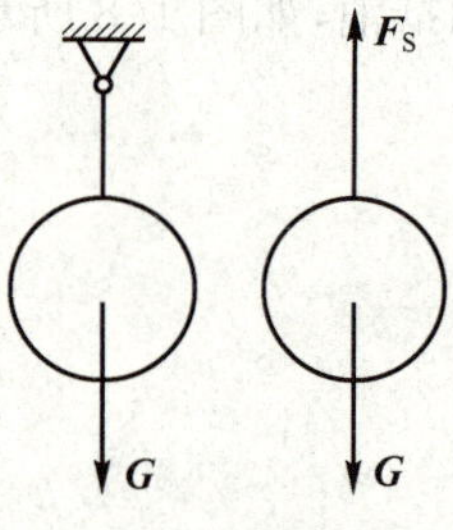

图 1-11　柔性约束

3. 光滑圆柱铰链约束

在两个构件上各自有直径相同的圆孔，用圆柱销将它们连接起来，就构成了光滑圆柱铰链约束，如图 1-12(a)所示。这种铰链只能限制物体间的相对径向移动，不能限制物体绕圆柱销轴线的转动和平行于圆柱销轴线的移动。由于圆柱销与圆柱孔是光滑曲面接触，则约束力应沿在接触线上的一点与圆柱销中心的连线上，垂直于轴线，如图 1-12(b)所示。因为接触线的位置不能预先确定，因而约束力的方向也不能预先确定。通常把它分解为 x 轴方向和 y 轴方向的两个相互垂直的约束力，用 $\boldsymbol{F}_x$ 和 $\boldsymbol{F}_y$ 表示，如图 1-12(c)所示。如果其中一个构件固定，比如与地基固定连接或者与机座或其他机构固定在一起，此类光滑圆柱铰链约束为固定铰支座约束，如图 1-12(d)所示。

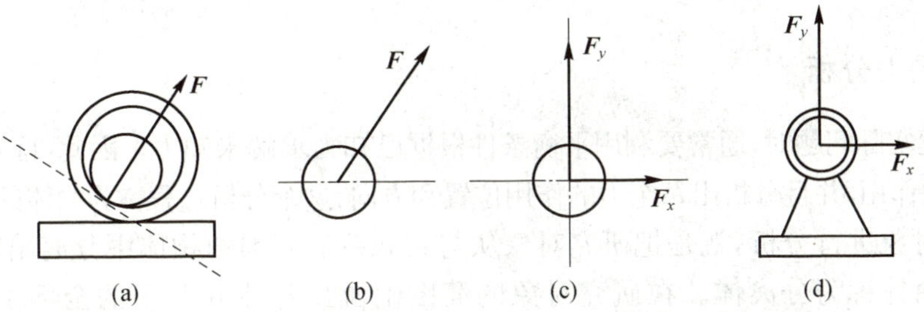

视频
光滑铰链约束

图 1-12　光滑圆柱铰链约束

4. 活动铰链支座约束

如果在固定铰链支座的底部安装一排滚轮，如图 1-13(a)所示，就可使支座沿固定支承面移动，称为活动铰链支座。这种支座常用于桥梁、屋架等结构中，可以避免由温度变化而引起结构内部变形应力。在不计摩擦的情况下，活动铰链支座只能限制构件沿支承面垂直方向的移动。因此活动铰链支座的约束力方向必垂直于支承面，且通过铰链中心，如图 1-13(b)所示。

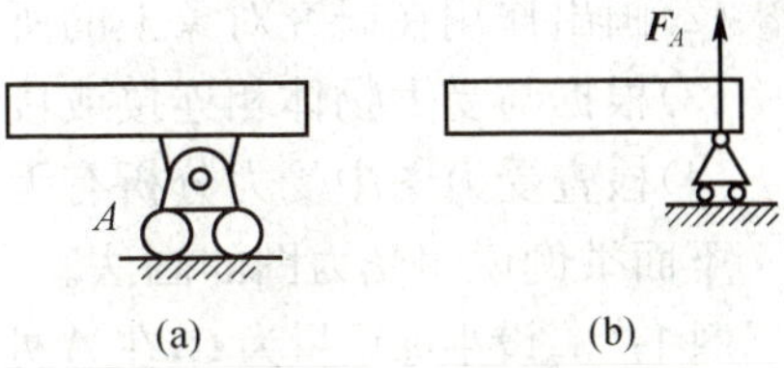

图 1-13　活动铰链支座约束

5. 固定约束

如图 1-14 所示，构件 AB 的 A 端被固定住，此时该构件既不能移动也不能转动，因此它将受到沿其移动趋势反方向的约束力以及与其转动趋势反方向的约束力矩。如果仅仅考虑平面范围内的约束力，由于约束力方向不确定，可将其分解为相互垂直的两个分力。

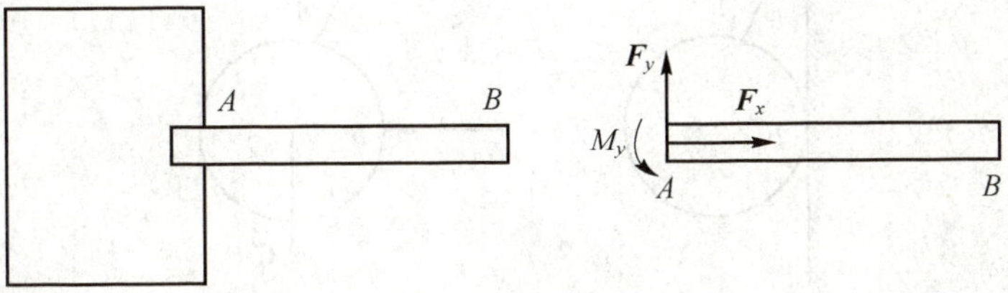

图 1-14　固定约束

6.链杆约束

两端用光滑铰链与其他构件连接且不考虑自重的刚性杆称为链杆，链杆是二力杆，如图 1-15 所示。二力杆约束力的作用线一定是沿着链杆两端铰链的连线。若力的方向不能确定，通常可先假设，求解后通过力的正负再具体确定力的实际方向。

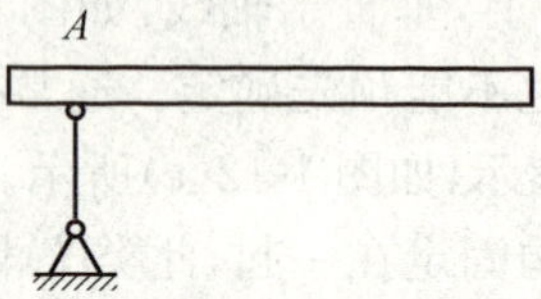

图 1-15　链杆约束

四、物体的受力分析

解决工程实际问题时，通常要利用平衡条件根据已知力求解未知力。因此，首先要确定物体受到哪些力的作用，并且分析出每个力的作用位置和方向，这个分析过程称为物体的受力分析。

对研究对象进行分析，就是把研究对象从与它联系的周围的物体中分离出来，这种解除了约束的自由体称为分离体。在研究对象的简图上画出作用在其上的全部主动力和约束力，这种表示物体受力状态的图形称为受力图。

在静力学中，恰当地选取研究对象，正确画出物体受力图是解决问题的关键。具体分析可通过以下几个步骤进行。

(1)选取研究对象，取分离体，并画出其简图。

(2)画出作用在研究对象上的所有主动力，并标注力的符号。

(3)根据与受力物体相连接或接触的物体画出约束力，并标注力的符号。

(4)检查受力图中受力分析有无“多”“漏”“错”的现象。

下面举例说明受力图的画法。

例 1-1　设小球重量为 $\boldsymbol{G}$，在 A 处用绳索系在墙上，如图 1-16(a)所示，试画出小球的受力图。

解：(1)取小球作为分离体，并画出其简图。

(2)画主动力。小球重力 $\boldsymbol{G}$，方向垂直向下，作用点在小球质心 O。

(3)画约束力。绳索的反作用力 $\boldsymbol{T}_A$，作用于 A 点。小球在 B 处为光滑表面接触，故在 B 处受墙面的法向力 $\boldsymbol{N}_B$ 的作用，方向垂直墙面并指向小球中心，如图 1-16(b)所示。

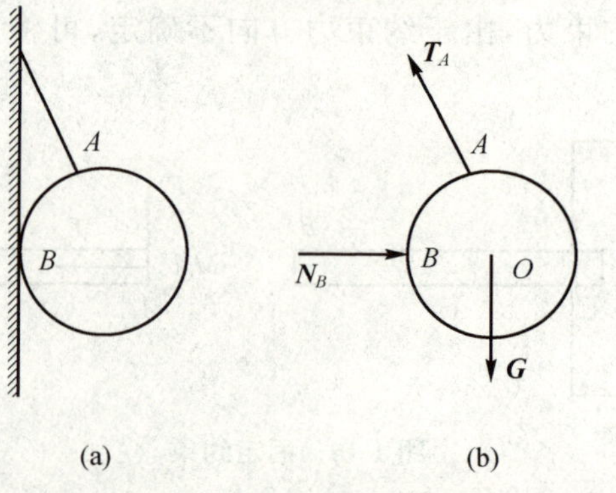

图 1-16　小球受力分析

例 1-2 水平梁 AB 左端为固定铰支座，右端为活动铰支座，如图 1-17(a)所示，假设不计构件的重量，C 处作用一主动力 $\boldsymbol{F}$，试画出其受力图。

解：(1)取水平梁 AB 为分离体，并画出其简图。

(2)画主动力。已知主动力 $\boldsymbol{F}$，作用点在 C。

(3)画约束力。A 端为固定铰支座，由于约束力方向未定，可用水平方向 $\boldsymbol{F}_{Ax}$ 和垂直方向 $\boldsymbol{F}_{Ay}$ 代替，B 端为活动铰支座，有一个垂直方向的约束力 $\boldsymbol{F}_{\mathrm{N}B}$，如图 1-17(b)所示。根据三力平衡汇交定理，A 处两个约束力的合力为 $\boldsymbol{F}_A$，其作用线与主动力 $\boldsymbol{F}$ 和约束力 $\boldsymbol{F}_{\mathrm{N}B}$ 的作用线相交于同一点，如图 1-17(c)所示。

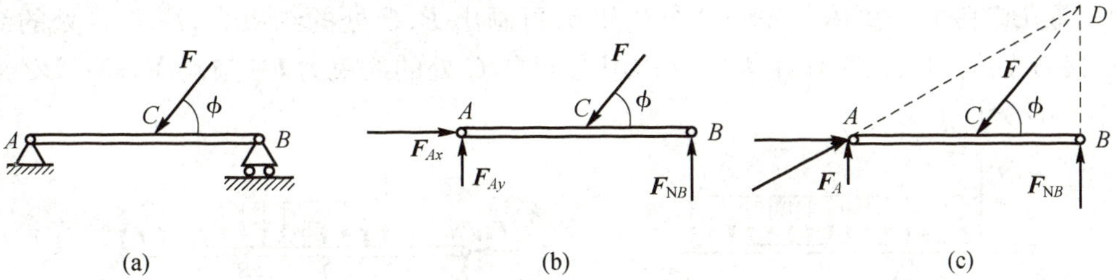

图 1-17 水平梁受力分析

例 1-3 如图 1-18(a)所示的三铰拱桥由左右两拱铰接而成。设各拱自重不计，在拱 AC 上作用载荷 $\boldsymbol{P}$。试分别画出拱 AC 和拱 CB 的受力图。

解：(1)先取拱 CB 为分离体。由于拱 CB 自重不计，且只在 B、C 两处受到铰链的约束，因此拱 CB 为二力构件。在铰链中心B、C 处分别受 $\boldsymbol{S}_B$、$\boldsymbol{S}_C$ 两力的作用，且 $S_B=S_C$，如图 1-18(b)所示。

(2)取拱 AC 为分离体。由于自重不计，因此主动力只有载荷 $\boldsymbol{P}$。拱在铰链 C 处受拱 BC 给它的约束力 $\boldsymbol{S}'_C$ 的作用，根据作用和反作用公理，$S'_C=S_C$。拱在 A 处受固定铰支座给它的约束力 $\boldsymbol{N}_A$ 的作用，由于方向未定，可用两个大小未知的正交分力 $\boldsymbol{X}_A$ 和 $\boldsymbol{Y}_A$ 代替。拱 AC 的受力图如图 1-18(c)所示。进一步分析可知，由于拱 AC 在 $\boldsymbol{P}$、$\boldsymbol{S}'_C$ 和 $\boldsymbol{N}_A$ 三个力作用下平衡，故可根据三力平衡汇交定理，确定铰链 A 处约束力 $\boldsymbol{N}_A$ 的方向，如图 1-18(d)所示。

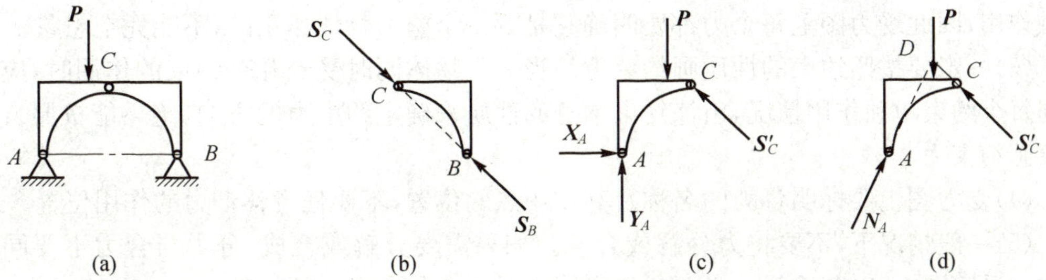

图 1-18 三铰拱桥受力分析

任务实施

刚体的受力分析——画出如图 1-19(a)所示多跨梁的受力图。

解:(1)取整体为研究对象。先画集中力 $\boldsymbol{F}$ 与分布载荷 q,再画约束力。A 处约束力分解为两正交分量,D、C 处的约束力分别与其支承面垂直,B 处约束力为内力,不能画出,整体的受力图如图 1-19(b)所示。

(2)取 ADB 段的分离体。先画集中力 $\boldsymbol{F}$ 及分布载荷 q,再画 A、D、B 处的约束力 $\boldsymbol{F}_{Ax}$、$\boldsymbol{F}_{Ay}$、$\boldsymbol{F}_{D}$、$\boldsymbol{F}_{Bx}$、$\boldsymbol{F}_{By}$,ADB 梁受力如图 1-19(c)所示。

(3)取 BC 段的分离体。先画分布载荷 q,再画出 B、C 处的约束力,注意 B 处的约束力与 AB 段 B 处的约束力是作用力与反作用力关系,C 处的约束力 $\boldsymbol{F}_{C}$ 与斜面垂直,BC 梁受力如图 1-19(d)所示。

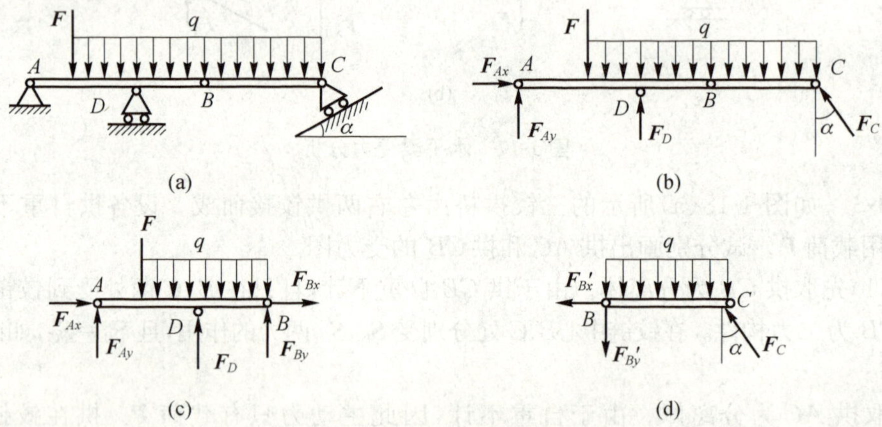

图 1-19　多跨梁受力分析

画受力图时需注意以下几点。

(1)选好研究对象。根据解题的需要,可以取单个物体或整个系统为研究对象,也可以取由几个物体组成的子系统为研究对象。

(2)确定研究对象所受力的数目。既不能少画一个力,也不能多画。力是物体间相互的机械作用,因此受力图上每个力都要明确它是哪一个施力物体作用的,不能凭空想象。

(3)一定要按照约束的性质画约束力。当一个物体同时受到几个约束的作用时,应分别根据每个约束单独作用情况,由该约束本身的性质来确定约束力的方向,绝不能按照自己的想象画约束力。

(4)受力图上要标明各力的名称及其作用点的位置,不要任意移动力的作用位置。

(5)一般情况下,不要将力分解或合成。如果需要分解或合成,分力与合力不要同时画在同一受力图上,以免重复。必要时用虚线表示分力与合力中的一种。

(6)画受力图时,要注意应用二力平衡公理、三力平衡汇交定理及作用与反作用公理。

思考与练习

一、简答题

1. 力的三要素是什么？两个力使刚体平衡的条件是什么？

2. 为什么说二力平衡公理、加减平衡力系公理和力的可传性都只适用于刚体？

3. 什么是二力构件？分析二力构件受力时与构件的形状有无关系。

4. 二力平衡公理和作用与反作用公理都涉及二力等值、反向、共线，二者有什么区别？

5. 确定约束力方向的原则是什么？活动铰链支座约束有什么特点？

6. 如图 1-20 所示，已知作用于物体上的两个力 $\boldsymbol{F}_1$ 与 $\boldsymbol{F}_2$，满足大小相等、方向相反、作用线相同的条件，物体是否平衡？

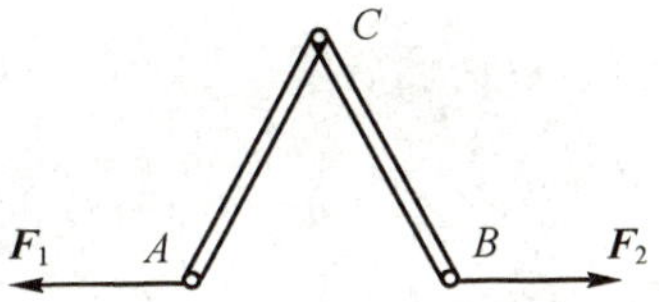

图 1-20 二力平衡分析

二、分析计算题

1. 试画出图 1-21 各图中物体 A 或构件 AB 的受力图(未画重力的物体重量不计，所有接触均为光滑接触)。

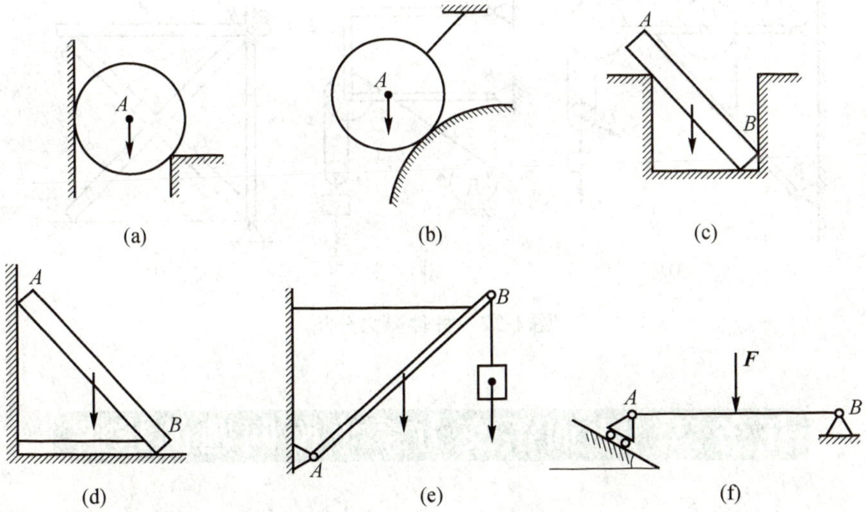

图 1-21 构件受力分析

2. 画出如图 1-22 所示机构中各杆件的受力图与系统整体的受力图(图中未画重力的各杆件的自重不计，所有接触均为光滑接触)。

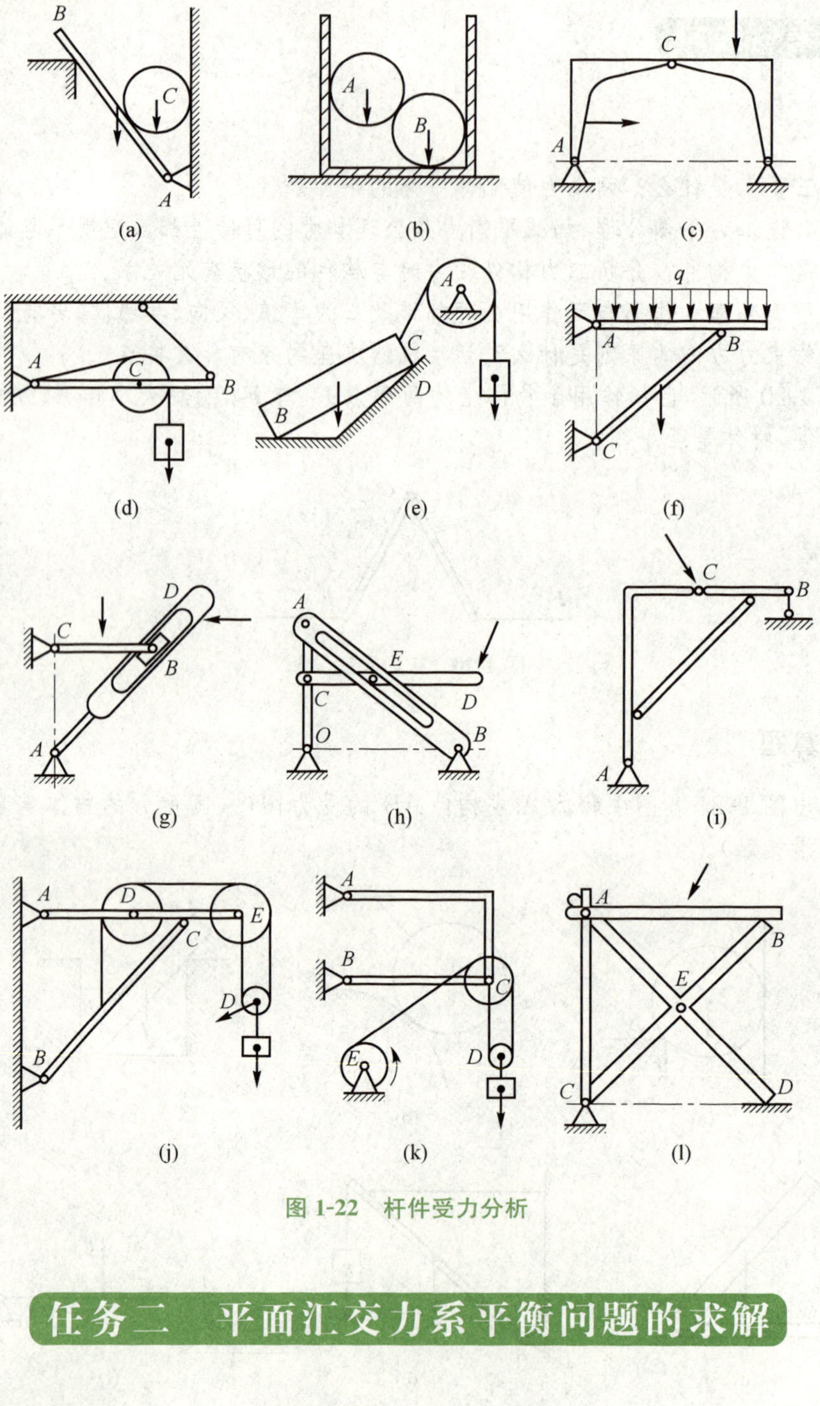

图 1-22 杆件受力分析

任务二 平面汇交力系平衡问题的求解

任务描述

简易起重装置如图 1-23 所示，重物用钢丝绳挂在支架的滑轮 B 上，钢丝绳的另一端缠绕在铰车 C 上。杆 AB 与杆 BD 铰接，并以铰链 A、D 与墙连接。设重物重力 $G=50$ kN，两杆和滑轮的自重不计，并忽略摩擦和滑轮的大小，试求平衡时杆 AB 和杆 BD 所受的力。

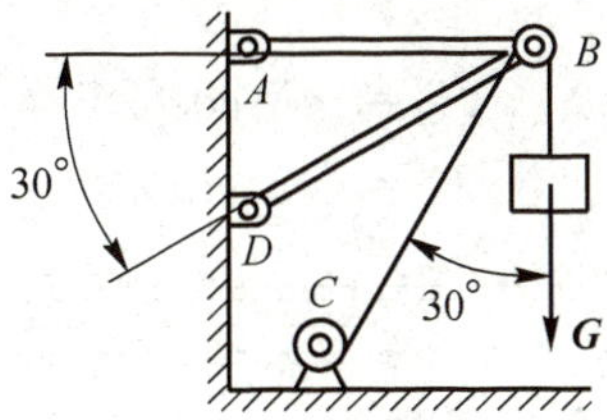

图 1-23　简易起重装置受力分析

任务分析

了解力在平面直角坐标系中的投影,学习平面汇交力系的合成与平衡的分析方法。

知识准备

根据力的作用线位置不同,可将力系分为平面力系和空间力系两大类。作用于物体上的各力作用线位于同一平面内的力系称为平面力系,否则称为空间力系。作用于物体上的各力作用线位于同一平面内,且汇交于一点的力系称为平面汇交力系。静力学主要研究力系的合成与平衡问题。本任务将分别用几何法与解析法研究平面汇交力系的合成与平衡问题。

一、力在平面直角坐标系中的投影

1. 力在平面直角坐标系中的投影分解

在工程实际中经常会遇到要把一个力沿两个已知方向分解,求这两个分力大小的问题。

如图 1-24(a)所示,设在平面直角坐标系 xOy 内有一已知力 $\boldsymbol{F}$,从力 $\boldsymbol{F}$ 的两端 A 和 B 分别向 x、y 轴作垂线,其中 ab 为力 $\boldsymbol{F}$ 在 x 轴上的投影,$a'b'$ 为力 $\boldsymbol{F}$ 在 y 轴上的投影。规定当力的始端到末端投影的方向与坐标轴的正向相同时,投影为正,反之为负。图 1-24(a)中力的投影均为正值,图 1-24(b)中力的投影均为负值。力在坐标轴上的投影是代数量。

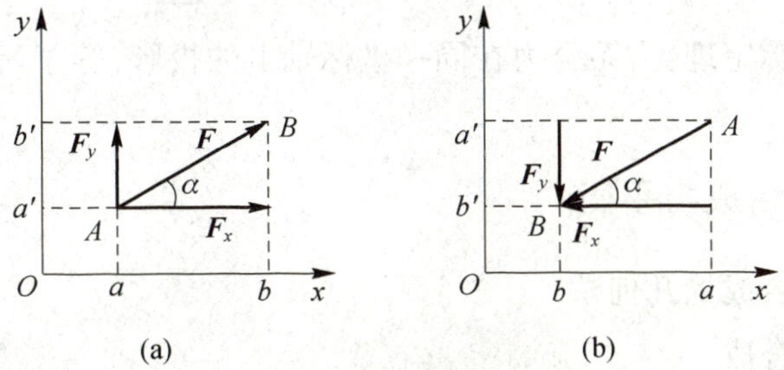

图 1-24　力在直角坐标系中的投影

将力 $\boldsymbol{F}$ 沿 x、y 坐标轴分解,所得分力 $\boldsymbol{F}_x$、$\boldsymbol{F}_y$,其值与力 $\boldsymbol{F}$ 在相应坐标轴的投影值相等,其大小可用三角函数公式计算,设力 $\boldsymbol{F}$ 与 x 轴的正向夹角为 α,则图 1-24(a)中的分力为

$$F_x = F\cos\alpha \tag{1-4}$$

$$F_y = F\sin\alpha \tag{1-5}$$

图 1-24(b)的分力为

$$F_x=-F\cos\alpha \tag{1-6}$$

$$F_y=-F\sin\alpha \tag{1-7}$$

注意

力的投影与力的分量是两个不同的概念。力的投影是代数量，而力的分量是矢量。只是在直角坐标系中，两者大小相等，投影的正负号表明分力的指向。

2. 合力投影定理

合力投影定理建立了合力的投影与分力的投影之间的关系。如图 1-25(a)所示为三个力 $\boldsymbol{F}_1$、$\boldsymbol{F}_2$、$\boldsymbol{F}_3$ 组成的平面汇交力系，如图 1-25(b)所示为平面汇交力系的各力矢 $\boldsymbol{F}_1$、$\boldsymbol{F}_2$、$\boldsymbol{F}_3$ 组成的力多边形，$\boldsymbol{R}$ 为合力矢。将力多边形中各力矢投影到 x 轴上，由图可见

$$ac=ab+bd-cd$$

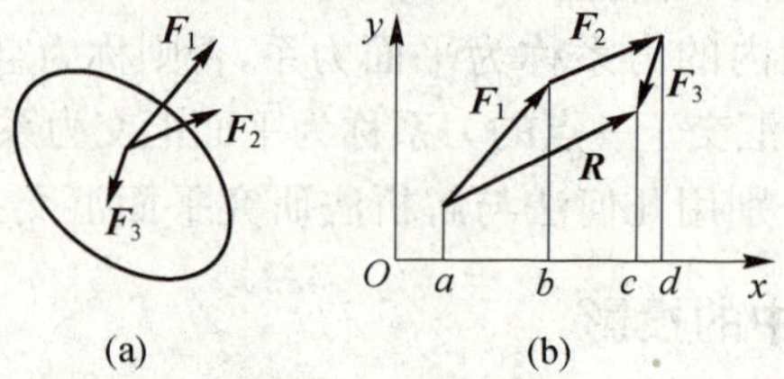

图 1-25　合力投影

根据投影定义，上式左端为合力的投影，右端为三个分力投影的代数和，即 $R_x=ac=F_{x1}+F_{x2}+F_{x3}$。显然，上式可推广到任意多个力的情况，即

$$R_x=F_{x1}+F_{x2}+\cdots+F_{xn}=\sum_{i=1}^{n}F_{xi} \tag{1-8}$$

同理

$$R_y=F_{y1}+F_{y2}+\cdots+F_{yn}=\sum_{i=1}^{n}F_{yi} \tag{1-9}$$

由此得出合力投影定理：力系合力在同一坐标轴上的投影，等于所有分力在同一坐标轴上投影的代数和。

二、平面汇交力系的合成与平衡

1. 平面汇交力系合成的几何法

1)两个汇交力的合成

如图 1-26(a)所示，作用在物体上的任意两个不平行的力 $\boldsymbol{F}_1$ 和 $\boldsymbol{F}_2$，根据力的可传性，可将这两个力分别沿其作用线移到汇交点，即成为作用在物体上同一点的两个汇交力。如图 1-26(b)所示，根据力的平行四边形法则可确定合力 $\boldsymbol{R}$ 的作用线通过汇交点，用矢量式表示为

$$\boldsymbol{R}=\boldsymbol{F}_1+\boldsymbol{F}_2 \tag{1-10}$$

利用力的三角形法则也可确定合力 $\boldsymbol{R}$ 的大小和方向，如图 1-26(c)所示。但必须注意力的三角形的矢序规则，分力矢 $\boldsymbol{F}_1$ 和 $\boldsymbol{F}_2$ 沿环绕三角形边界的某一方向首尾相接，而合力 $\boldsymbol{R}$

则从起点指向最后一个分力矢的末端。作图时若更换分力矢 $\boldsymbol{F}_1$ 和 $\boldsymbol{F}_2$ 的顺序，则得到不同的力三角形，但合力矢的大小和方向不变。

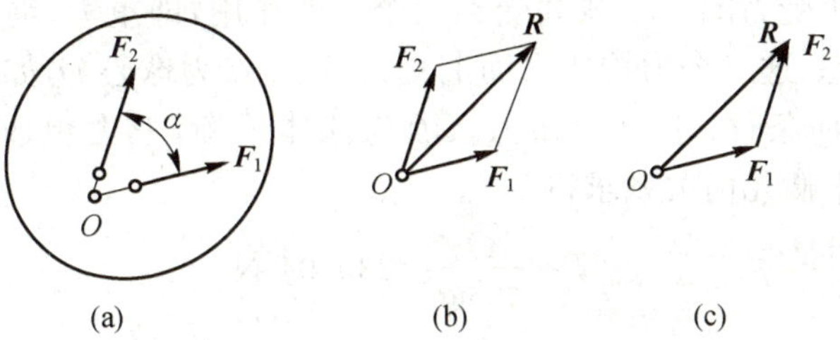

图 1-26　两个汇交力

2)任意多个汇交力的合成

如图 1-27(a)所示，设物体受到平面汇交力系 $\boldsymbol{F}_1$、$\boldsymbol{F}_2$、$\boldsymbol{F}_3$、$\boldsymbol{F}_4$ 的作用。求此力系的合力时，可连续使用力的三角形法则。如先求 $\boldsymbol{F}_1$ 和 $\boldsymbol{F}_2$ 的合力 $\boldsymbol{R}_1$，再求 $\boldsymbol{R}_1$ 和 $\boldsymbol{F}_3$ 的合力 $\boldsymbol{R}_2$，最后将 $\boldsymbol{R}_2$ 与 $\boldsymbol{F}_4$ 合成，即得力系的合力 $\boldsymbol{R}$，如图 1-27(b)所示。

由作图的结果可以看出，在求合力 $\boldsymbol{R}$ 时，表示 $\boldsymbol{R}_1$ 和 $\boldsymbol{R}_2$ 的线段完全可以不画。可将各力 $\boldsymbol{F}_1$、$\boldsymbol{F}_2$、$\boldsymbol{F}_3$、$\boldsymbol{F}_4$ 依次首尾相接，形成一条折线，连接其封闭边，即从 $\boldsymbol{F}_1$ 的始端指向 $\boldsymbol{F}_4$ 的末端所形成的矢量则表示合力的大小和方向，如图 1-27(c)所示，此法称为力的多边形法则。

上述矢量加法，推广到 n 个力的汇交力系求合力，可得出结论：平面汇交力系的合力等于力系各力的矢量和，合力的作用线通过汇交点。合力 $\boldsymbol{R}$ 可用矢量式表示为

$$\boldsymbol{R} = \boldsymbol{F}_1 + \boldsymbol{F}_2 + \cdots + \boldsymbol{F}_n = \sum \boldsymbol{F}_i \tag{1-11}$$

画力的多边形时，若改变各分力相加的次序，将得到形状不同的力的多边形，但最后求得的合力不变，如图 1-27(d)所示为另一种分力相加的方式。

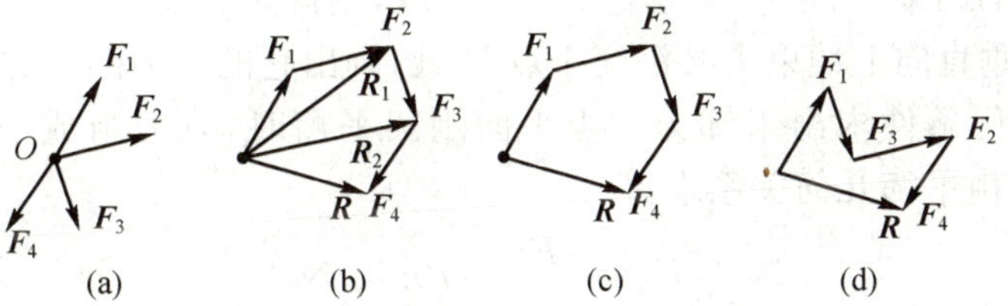

图 1-27　任意多个汇交力的合成

3)平面汇交力系平衡的几何条件

作用在物体上的一个平面汇交力系可以合成一个合力。如果合力等于零，此平面汇交力系为一个平衡力系，物体处于平衡状态，由此得出结论：平面汇交力系平衡的条件是力系的合力等于零。以矢量式表示为

$$\sum_{i=1}^{n} \boldsymbol{F}_i = 0 \tag{1-12}$$

由几何作图可知，如果平面汇交力系是一个平衡力系，那么按力的多边形法则将力系中各力依次首尾相接所得到的折线，一定是一个封闭的力多边形，这就是平面汇交力系平衡的几何条件。

例 1-4　如图 1-28(a)所示，用一根长为 20 cm 的绳子将半径为 20 cm 的球体贴墙悬挂，

假设球重 200 N，求绳子的拉力和墙面对小球的约束力。

解：(1)选择研究对象。以小球为研究对象。

(2)受力分析和画受力图。小球共受到三个力的作用，即重力、绳子拉力和墙面的约束力，小球处于平衡状态，这三个力构成平面汇交力系，交点为球心 O，如图 1-28(b)所示。

(3)根据平衡几何条件，求出未知力。因为球体平衡，三力组成一封闭力三角形，如图1-28(c)所示。由平衡几何关系求得

$$T=\frac{G}{\cos\alpha}=230.94\ \text{N}$$

$$N=\frac{G}{\cot\alpha}=115.47\ \text{N}$$

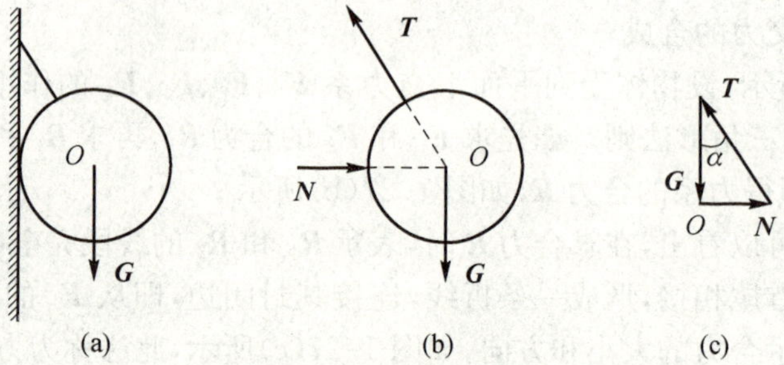

图 1-28　绳子的拉力和墙面对小球的约束力

例 1-5　如图 1-29(a)所示，平面刚架在 C 点受水平力 $\boldsymbol{F}$ 作用，已知力 $F=50$ N，不计刚架的自重且刚架各边长度相等，试求 A、B 支点的约束力。

解：(1)选择研究对象。以平面刚架为研究对象。

(2)受力分析和画受力图。B 为活动铰支座，故 B 点的约束力垂直向上，另刚架受到水平力 $\boldsymbol{F}$ 和 A 支点的约束力，根据三力平衡汇交定理，则固定铰支座 A 处的支座约束力和水平力 $\boldsymbol{F}$ 及 B 点的垂直向上约束力必汇交于点 D 处，画出它的受力图，如图 1-29(b)所示。

(3)由平衡几何条件求出未知力。当平面刚架平衡时，三力组成一封闭力三角形，如图 1-29(c)所示。由平衡几何关系求得

$$F_A=\frac{F}{\cos\alpha}=70.71\ \text{N}$$

$$F_B=F\tan\alpha=50.00\ \text{N}$$

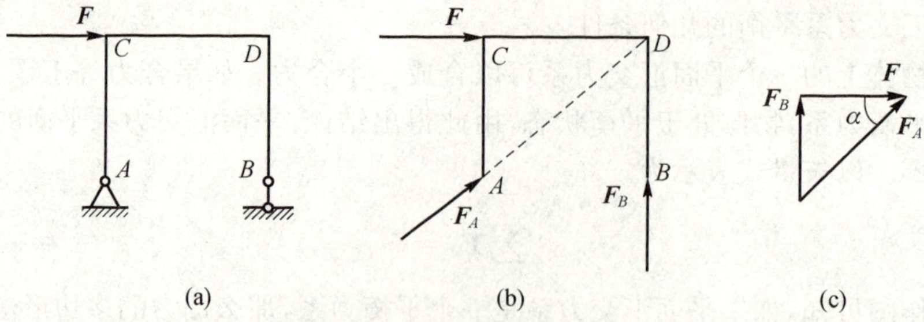

图 1-29　平面刚架约束力分析

画力的三角形时，如各力是按选定的作图比例尺画出，则可在力三角形中直接量出结果。在工程中，当结构的几何尺寸关系较复杂时，用作图法解题较为简便。

2.平面汇交力系合成与平衡的解析法

1)平面汇交力系平衡的解析条件

平面汇交力系的平衡条件是力系的合力等于零。合力的大小

$$R=\sqrt{\left(\sum F_x\right)^2+\left(\sum F_y\right)^2} \tag{1-13}$$

当合力为零时,有

$$\sqrt{\left(\sum F_x\right)^2+\left(\sum F_y\right)^2}=0 \tag{1-14}$$

即

$$\sum F_x=0\ ,\sum F_y=0 \tag{1-15}$$

由此可知,平面汇交力系平衡的必要和充分条件是力系中所有力在任选两个坐标轴上投影的代数和均为零。

式(1-15)是平面汇交力系的平衡解析条件,亦称平面汇交力系的平衡方程。由于平面汇交力系有两个独立的平衡方程,因此只能求解两个未知量,可以是力的大小,也可以是力的方向。

2)平面汇交力系合成的解析法

解析法是通过力矢在坐标轴上的投影来分析力系的合成及其平衡条件的一种方法。

求平面汇交力系合力的解析法是用力在直角坐标轴上的投影,计算合力的大小,确定合力的方向。

设在刚体上的点 O 作用了由 n 个力 $\boldsymbol{F}_1,\boldsymbol{F}_2,\cdots,\boldsymbol{F}_n$ 组成的平面汇交力系,如图 1-30(a)所示,求合力的大小和方向。

设 X_1 和 Y_1,X_2 和 Y_2,$\cdots$,X_n 和 Y_n 分别表示力 $\boldsymbol{F}_1,\boldsymbol{F}_2,\cdots,\boldsymbol{F}_n$ 在正交轴 Ox 和 Oy 上的投影。如图 1-30(b)所示,根据合力投影定理,可求得合力 $\boldsymbol{R}$ 在这两轴上的投影,即

$$R_x=X_1+X_2+\cdots+X_n=F_{x1}+F_{x2}+\cdots+F_{xn}=\sum_{i=1}^{n}F_{xi}$$

$$R_y=Y_1+Y_2+\cdots+Y_n=F_{y1}+F_{y2}+\cdots+F_{yn}=\sum_{i=1}^{n}F_{yi}$$

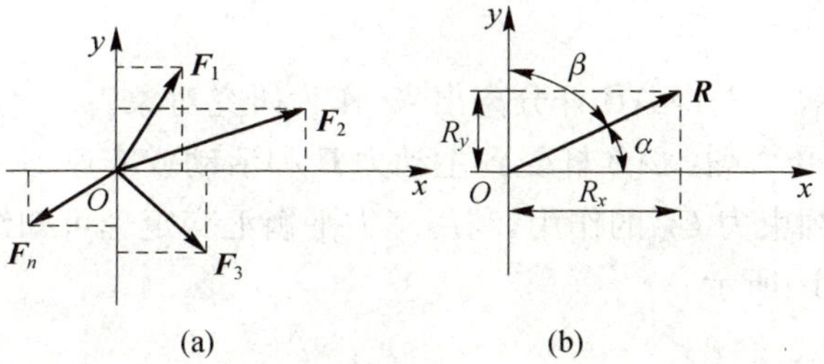

图 1-30 平面汇交力系合成

应用余弦定理,可求出合力的大小和方向,即

$$R=\sqrt{R_x^2+R_y^2}=\sqrt{\left(\sum_{i=1}^{n}F_{xi}\right)^2+\left(\sum_{i=1}^{n}F_{yi}\right)^2} \tag{1-16}$$

$$\tan\alpha=\left|\frac{R_y}{R_x}\right| \tag{1-17}$$

式中，α 为合力 $\boldsymbol{R}$ 与 x 轴间的夹角(°)。

应用平衡方程来解决工程上的平衡问题是静力学的主要内容之一。下面举例说明平面汇交力系平衡方程的应用。

例 1-6 支架 ABC 由横杆 AB 与支撑杆 BC 组成，如图 1-31(a)所示。A、B、C 处均为铰链连接，B 端悬挂重物，其重力 $G=10$ N，杆重不计，试求两杆所受的力。

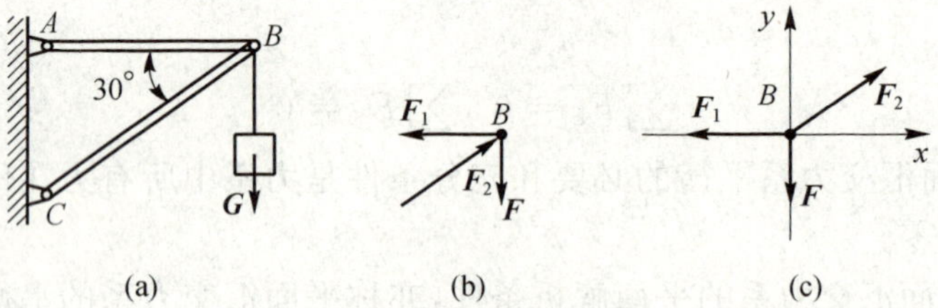

图 1-31 支架受力分析

解：(1)选择研究对象，以销 B 为研究对象。

(2)受力分析和画受力图。由于 AB、BC 杆自重不计，杆端为铰链，故均为二力杆，两端所受力的作用线必过直杆的轴线。根据作用力与反作用力的关系，约束力 $\boldsymbol{F}_1$、$\boldsymbol{F}_2$ 作用于 B 点，此外，绳子的拉力 $\boldsymbol{F}$(大小等于物体的重力)也作用于 B 点，$\boldsymbol{F}_1$、$\boldsymbol{F}_2$、$\boldsymbol{F}$ 组成的平面汇交力系及其受力图如图 1-31(b)所示。

(3)列平衡方程，求出未知力。以点 B 为坐标原点，建立直角坐标系，如图 1-31(c)所示，根据合力投影定理，可列平衡方程如下

$$\sum F_x=0, F_2\cos 30^\circ-F_1=0$$

$$\sum F_y=0, F_2\sin 30^\circ-F=0$$

解得 $F_1=17.32$ N，$F_2=20$ N。

例 1-7 AB 杆的 A 端为固定铰支座约束，B 端为活动铰支座约束，在杆的 C 处作用一集中力 $P=10$ N，$\alpha=45°$，杆的尺寸如图 1-32(a)所示，假设杆的自重忽略不计，试求各支座的约束力。

解：(1)取研究对象。先将 AB 杆分离出来，作为研究对象。

(2)受力分析和画受力图。AB 杆受到主动力 $\boldsymbol{P}$ 和活动铰支座 B 垂直向上的约束力 $\boldsymbol{F}_B$ 以及固定铰支座 A 的约束力 $\boldsymbol{F}_A$ 的作用，利用三力平衡汇交定理可知约束力 $\boldsymbol{F}_A$ 的作用线也通过 D 点，如图 1-32(b)所示。

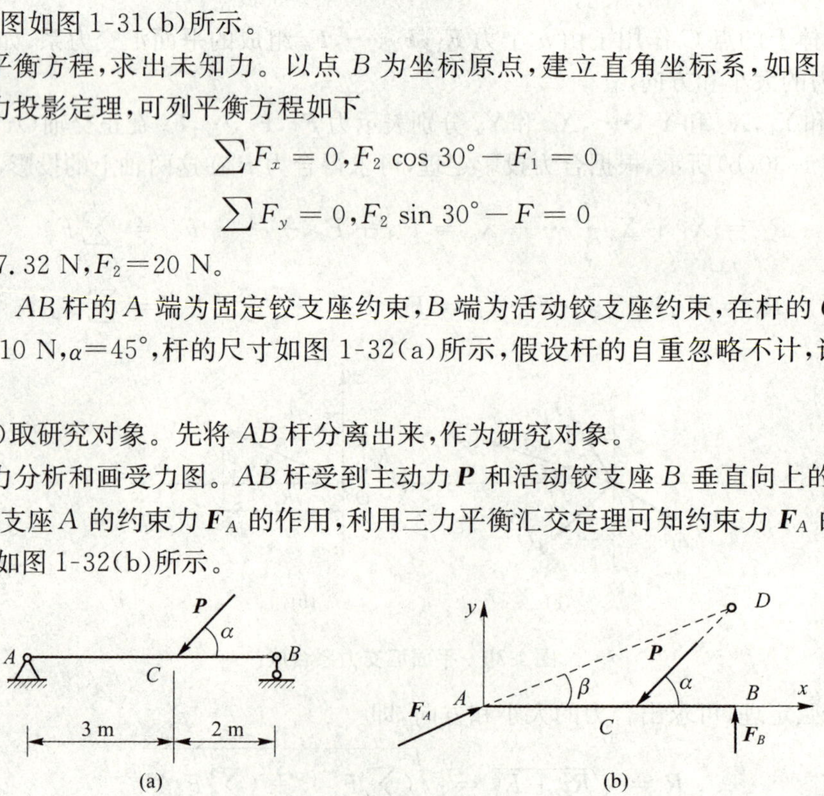

图 1-32 支座约束力

(3)列平衡方程,求出未知力。以 A 为原点建立坐标系,见图 1-32(b),列平衡方程如下:

$$\sum F_x = 0, F_A \cos\beta - P\cos\alpha = 0$$

$$\sum F_y = 0, F_A \sin\beta - P\sin\alpha + F_B = 0$$

由几何关系可得 $AD=\sqrt{5^2+2^2}$ m=5.39 m。

代入平衡方程得到 F_A=7.6 N,F_B=4.2 N。

计算结果为正,说明约束力的方向设定正确。

任务实施

平面汇交力系平衡问题的求解——分析图 1-33(a)中杆 AB 和杆 BD 的受力情况。

解:(1)取研究对象。由于 AB、BD 两杆都是二力杆,假设杆 AB 和杆 BD 均受拉力,如图 1-33(b)所示。为了求出这两个未知力,可通过求两杆对滑轮的约束力来解决。因此选取滑轮 B 为研究对象。

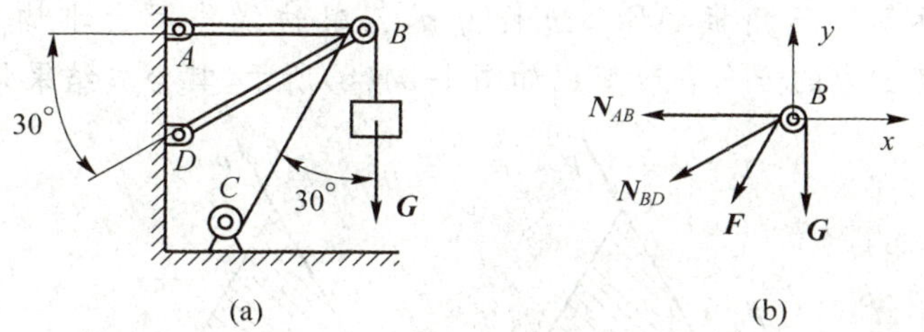

图 1-33 简易起重装置受力分析

(2)受力分析和画受力图。滑轮受到钢丝绳的拉力 $\boldsymbol{F}$ 和物重 $\boldsymbol{G}$,以及杆 AB 和 BD 对滑轮的约束力 $\boldsymbol{N}_{AB}$ 和 $\boldsymbol{N}_{BD}$ 的作用。由于滑轮的大小可忽略不计,故这些力可看作是汇交力系,见图 1-33(b)。

(3)列平衡方程,求出未知力。选取滑轮 B 为坐标原点,坐标轴见图 1-33(b)。为使每个未知力只在一个轴上有投影,在另一轴上的投影为零,坐标轴应尽量取在与未知力作用线相垂直的方向。根据合力投影定理,可列平衡方程如下

$$\sum F_x = 0, -N_{AB} - N_{BD}\cos 30^\circ - F\sin 30^\circ = 0$$

$$\sum F_y = 0, -N_{BD}\sin 30^\circ - F\cos 30^\circ - G = 0$$

解得 N_{AB}=136.6 kN,N_{BD}=−186.6 kN。

所求结果 N_{AB} 为正值,表示该力的假设方向与实际方向相同,即杆 AB 受拉;N_{BD} 为负值,表示该力的假设方向与实际方向相反,即杆 BD 受压力。

通过以上例题,可以看出静力学分析方法在求解静力学平衡问题中的重要性,归纳出应用平面汇交力系平衡方程的主要步骤和注意事项如下。

(1)选择研究对象。选择研究对象时应注意:所选择的研究对象应作用有已知力(或已经求出的力)和未知力,这样才能应用平衡条件由已知力求得未知力;先以受力简单并能由已知力求得未知力的物体作为研究对象,然后再以受力较为复杂的物体作为研究对象。

(2)取分离体和画受力图。研究对象确定之后,进而需要分析受力情况,为此,需将研究

对象从其周围物体中分离出来。根据所受的外载荷画出分离体所受的主动力，根据约束性质画出分离体上所受的约束力，最后得到研究对象的受力图。

(3)选取坐标系，计算力系中所有的力在坐标轴上的投影。坐标轴可以任意选择，但应尽量使坐标轴与未知力平行或垂直，可以使力的投影简化，同时使平衡方程中包括最少数目的未知量，避免解联立方程。

(4)列平衡方程，求解未知量。若求出的力为正值，则表示受力图上所设力的方向与实际方向相同；若求出的力为负值，则表示受力图上力的实际方向与所假设方向相反，在受力图上不必改正，在答案中要说明。

思考与练习

一、简答题

1. 合力是否一定比分力大？为什么？

2. 图 1-34 所示等边三角板 ABC，边长为 a，沿其边缘作用大小均为 P 的力，方向如图1-34(a)所示。若三力的方向各改变成如图 1-34(b)所示，其合成结果是否相同？

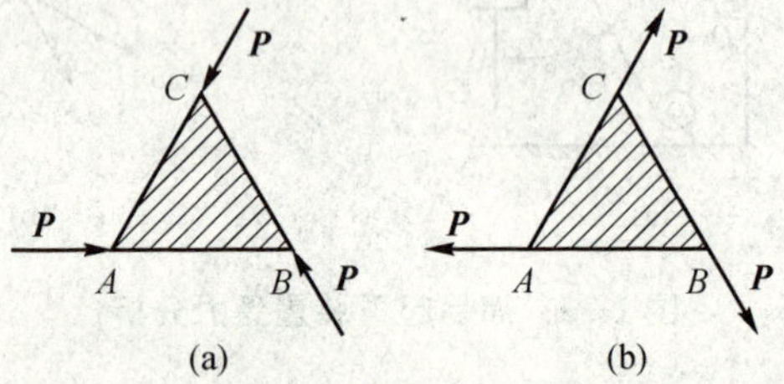

图 1-34　三角板受力合成

3. 若两个力在同一轴坐标投影相等，则这两个力的大小是否相等？

4. 力 $\boldsymbol{F}$ 沿轴 Ox、Oy 的分力和该力在两轴上的投影有何区别？

5. 几何法与解析法求解平衡力系有何区别？什么情况下更适合用几何法？

6. 用解析法求平面汇交力系的合力时，是否一定要应用直角坐标系？若取不同的直角坐标系，所得的合力是否相同？

二、分析计算题

1. 如图 1-35 所示平面汇交力系，求该力系的合力。

2. 如图 1-36 所示，一铰盘有三个等长的柄，长度为 1，其夹角均为 120°，每个柄端各作用一垂直于柄的力 $\boldsymbol{P}$。试求该力系：

(1)向中心点 O 简化的结果。

(2)向 BC、AO 连线的交点 D 简化的结果。

(3)这两个结果说明什么？

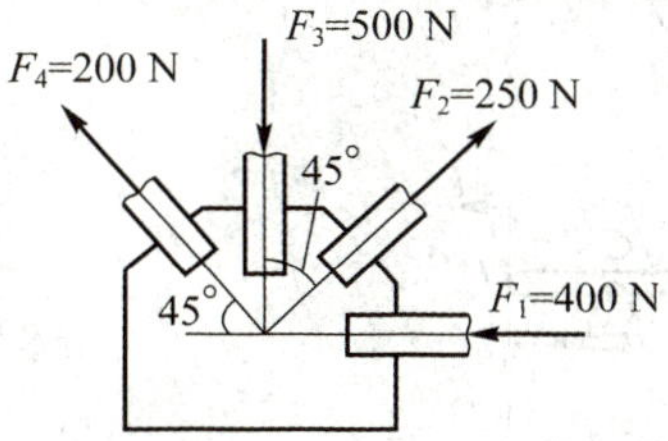

图 1-35　平面汇交力系

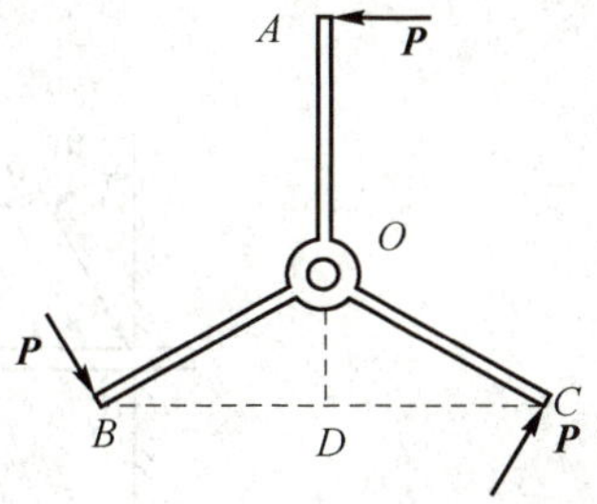

图 1-36　铰盘受力

3. 如图 1-37 所示，三铰门式刚架受集中荷载 **P** 作用，不计架重，求图示两种情况下支座 A、B 的约束力。

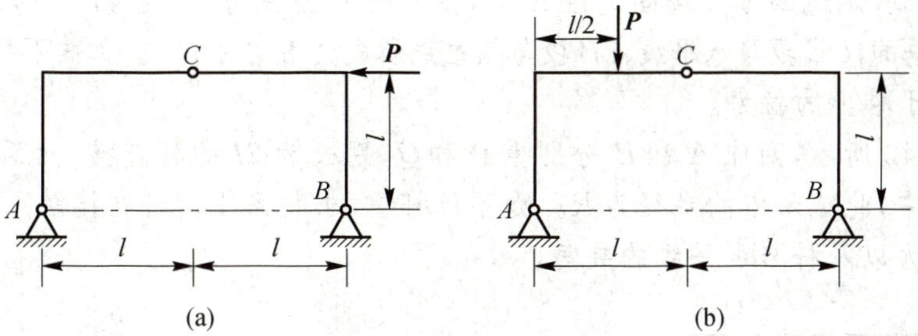

图 1-37　三铰门式刚架受力

4. 如图 1-38 所示简支梁受集中力 $P=50$ kN，求图示两种情况下支座 A、B 的约束力。

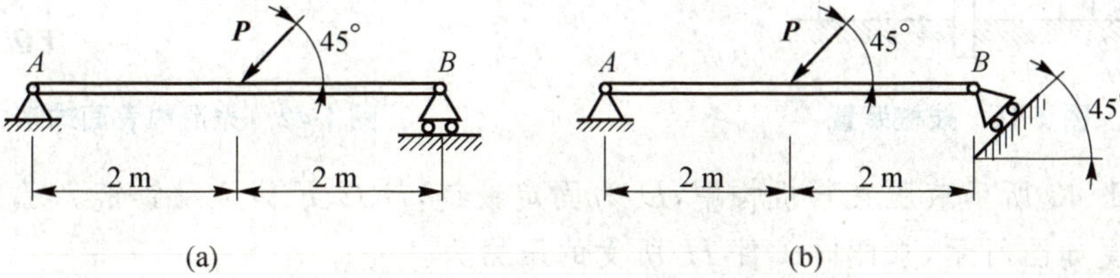

图 1-38　简支梁受力

5. 固定于墙内的环形螺钉上，作用有 3 个力 $\boldsymbol{F}_1$、$\boldsymbol{F}_2$、$\boldsymbol{F}_3$，各力的方向如图 1-39 所示，各力的大小分别为：$F_1=3$ kN，$F_2=4$ kN，$F_3=5$ kN。试求螺钉作用在墙上的力。

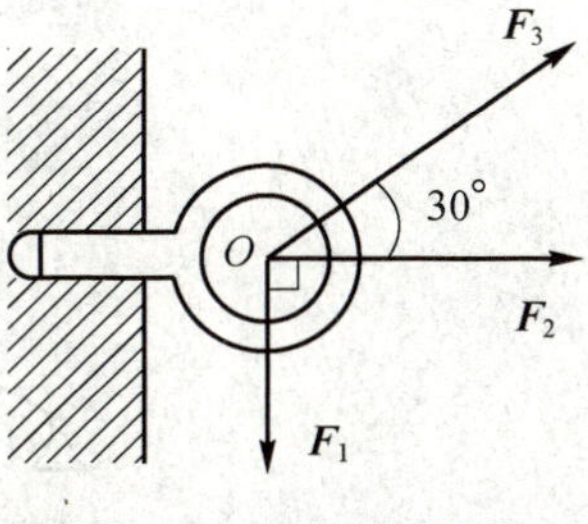

图 1-39　螺钉作用力

6. 如图 1-40 所示的构件由直角弯杆 EBD 以及直杆 AB 组成，不计各杆自重，已知 $q=10$ kN/m，$F=50$ kN，$M=6$ kN · m，各尺寸如图所示。求固定端 A 处及支座 C 的约束力。

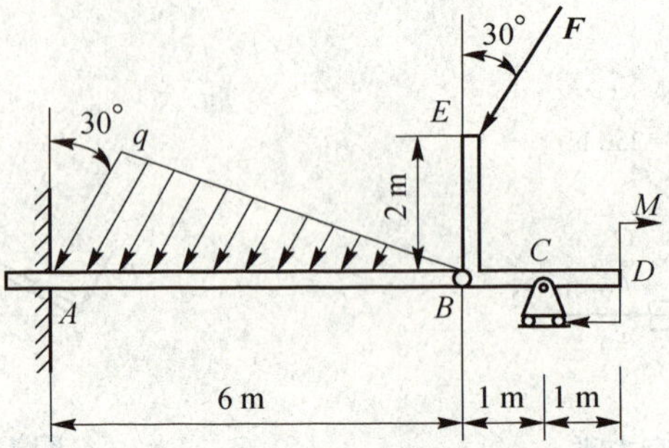

图 1-40 直角弯杆构件

7. 图 1-41 所示为一拔桩装置。在木桩的 A 点系一绳，将绳的另一端固定在 C 点，在绳的 B 点系另一绳，此绳的另一端固定在 E 点，在绳的 D 点用力向下拉，这时绳的 BD 段是水平的，AB 段是铅垂的，DE 段与水平线、CB 段与铅垂线所成夹角均为 145°。如向下拉力 $P=100$ N，求 AB 绳作用于桩上的拉力。

8. 如图 1-42 所示，两球 A 和 B 分别重 $\boldsymbol{P}$ 和 $\boldsymbol{Q}$，用长为 $2l$ 的杆连接，然后放在有光滑内表面的球形穴中，此球形穴的半径为 R。如不计杆重，求物系平衡时在接触点 A 和 B 处的约束力和杆的内力以及杆与水平线的夹角。

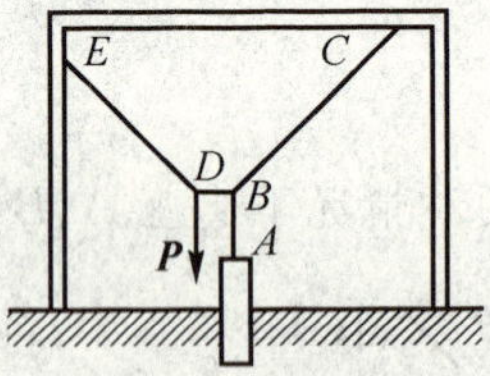

图 1-41 拔桩装置

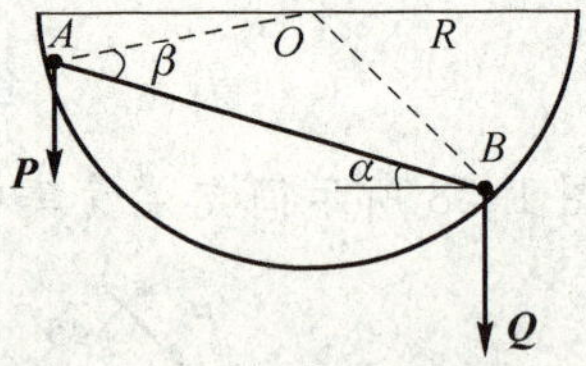

图 1-42 光滑内表面球形穴

9. 如图 1-43 所示液压夹紧机构中，D 为固定铰链，B、C、E 为活动铰链。已知力 $\boldsymbol{F}$ 与机构平衡时角度如图所示，求此时工件 H 所受的压紧力。

10. 如图 1-44 所示结构，各构件自重不计，尺寸如图所示，受两个等值、反向、共线的力 $\boldsymbol{P}$ 和 $\boldsymbol{Q}$ 作用。设 $P=Q=50$ N，求 A、B、C 三铰的约束力。

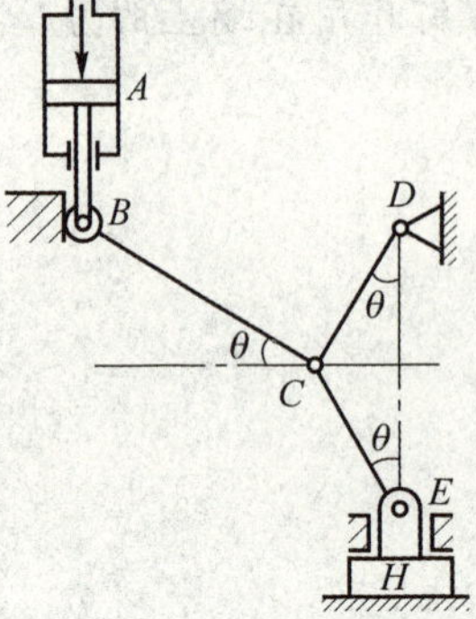

图 1-43 液压夹紧机构

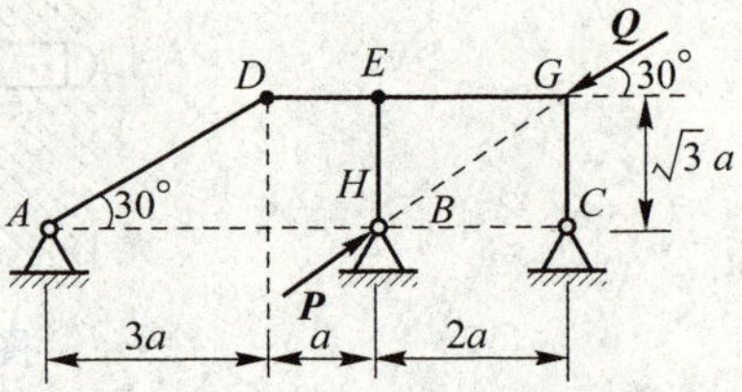

图 1-44 三铰的约束力

任务三　平面力偶系平衡问题的求解

任务描述

如图 1-45 所示机构的自重不计。圆轮上的销子 A 放在摇杆 BC 上的光滑导槽内。圆轮上作用一力偶，其力偶矩 $M_1=50\ N\cdot m$，$OA=r=0.4\ m$。图示位置时 OA 与 OB 垂直，$\alpha=30°$，且系统平衡。求作用于摇杆 BC 上的力偶矩 M_2 及铰链 O、B 处的约束力。

任务分析

理解力偶和力偶矩的概念，明确力偶的性质和力偶的等效条件，能应用平衡条件求解力偶系的平衡问题。

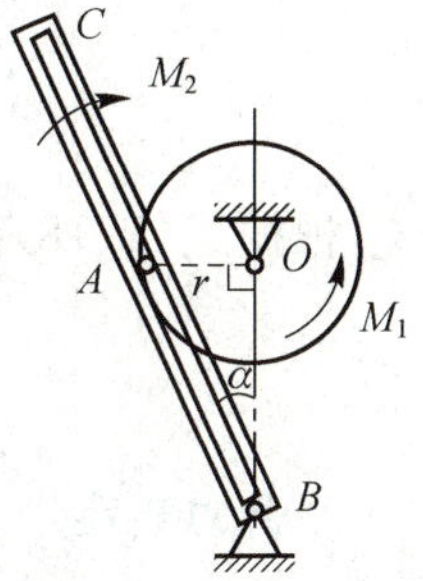

图 1-45　摇杆机构

知识准备

一、平面力对点之矩的概念及计算

力对物体的作用效应有以下两种情况。

(1)如果力的作用线通过物体的质心，将使物体在力的方向上平动。

(2)如果力的作用线不通过物体的质心，物体将在力的作用下边平动边转动。

本任务将研究力对物体的转动作用。

1. 力对点之矩的概念

实践表明，作用在物体上的力除有平动效应外，有时还有转动效应。如图 1-46 所示，用扳手拧螺母，使螺母产生绕 O 点转动的效果，不仅与力 $\boldsymbol{F}$ 的大小有关，与 O 点至该力作用线的垂直距离也有关。点 O 称为矩心，点 O 到力的作用线的垂直距离 d 称为力臂。

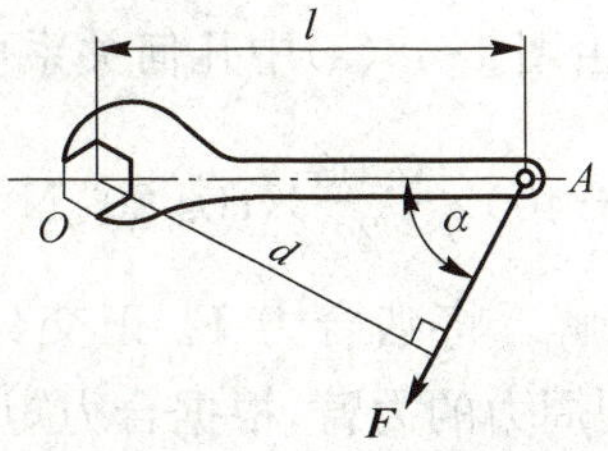

图 1-46　扳手拧螺母

力对点之矩是一个代数量，它的绝对值等于力的大小与力臂的乘积，力使物体绕矩心逆时针转动时为正，反之为负。用公式表示为

$$M_O(\boldsymbol{F})=\pm Fd \tag{1-18}$$

由力矩的定义可以得出以下结论。

(1)力的大小为零,则力矩为零。

(2)力的作用线通过矩心,即力臂为零时,力矩为零。

(3)力沿其作用线移动时,因为力的大小、方向和力臂均没有改变,所以力矩不变。

例 1-8 如图 1-47 所示,刚架上作用力 $F=100$ N,其角度 $\theta=60°$,$a=6$ m,$b=4$ m。试分别计算力 $\boldsymbol{F}$ 对点 A 和 B 的力矩。

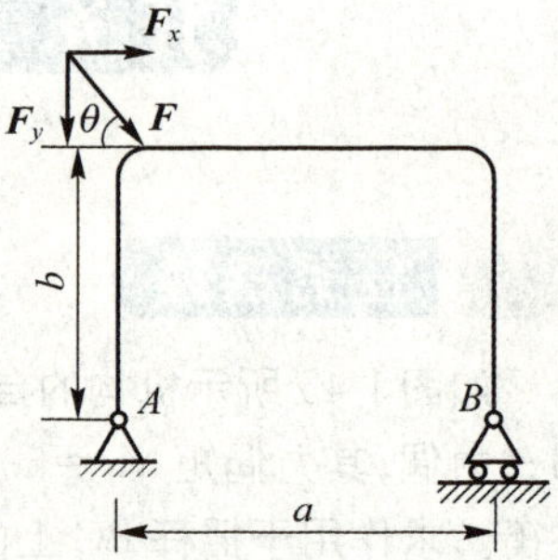

图 1-47 刚架受力

解: 力 $\boldsymbol{F}$ 可分解为水平方向的力 $\boldsymbol{F}_x$ 和竖直方向的力 $\boldsymbol{F}_y$,其中

$$F_x=F\cos 60°=50\text{ N}$$
$$F_y=F\sin 60°=86.6\text{ N}$$

根据式(1-18)得

$$M_A(\boldsymbol{F})=-F_x b=-200\text{ N}\cdot\text{m}$$
$$M_B(\boldsymbol{F})=-F_x b+F_y a=319.6\text{ N}\cdot\text{m}$$

2. 合力矩定理

在计算力矩时,有时直接计算比较困难。如果将力作适当分解,计算各分力的力矩则很方便。利用合力矩定理,可以建立合力对某点的矩与其分力对同一点的矩之间的关系。

平面汇交力系的合力对平面内任一点的矩,等于力系中各分力对于该点力矩的代数和。即

$$M_O(\boldsymbol{R})=M_O(\boldsymbol{F}_1)+M_O(\boldsymbol{F}_2)+\cdots+M_O(\boldsymbol{F}_n)$$

或

$$M_O(\boldsymbol{R})=\sum M_O(\boldsymbol{F}) \tag{1-19}$$

例 1-9 如图 1-48(a)所示,作用于齿轮的啮合力 $F_n=400$ N,分度圆直径 $D=60$ mm,压力角 $\alpha=20°$,求啮合力 F_n 对于轮心 O 之矩。

解法 1 按力矩定义求解。由图 1-48(a)中几何关系可知力臂 $d=\dfrac{D}{2}\cos\alpha$,则

$$M_O(\boldsymbol{F}_n)=-F_n d=-400\times\frac{0.06}{2}\times\cos 20°\text{ N}\cdot\text{m}\approx-11.28\text{ N}\cdot\text{m}$$

解法 2 应用合力矩定理求解。将啮合力 $\boldsymbol{F}_n$ 正交分解为圆周力 $\boldsymbol{F}_t$ 和径向力 $\boldsymbol{F}_r$,见图 1-48(b),可知分度圆半径是圆周力的力臂,根据合力矩定理,则

$$M_O(\boldsymbol{F}_n)=M_O(\boldsymbol{F}_t)+M_O(\boldsymbol{F}_r)=-F_n\cos\alpha\frac{D}{2}+0=-400\times\cos 20°\times\frac{0.06}{2}\text{ N}\cdot\text{m}$$
$$\approx-11.28\text{ N}\cdot\text{m}$$

以上两种方法的计算结果相同。工程中齿轮的圆周力和径向力是分别给出的,因此解法 2 用得较为普遍。

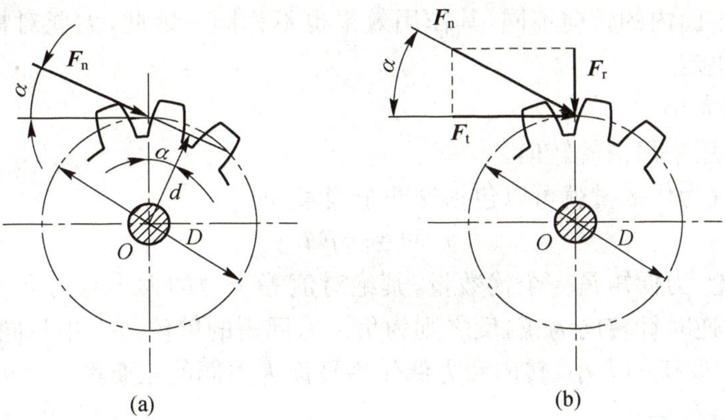

图 1-48 齿轮机构

二、力偶的概念和性质

1. 力偶与力偶矩

视频 力偶

在工程问题中，常常遇到受力偶作用的物体。力偶由大小相等、方向相反且不共线的两个平行力 $\boldsymbol{F}$ 与 $\boldsymbol{F}'$ 所组成，通常用符号 $(\boldsymbol{F},\boldsymbol{F}')$ 表示。两力作用线所决定的平面称为力偶的作用面，力作用线间的垂直距离称为力偶臂。如图 1-49 所示，汽车转动方向盘和电机转子等，都是受到大小相等、方向相反且作用线不在同一直线上的两个平行力的作用。

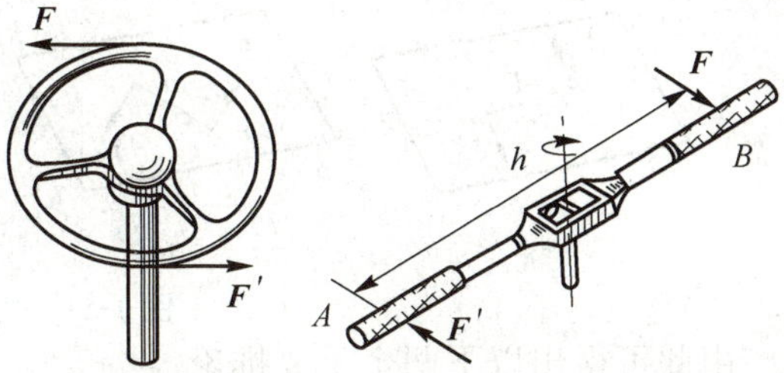

图 1-49 汽车转动方向盘和电机转子

等值反向平行力的合力等于零，但由于它们不共线而不能相互平衡，它们能使物体改变转动状态。由于力偶不能合成为一个力或用一个力来等效替换，那么力偶也不能用一个力来平衡。力和力偶是静力学的两个基本要素。

力偶由两个力组成，它的作用是改变物体的转动状态。因此，力偶对物体的转动效果，可用力偶的两个力对其作用面内某点的矩的代数和来度量。

设有力偶 $(\boldsymbol{F},\boldsymbol{F}')$，其力偶臂为 d，如图 1-50 所示。力偶对点 O 的矩为 $M_O(\boldsymbol{F},\boldsymbol{F}')$，则

$$M(\boldsymbol{F},\boldsymbol{F}')=M_O(\boldsymbol{F})+M_O(\boldsymbol{F}')=F\cdot aO-F'\cdot bO=F(aO-bO)=Fd$$

因为矩心 O 是任意选取的，由此可知，力偶的作用效果决定于力的大小和力偶臂的长短，与矩心的位置无关。力与力偶臂的乘积称为力偶矩，记作 $M(\boldsymbol{F},\boldsymbol{F}')$，简记为 M。

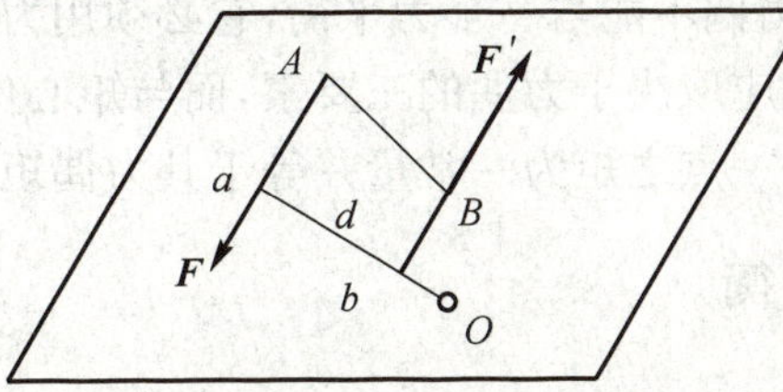

图 1-50 力偶

由于力偶在平面内的转向不同，其作用效果也不相同。因此，力偶对物体的作用效果，由以下两个因素决定。

(1)力偶矩的大小。

(2)力偶在作用平面内的转向。

若把力偶矩视为代数量就可以包括这两个因素，即

$$M=\pm Fd \tag{1-20}$$

于是可得结论：力偶矩是一个代数量，其绝对值等于力的大小与力偶臂的乘积，正负号表示力偶的转向，逆时针转向为正，反之则为负。力偶矩的单位与力矩相同，也是牛顿·米，符号为 N·m。力偶矩的大小、转向和力偶作用平面为力偶的三要素。

2. 力偶的等效条件

由于力偶的作用只改变物体的转动状态，而力偶对物体的转动效应是用力偶矩来度量的，因此可得平面力偶的等效定理：在同平面内的两个力偶，如果力偶矩相等，则两力偶等效。

由此可知，同平面内力偶等效的条件：力偶矩的大小相等，力偶的转向相同。由此可以推断，保持力偶矩大小与方向不变的条件下，如图 1-51(a)所示，在力偶作用面内随意改变构成力偶的两力的方向(如图 1-51(b)所示)，或在保持力偶矩不变情况下改变力与力偶臂的大小(如图 1-51(c)所示)，或将力偶作用面平行移动(如图 1-51(d)所示)，都不影响力偶对刚体的作用效果。此性质称为力偶的等效性。

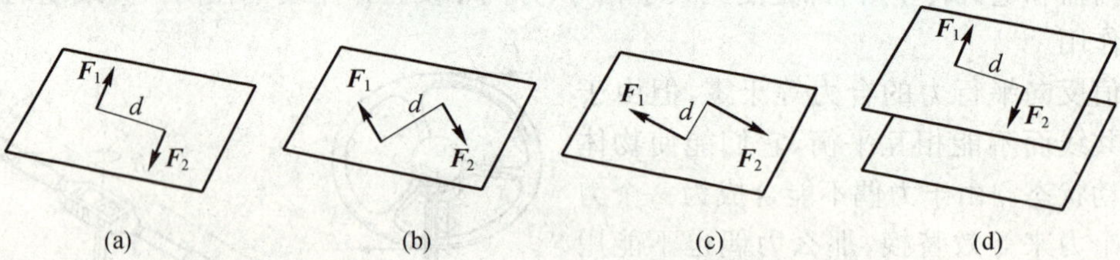

图 1-51　力偶的等效性

由此可得出以下两个重要推论。

(1)只要不改变力偶矩的大小和力偶的转向，力偶就可以在它的作用平面内任意移动或转动，而不改变它对物体的作用效果。

(2)只要保持力偶矩不变，可以同时改变力偶的力的大小和力偶臂的长短，而不会改变力偶对物体的作用效果。

3. 力偶的性质

力偶是两个具有特殊关系的力的组合，具有与单个力不同的性质。

(1)力偶在任一坐标轴上投影的代数和为零。

(2)力偶没有合力，因此力偶不能与一个力平衡，它必须用力偶来平衡。

(3)力偶对物体的作用效应取决于力偶的三要素，而与矩心位置无关。

(4)力偶对于作用面内任一点之矩为一常量并等于其力偶矩。

三、平面力偶系的合成与平衡

1. 平面力偶系的合成

在物体上同时作用有两个或两个以上的力偶时，这些力偶组成力偶系。在同一个平面

内的力偶系叫作平面力偶系。由于平面内的力偶对物体的作用效果只决定于力偶的大小和转向，所以平面力偶系合成的结果必然是一个合力偶，并且其合力偶矩应等于各分力偶矩的代数和。设 $M_1, M_2, \cdots, M_n$ 为平面力偶系中各力偶矩，M 为合力偶矩，则

$$M=\sum_{i=1}^{n} M_i \qquad (i=1,2,\cdots,n) \tag{1-21}$$

2. 平面力偶系的平衡条件

由于平面力偶系合成的结果只能是一个合力偶，当其合力偶矩等于零时，表明使物体顺时针方向转动的力偶矩与使物体逆时针方向转动的力偶矩相等，作用效果相互抵消，物体处于平衡状态。因此，平面力偶系平衡的必要和充分条件是：所有力偶矩的代数和等于零。即

$$\sum_{i=1}^{n} M_i=0 \qquad (i=1,2,\cdots,n) \tag{1-22}$$

式(1-22)为平面力偶系的平衡方程。应用平面力偶系的平衡方程可以求解一个未知量。

例 1-10 如图 1-52(a)所示，一简支梁作用一矩为 $M=50\ \text{N}\cdot\text{m}$ 的力偶，简支梁长 $d=4\ \text{m}$，不计梁重，求支座 A 和 B 的约束力。

解：以梁为研究对象。梁上除作用有力偶 M 外，还有固定铰链 A 处的约束力 $\boldsymbol{F}_A$ 及活动铰链 B 处垂直向上的约束力 $\boldsymbol{F}_B$。根据力偶只能与力偶相平衡的性质，可知 $\boldsymbol{F}_A$ 和 $\boldsymbol{F}_B$ 必组成一个力偶，因此 $\boldsymbol{F}_A$ 的作用线也沿铅垂方向，如图 1-52(b)所示。梁 AB 在两个力偶的作用下处于平衡，根据平面力偶系的平衡条件列平衡方程如下

$$\sum M=0 \qquad M-F_A d=0$$

解得 $F_A=\dfrac{M}{d}=12.5\ \text{N}$，$F_B=F_A=12.5\ \text{N}$(方向见图 1-52(b))。

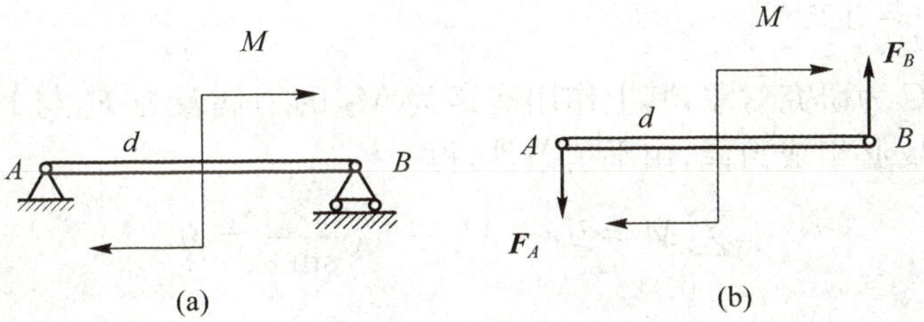

图 1-52 简支梁约束力

例 1-11 如图 1-53(a)所示，四杆机构在图示位置平衡，已知 $l_{OA}=20\ \text{cm}$，$l_{O_1B}=40\ \text{cm}$，作用在曲柄 OA 上的力偶矩大小为 $M_1=2\ \text{N}\cdot\text{m}$，不计杆重，求作用在杆 O_1B 上的力偶矩 M_2 的大小及连杆 AB 所受的力。

解：(1)取 OA 杆为研究对象。OA 杆受到力偶矩 M_1，二力杆 AB 对其的反作用力 $\boldsymbol{F}_{AB}$，以及铰链 O 处的约束力 $\boldsymbol{N}_O$，如图 1-53(b)所示，根据平面力偶系的平衡条件，列平衡方程如下

$$\sum M=0, F_{AB}\, l_{OA} \sin 30^\circ - M_1=0$$

解得 $F_{AB}=\dfrac{M_1}{l_{OA}\sin 30^\circ}=20\ \text{N}$。

(2)取 AB 杆为研究对象。AB 杆为二力杆，受力分析如图 1-53(c)所示，可得

$$F'_{BA}=F'_{AB}=F_{AB}=20\ \text{N}$$

(3)研究 O_1B 杆，受力分析如图 1-53(d)，根据平面力偶系的平衡条件，列平衡方程如下

$$\sum M=0,-F_{BA}\times l_{O_1B}+M_2=0$$

解得 $M_2=F_{BA}l_{O_1B}=8\ \text{N}$。

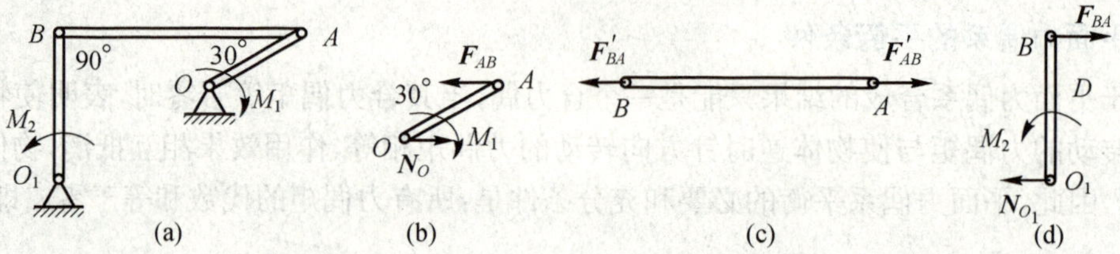

图 1-53　四杆机构

任务实施

平面力偶系平衡问题的求解——求作用于图 1-54(a)中摇杆 BC 上的力偶矩 M_2 及铰链 O、B 处的约束力。

解:(1)如图 1-54 所示，先取圆轮为研究对象，其上作用有矩为 M_1 的力偶及光滑导槽对销子 A 的作用力 $\boldsymbol{F}_A$ 和铰链 O 处约束力 $\boldsymbol{F}_O$ 作用。$\boldsymbol{F}_A$ 作用方向垂直摇杆 BC，由于力偶必须由力偶来平衡，因而 $\boldsymbol{F}_O$ 与 $\boldsymbol{F}_A$ 必定组成力偶，力偶矩方向与 M_1 相反，由此定出 $\boldsymbol{F}_A$ 指向如图 1-54(b)所示，而 $\boldsymbol{F}_O$ 与 $\boldsymbol{F}_A$ 等值且反向。根据平面力偶系的平衡条件，列平衡方程如下

$$\sum M=0,M_1-F_A r\sin\alpha=0$$

解得 $F_A=\dfrac{M_1}{r\sin 30^\circ}=125\ \text{N}$。

(2)以摇杆 BC 为研究对象，其上作用有矩为 M_2 的力偶及力 $\boldsymbol{F}'_A$ 与 $\boldsymbol{F}_B$，如图 1-54(c)所示。同理，$\boldsymbol{F}'_A$ 与 $\boldsymbol{F}_B$ 必组成力偶，由平衡条件，得

$$\sum M=0,-M_2+F'_A\frac{r}{\sin\alpha}=0$$

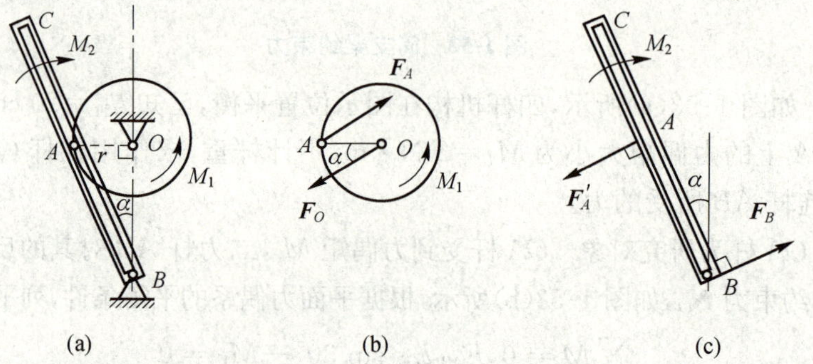

图 1-54　摇杆机构

其中 $F'_A = F_A$，得 $M_2 = F'_A \frac{r}{\sin\alpha} = 100\ \text{N}\cdot\text{m}$。

$\boldsymbol{F}_O$ 与 $\boldsymbol{F}_A$ 组成力偶，$\boldsymbol{F}_B$ 与 $\boldsymbol{F}'_A$ 组成力偶，则 $F_O = F_B = F_A = 125\ \text{N}$。方向见图 1-54(b)、图 1-54(c)。

思考与练习

一、简答题

1. 试比较力矩与力偶矩两者的异同。

2. 力偶的三要素是什么？

3. 力偶对物体的作用效果取决于什么？与力偶的作用位置是否有关？

4. 力偶是否可以用一个力来平衡？为什么？

5. 从平面力偶理论知道，一力不能与力偶平衡。但是为什么图 1-55 所示的轮子上的力偶矩 M 似乎与重物的力 $\boldsymbol{P}$ 相平衡呢？

6. 如图 1-56 所示，100 N 的力作用于扳手柄端。当 α 角为何值时，该力矩为最小值？当 α 角为何值时，该力矩为最大值？

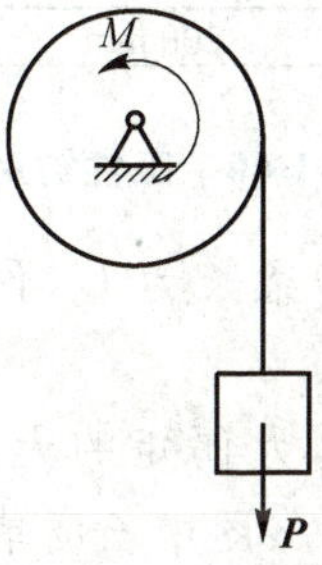

图 1-55 力偶平衡分析

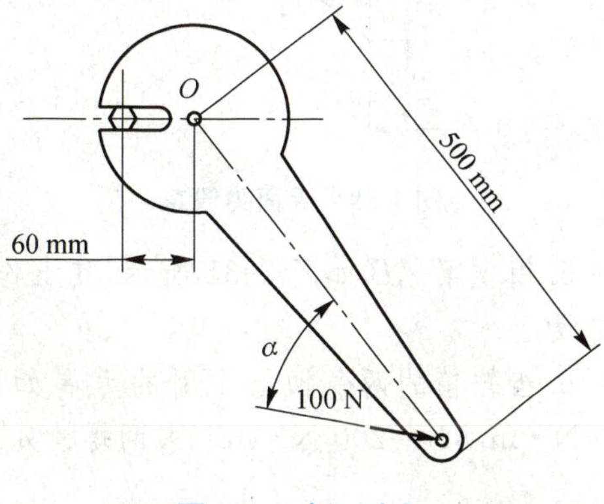

图 1-56 扳手力矩

二、分析计算题

1. 如图 1-57 所示，设 $AB = l$，在 A 点受四个大小均等于 F 的力 $\boldsymbol{F}_1$、$\boldsymbol{F}_2$、$\boldsymbol{F}_3$ 和 $\boldsymbol{F}_4$ 作用。试分别计算每个力对 B 点之矩。

2. 图 1-58 中带轮直径 $D = 400\ \text{mm}$，平带拉力 $F_1 = 1\ 500\ \text{N}$，$F_2 = 750\ \text{N}$，与水平线夹角 $\theta = 15°$。求平带拉力 $\boldsymbol{F}_1$、$\boldsymbol{F}_2$ 对轮心 O 之矩。

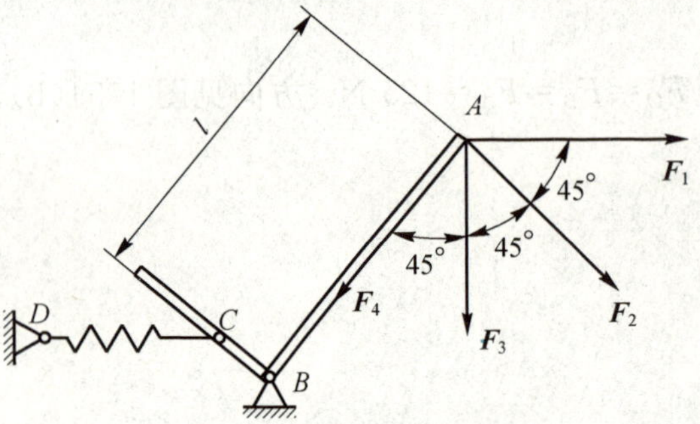

图 1-57　杆件力矩

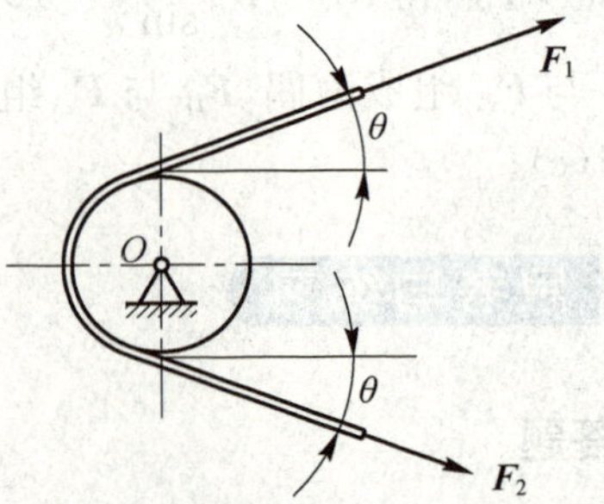

图 1-58　平带拉力矩

3. 求图 1-59 所示平面力偶系的合成结果，图中长度单位为 m。

4. 如图 1-60 所示，在一钻床上水平放置工件，在工件上同时钻 4 个等直径的孔，每个钻头的力偶矩 $M_1=M_2=M_3=M_4=15\ \text{N}\cdot\text{m}$，求工件的总切削力偶矩和 A、B 端水平约束力。

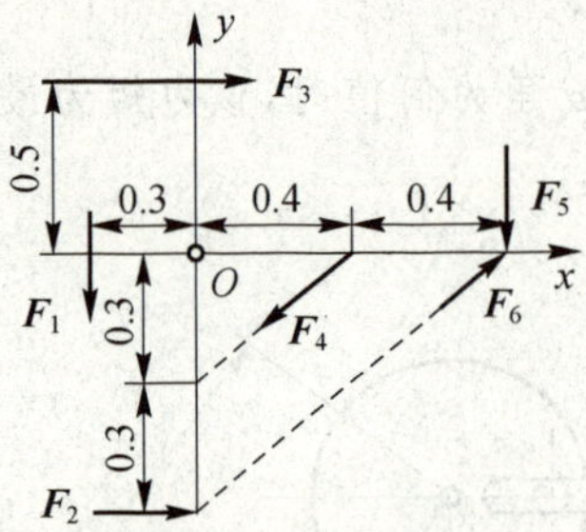

图 1-59　平面力偶系

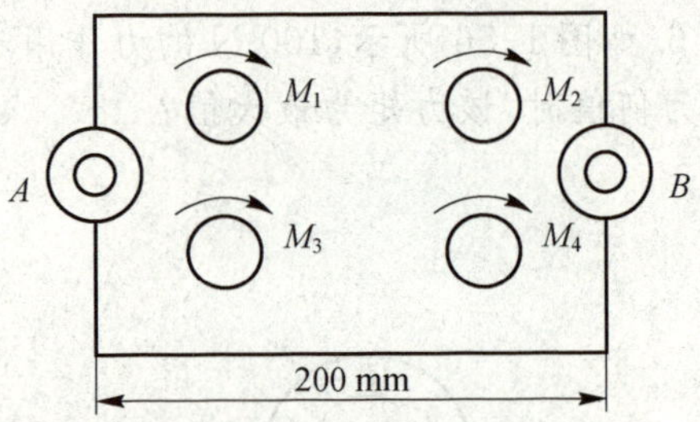

图 1-60　工件约束力

5. 简支梁 AB 如图 1-61 所示，其上作用一力偶矩 M，已知梁长为 L，不计自重，求支座约束力。

6. 齿轮箱的两个轴上作用的力偶如图 1-62 所示，它们的力偶矩的大小分别为 $M_1=300\ \text{N}\cdot\text{m}$，$M_2=200\ \text{N}\cdot\text{m}$。求两螺栓处的铅垂约束力 F_A、F_B。图中长度单位为 cm。

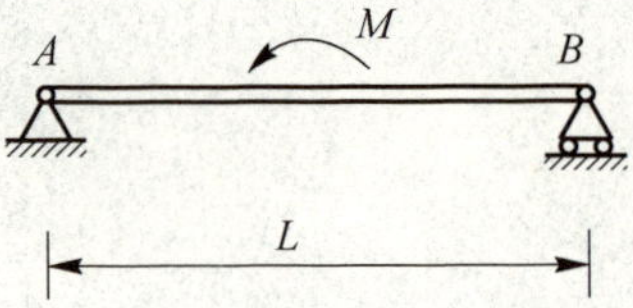

图 1-61　简支梁约束力

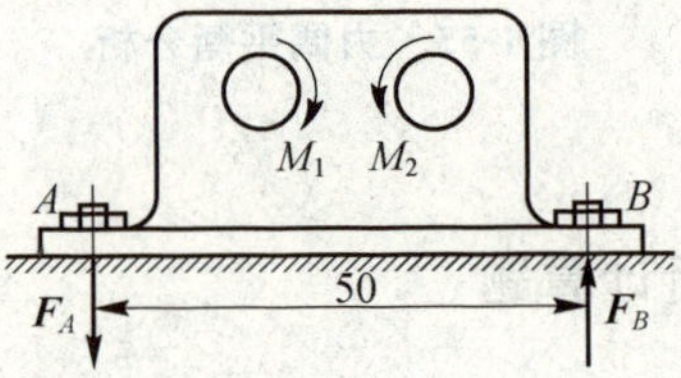

图 1-62　齿轮箱约束力

7. 如图 1-63 所示结构中两曲杆自重不计，曲杆 AB 上作用有主动力偶，其力偶矩为 M，试求 A 和 C 点处的约束力。

8. 如图 1-64 所示机构在图示位置平衡，已知主动力 $F=100$ N，各杆重量不计，试求图中力偶矩 M 的大小及支座 A 处的约束力。

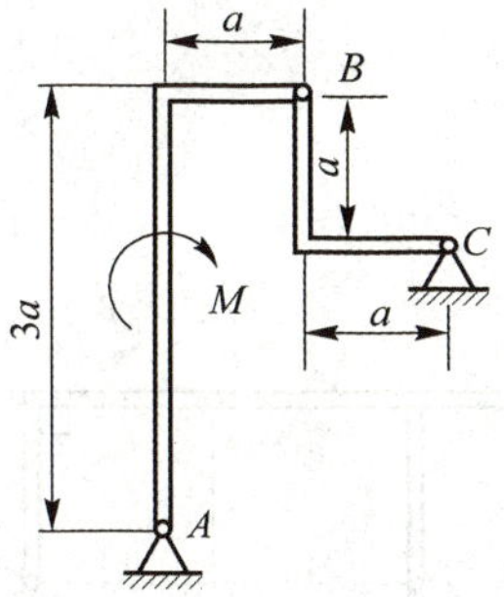

图 1-63 二曲杆约束力

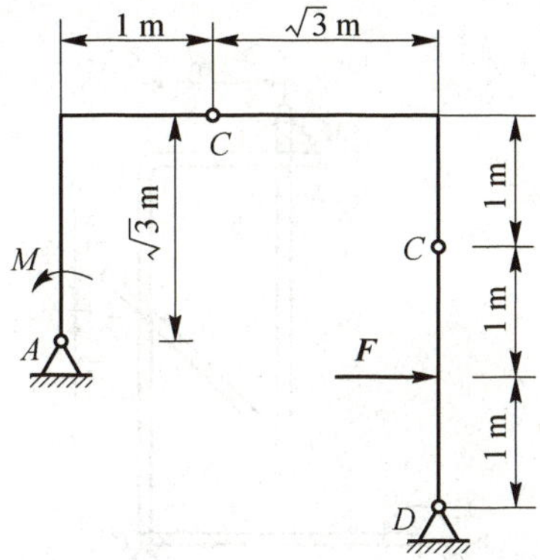

图 1-64 机构约束力

9. 如图 1-65 所示，锻锤工作时，若锻件给它的反作用力有偏心，就会使锤头发生偏斜，在导轨上产生很大的压力，从而加速导轨的磨损，影响锻件的精度。已知打击力 P=800 kN，偏心矩 e=10 mm，锤头高度 h=100 mm。求锤头给两侧导轨的压力。

10. 如图 1-66 所示轧钢机工作机构，机架和轧辊共重 G=650 kN，为了轧制钢板，在轧辊上各作用一力偶，力偶矩 $M_1=M_2$=828 N·m，机架的支点距离 l=1 380 mm。当发生事故时，$M_1=0$，M_2=1 656 N·m。求在正常工作与发生事故两种情形下支点 A、B 的约束力。

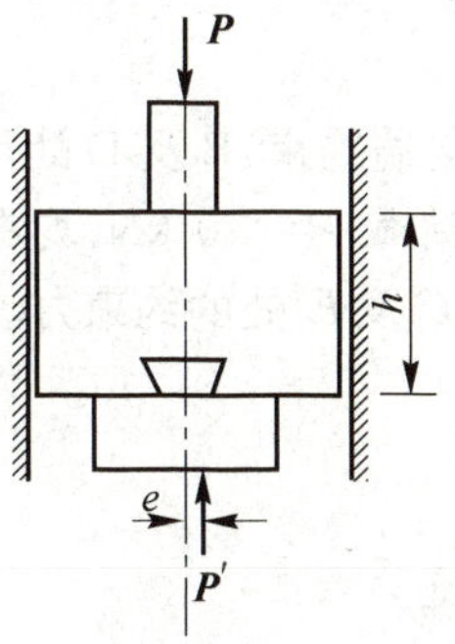

图 1-65 锻锤约束力

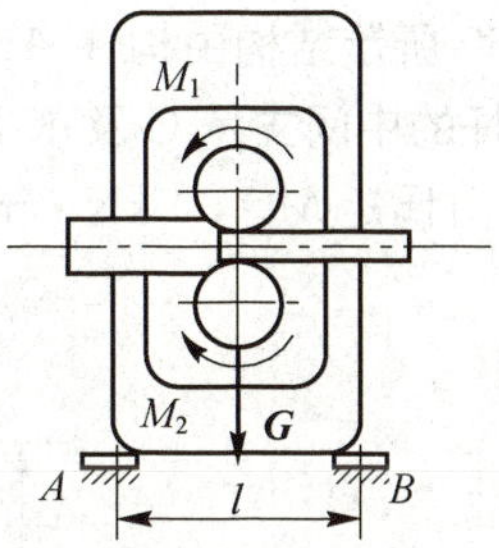

图 1-66 轧钢机工作机构

11. 如图 1-67 所示，直角弯杆 $ABCD$ 与直杆 DE 及 EC 铰接，作用在杆 DE 上的力偶矩 M= 50 N·m，不计各杆件自重，不考虑摩擦。求支座 A、B 处的约束力和杆 EC 的受力。

12. 在图 1-68 所示结构中，各构件的自重略去不计，在构件BC 上作用一力偶矩 M=20 N·m，长度 l=2 m。求支座 A 的约束力。

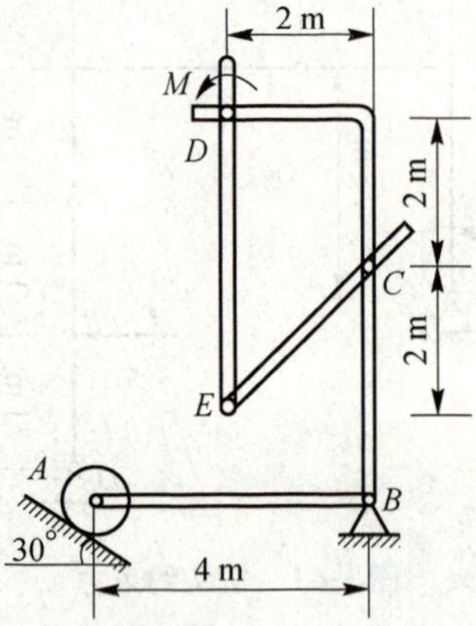

图 1-67　支座约束力和杆的受力

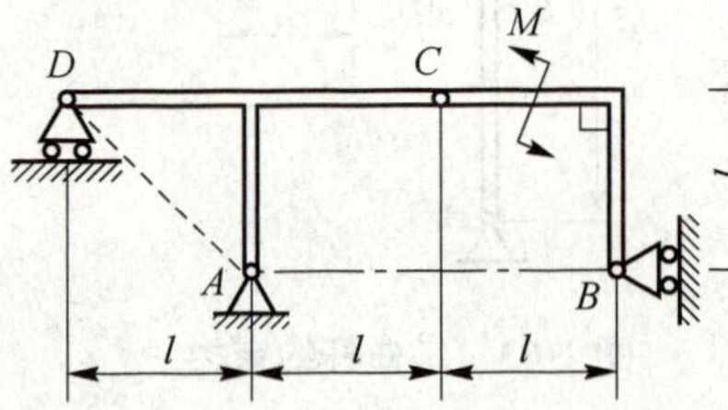

图 1-68　支座约束力

任务四　平面任意力系平衡问题的求解

任务描述

如图 1-69 所示结构由构件 AB、BD 及 DE 构成，A 端为固定端约束，B 及 D 处用光滑圆柱铰链连接，BD 杆的中间支承 C 及 E 端均为铰链支座，已知集中荷载 $P=20$ kN，均布荷载的集度 $q=8$ kN/m，力偶矩 $M=50$ kN·m，各构件自重不计。试求 A、C 及 E 处的约束力。

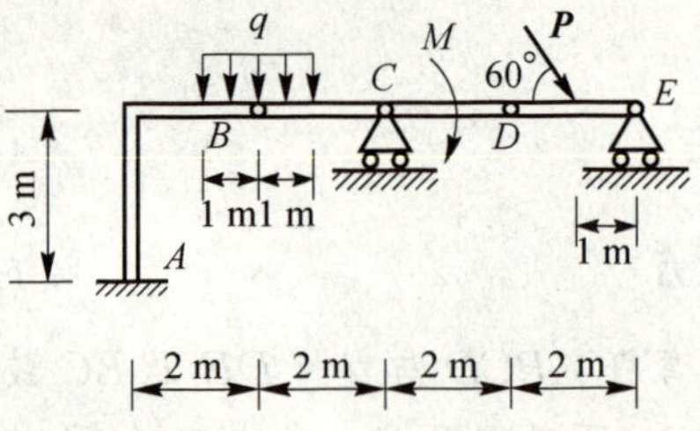

图 1-69　三个构件约束力

任务分析

理解平面任意力系的简化方法，熟练掌握利用平面任意力系平衡方程求解平衡问题的方法。

知识准备

在工程实际中经常遇到平面任意力系的问题，即作用在物体上的力的作用线都分布在同一平面内，或可以简化到同一平面内，但它们的作用线任意分布，称为平面任意力系。如图 1-70 所示为平面任意力系的例子。

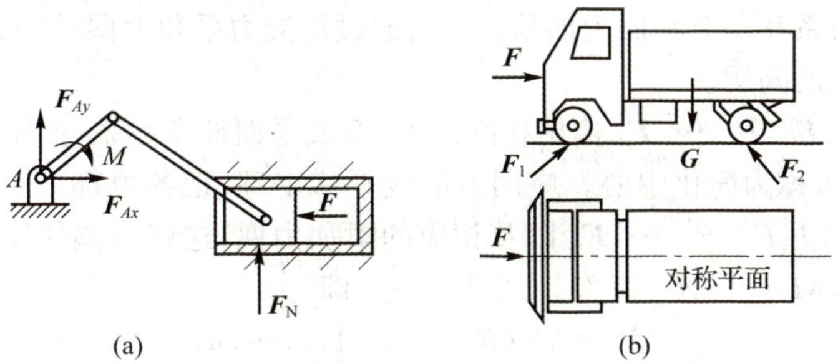

图 1-70 平面任意力系

当物体所受的力对称于某一平面时，也可以简化为平面力系的问题来研究。如图 1-70(b)所示为车体简化受力分析图，这些力都对称于通过重心的纵向铅直平面，因此可以将原力系简化到该平面内，作为平面任意力系来处理。

本任务主要研究平面任意力系的简化和平衡问题的求解。

一、平面任意力系的简化

1. 力的线平移定理

力的线平移就是把作用在刚体上的一力矢从其原位置平行移到该刚体上另一位置。由力的可传性得知，力沿其作用线移动时，对刚体的作用效果是不改变的。下面研究在不改变力对刚体作用效果的前提下将力平行移动到作用线以外的任意一点这个问题。

如图 1-71(a)所示，设有一力 $\boldsymbol{F}$ 作用于刚体的 A 点，为将该力平移到任意一点 O，在 O 点加一对平衡力 $\boldsymbol{F}'$ 和 $\boldsymbol{F}''$，作用线与 $\boldsymbol{F}$ 平行，且使 $F'=F''=F$，其中 $\boldsymbol{F}$ 和 $\boldsymbol{F}''$ 两力组成一个力偶，其力偶臂为 d，其力偶矩恰好等于原力 $\boldsymbol{F}$ 对点 O 之矩，如图 1-71(b)所示。这三个力可看作是一个作用在 O 点的力 $\boldsymbol{F}'$ 和一个力偶矩 M，如图 1-71(c)所示。显然，三个力组成的新力系与原来的一个力 $\boldsymbol{F}$ 等效。

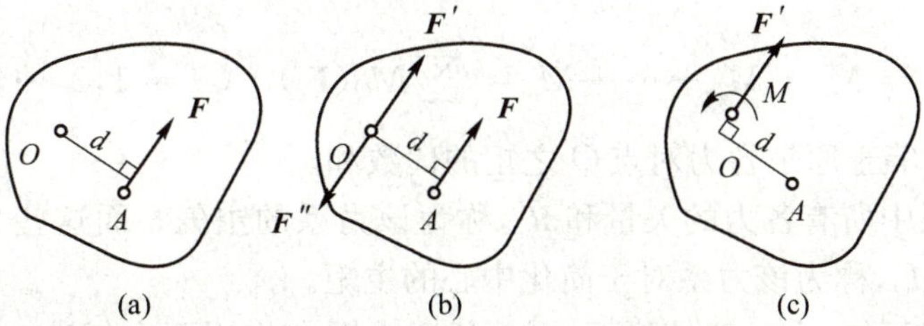

图 1-71 力的线平移

由此可得力的线平移定理：如果把一个力平行移动到一个新作用点，必须附加一个力偶，附加力偶矩的大小等于原力对新作用点之矩。

力的线平移定理是力系向一点简化的理论依据，也是分析和解决工程实际中力学问题的重要方法。

2. 平面任意力系的简化计算

设刚体受一个平面任意力系作用，利用力的线平移定理，可将平面任意力系向一点简化为一个平面汇交力系和一个平面力偶系。然后通过汇交力系和力偶系的合成和平衡方法来解决平面任意力系的问题。

设想有 n 个力 $\boldsymbol{F}_1,\boldsymbol{F}_2,\cdots,\boldsymbol{F}_n$ 作用在刚体上，组成平面任意力系，如图 1-72(a)所示。在平面内任取一点 O，称为简化中心。应用力的线平移定理，把各力都平移到这一点。这样，得到作用于点 O 的力 $\boldsymbol{F}'_1,\boldsymbol{F}'_2,\cdots,\boldsymbol{F}'_n$ 以及相应的附加力偶，这些力偶作用在同一平面内，其力偶矩分别为 $M_1,M_2,\cdots,M_n$，如图 1-72(b)所示，即

$$M_i=M_O(\boldsymbol{F}_i)\quad(i=1,2,\cdots,n)$$

这样，平面任意力系分解成了两个力系，平面汇交力系和平面力偶系。然后分别合成这两个力系。

平面汇交力系可按平面汇交力系平衡法则合成为作用通过点 O 的一个力 $\boldsymbol{R}'$，并等于 $\boldsymbol{F}'_1,\boldsymbol{F}'_2,\cdots,\boldsymbol{F}'_n$ 的矢量和，如图 1-72(c)所示。因为各力矢 $\boldsymbol{F}'_i=\boldsymbol{F}_i(i=1,2,\cdots,n)$，所以

$$\boldsymbol{R}'=\boldsymbol{F}'_1+\boldsymbol{F}'_2+\cdots+\boldsymbol{F}'_n=\sum_{i=1}^{n}\boldsymbol{F}_i(i=1,2,\cdots,n)$$

即力矢 R' 等于原来各力的矢量和。

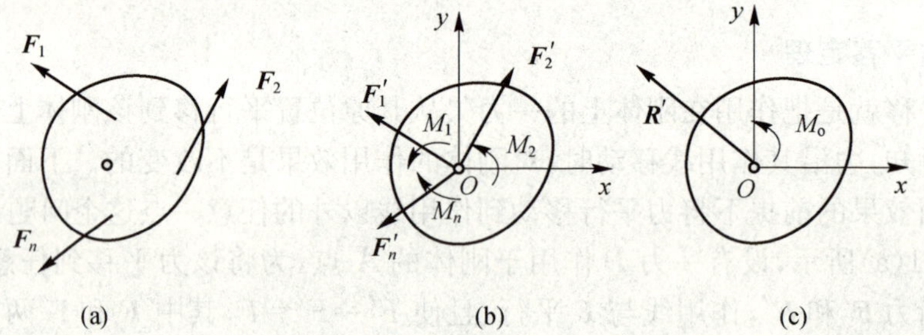

图 1-72　平面任意力系的简化

根据前面所述，平面力偶系可合成为一个力偶，该力偶的矩 M_O 等于各力偶矩的代数和。即

$$M_O=M_1+M_2+\cdots+M_n=\sum_{i=1}^{n}M_O(\boldsymbol{F}_i)\quad(i=1,2,\cdots,n)$$

即力偶矩 M_O 等于原来各力对点 O 之矩的代数和。

平面任意力系中所有各力的矢量和 $\boldsymbol{R}'$，称为该力系的主矢。而这些力对于任选简化中心的矩的代数和 M_O，称为该力系对于简化中心的主矩。

根据上述结果可知，在一般情形下，平面任意力系向作用面内任选一点 O 简化，可得一个力和一个力偶，这个力等于该力系的主矢，即

$$\boldsymbol{R}'=\sum_{i=1}^{n}\boldsymbol{F}_i\quad(i=1,2,\cdots,n)\tag{1-23}$$

该力偶作用在简化中心 O，其矩等于该力系对于点 O 的主矩，即

$$M_O=\sum_{i=1}^{n}M_O(\boldsymbol{F}_i)\quad(i=1,2,\cdots,n)\tag{1-24}$$

由于主矢等于各力的矢量和，所以它与简化中心的选择无关。而主矩等于各力对简化中心的矩的代数和，取不同的点为简化中心，各力的力臂将有改变，则各力对简化中心的矩也有改变，所以在一般情况下主矩与简化中心的选择有关。因此说到主矩时必须指出是力系对于哪一点的主矩。

为了求出力系的主矢 $\boldsymbol{R}'$ 的大小和方向，可应用解析法。通过点 O 取坐标系 Oxy，则有

$$R'_x = X_1 + X_2 + \cdots + X_n = \sum_{i=1}^{n} F_{x_i} \quad (i = 1,2,\cdots,n)$$

$$R'_y = Y_1 + Y_2 + \cdots + Y_n = \sum_{i=1}^{n} F_{y_i} \quad (i = 1,2,\cdots,n)$$

式中，R'_x 和 R'_y 以及 $X_1, X_2, \cdots, X_n$ 和 $Y_1, Y_2, \cdots, Y_n$ 分别为主矢 $\boldsymbol{R}'$ 以及原力系中各力 $\boldsymbol{F}_1$，$\boldsymbol{F}_2, \cdots, \boldsymbol{F}_n$ 在 x 轴和 y 轴上的投影。

于是主矢 R' 的大小和方向分别由下列两式确定：

$$R' = \sqrt{R'^2_x + R'^2_y} = \sqrt{(\sum F_x)^2 + (\sum F_y)^2} \tag{1-25}$$

$$\cos\alpha = \frac{R'_x}{R'}, \cos\beta = \frac{R'_y}{R'} \tag{1-26}$$

式中，α 和 β 分别为主矢 $\boldsymbol{R}'$ 与 x 轴和 y 轴间的夹角(°)。

3. 平面任意力系的简化结果——合力矩定理

平面任意力系向作用面内一点简化的结果，通常为一个力和一个力偶，但可能有以下 4 种情况。

(1)若 $\boldsymbol{R}'=0$，$M_O \neq 0$，则原力系简化为一个力偶，其矩等于原力系对简化中心的主矩，简化结果与简化中心的选择无关。

(2)若 $\boldsymbol{R}' \neq 0$，$M_O = 0$，则原力系简化为一个力，此时附加力偶系平衡，主矢 $\boldsymbol{R}'$ 即为原力系的合力 $\boldsymbol{R}$，作用线通过简化中心 O。

(3)若 $\boldsymbol{R}' \neq 0$，$M_O \neq 0$，则原力系简化为一个力和一个力偶。在这种情况下，根据力的线平移定理，这个力和力偶还可以继续合成为一个合力 $\boldsymbol{R}$。

如图 1-73(a)所示，力系向点 O 简化的结果是主矢和主矩都不等于零，现将力偶矩 M_O 用两个力 $\boldsymbol{R}$ 和 $\boldsymbol{R}''$ 表示，并令 $R'=R=-R''$，如图 1-73(b)所示。于是可将作用于点 O 的力 $\boldsymbol{R}'$ 和力偶($\boldsymbol{R}$,$\boldsymbol{R}''$)合成为一个作用在点 O' 的力 $\boldsymbol{R}$，如图 1-73(c)所示。

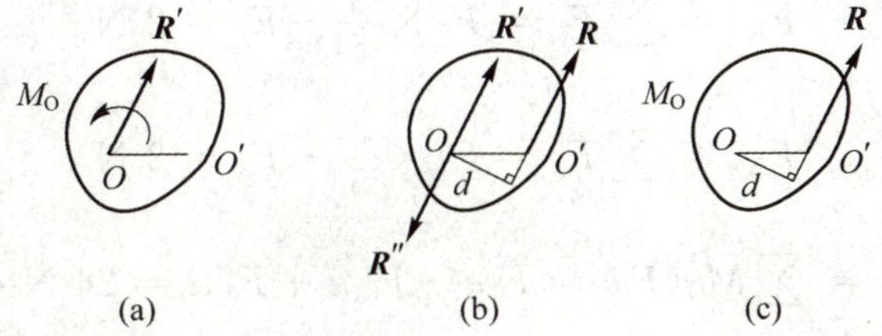

图 1-73 合力矩

这个力 $\boldsymbol{R}$ 就是原力系的合力，合力的大小等于主矢 $\boldsymbol{R}'$。合力的作用线在点 O 的哪一侧，需根据主矢和主矩的方向确定。合力作用线距点 O 的距离 d 的大小可按下式算得

$$d = \frac{M_O}{R'}$$

因为：$M_O = M(\boldsymbol{R}, \boldsymbol{R}'') = Rd = R'd$。

下面证明平面任意力系的合力矩定理。

由图 1-73(b)可见，合力 $\boldsymbol{R}$ 对点 O 的矩

$$M_O(\boldsymbol{R}) = Rd = M_O$$

由力系向一点简化的理论知，各分力(即原力系的各力)对点 O 之矩的代数和等于主矩，即

$$\sum_{i=1}^{n} M_O(\boldsymbol{F}_i) = M_O \quad (i = 1, 2, \cdots, n)$$

所以

$$M_O(\boldsymbol{R}) = \sum_{i=1}^{n} M_O(\boldsymbol{F}_i) \quad (i = 1, 2, \cdots, n) \tag{1-27}$$

由于简化中心 O 是任意选取的，故上式有普遍意义，即平面任意力系的合力对作用面内任一点的矩等于力系中各力对同一点的矩的代数和，这就是合力矩定理。

(4)若 $\boldsymbol{R}' = 0$，$M_O = 0$，则原力系是平衡力系。

例 1-12 如图 1-74 所示，已知 $F_1 = 4$ N，$F_2 = 6$ N，$F_3 = 10$ N，分别作用在 C、O、B 点上，$OABC$ 为一正方形，边长为 4 m。求力系的最终简化结果。

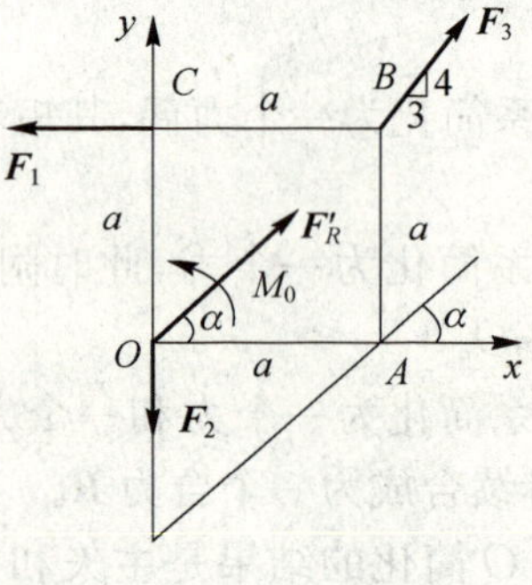

图 1-74 正方形力系的简化

解：建立如图 1-74 所示坐标系 Oxy，各力向 O 点简化，可列以下算式。

$$F'_{Rx} = \sum F_x = F_3 \times \frac{3}{5} - F_1 = 2\ \text{N}$$

$$F'_{Ry} = \sum F_y = F_3 \times \frac{4}{5} - F_2 = 2\ \text{N}$$

$$M_O = \sum M_O(\boldsymbol{F}_i) = F_1 a - F_{3x} a + F_{3y} a = 24\ \text{N} \cdot \text{m}$$

$$F'_R = \sqrt{(F_{Rx}')^2 + (F_{Ry}')^2} = 2\sqrt{2}\ \text{N}$$

$\tan\alpha = \dfrac{F_{Ry}'}{F_{Rx}'} = 1$，所以 $\alpha = 45°$。$d = \dfrac{|M_O|}{F'_R} = \dfrac{24}{2\sqrt{2}} = 6\sqrt{2}$ m。

因为 $\boldsymbol{F}'_R \neq 0$，$M_O \neq 0$，所以，最终可进一步简化成一合力，该合力 $\boldsymbol{F}_R$ 等于主矢 $\boldsymbol{F}'_R$，作用

线在 O 的右下方，从简化中心到合力作用线的距离为 d。

二、平面任意力系的平衡方程

由平面任意力系的简化可知：主矢等于零，表明作用于简化中心的汇交力系为平衡力系；主矩等于零，表明附加力偶系也是平衡力系。因此平面任意力系平衡的必要和充分条件：力系的主矢与主矩同时等于零。即

$$\boldsymbol{R}'=0, M_O=0 \tag{1-28}$$

平衡条件可用解析式表示为

$$\sum F_x=0, \sum F_y=0, \sum M_O(\boldsymbol{F})=0 \tag{1-29}$$

式(1-29)为平面任意力系的平衡方程，它是平衡方程的基本形式，表示力系中各力在两个任选的坐标轴上投影的代数和等于零，以及各力对平面内任意点之矩的代数和也等于零。

注 意

在应用平衡方程解题时，为使计算简化，通常将矩心选在众多未知力的交点上。坐标应尽可能选取与该力系中多数未知力的作用线平行或垂直，尽可能避免解联立方程。

例 1-13 钢筋混凝土钢架的受力及支座情况如图 1-75(a)所示。已知 $F=50$ N，$M=90$ N·m，A、B 距离为 4 m，钢架高为 6 m，钢架自重不计，求支座约束力。

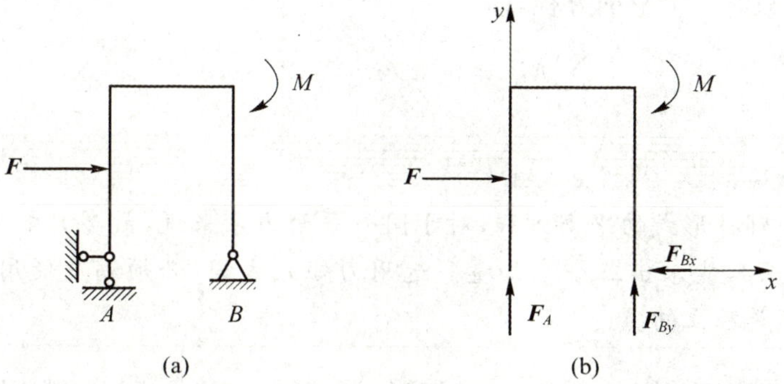

图 1-75 钢筋混凝土钢架

解：(1)取刚架为研究对象。

(2)受力分析和画受力图。刚架在活动铰链 A 处受到垂直向上的约束力 $\boldsymbol{F}_A$，在固定铰链 B 处受的力可分解为水平方向的力 $\boldsymbol{F}_{Bx}$ 和垂直方向的力 $\boldsymbol{F}_{By}$，以及受到力偶 M 的作用，如图 1-75(b)所示。

(3)建立坐标轴见图 1-75(b)，列平衡方程如下

$$\sum F_x=0, F-F_{Bx}=0$$

$$\sum F_y=0, F_A+F_{By}=0$$

$$\sum M_A(\boldsymbol{F})=0\ ,-F\times\frac{6}{2}-M+F_{By}\times 4=0$$

解得 $F_A=-60$ N,$F_{Bx}=50$ N,$F_{By}=60$ N。

此外,平面力系的平衡方程,除了它的基本形式外,还有如下等价形式。

二力矩式平衡方程为

$$\sum_{i=1}^{n}F_x=0,\sum_{i=1}^{n}M_A(\boldsymbol{F}_i)=0,\sum_{i=1}^{n}M_B(\boldsymbol{F}_i)=0,\quad (i=1,2,\cdots,n) \tag{1-30}$$

其中,A、B 两点的连线与 x 轴不垂直。

三力矩式平衡方程为

$$\sum_{i=1}^{n}M_A(\boldsymbol{F}_i)=0,\sum_{i=1}^{n}M_B(\boldsymbol{F}_i)=0,\sum_{i=1}^{n}M_C(\boldsymbol{F}_i)=0,\quad (i=1,2,\cdots,n) \tag{1-31}$$

其中,A、B、C 点不共线。

平衡方程的多种形式给列写平衡方程提供了很大的余地。一般都可把三元一次方程组转化成三个比较简单的一元一次方程,从而简化了解题过程。

平面汇交力系和平面平行力系以及平面力偶系都是平面力系的特例。平面汇交力系的平衡方程为

$$\sum_{i=1}^{n}F_{ix}=0,\sum_{i=1}^{n}F_{iy}=0,\quad (i=1,2,\cdots,n) \tag{1-32}$$

对平面平行力系,取 x 轴与各力平行,则其平衡方程为

$$\sum_{i=1}^{n}F_{ix}=0,\sum_{i=1}^{n}M_O(\boldsymbol{F}_i)=0,\quad (i=1,2,\cdots,n) \tag{1-33}$$

平面力偶系只有一个平衡方程,即

$$\sum_{i=1}^{n}M_i=0,\quad (i=1,2,\cdots,n) \tag{1-34}$$

注 意

不论选用哪种形式的平衡方程,对于同一平面力系来说,最多只能列出三个独立的平衡方程,因而只能求出三个未知量。选用力矩式方程,必须满足使用条件,否则所列平衡方程将不是独立的。

例 1-14 一刚架受到均布载荷 $q=2$ kN/m 和集中力 $F=4$ kN 的作用,刚架高 $h=2$ m,宽 $a=1$ m,如图 1-76(a)所示。试求 A、B 支座处约束力。

解:(1)取刚架为研究对象。

(2)受力分析和画受力图。刚架在活动铰链 A 处分别受到水平和垂直方向的约束力 $\boldsymbol{F}_{Ax}$ 和 $\boldsymbol{F}_{Ay}$,在 B 处活动铰链受到垂直方向的力 $\boldsymbol{F}_{By}$,以及均布载荷 q 和集中力 $\boldsymbol{F}$ 的作用,如图 1-76(b)所示。

(3)以 A 为原点,建立坐标轴,见图 1-76(b)。列平衡方程如下

$$\sum M_A=0,F_{By}\times a-\frac{1}{2}qa^2-Fh=0$$

$$\sum M_B=0,\frac{1}{2}qa^2-F_{Ay}\times a-Fh=0$$

$$\sum F_x = 0 \ , F_{Ax} + F = 0$$

解得 $F_{Ax} = -4$ kN，$F_{Ay} = -7$ kN，$F_{By} = 9$ kN。$\boldsymbol{F}_{Ax}$ 和 $\boldsymbol{F}_{Ay}$ 为负值，表示该力的假设方向与实际方向相反。

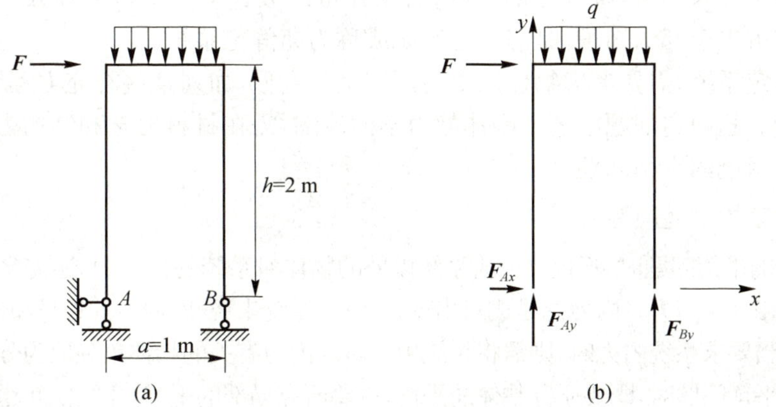

图 1-76　刚架支座约束力

例 1-15　如图 1-77(a)所示，水平梁受载荷 $F=60$ kN，均布载荷 $q=20$ kN/m，梁的自重不计，试求 A、B 处的支座约束力。

解：(1)选取研究对象。取梁 AB 为研究对象。

(2)受力分析和画受力图。梁上作用竖直向下的载荷 $\boldsymbol{F}$、q 和活动铰链 B 处竖直向上支座约束力 $\boldsymbol{F}_B$，要保证力系为平衡力系，固定铰链 A 处支座约束力 $\boldsymbol{F}_A$ 必为竖直方向。这样荷载和支座约束力组成平面平行力系，如图 1-77(b)所示。

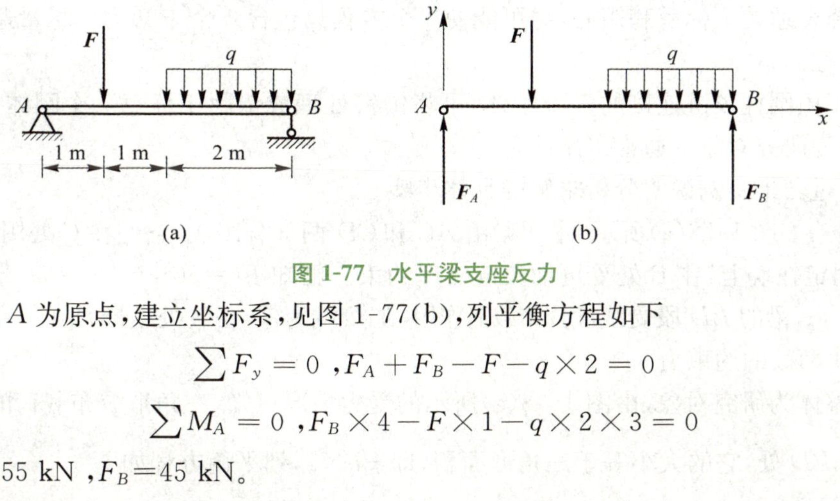

图 1-77　水平梁支座反力

(3)以 A 为原点，建立坐标系，见图 1-77(b)，列平衡方程如下

$$\sum F_y = 0 \ , F_A + F_B - F - q \times 2 = 0$$

$$\sum M_A = 0 \ , F_B \times 4 - F \times 1 - q \times 2 \times 3 = 0$$

解得 $F_A = 55$ kN，$F_B = 45$ kN。

三、静定和静不定物系平衡问题分析

1. 静定和静不定系统概念

工程中的机械结构一般是由若干部件以一定形式的约束联系在一起而组成的，这个组合体称为物体系统，简称为物系。

在刚体静力学中，对于由 n 个物体组成的物系，若每个物体受平面任意力系作用，则可

列 $3n$ 个独立的平衡方程。如系统中某些物体受平面汇交力系或平面平行力系等作用时，则平衡方程总数相应减少。独立平衡方程数与未知量数相比较，若未知量的数目少于平衡方程数，则已知条件多余，结构不平衡或结构不稳固；若未知量的数目等于平衡方程数，则由平衡方程能解出全部未知量，系统是静定的；若未知量的数目多于平衡方程数，则仅用静力学平衡方程不能解出全部未知量，是静不定系统或称为超静定系统。

对于超静定系统，需要考虑物体因受力而产生的变形，加列某些补充方程后才能求解出全部的未知量。超静定问题已超出刚体静力学的范围，需在材料力学和结构力学中研究，以下只讨论静定系统的平衡问题。

2. 静定物系的平衡问题

研究物系的平衡问题时，不仅要分析系统以外的物体对系统的作用力，还需要分析系统内部各物体之间的相互作用力。内力总是成对出现，对整个系统来说，因内力的矢量和恒等于零，故不必考虑内力。当要求系统内力时，则需将系统中与所求内力有关的物体单独取为分离体。这就是说研究物系的平衡问题时，既要研究整体的平衡，也要研究局部的平衡，才能使问题得到解决。当整个系统平衡时，其各组成部分也是平衡的。根据问题的需要恰当地选取整体或局部为研究对象进行分析，是解决物系平衡问题的关键，也是与解决单个物体平衡问题的差别所在。

物系处于整体平衡时，组成系统的每一刚体或由若干个刚体组成的子系统都处于平衡状态，都可以作为研究对象。一般来讲，研究对象的选择大体可遵循以下几个原则。

(1)如果系统的外部约束力的全部或部分能通过对系统的整体分析而求出，则可先取整体为研究对象。

(2)选择受力情况最简单，且未知约束力最少的某刚体或子系统为研究对象。

(3)选择合适的坐标系和矩心，尽可能使 1 个方程只包含 1 个未知力。尽量避免求解联立的平衡方程。

(4)对于由圆柱铰链连接的多个刚体，可将销钉处理成依附于任意一个刚体上，也可以单独取销钉为研究对象。通常采用前者。

下面通过若干实例说明分析求解的具体步骤。

例 1-16　如图 1-78(a)所示，水平梁由 AC 和 CD 两部分组成，它们在 C 处用铰链相连。梁的 A 端固定在墙上，在 B 处受可动铰链支座约束。已知 $F_1=30$ kN，$F_2=50$ kN，均布载荷 $p=8$ kN/m，梁的 BD 段受线性分布载荷作用，在 D 端为零，在 B 处达最大值 $q=12$ kN/m。试求 A 和 B 两处的约束力。

解：选整体为研究对象，由图 1-78(a)所示的受力情况可知，三角形分布载荷的合力作用在离 B 点 $\frac{1}{3}BD$ 处，它的大小等于三角形面积，即 $\frac{1}{2}q\times 1$，列平衡方程如下

$$\sum F_x=0, F_{Ax}=0$$

$$\sum F_y=0, F_{Ay}+F_{NB}-F_2-F_1-p\times 1-\frac{1}{2}q\times 1=0$$

$$\sum M_A(\boldsymbol{F})=0, M_A+F_{NB}\times 3-F_2\times 0.5-F_1\times 2.5-p\times 1\times 1.5-\frac{1}{2}q\times 1\times\left(3+\frac{1}{3}\right)=0$$

以上 3 个方程包含 4 个未知量，故再选择梁 CD 为研究对象，受力如图 1-78(b)所示。列平衡方程如下

$$\sum M_C(\boldsymbol{F})=0, F_{NB}\times 1-F_1\times 0.5-\frac{1}{2}q\times 1\times\left(1+\frac{1}{3}\right)=0$$

解得 $F_{NB}=23\ \text{kN}$，代入前面三个方程，解得 $F_{Ax}=0$，$F_{Ay}=71\ \text{kN}$，$M_A=63\ \text{kN}\cdot\text{m}$。

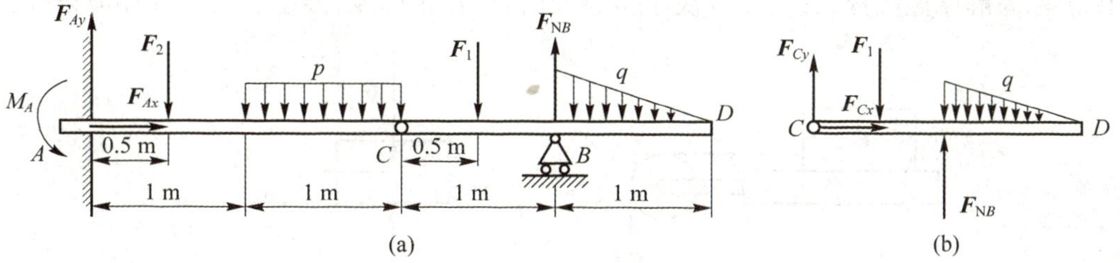

图 1-78　水平梁约束力

四、考虑摩擦时物系平衡问题分析

物体间的接触面不存在绝对光滑，只有摩擦很小或者摩擦作为次要因素不予考虑时才将接触面视为理想光滑的。摩擦在工程上有利有弊，摩擦增大了阻力，利用摩擦传递能量是其利，消耗了能量是其弊。按照物体表面相对运动的情况，摩擦可以分为滑动摩擦和滚动摩擦两类。滚动摩擦阻力一般较小，在许多工程问题中常常可忽略不计。下面主要讨论考虑滑动摩擦时物系的平衡问题。

1. 滑动摩擦

滑动摩擦是指物体接触面作相对滑动或具有相对滑动趋势时的摩擦。滑动摩擦又可以分为静滑动摩擦和动滑动摩擦两种情况。

1)静滑动摩擦

静滑动摩擦是物体间具有相对运动趋势时的摩擦。如图 1-79(a)所示，重量为 $\boldsymbol{G}$ 的物块放置于水平桌面上，绳子一端系在物块上，另一端绕过一滑轮系在一个砝码上，此时物块在砝码拉力的作用下将向前运动或具有向前运动的趋势。对物块进行受力分析如图 1-79(b)所示，如果物块受力处于静止状态，说明在水平方向上，物块受到与砝码拉力 $\boldsymbol{T}$ 方向相反的力 $\boldsymbol{F}$，其大小应该等于砝码的拉力，即

$$\boldsymbol{F}=-\boldsymbol{T} \tag{1-35}$$

力 $\boldsymbol{F}$ 就称为静滑动摩擦力，简称静摩擦力。

当砝码重量逐渐加大后，在一定范围内，物块仍然保持静止不动，说明物块仍然保持平衡状态。在这个过程中，静摩擦力也随着砝码的拉力的增大而增大。当砝码的重量增大到某一确定的值时，物块在砝码确定的拉力作用下开始向前运动，根据平衡条件，摩擦力为已经确定的值，不再增大。物块处于将动未动的状态称为其运动的临界平衡状态，临界平衡状态的摩擦力称为最大静摩擦力或极限静摩擦力，用符号 $\boldsymbol{F}_{\text{m}}$ 表示。可见，静摩擦力的大小随主动力大小的变化而改变，其大小可以通过力的平衡方程求得，它的方向与两个接触物体相

对滑动的趋势相反。静摩擦力的取值范围是

$$0 \leqslant F \leqslant F_m \tag{1-36}$$

大量的实验表明，最大静摩擦力的大小与支承面对物块的约束力 $\boldsymbol{F}_N$ 成正比。用计算式表述为

$$F_m = fF_N \tag{1-37}$$

式中，f 称为静摩擦因数，其大小取决于接触面的材料、粗糙度、温度和湿度等环境条件。

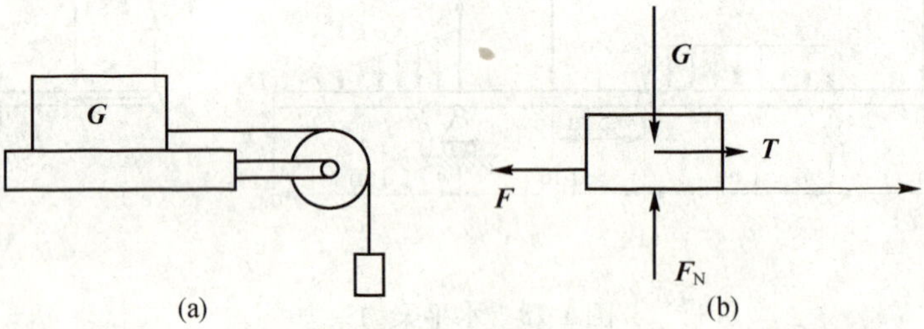

图 1-79　滑动摩擦

2)动滑动摩擦

当拉力刚刚超过极限摩擦力，即最大静摩擦力时，接触面对物块的摩擦力无法让物块继续保持平衡状态而发生滑动。这时的摩擦力称为动滑动摩擦力，它的方向与物体间相对滑动的方向相反。实验结果表明，它的大小由下式确定

$$F' = f'F_N \tag{1-38}$$

式中，f' 为动摩擦因子，F_N 为接触面的约束力。

以上分析说明，考虑滑动摩擦问题时，要分清物体处于静止、临界平衡和滑动三种情况中的哪种状态，然后选用相应的方法进行计算。

3)摩擦角与自锁现象

将重为 $\boldsymbol{G}$ 的物体放在表面粗糙的固定水平面上，这时物体在重力 $\boldsymbol{G}$ 与约束力 $\boldsymbol{F}_N$ 作用下处于平衡，如图 1-80(a)所示。物体受力 $\boldsymbol{F}_P$ 作用仍静止时，把它所受的约束力 $\boldsymbol{F}_N$ 和切向摩擦力 $\boldsymbol{F}$ 合成为一个反力 $\boldsymbol{F}_R$，称为全约束力或全反力。它与接触面法线间的夹角为 φ，由此得

$$\tan\varphi = \frac{F}{F_N} \tag{1-39}$$

φ 角随主动力的变化而变化，当物体处于平衡的临界状态时，静摩擦力达到最大静摩擦力 $\boldsymbol{F}_m$，φ 角也将达到相应的最大值 φ_f，称为临界摩擦角，简称摩擦角。如图 1-80(b)所示，此时有

$$\tan\varphi_f = \frac{F_m}{F_N} = \frac{fF_N}{F_N} = f \tag{1-40}$$

式(1-40)表明，静摩擦因数等于摩擦角的正切。

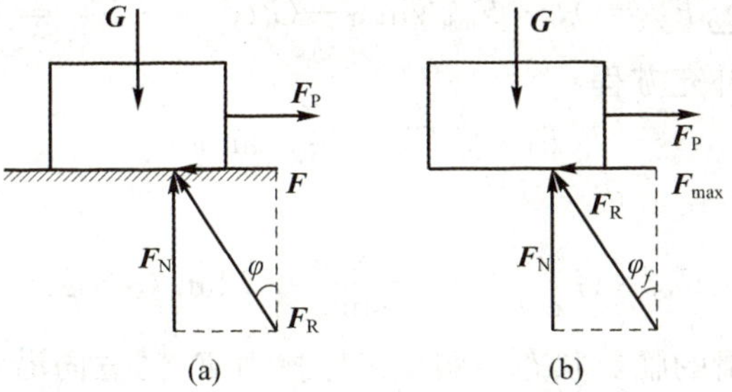

图 1-80 摩擦角

由于静摩擦力不能超过其最大值 F_m，因此 φ 角总是小于等于摩擦角 φ_f 即 $0\leqslant\varphi\leqslant\varphi_f$，即全反力的作用线不可能超出摩擦角的范围。

由此可知：(1)当主动力的合力 $\boldsymbol{F}_Q$ 的作用线在摩擦角 φ_f 以内时，由二力平衡公理可知，全反力 $\boldsymbol{F}_R$ 与之平衡，如图 1-81 所示。因此只要主动力合力的作用线与接触面法线间的夹角 α 不超过 φ_f，即

$$\alpha\leqslant\varphi_f \tag{1-41}$$

则不论该合力的大小如何，物体总处于静定平衡状态，这种现象称为摩擦自锁，式(1-41)称为自锁条件。利用自锁原理可设计某些机构或夹具，如圆锥销等，使之始终保持在平衡状态下工作。

(2)当主动力合力的作用线与接触面法线间的夹角 $\alpha>\varphi_f$ 时，全反力不可能与之平衡，因此不论这个力多么小，物体一定会滑动。

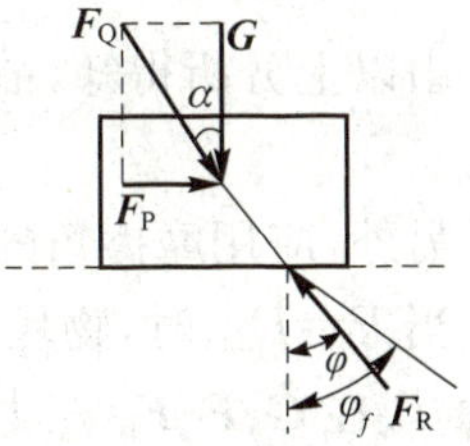

图 1-81 摩擦角的范围

在机械传动装置的设计中，为避免机构间自行卡死，需要注意避免自锁现象的发生。反之，为了机构的安全，往往也需要自锁设计，如千斤顶、压榨机和蜗轮蜗杆传动中的自锁等。

2. 考虑摩擦时物系平衡问题计算

考虑摩擦时物系的平衡问题与不考虑摩擦时物系的平衡问题有着共同特点，即物体平衡时应满足平衡条件，解题方法与过程也基本相同。但是这类平衡问题的分析过程也有其特点。首先受力分析时必须考虑摩擦力，而且要注意摩擦力的方向与相对滑动趋势的方向相反；其次，在滑动之前，即处于静止状态时，摩擦力不是一个定值，而是在一定的范围内变化。

例 1-17 图 1-82(a)所示，一重为 G 的物体放在倾角为 α 的固定斜面上。已知物块与斜面间的静摩擦因数 f_s(摩擦角为 $\varphi_f=\arctan f_s$)，试求维持物块平衡的水平推力 $\boldsymbol{F}$ 的取值范围。

解： 根据经验，$\boldsymbol{F}$ 值过大，物块将上滑，$\boldsymbol{F}$ 值过小，物块将下滑，故 $\boldsymbol{F}$ 值只在一定范围内($F_{min}\leqslant F\leqslant F_{max}$)才能保持物块静止。下面就两种极限情况进行分析。

(1)求 $\boldsymbol{F}_{min}$，即将下滑的临界状态。假设静摩擦力 $\boldsymbol{F}_1$ 的方向沿斜面向上，其受力图和坐标系如图 1-82(b)所示。列平衡方程如下

$$\sum F_x=0,F_{min}\cos\alpha+F_1=0$$

$$\sum F_y = 0, -F_{\min}\sin\alpha - G\cos\alpha + F_{N1} = 0$$

由静摩擦定律建立补充方程

$$F_1 = f_s F_{N1} = F_{N1}\tan\varphi_f$$

解得

$$F_{\min} = G\frac{\sin\alpha - f_s\cos\alpha}{\cos\alpha - f_s\sin\alpha} = G\tan(\alpha - \varphi_f)$$

(2)求 $\boldsymbol{F}_{\max}$，即将上滑的临界状态。假设静摩擦力 $\boldsymbol{F}_2$ 的方向沿斜面向下，其受力图和坐标系如图 1-82(c)所示。列平衡方程如下

$$\sum F_x = 0, F_{\max}\cos\alpha - G\sin\alpha - F_2 = 0$$

$$\sum F_y = 0, -F_{\max}\sin\alpha - G\cos\alpha + F_{N2} = 0$$

由静摩擦定律建立补充方程

$$F_2 = f_s F_{N2} = F_{N2}\tan\varphi_f$$

解得

$$F_{\max} = G\frac{\sin\alpha + f_s\cos\alpha}{\cos\alpha - f_s\sin\alpha} = G\tan(\alpha + \varphi_f)$$

由以上分析得知，欲使物块保持平衡，力 $\boldsymbol{F}$ 的取值范围应为

$$G\tan(\alpha - \varphi_f) \leqslant F \leqslant G\tan(\alpha + \varphi_f)$$

另外，应用摩擦角的概念，可采用几何法求解本题。

当 $F = F_{\min}$ 时，物块处于即将下滑的临界平衡状态，全反力 $\boldsymbol{F}_{R1}$ 与法线的夹角为摩擦角 φ_f，物块在 $\boldsymbol{G}$、$\boldsymbol{F}$、$\boldsymbol{F}_{R1}$ 三力作用下处于平衡，如图 1-82(d)所示，作封闭的力三角形，得

$$F_{\min} = G\tan(\alpha - \varphi_f)$$

当 $F = F_{\max}$ 时，物块处于即将上滑的临界平衡状态，全反力 $\boldsymbol{F}_{R2}$ 与法线的夹角也是 φ_f，但 $\boldsymbol{F}_{R1}$ 与 $\boldsymbol{F}_{R2}$ 分布于接触面公法线的两侧，如图 1-82(e)所示。作封闭的力三角形可得

$$F_{\max} = G\tan(\alpha + \varphi_f)$$

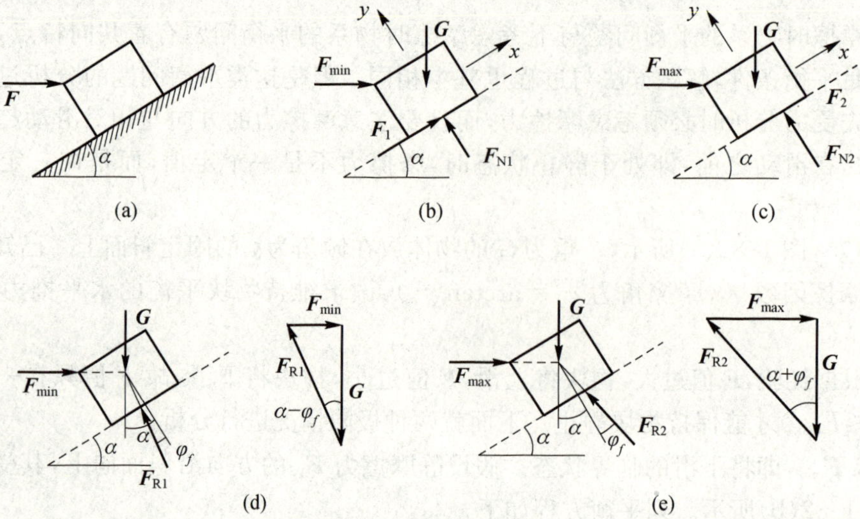

图 1-82 斜面重物受力

任务实施

平面任意力系平衡问题的求解——求图 1-83(a)中构件 A、C 和 E 处的约束力。

解:(1)取构件 DE 为研究对象,受力图如图 1-83(b)所示,列写平衡方程如下

$$\sum M_D(\boldsymbol{F})=0,2N_E-P\sin 60^\circ=0$$

解得 E 处的约束力 $N_E=8.66\ \text{kN}$。

(2)取构件 BD、DE 组成的系统。为研究对象,受力图如图 1-83(c)所示,列写平衡方程如下

$$\sum M_B(\boldsymbol{F})=0,6N_E-5P\sin 60^\circ-M+2N_C-\frac{1}{2}q=0$$

解得 C 处的约束力 $N_C=44.32\ \text{kN}$。

(3)取整体为研究对象,受力图如图 1-83(d)所示,列写平衡方程如下

$$\sum F_x=0,R_{Ax}+P\cos 60^\circ=0$$

$$\sum F_y=0,R_{Ay}+N_C+N_E-2q-P\sin 60^\circ=0$$

$$\sum M_A(\boldsymbol{F})=0,8N_E-7P\sin 60^\circ-3P\cos 60^\circ-M-4N_C-2\times 2q+M_A=0$$

解得 A 处的约束力 $R_{Ax}=-10\ \text{kN}$,$R_{Ay}=-19.66\ \text{kN}$,$M_A=190.62\ \text{kN}\cdot\text{m}$,$R_{Ax}$ 和 R_{Ay} 为负值,表示力的假设方向与实际方向相反。

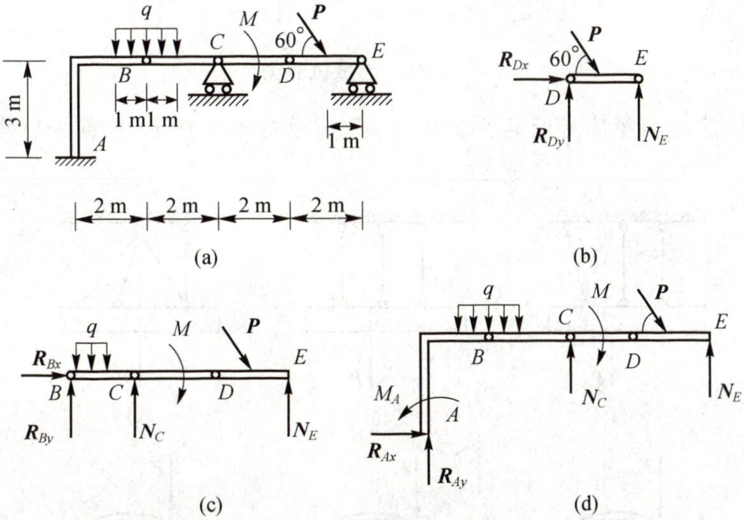

图 1-83 三构件约束力求解

思考与练习

一、简答题

1. 设一平面任意力系向某一点简化得到一合力。如另选适当的点为简化中心，力系能否简化为一力偶？为什么？

2. 某平面力系向同平面内任一点简化的结果都相同，此力系简化的最终结果是什么？

3. 平面汇交力系的平衡方程中，可否取两个力矩方程，或一个力矩方程和一个投影方程，其矩心和投影轴的选择有什么限制？

4. 如图 1-84 所示为一起重机，A、B、C 处均为光滑铰链连接，水平杆 AB 的重量 $G=6$ kN，载荷 $F=12$ kN，有关尺寸如图所示，BC 杆自重不计。如果载荷 $\boldsymbol{F}$ 可以沿杆 AB 移动，问：

(1)载荷 $\boldsymbol{F}$ 在什么位置时杆 BC 所受的拉力最大？其值为多少？

(2)载荷 $\boldsymbol{F}$ 在什么位置时铰链 A 处的约束力达到最大值？其值为多少？

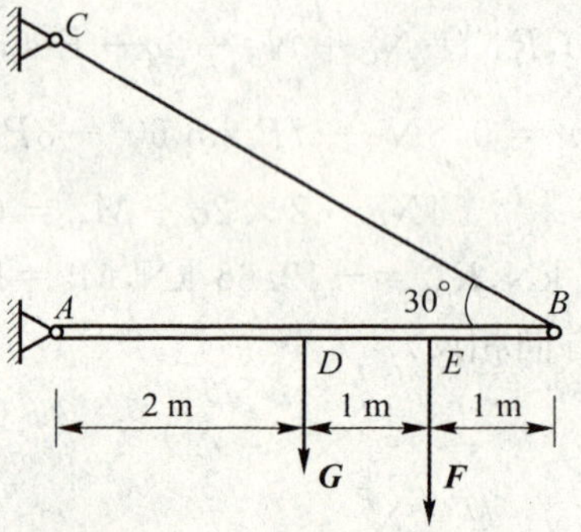

图 1-84　起重机受力

5. 怎么判断静定和超静定问题？如图 1-85 所示的 6 种情形中哪些是静定问题？哪些是超静定问题？

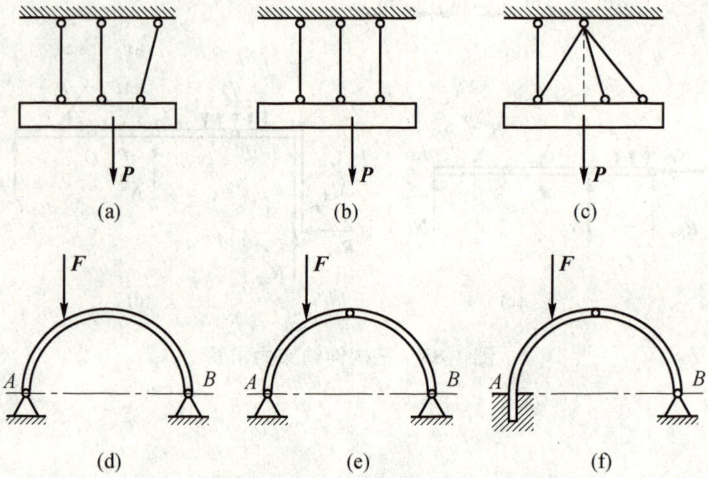

图 1-85　静定和超静定

6. 在粗糙的斜面上放置重物，当重物不下滑时，敲打斜面板，重物可能会下滑。试解释其原因。

7. 静摩擦因数与动摩擦因数是否一样？为什么？

二、分析计算题

1. 在平板上作用 4 个力：$F_1=30$ N，$F_2=30$ N，$F_3=25$ N，$F_4=20$ N。各力的方向和作用位置如图 1-86 所示。求力系的合力。

2. 平行力系由 5 个力组成，力的大小和作用线的位置如图 1-87 所示。图中坐标的单位为 cm。求平行力系的合力。

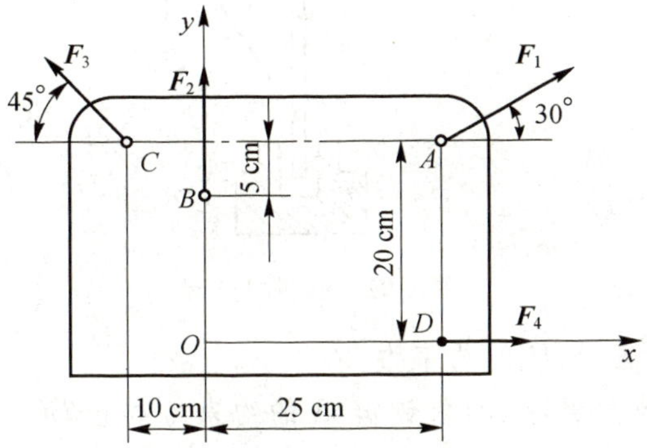

图 1-86　平板受力

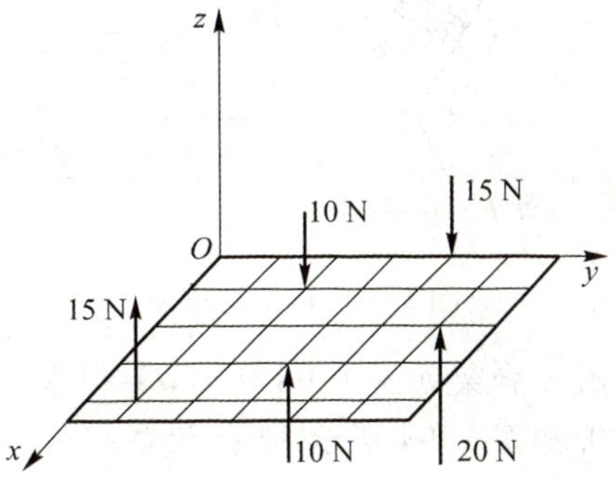

图 1-87　平行力系的合成

3. 三铰门式刚架受集中力 **P** 作用，不计架重。求如图 1-88 所示两种情况下支座 A、B 的约束力。

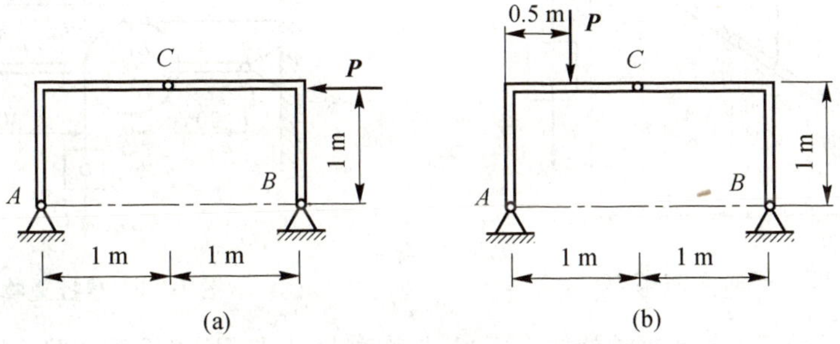

图 1-88　三铰门式刚架约束力

4. 如图 1-89 所示结构在点 D 作用一水平力 $P=2$ kN。求 A、B、C 处的约束力。

5. 求如图 1-90 所示物体的支座约束力，长度单位为 m。

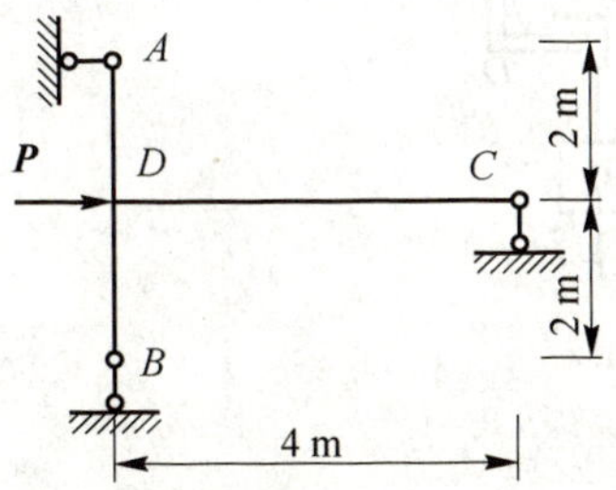

图 1-89　杆件约束力

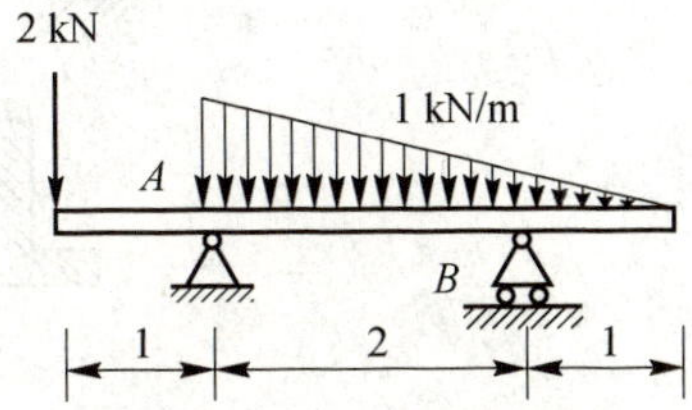

图 1-90　支座约束力

6. 如图 1-91 所示，用 3 根杆连接成一构架，各连接点均为铰链连接，B 处的接触表面光滑，不计各杆的重力，各段尺寸如图。求铰链 D 处的受力。

7. 如图 1-92 所示，起重机支架的杆 AB、AC 用铰链连接在可旋转的立柱上，并在 A 点用铰链互相连接。由绞车 D 水平引出钢索绕过滑轮 A 起吊重物。如物重 $G=20$ kN，滑轮的尺寸和各杆的自重忽略不计。试求杆 AB 和杆 AC 所受的力。

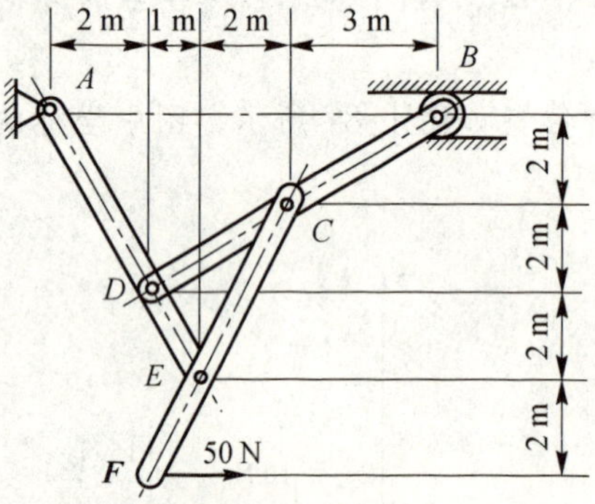

图 1-91 构架约束力

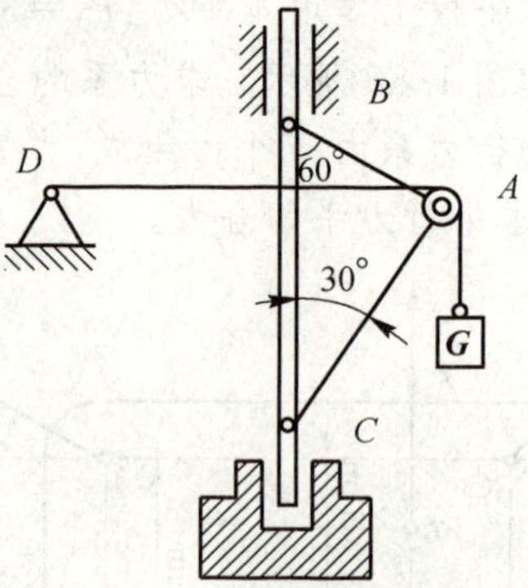

图 1-92 起重机支架

8. 三脚架如图 1-93 所示，$G=1$ kN，试求支座 A、B 的约束力。

9. 如图 1-94 所示，已知物重 $G=10$ kN，其他重量不计，求铰链 A 的约束力和杆 BC 所受的力。

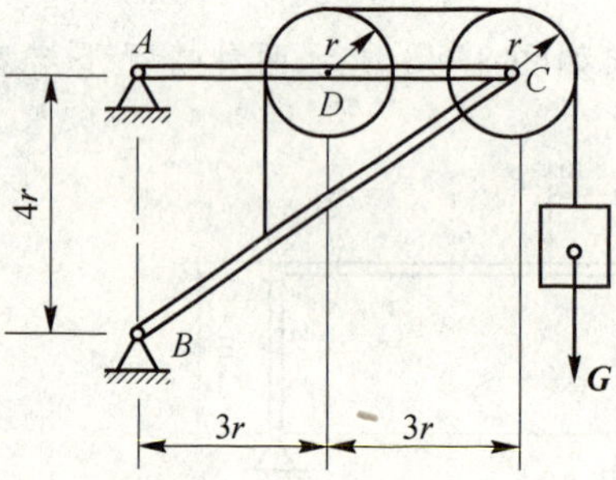

图 1-93 三脚架约束力

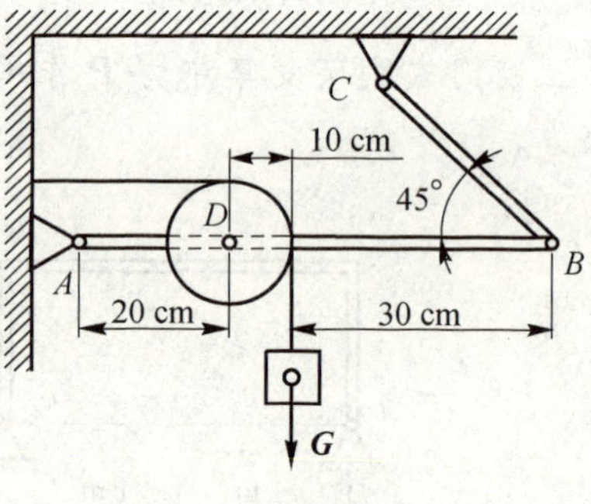

图 1-94 悬挂重物受力

10. 如图 1-95 所示，蒸汽锅炉的安全阀 A 与均质杠杆重 $P=9.8$ N，$OD=40$ cm，$OB=5$ cm，在 C 处悬挂平衡锤 $G=320$ N，阀面积 $A=25$ cm^2。如欲使安全阀在气压大于 1.013 MPa 时自动开启，求 OC 长度。

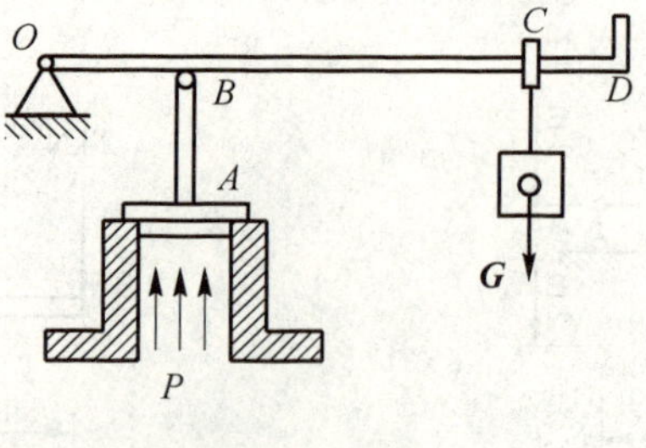

图 1-95 蒸汽锅炉

11. 悬臂吊车如图 1-96 所示，横梁 AB 长 $l=2.5$ m，重力 $W=1.2$ kN。拉杆 CD 延长线与 AB 梁相交于 B 点，其倾斜角 $\alpha=30°$，重力不计。电葫芦连同重物重力 $G=7.5$ kN。试求当电葫芦在 $x=2$ m 的位置时，拉杆的拉力和铰链 A 的约束力。

12. 如图 1-97 所示，构架由杆 AB、AC 和 DF 铰接而成，在杆 DEF 上作用一力偶矩为 $M=60$ N·m 的力偶，$a=2$ m 各杆重力不计，求杆 AB 上铰链 A、D 和 B 的受力。

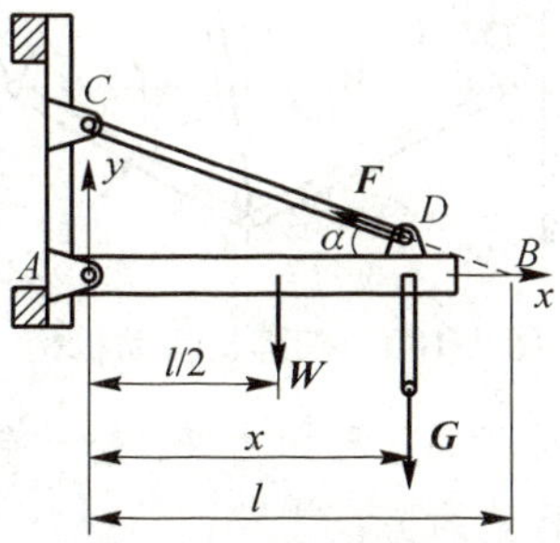

图 1-96　悬臂吊车

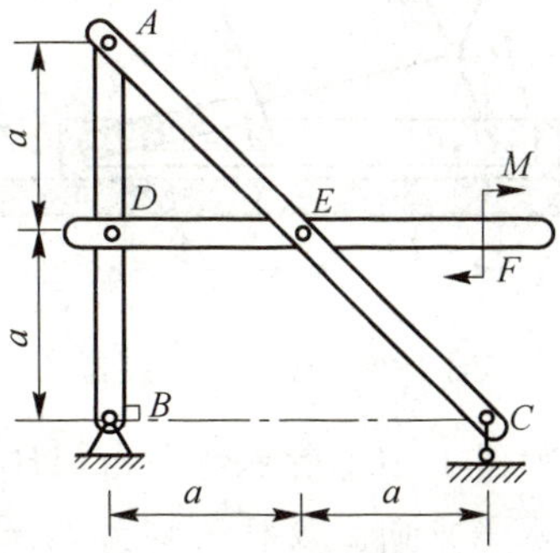

图 1-97　构架受力

13. 如图 1-98 所示，组合梁由 AC 和 CD 两段铰接构成，起重机放在梁上。已知起重机重 $P_1=80$ kN，重心在铅直线 EC 上，起重载荷 $P_2=20$ kN。如不计梁重，求支座 A、B、D 三处的约束力。

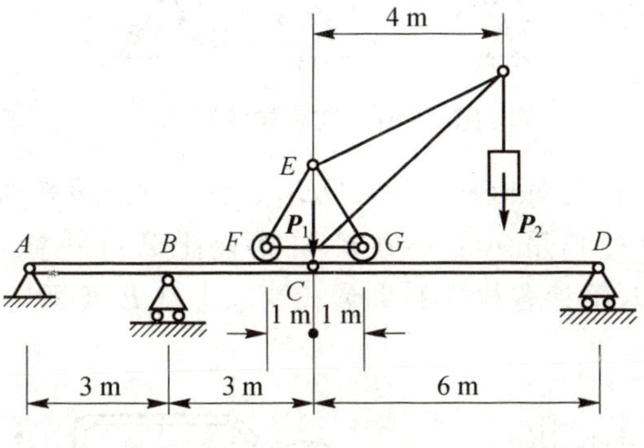

图 1-98　组合梁约束力

14. 如图 1-99 所示液压升降装置，由平台和两个联动机构所组成，联动机构上的液压缸承受相等的力（图中只画了一副联动机构和一个液压缸）。连杆 EDB 和 CG 长均为 $2a$，杆端装有滚轮 B 和 C，杆 AD 铰接于 EDB 的中点。举起重量 $\boldsymbol{W}$ 的一半由图示机构承受。设 $W=10$ kN，$a=2$ m，$l=6$ m，求当 $\theta=60°$ 时液压缸保持平衡所需的推力，并说明所得的结果与距离 d 无关。

15. 如图 1-100 所示破碎机传动机构，活动颚板 $AB=80$ cm，设破碎时对颚板作用力垂直于 AB 方向的分力 $P=5$ kN，$AH=60$ cm，$BC=CD=80$ cm，$OE=20$ cm，求图示位置时电机对杆 OE 作用的转矩 M。

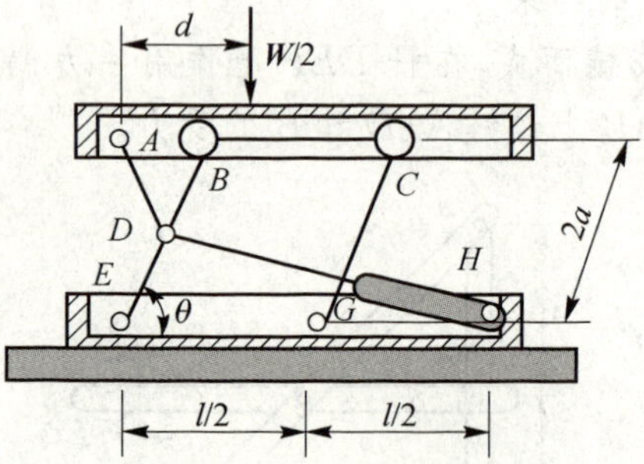

图 1-99　液压升降装置

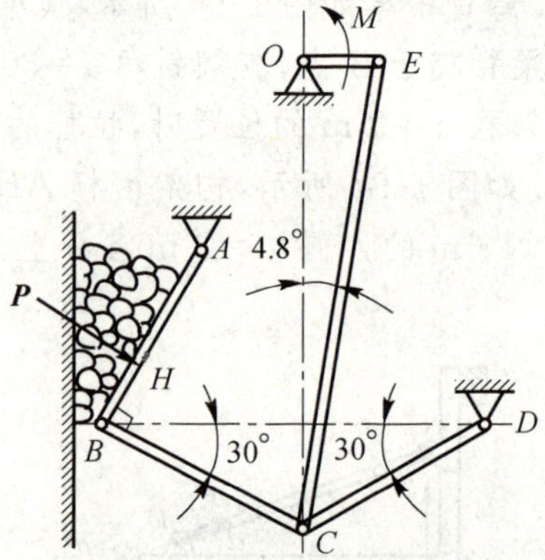

图 1-100　破碎机传动机构

16. 如图 1-101 所示结构由 AB、BC、CD、CE 四杆铰接而成，已知力 $\boldsymbol{F}_1$ 处于铅垂方向，力 $\boldsymbol{F}_2$ 沿水平方向。设杆长均为 l，不计杆重，试求杆 CE 所受的力。

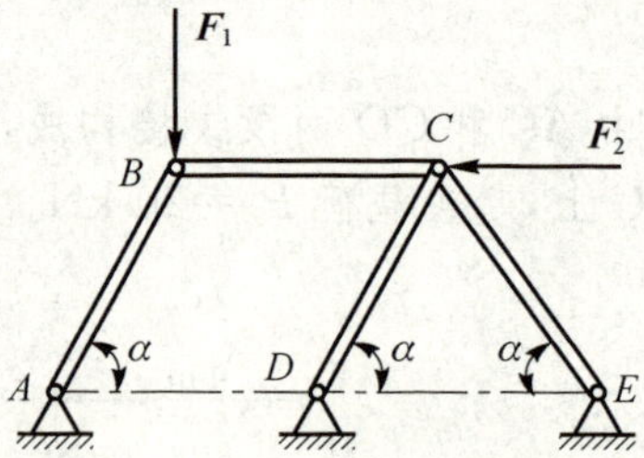

图 1-101　四杆铰接受力

17. 如图 1-102 所示，由直角曲杆 ABC、DE，直杆 CD 及滑轮组成的结构，杆 AB 上作用有水平均布荷载 q，在 D 处作用一铅垂力 $\boldsymbol{F}$，在滑轮上悬吊一重为 $\boldsymbol{G}$ 的重物，滑轮的半径 $r=a$，且 $G=2F$，$CO=OD$，不计各构件的重量。试求支座 E 及固定端 A 的约束力。

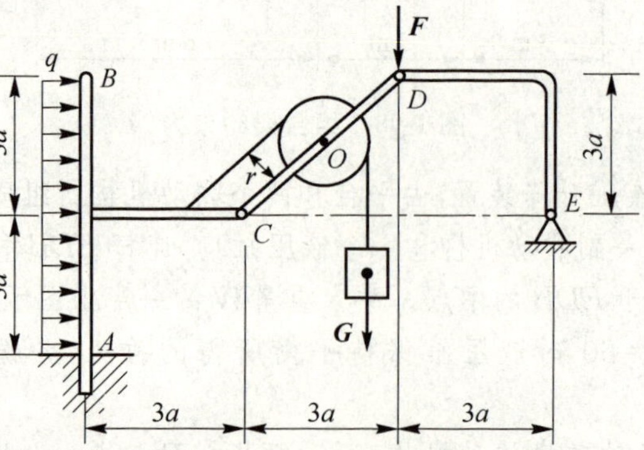

图 1-102　杆件滑轮结构

18. 如图 1-103 所示，一重为 200 N 的梯子 AB 一端靠在铅垂的墙壁上，另一端搁置在水平地面上，$\theta=\arctan 4/3$。假设梯子与墙壁间为光滑约束，而与地面之间存在摩擦，静摩擦因数 $f=0.5$。梯子是处于静止还是会滑倒，此时摩擦力的大小为多少？

19. 如图 1-104 所示，铁板重 2 kN，其上压一重 5 kN 的重物，拉住重物的绳索与水平面成 30°角，现欲将铁板抽出。已知铁板和水平面间的摩擦因数 $f_1=0.20$，重物和铁板间的摩擦因数 $f_2=0.25$，求抽出铁板所需力 $\boldsymbol{F}$ 的最小值。

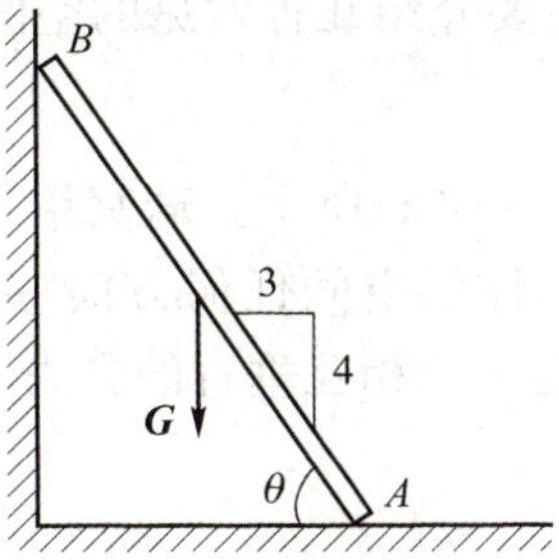

图 1-103 梯子摩擦力

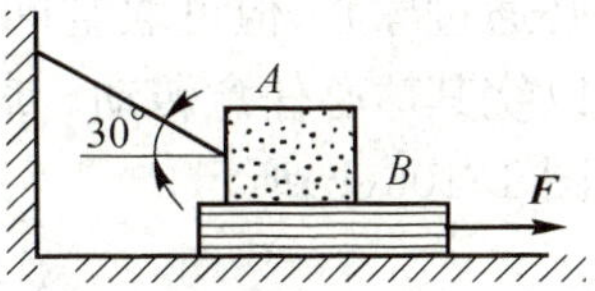

图 1-104 重物和铁板摩擦

任务五 空间力系平衡问题的求解

任务描述

图 1-105 所示为某水轮机涡轮转动轴，已知大锥齿轮 D 上承受的啮合反力可以分解为圆周力 $\boldsymbol{F}_t$、轴向力 $\boldsymbol{F}_a$ 和径向力 $\boldsymbol{F}_r$，且它们的大小比为 $F_t : F_a : F_r = 1 : 0.32 : 0.17$，外力偶矩 $M_z = 2\ \text{kN}\cdot\text{m}$，转动轴及其附件总重量为 $G=20\ \text{kN}$，锥齿轮的平均半径为 $DE=r=0.8\ \text{m}$，其余尺寸如图所示，试求两轴承处的约束力。

任务分析

了解空间力系简化的方法和结果，能应用平衡条件求解空间汇交力系、空间平行力系、空间任意力系和空间力偶系的平衡问题。

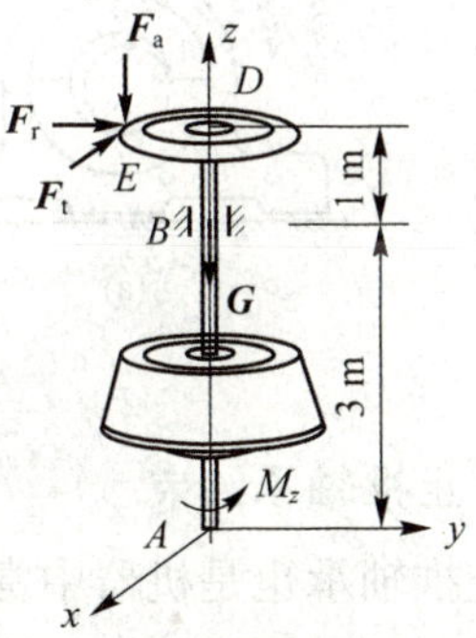

图 1-105 水轮机涡轮转动轴

知识准备

工程实际中，刚体的受力除了平面力系外，如果作用于物体上的力的作用线以及力偶的作用面不都在一个平面上，则属于空间力系的作用。如果空间力系中各个力的作用线交于一点称为空间汇交力系；如果所有力的作用线相互平行则称为空间平行力系；如果一个物体受到多个力偶的作用，而且这些力偶中至少有两个力偶的作用面不在一个平面上，则称该力偶系为空间力偶系。力的作用线在空间任意分布的力系和空间力偶系统称为空间任意力系。

空间力系的分析方法与平面力系的分析方法是一样的。本任务重点研究空间力系的平衡方程及其应用。

一、常见的空间约束

任务一中介绍了工程中常见的几种平面约束。下面主要介绍几种常见的空间约束。

1. 球铰链约束

微课
常见的空间约束

球铰链约束是用于空间问题中的约束，如图 1-106(a)所示。球窝给予球的约束力必通过球心，但可取空间任何方向。它能限制物体沿空间任何方向移动，但物体可以绕其球心任意转动。球铰链的约束力可分解为三个相互垂直的分力 $\boldsymbol{F}_x$、$\boldsymbol{F}_y$、$\boldsymbol{F}_z$，如图 1-106(b)所示。

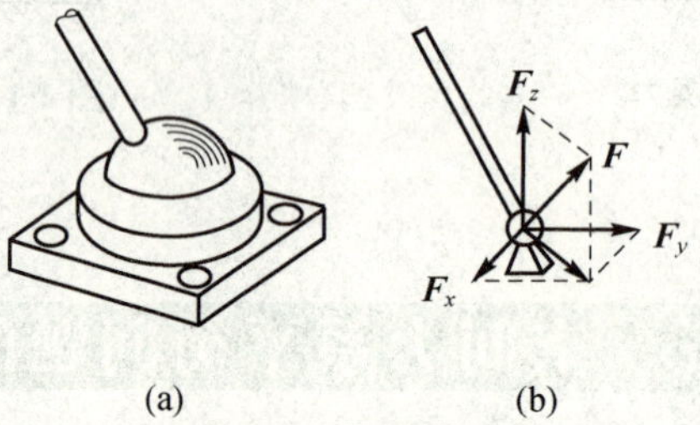

图 1-106　球铰链约束

2. 径向轴承约束

机器中的径向轴承是转轴的约束，它允许转轴转动，但限制转轴在垂直于轴线的任何方向的移动，如图 1-107(a)所示。径向轴承的简化如图 1-107(b)所示，其约束力可用垂直于轴线的两个相互垂直的分力来表示，如图 1-107(c)所示。

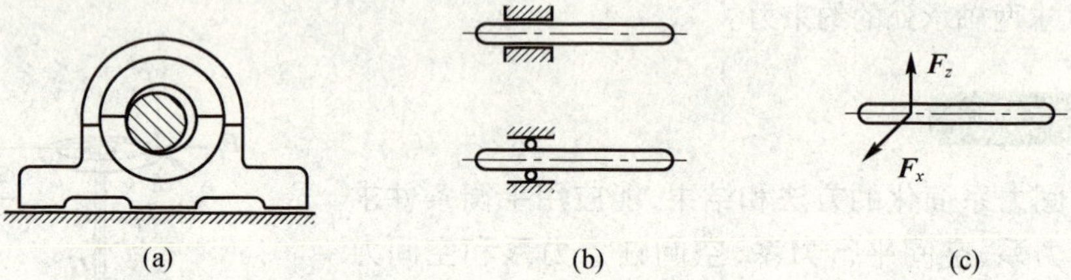

图 1-107　径向轴承约束

3. 止推轴承约束

止推轴承也是机器中常见的约束，如图 1-108(a)所示，止推轴承的简化如图 1-108(b)所示，与径向轴承不同之处是它还能限制转轴沿轴向的移动，其约束力增加了沿轴线方向的分力，如图 1-108(c)所示。

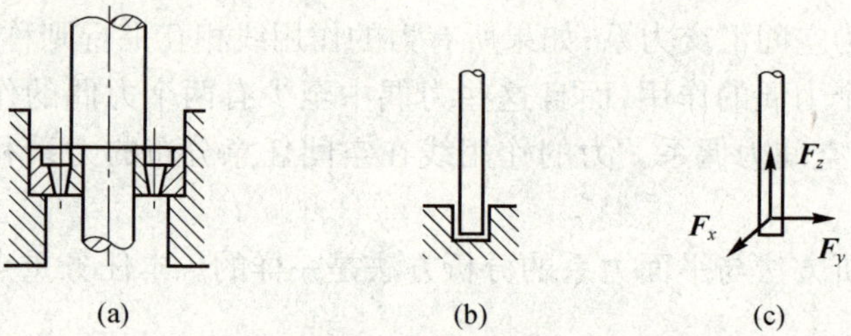

图 1-108　止推轴承约束

4. 空间固定端约束

如图 1-109(a)所示，空间固定端约束既能限制物体沿任何方向的移动，也能限制物体在约束处的转动，如房屋的凉台或车床的刀具夹持端等，固定端简化如图 1-109(b)所示，它们既不能转动也不能移动，所以既有三个方向的约束力，也有三个方向的约束力偶，如图 1-109(c)所示。

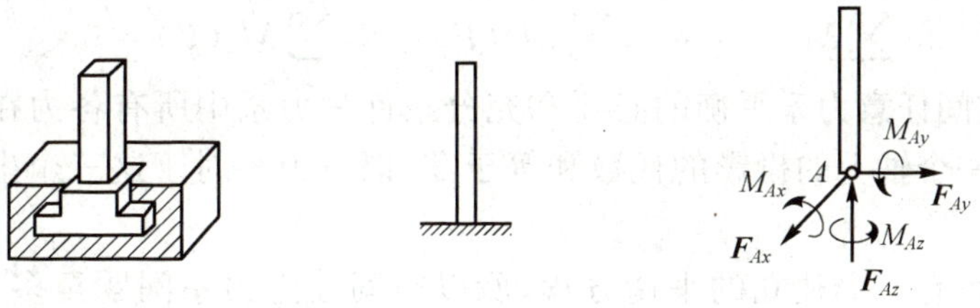

图 1-109　空间固定端约束

二、空间力系平衡问题的求解

1. 空间力系的简化

设物体上作用空间力系 $\boldsymbol{F}_1, \boldsymbol{F}_2, \cdots, \boldsymbol{F}_n$，如图 1-110(a)所示。与平面任意力系的简化方法一样，在物体内任取一点 O 作为简化中心，依据力的平移定理，将图中各力平移到 O 点，加上相应的附加力偶，这样就可得到一个作用于简化中心 O 点的空间汇交力系和一个附加的空间力偶系，如图 1-110(b)所示。将作用于简化中心的汇交力系和附加的空间力偶系分别合成，便可以得到一个作用于简化中心 O 点的主矢 $\boldsymbol{F}'_{\mathrm{R}}$ 和一个主矩 M_O，如图 1-110(c)所示。

主矢 $\boldsymbol{F}'_{\mathrm{R}}$ 的大小为

$$F_{\mathrm{R}} = \sqrt{\left(\sum F_x\right)^2 + \left(\sum F_y\right)^2 + \left(\sum F_z\right)^2} \tag{1-42}$$

主矩 M_O 的大小为

$$M_O = \sqrt{\left[\sum M_x(\boldsymbol{F})\right]^2 + \left[\sum M_y(\boldsymbol{F})\right]^2 + \left[\sum M_z(\boldsymbol{F})\right]^2} \tag{1-43}$$

即原力系中各力对于简化中心之矩的代数和。

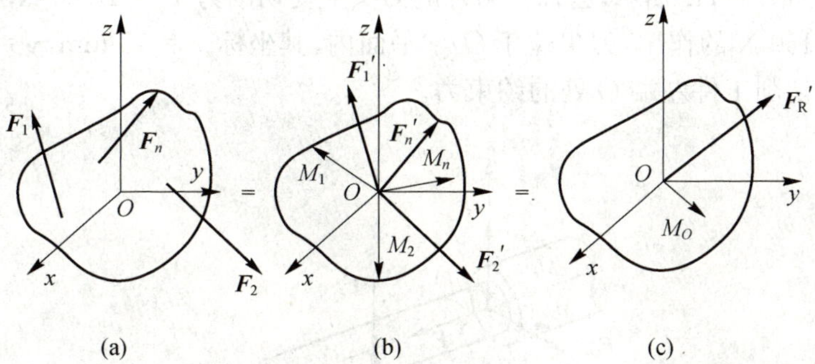

图 1-110　空间力系的简化

2. 空间力系的平衡方程及其应用

若空间任意力系平衡，如图 1-111(a)所示，则力系中各力的矢量和与各力对于简化中心之矩的代数和均为零。因此得到

$$\sum F_x = 0, \sum F_y = 0, \sum F_z = 0 \tag{1-44}$$

$$\sum M_x(\boldsymbol{F}) = 0, \sum M_y(\boldsymbol{F}) = 0, \sum M_z(\boldsymbol{F}) = 0 \tag{1-45}$$

由此可知，空间任意力系平衡的必要和充分条件是力系中所有各力在任意相互垂直的三个坐标轴的每一个轴上的投影的代数和等于零，以及力系对于这三个坐标轴的矩的代数和分别等于零。

空间任意力系有 6 个独立的平衡方程，所以空间任意力系问题至多可解 6 个未知量。空间力系还存在如下两种特殊情况。

(1)空间汇交力系。各力的作用线汇交于一点的空间力系称为空间汇交力系，如图 1-111(b)所示。若以汇交点为原点，取直角坐标系 $Oxyz$，由于各力与三个坐标轴都相交，式(1-45)中的三个力矩方程自然得到满足，所以空间汇交力系的平衡方程只有三个，即

$$\sum F_x = 0, \sum F_y = 0, \sum F_z = 0 \tag{1-46}$$

(2)空间平行力系。各力作用线互相平行的空间力系称为空间平行力系，如图 1-111(c)所示。取坐标系 $Oxyz$，令 z 轴与力系中各力平行，则不论力系是否平衡，都自然满足 $\sum F_x = 0$，$\sum F_y = 0$，$\sum M_z(\boldsymbol{F}) = 0$。于是空间平行力系的平衡方程为

$$\sum F_z = 0, \sum M_x(\boldsymbol{F}) = 0, \sum M_y(\boldsymbol{F}) = 0 \tag{1-47}$$

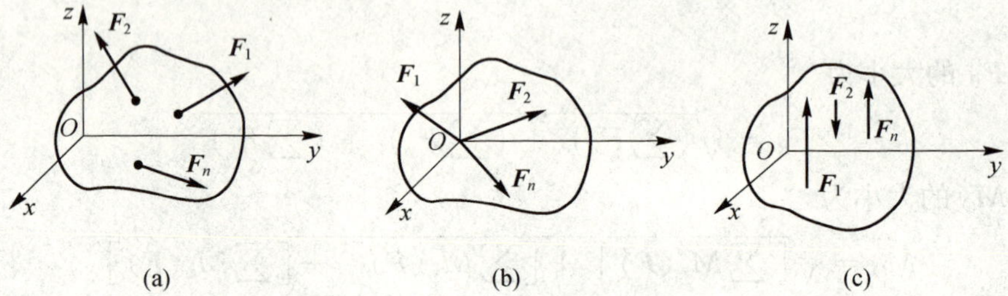

图 1-111　空间任意力系平衡

例 1-18　如图 1-112 所示，已知镗刀杆的刀头上受切削力 F_z＝1 000 N，径向力 F_x＝ 300 N，轴向力 F_y＝150 N 的作用，刀尖位于 Oxy 平面内，其坐标 x＝75 mm，y＝200 mm。工件重量不计，求被切削工件左端 O 处的约束力。

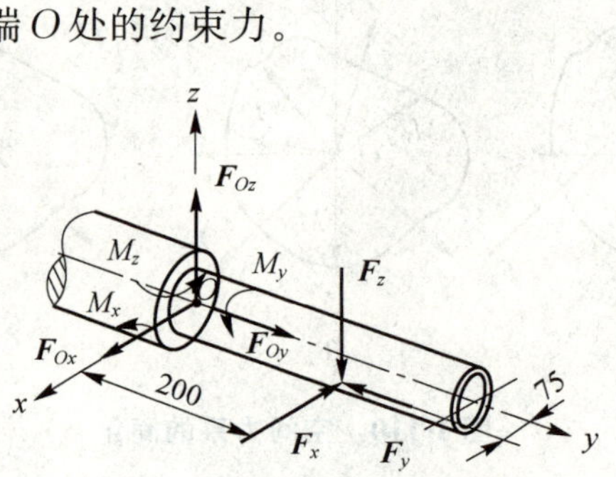

图 1-112　镗刀杆

解:(1)取镗刀杆为研究对象。

(2)受力分析和画受力图。镗刀杆根部是固定端约束,由于镗刀杆受的主动力是空间力系,因此当镗刀杆平衡时,固定端的约束力也是一个空间力系,将此力系向点 O 简化,得到一约束力和一约束力偶。约束力用直角坐标轴的三个分量 $\boldsymbol{F}_{Ox}$、$\boldsymbol{F}_{Oy}$、$\boldsymbol{F}_{Oz}$ 表示,约束力偶用三个正交分力偶矩 M_x、M_y、M_z 表示,见图 1-112。

(3)列平衡方程得

$$\sum F_x = 0, -F_x + F_{Ox} = 0$$

$$\sum F_y = 0, -F_y + F_{Oy} = 0$$

$$\sum F_z = 0, -F_z + F_{Oz} = 0$$

$$\sum M_x(\boldsymbol{F}) = 0, -F_z \times 0.2 + M_x = 0$$

$$\sum M_y(\boldsymbol{F}) = 0, F_y \times 0.075 + M_y = 0$$

$$\sum M_z(\boldsymbol{F}) = 0, F_x \times 0.2 - F_y \times 0.075 + M_z = 0$$

解得 $F_{Ox} = 300\ \text{N}$,$F_{Oy} = 150\ \text{N}$,$F_{Oz} = 1\ 000\ \text{N}$,$M_x = 200\ \text{N·m}$,$M_y = -11.25\ \text{N·m}$,$M_z = -48.75\ \text{N·m}$。

所求结果 M_y 和 M_z 为负值,表示力偶矩的实际方向与图示方向相反。

例 1-19 传动轴如图 1-113 所示,以 A、B 两轴承支承。圆柱直齿轮的节圆直径 d=30 mm,压力角 α=20°,在法兰盘上作用一力偶,其力偶矩 M=1 000 N·m。如轮轴自重和摩擦不计,求传动轴匀速转动时 A、B 两轴承的约束力及齿轮所受的啮合力 $\boldsymbol{F}$。

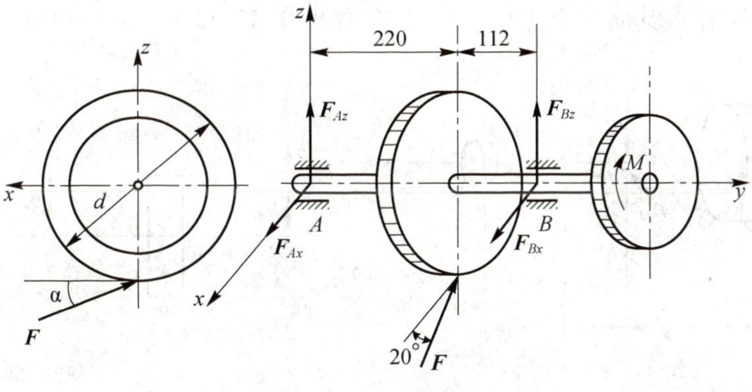

图 1-113 传动轴

解:(1)取整个轴为研究对象。

(2)受力分析和画受力图。设 A、B 两轴承的约束力分别为 $\boldsymbol{F}_{Ax}$、$\boldsymbol{F}_{Az}$、$\boldsymbol{F}_{Bx}$、$\boldsymbol{F}_{Bz}$,并沿 x、z 轴的正向,此外还有力偶 M 和齿轮所受的啮合力 $\boldsymbol{F}$,这些力构成空间任意力系。

(3)取坐标轴如图 1-113 所示,列平衡方程如下

$$\sum M_x(\boldsymbol{F}) = 0,\ F\sin 20° \times 220 + F_{Bz} \times 332 = 0$$

$$\sum M_y(\boldsymbol{F}) = 0,\ -M + F\cos 20° \times \frac{d}{2} = 0$$

$$\sum M_z(\boldsymbol{F})=0,\ -F_{Bx}\times 332+F\cos 20^\circ\times 220=0$$

$$\sum F_x=0,\ F_{Ax}+F_{Bx}-F\cos 20^\circ=0$$

$$\sum F_z=0,\ F_{Az}+F_{Bz}+F\sin 20^\circ=0$$

联立求解以上各式，解得 $F=12.67$ kN，$F_{Bz}=-2.87$ kN，$F_{Bx}=7.89$ kN，$F_{Ax}=4.02$ kN，$F_{Az}=-1.46$ kN。

3. 空间力系平衡问题的平面解法

当空间任意力系平衡时，它在任意平面上的投影所组成的平面任意力系也是平衡的。因而在工程中，为了求解空间力系的平衡问题，常把受空间力系作用物体的受力图投影到三个坐标平面上，作出相应的三个视图，得到三个平面力系，然后分别列出其平衡方程，即可解出未知量。这种将空间问题转化为平面问题的研究方法，称为空间问题的平面解法。这种方法特别适用于受力较多的轴类构件。

在空间力系平衡问题的平面解法中三个视图上的力是相互联系的，其中一个视图解出的未知量可以作为另外两个视图的已知量。从这种意义上讲，可以把受空间力系作用的物体视为由三个视图组成的物系。因此其解题方法与注意事项与物系平衡基本相同。

下面通过例题具体介绍空间力系平衡问题的平面解法。

例 1-20 带式输送机传动系统中的从动齿轮轴如图 1-114(a)所示。已知齿轮的分度圆直径 $d=280$ mm，轴的跨距 $L=105$ mm，悬臂长度 $L_1=110.5$ mm，圆周力 $F_t=1\ 200$ N，径向力 $F_r=460$ N，不计自重。求轴承 A、B 的约束力和联轴器所受转矩 M_T。

解：(1)取轮轴为研究对象。

(2)画受力图并将其向三个坐标平面投影，如图 1-114(b)～图 1-114(d)所示。

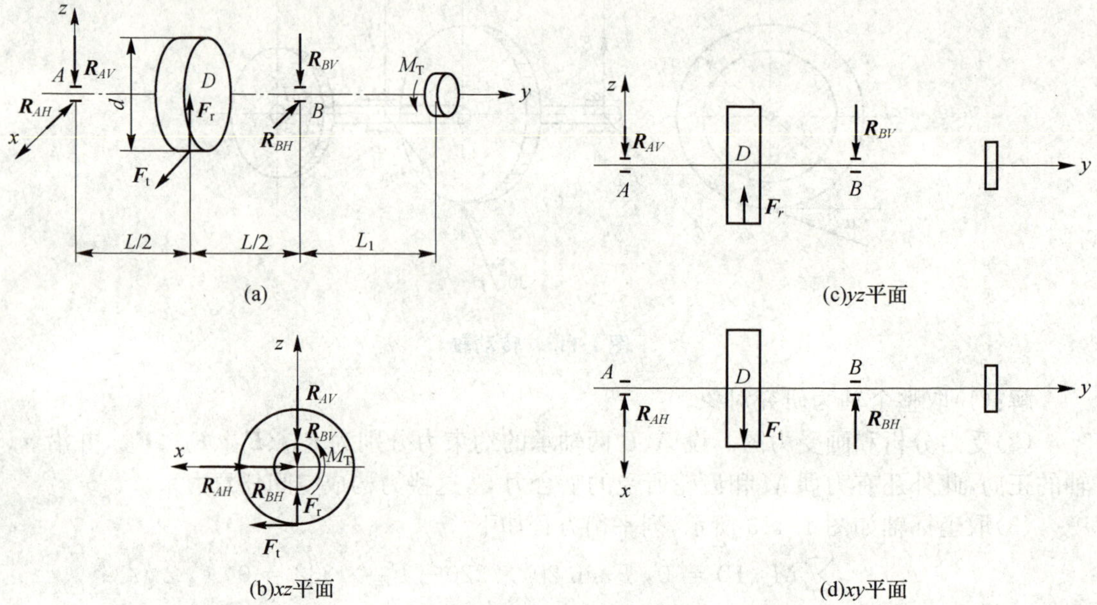

图 1-114　带式输送机传动系统

(3)分别对三个投影列平衡方程求解。

对 xz 平面

$$\sum M_A(\boldsymbol{F}) = 0, M_T - \frac{d}{2}F_t = 0$$

解得 $M_T=\frac{d}{2}F_t=168\ 000\ \text{N}\cdot\text{mm}$。

对 yz 平面

$$\sum M_A(\boldsymbol{F}) = 0, \frac{L}{2}F_r - LR_{BV} = 0$$

$$\sum F_z = 0, -R_{AV} + F_r - R_{BV} = 0$$

解得 $R_{BV}=\frac{F_r}{2}=230\ \text{N}, R_{AV}=F_r-R_{BV}=230\ \text{N}$。

对 xy 平面

$$\sum M_A(\boldsymbol{F}) = 0, -\frac{L}{2}F_t + LR_{BH} = 0$$

$$\sum F_x = 0, -R_{BH} + F_t - R_{BH} = 0$$

解得 $R_{BH}=\frac{F_t}{2}=600\ \text{N}, R_{AH}=F_t-R_{BH}=600\ \text{N}$。

三、物体的重心

在工程中,物体重心的位置具有重要意义。例如,挡土墙、重力坝和起重机的抗倾覆稳定性问题,都与它们的重心位置有关。高速运转部件的重心如果不在轴线上,将引起机械的剧烈振动,因此必须了解重心的概念和重心位置的求法。

地面上的一切物体都受到地球的重力作用,物体是由许多微小部分组成的,可以把物体各部分的重力看成是铅直向下相互平行的空间平行力系,这个平行力系的合力的大小即为物体的重量,合力的作用点即为物体的重心。

1. 物体重心和形心的坐标公式

如图 1-115 所示,将物体分成 n 份微小部分,各微小部分的重力以 $\boldsymbol{\Delta W}_1,\boldsymbol{\Delta W}_2,\cdots,\boldsymbol{\Delta W}_n$ 表示,各微小部分作用点的坐标分别为 $(x_1,y_1,z_1),(x_2,y_2,z_2),\cdots,(x_n,y_n,z_n)$,物重 $\boldsymbol{W}$ 的值为 $W=\sum_{i=1}^{n}\boldsymbol{\Delta W}_i, i=1,2,\cdots,n$。重心的坐标用 (x_C,y_C,z_C) 表示,根据合力矩定理,对 x 轴取矩

$$M_x(\sum \boldsymbol{\Delta W}) = \Delta W_1 \cdot y_1 + \Delta W_2 \cdot y_2 + \cdots + \Delta W_n \cdot y_n$$

$$= \sum \Delta W_i \cdot y_i M_x(W) = \sum \Delta W_i \cdot y_C = W \cdot y_C$$

因

$$W \cdot y_C = \sum \Delta W_i \cdot y_i$$

则

$$y_C = \frac{\sum \Delta W_i \cdot y_i}{W} = \frac{\sum \Delta W_i \cdot y_i}{\sum \Delta W_i}$$

同理

$$x_C=\frac{\sum \Delta W_i \cdot x_i}{W}=\frac{\sum \Delta W_i \cdot x_i}{\sum \Delta W_i}$$

$$z_C=\frac{\sum \Delta W_i \cdot z_i}{W}=\frac{\sum \Delta W_i \cdot z_i}{\sum \Delta W_i}$$

若物体为均质，其密度为 ρ，将 $W=\rho gV$，$\Delta W_i=\rho g\Delta V_i$ 代入上式，令 $\Delta V_i \to 0$ 取极限，可得

$$\left.\begin{aligned}x_C&=\frac{\sum x_i\Delta V_i}{V}=\frac{\int_V x\,\mathrm{d}V}{V}\\ y_C&=\frac{\sum y_i\Delta V_i}{V}=\frac{\int_V y\,\mathrm{d}V}{V}\\ z_C&=\frac{\sum z_i\Delta V_i}{V}=\frac{\int_V z\,\mathrm{d}V}{V}\end{aligned}\right\}\tag{1-48}$$

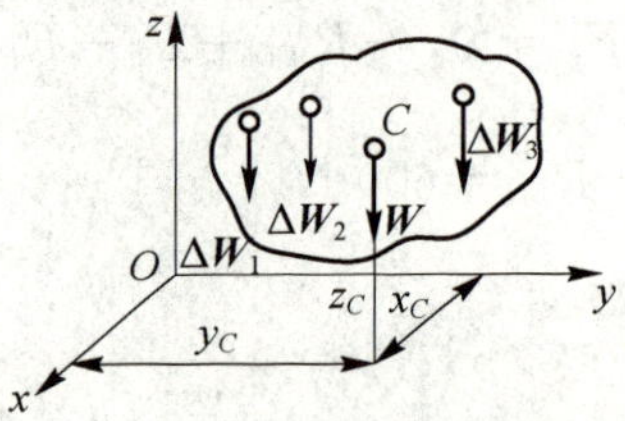

图 1-115　重心和形心

可见均质物体的重心位置完全取决于物体的几何形状，而与物体的重量无关，因此均质物体的重心也称为形心。式(1-48)称为体积形心坐标公式。

注 意

重心和物体的几何形状的形心是两个不同的概念，只有均质物体的重心和形心才重合于一点。

工程实际中常采用匀质、等厚度的薄板、薄壳结构形成一种面形形体。例如厂房的双曲顶壳、薄壁容器和飞机机翼等。以 A 表示壳或板的表面面积，ΔA_i 表示微小部分的面积，同理可求得均质薄壳的重心或形心 C 的位置坐标公式为

$$\left.\begin{aligned}x_C&=\frac{\sum x_i\Delta A_i}{A}=\frac{\int_A x\,\mathrm{d}A}{A}\\ y_C&=\frac{\sum y_i\Delta A_i}{A}=\frac{\int_A y\,\mathrm{d}A}{A}\\ z_C&=\frac{\sum z_i\Delta A_i}{A}=\frac{\int_A z\,\mathrm{d}A}{A}\end{aligned}\right\}\tag{1-49}$$

对于匀质线段如等截面匀质细长曲杆、细金属丝，可以视为匀质空间曲线，如图 1-116 所示。

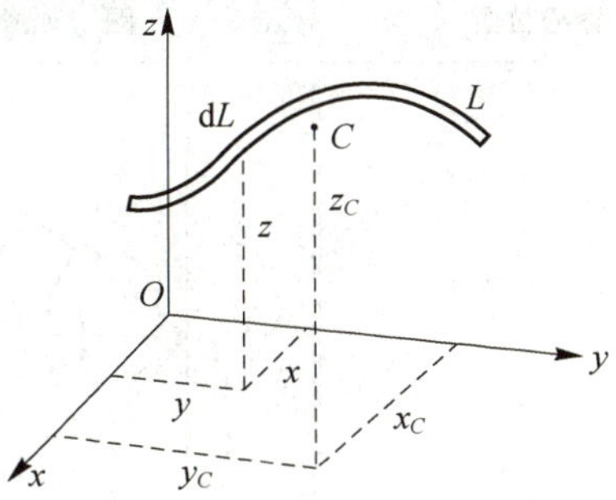

图 1-116 匀质线段

以 L 表示细杆的长度，ΔL_i 表示微小部分的长度，同样可求得细杆的重心或形心 C 的位置坐标公式为

$$\left.\begin{aligned} x_C &= \frac{\sum x_i \Delta L_i}{L} = \frac{\int_L x \mathrm{d} L}{L} \\ y_C &= \frac{\sum y_i \Delta L_i}{L} = \frac{\int_L y \mathrm{d} L}{L} \\ z_C &= \frac{\sum z_i \Delta L_i}{L} = \frac{\int_L z \mathrm{d} L}{L} \end{aligned}\right\} \tag{1-50}$$

2. 物体重心与形心的计算

根据物体的具体形状及特征，可用不同的方法确定其重心及形心的位置。

1)对称法

对于形状比较规则的物体及图形，其重心及形心可根据对称性直接判断，如图 1-117 所示。

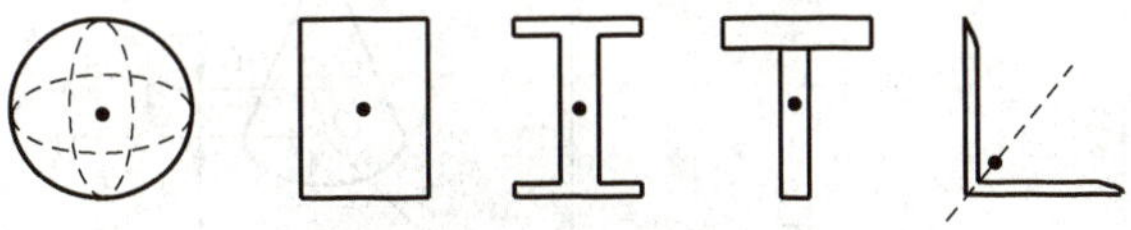

图 1-117 规则物体重心和形心

(1)具有一根对称轴的简单物体及图形，其形心必在对称轴上。

(2)具有两根或两根以上对称轴的物体及图形，其形心在对称轴的交点上。

(3)中心对称的简单物体及图形，其对称中心便是重心或形心。

2)积分法

求基本规则形体的形心，可将形体分割成无限多个微小形体，在此极限情况下，利用形心的积分公式(1-48)、式(1-49)及式(1-50)求得。

对于常用的一些简单图形和物体的重心位置可从工程手册中查得。现将几种常用简单形状均质物体的重心列于表 1-1，供参考。

表 1-1 常用简单形状均质物体的重心

图　　形	重心位置	图　　形	重心位置
三角形 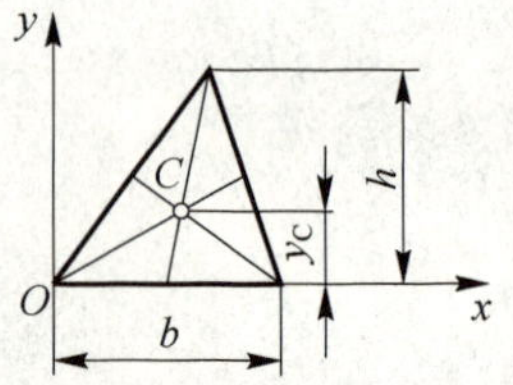	在中线交点上 $y_C=\frac{1}{3}h$	部分圆形 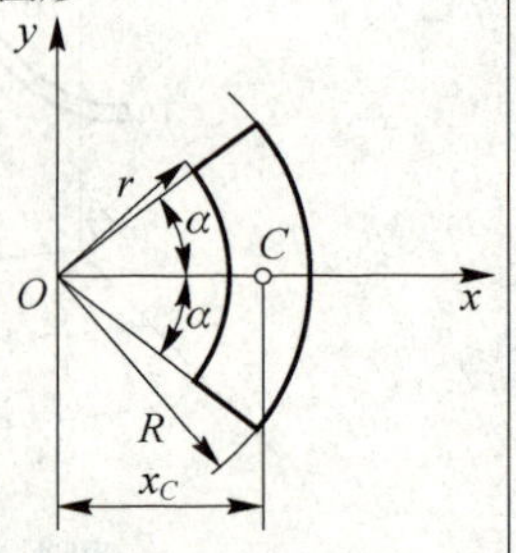	$x_C=\frac{2(R^3-r^3)\sin\alpha}{3(R^2-r^2)\alpha}$
梯形 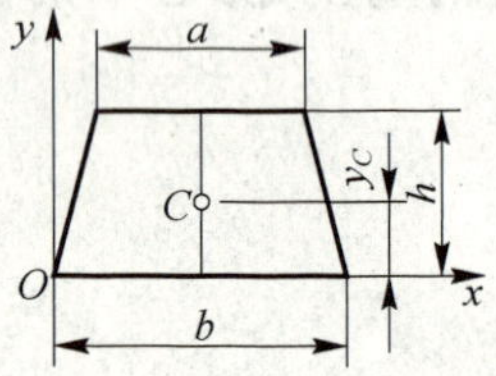	在上、下底中点的连线上 $y_C=\frac{h(2a+b)}{3(a+b)}$	弓形 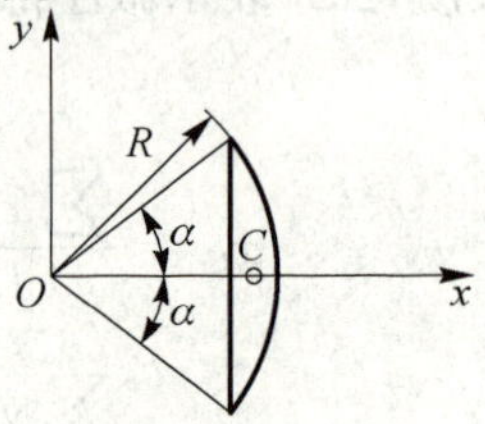	$x_C=\frac{4R\sin^3\alpha}{3(2\alpha-\sin 2\alpha)}$
圆弧 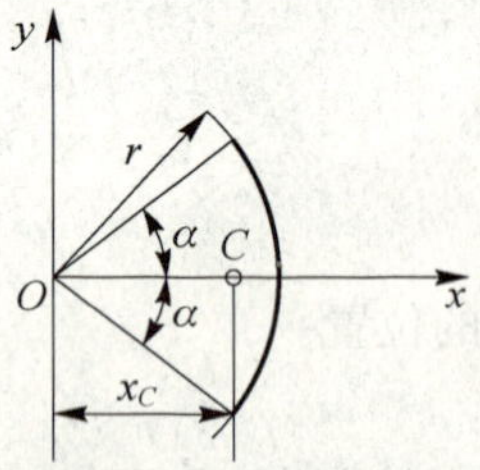	$x_C=\frac{r\sin\alpha}{\alpha}$ 半圆弧：$\alpha=\frac{\pi}{2}$ $x_C=\frac{2r}{\pi}$	半圆球 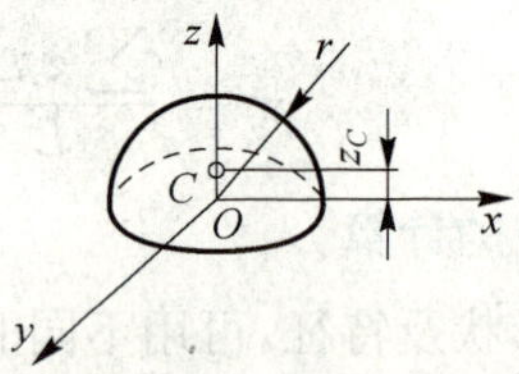	$z_C=\frac{3}{8}r$
扇形 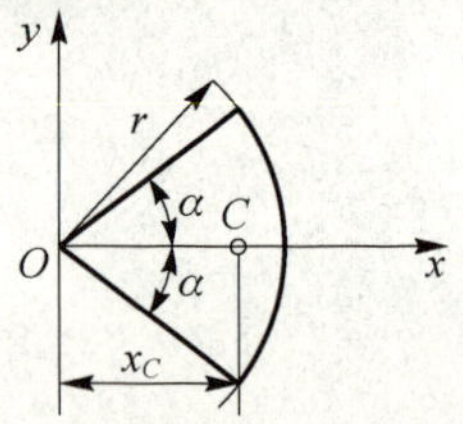	$x_C=\frac{2r\sin\alpha}{3\alpha}$ 半圆：$\alpha=\frac{\pi}{2}$ $x_C=\frac{4r}{3\pi}$	正圆锥体 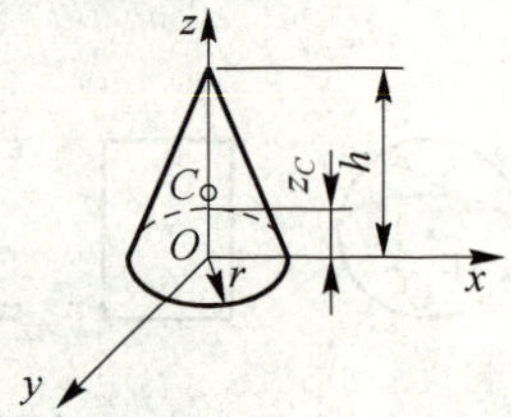	$z_C=\frac{1}{4}h$

3)组合法

工程实际中，有些物体的截面是由若干个简单图形组成的，例如梯形可以认为是由两个三角形或一个矩形和一个三角形组成的，这种图形称为组合图形，截面称为组合截面。由于简单形体重心位置根据对称性或查表很容易确定，因而可将组合形体分割为若干的简单几何形体，然后应用形心公式求出组合形体的重心位置。

4)负面积法

在规则形体上切去一部分，如钻孔或开槽等。当求这类形体的形心时，首先认为原形体是完整的，然后把切去的部分视为负面积，再运用形心公式求出形心。负面积法可以认为是形体组合法的推广。

5)试验法

对于某些形状复杂的机械零部件,在工程实际中常采用试验法来测定其重心。试验法往往比计算直接、简便,并具有足够的准确性。常用的试验法有两种。

(1)悬挂法。对于形状复杂的薄平板求形心时可以采用悬挂法。如图 1-118 所示,首先将板悬挂于任一点 A,则可以判断薄平板的形心在绳子向下的延长线 AD 上。然后将薄平板悬挂于另一点 B,其形心在绳子向下的延长线 BE 上。显然,AD 与 BE 的交点即为薄平板的形心 C。

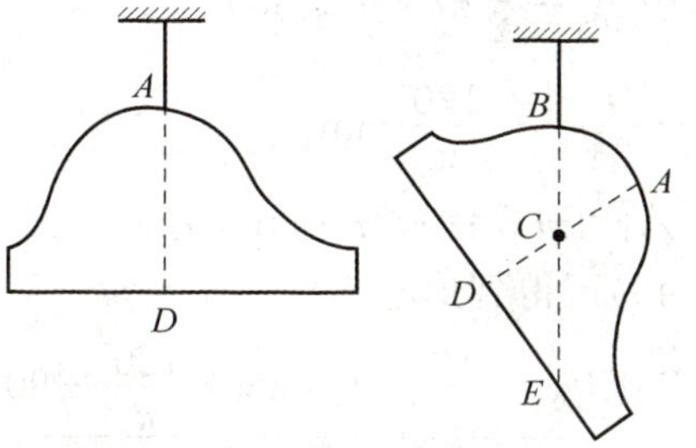

视频 悬挂法确定重心

图 1-118 悬挂法

(2)称重法。形状复杂或体积庞大的物体,可以采用称重法求重心。例如内燃机的连杆,如图 1-119 所示,其重心必在对称中心线 AB 上,只需确定重心在中心线 AB 上的确切位置。将连杆的小端 A 放在水平面上,大端 B 放在台秤上,使中心线 AB 处于水平位置。

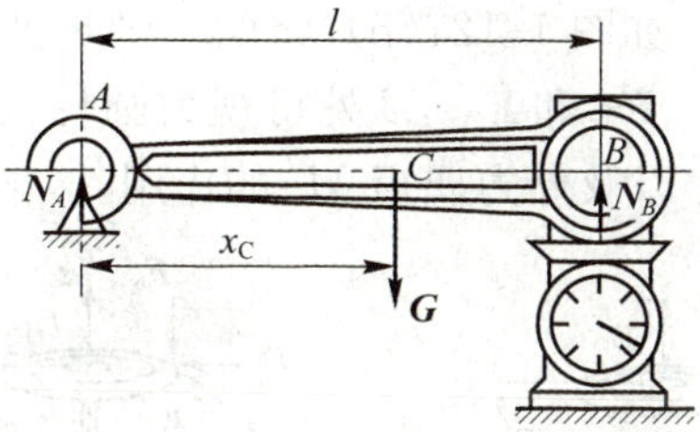

图 1-119 称重法

已知连杆重力为 $\boldsymbol{G}$,小头支承点距重力 $\boldsymbol{G}$ 的作用线的距离为 x_C,由力矩平衡方程

$$\sum M_A = 0, N_B l - G x_C = 0$$

可得

$$x_C = \frac{N_B}{G} l$$

式中,l 为连杆大、小头支承点间的距离(m);G 为重力(N),可以直接测得;B 端的反力 $\boldsymbol{N}_B$ 的大小可由台秤读出,从而求出 x_C 的值。

为了便于测量和减少误差,A、B 支承处的接触面积要尽量小,可做成刃口形状。摩托车、汽车、各类机床等的重心位置可以用称重法确定。

例 1-21 已知振动器用的偏心块为等厚度的匀质体,如图 1-120 所示。其上有半径为 r_2 的圆孔。偏心块的几何尺寸 $R=210$ mm,$r_1=60$ mm,$r_2=30$ mm。试求偏心块形心的位置。

解：该偏心块可以看作由三部分组成：大半圆、小半圆和一个圆孔，挖空的圆孔可视为负面积。取坐标系 Oxy，其中 Oy 轴为对称轴。根据对称性，偏心块的形心 C 必在对称轴 Oy 上，所以 $x_C=0$。

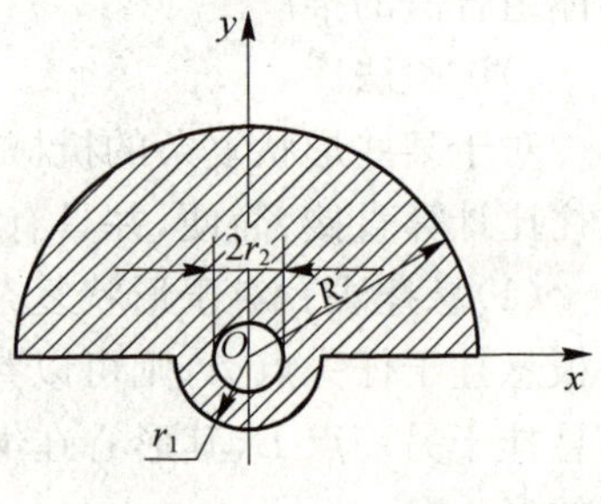

图 1-120　偏心块形心

半径为 R 的大半圆的面积 $A_1=\frac{1}{2}\pi R^2=22\ 050\pi\ \text{mm}^2$，

查表 1-1 得到形心坐标 $y_1=\frac{4R}{3\pi}=\frac{280}{\pi}\ \text{mm}$。

半径为 r_1 的小半圆的面积 $A_2=\frac{1}{2}\pi {r_1}^2=1\ 800\pi\ \text{mm}^2$，

查表 1-1 得到形心坐标 $y_2=-\frac{4r_1}{3\pi}=-\frac{120}{\pi}\ \text{mm}$。

半径为 r_2 的小圆的面积 $A_3=\pi {r_2}^2=900\pi\ \text{mm}^2$，由对称法，可知形心坐标 $y_3=0$。

将上面的结果代入式(1-49)可得到形心坐标：

$$y_C=\frac{\sum y_i \Delta A_i}{A}=\frac{22\ 050\pi\cdot\frac{280}{\pi}-1\ 800\pi\cdot\frac{120}{\pi}-900\pi\cdot 0}{22\ 050\pi+1\ 800\pi-900\pi}=82.68\ \text{mm}$$

任务实施

空间力系平衡问题的求解——求图 1-121(a)中 A、B 两处的约束力。

解：(1)取整体系统为研究对象。

(2)受力分析和画受力图。如图 1-121(b)，将两个轴承处的约束力进行分解，A 处为固定铰支座，其受力可分解为 $\boldsymbol{F}_{Ax}$、$\boldsymbol{F}_{Ay}$ 和 $\boldsymbol{F}_{Az}$，B 处可视为圆柱铰，其受力可分解为 $\boldsymbol{F}_{Bx}$ 和 $\boldsymbol{F}_{By}$，另外齿轮上还受到 $\boldsymbol{F}_{\text{t}}$、$\boldsymbol{F}_{\text{r}}$ 和 $\boldsymbol{F}_{\text{a}}$ 以及外力偶矩 M_z 的作用。

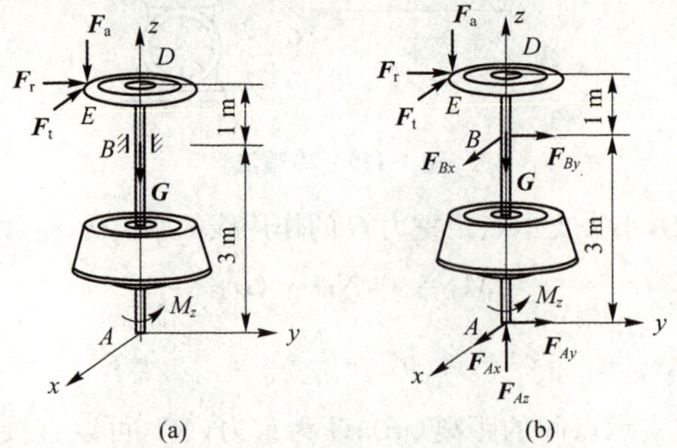

图 1-121　水轮机涡轮转动轴

(3)列平衡方程求解。共有 8 个未知力，但由于大锥齿轮 D 上承受的啮合反力 3 个分力存在比例关系，相当于补充了两个方程，于是可以建立力的平衡方程如下

$$\sum F_x=0,\ F_{Ax}+F_{Bx}-F_{\text{t}}=0$$

$$\sum F_y=0,\ F_{Ay}+F_{By}+F_{\text{r}}=0$$

$$\sum F_z = 0,\ F_{Az} - F_a - G = 0$$

$$\sum M_x = 0,\ F_a \times 0.8 - F_r \times 4 - F_{By} \times 3 = 0$$

$$\sum M_y = 0,\ F_{Bx} \times 3 - F_t \times 4 = 0$$

$$\sum M_z = 0,\ M_z - F_t \times 0.8 = 0$$

$$F_t : F_a : F_r = 1 : 0.32 : 0.17$$

解得 $F_{Ax}=-8.33\ \text{kN}$，$F_{Ay}=31.08\ \text{kN}$，$F_{Az}=28\ \text{kN}$，$F_{Bx}=33.33\ \text{kN}$，$F_{By}=-35.33\ \text{kN}$，$F_t=25\ \text{kN}$，$F_a=8\ \text{kN}$，$F_r=4.25\ \text{kN}$。

思考与练习

一、简答题

1. 空间任意力系总可以用两个力来平衡，为什么？

2. 空间任意力系向三个相互垂直的坐标平面投影，得到三个平面任意力系。为什么其独立的平衡方程数只有 6 个？

3. 若空间力系中各力的作用线平行于某一固定平面，空间力系中各力的作用线分别汇交于两个固定点，试分析这两种力系各有几个平衡方程。

4. 传动轴用两个止推轴承支承，每个轴承有 3 个未知力，共 6 个未知量，而空间任意力系的平衡方程恰好有 6 个，问是否可解？

5. 空间任意力系的平衡方程能否用 6 个力矩方程？如何选取这 6 个力矩轴？

6. 物体的重心和形心坐标是否相同？为什么？

7. 物体的重心是否一定在该物体上？

8. 一均质等截面直杆的重心在哪？若把它弯成半圆形，重心的位置是否改变？

二、分析计算题

1. 三轮小车自重 $W=10\ \text{kN}$，作用于点 C，载荷 $F=15\ \text{kN}$，作用于点 E，如图 1-122 所示。求小车静止时地面对车轮的反力。

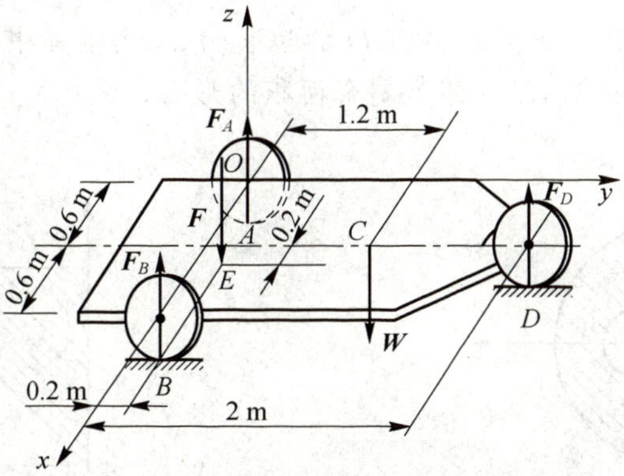

图 1-122　三轮小车

2. 如图 1-123 所示，正方形基础上四根柱子分别受 $W_1=320$ kN，$W_2=240$ kN，$W_3=600$ kN和 $W_4=1\ 200$ kN 载荷作用。问在角点 A、B 处需附加多大垂直载荷 W_A 和 W_B，才能使地基对基础底部约束力的合力 $\boldsymbol{F}_{\mathrm{N}}$通过基础的中心 C。

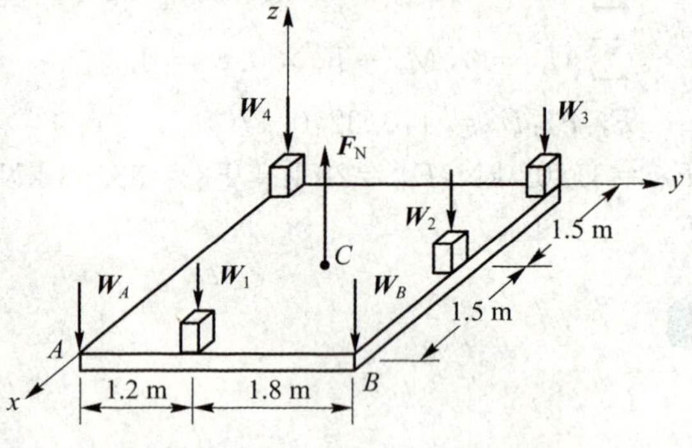

图 1-123　正方形基础

3. 用分割法求如图 1-124 所示均质面积重心的位置。设 $a=20$ cm，$b=30$ cm，$c=40$ cm。

4. 试求 L 形截面重心的位置，其尺寸如图 1-125 所示。

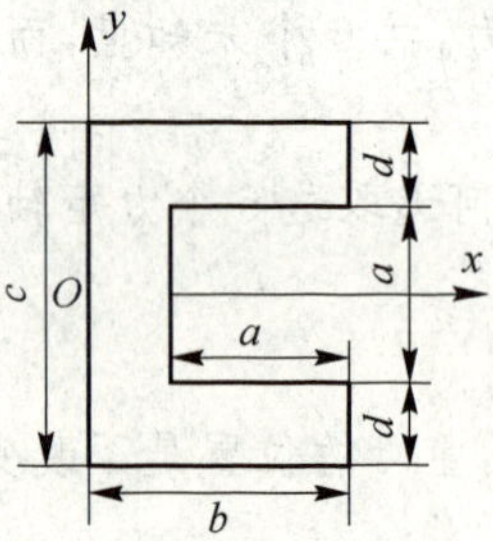

图 1-124　均质面积

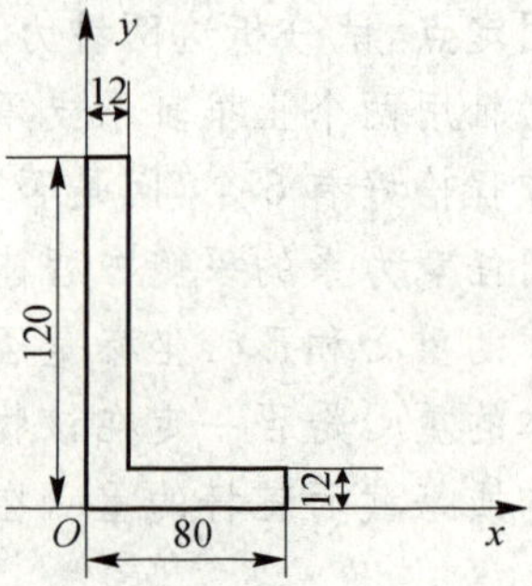

图 1-125　L 形截面

5. 试求图 1-126 所示图形的形心，已知大圆的半径为 R，小圆的半径为 r，两圆的中心距为 a。

6. 如图 1-127 所示，已知正方形 $ABCD$ 的边长为 a，试在其中求出一点 E，使此正方形在被截去等腰三角形 AEB 后，E 点即为剩余面积的形心。

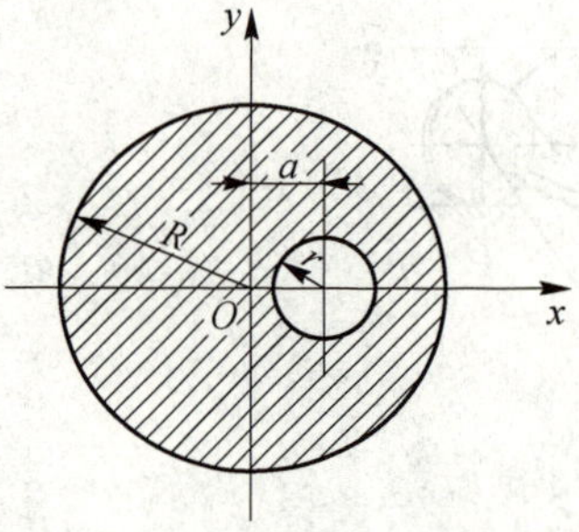

图 1-126　两圆的形心

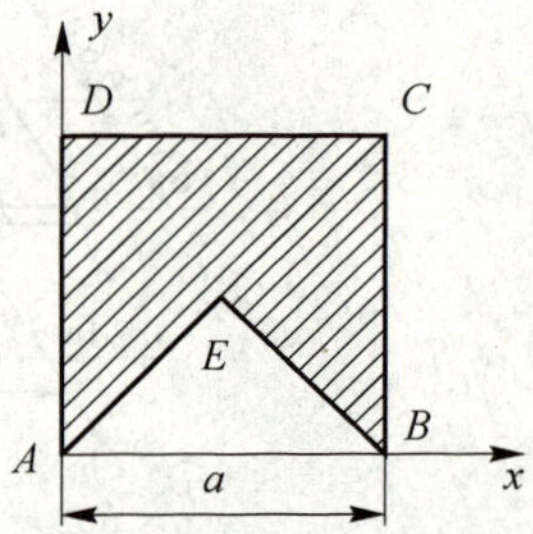

图 1-127　被截正方形的形心

7. 如图 1-128 所示均质物体由半径为 r 的圆柱体和半径为 r 的半球体相结合而组成。如均质物体的重心位于半球体的大圆的中心点 C 处，求圆柱体的高。

8. 如图 1-129 所示均质物体由圆锥体和半球体相结合而组成，半球体的半径和圆锥体底圆半径均为 r。如均质物体的重心在球体和圆锥体的交界面的中心点 C，求圆锥体的高 h。

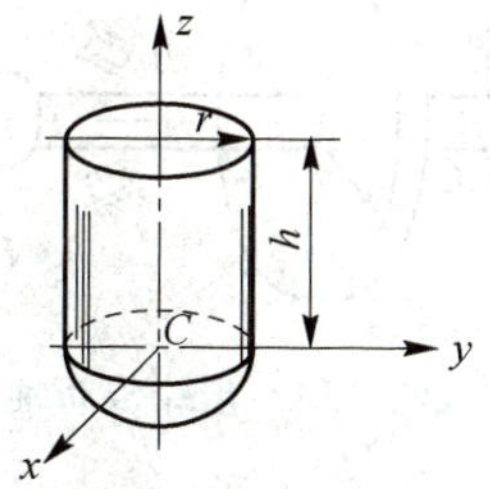

图 1-128　圆柱半球体均质物体

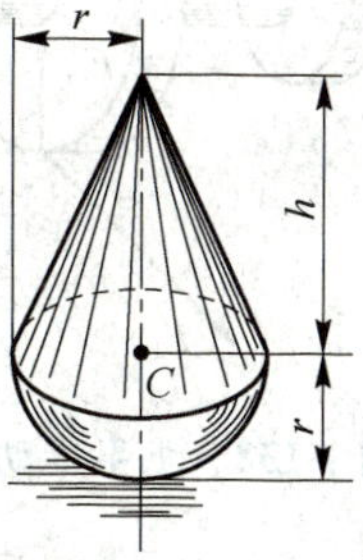

图 1-129　圆锥半球体均质物体

9. 如图 1-130 所示为一脚踏拉杆装置，若已知 $F_D=500$ N，$AB=40$ cm，$AC=CD=20$ cm，$HC=EH=10$ cm，拉杆与水平面成 30°角。求拉杆的拉力 $\boldsymbol{F}$ 和 A、B 两轴承的约束力。

10. 如图 1-131 所示，均质长方形薄板重 $W=200$ N，用球铰链 A 和蝶铰链 B 固定在墙上，并用绳子 CE 维持在水平位置。求绳子的拉力和支座约束力。

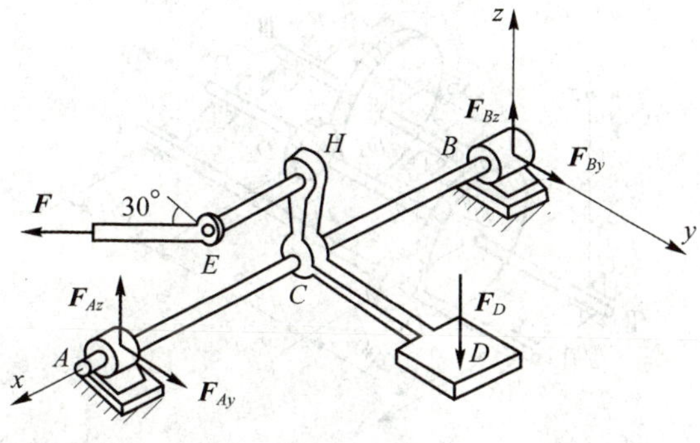

图 1-130　脚踏拉杆装置

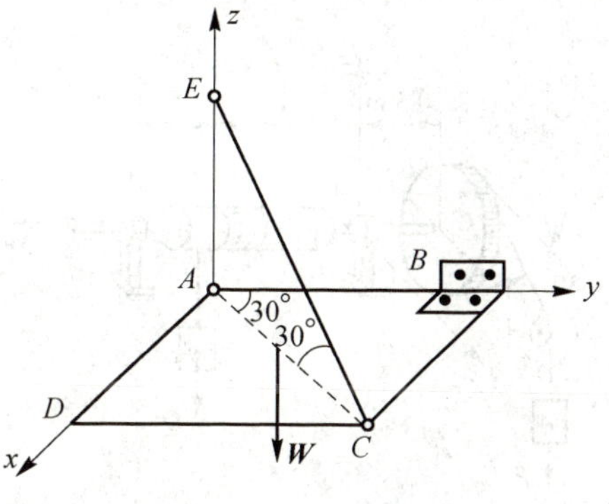

图 1-131　长方形薄板

11. 变速箱中间轴装有两直齿圆柱齿轮，其分度圆半径 $r_1=100$ mm，$r_2=72$ mm，啮合点分别在两齿轮的最低与最高位置，如图 1-132 所示。图中的尺寸单位为 mm。已知齿轮压力角 $\alpha=20°$。在齿轮 1 上的圆周力 $F_1=1.58$ kN。试求当轴平衡时作用于齿轮 2 上的圆周力 $\boldsymbol{F}_2$ 与轴承 A、B 的约束力。

12. 如图 1-133 所示，轴上装有直齿圆柱齿轮和直齿圆锥齿轮。圆柱齿轮 C 的分度圆直径 $D_1=200$ mm，其上作用有圆周力 $F_{t1}=7.16$ kN，径向力 $F_{r1}=2.6$ kN，圆锥齿轮在其平均直径处（平均直径 $D_2=100$ mm）作用有径向力 $F_{r2}=4.52$ kN，轴向力 $F_{a2}=2.6$ kN，圆周力 $\boldsymbol{F}_{t2}$。若已知 $AC=CB=BD=100$ mm，求圆周力 $\boldsymbol{F}_{t2}$ 和轴承 A、B 的约束力。

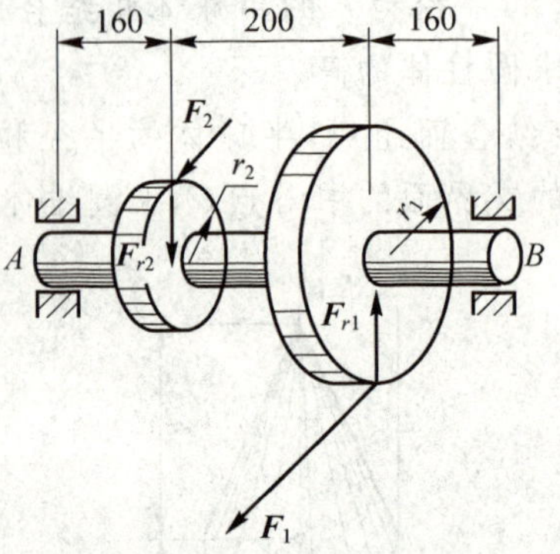

图 1-132　水平传动轴

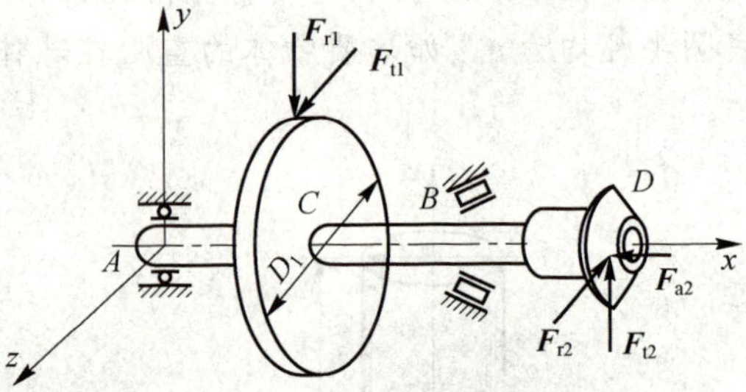

图 1-133　齿轮传动轴

13. 如图 1-134 所示，铰车的轴 AB 上绕有绳子，绳上挂物重 $\boldsymbol{Q}$。轮 C 装在轴上，轮的半径为轴半径的 6 倍。绕在轮 C 上的绳子沿轮与水平线成 30°角的切线引出，绳跨过轮 D 后挂以重物 $P=60$ N。求平衡时物重 $\boldsymbol{Q}$，以及轴承 A、B 的约束力。各轮和轴的重量以及绳与滑轮 D 的摩擦均略去不计。

14. 某减速箱由 3 轴组成，如图 1-135 所示，动力由轴 Ⅰ 输入，在轴 Ⅰ 上作用转矩 $M_1=600$ N·m。如齿轮分度圆直径为 $D_1=120$ mm，$D_2=550$ mm，$D_3=200$ mm，齿轮压力角为 20°。不计摩擦及轮和轴重量，求等速传动时轴承 A、B、C、D 的约束力。

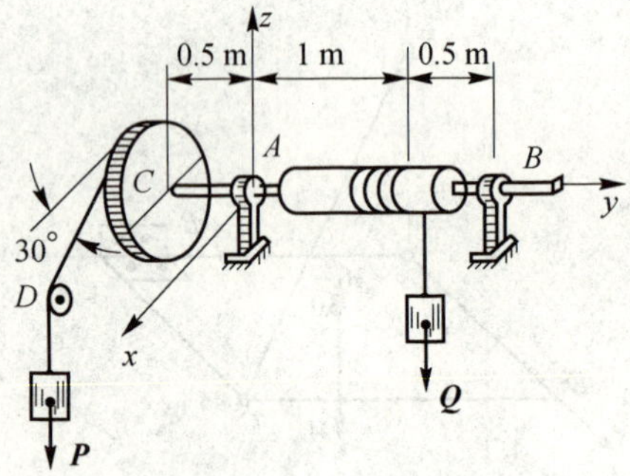

图 1-134　铰车轴

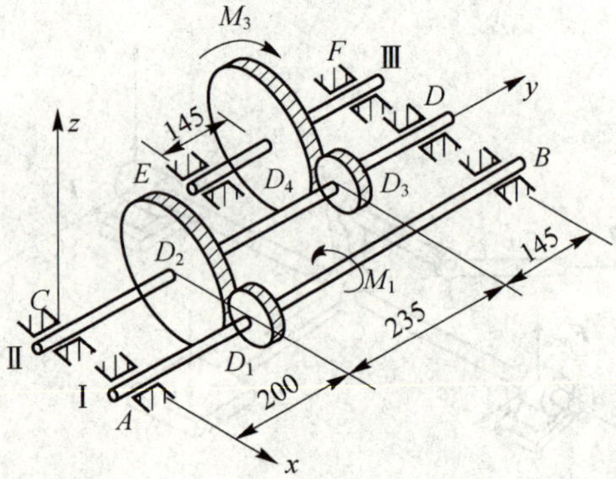

图 1-135　三轴减速箱

模块二 构件的承载能力计算

学习目标

掌握构件基本变形形式，正确理解内力和应力的基本概念，熟练掌握截面法求解内力；

掌握构件基本变形时横截面的内力和应力分析及计算方法，并熟练绘制其内力图；

掌握构件基本变形的强度和刚度计算；

掌握材料力学性能的基本参数，并熟练掌握常见脆、塑性材料的力学性能；

掌握组合变形的基本概念及分析方法；

掌握细长杆的稳定性概念及临界力和临界应力的求法。

任务一　轴向拉伸与压缩变形时的承载能力计算

任务描述

如图 2-1 所示的起重设备结构中，钢杆 AB 为直径 50 mm 的圆杆，钢杆 BC 为 50 mm×40 mm 的矩形截面杆，材料的许用应力为 100 MPa。

(1)若载荷 F=200 kN，试校核杆 AB 和杆 BC 的强度。

(2)求许可载荷[F]。

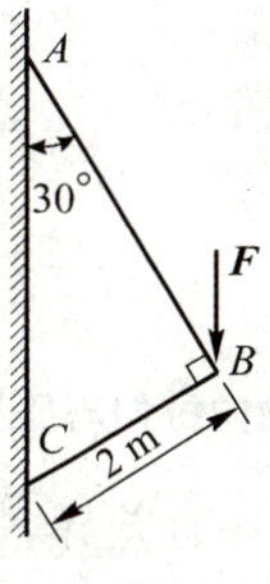

图 2-1　杆件结构图

任务分析

掌握典型构件轴向拉伸与压缩变形时的强度计算。

知识准备

材料力学是研究构件受力变形和破坏规律的科学。构件在工作时要受到外力作用，若保证构件在正常工作时有足够的承载能力，构件需要具有足够的强度、刚度及稳定性，材料力学为构件的设计提供了强度、刚度和稳定性的计算依据，使设计的构件经济、安全、合理。

在工程中，构件在外力作用下有 4 种基本变形形式，包括轴向拉伸与压缩变形、剪切与挤压变形、扭转变形和弯曲变形。本任务重点研究轴向拉伸与压缩变形的内力和应力的基本概念及计算，材料的力学性能及测定，轴向拉压的变形及强度计算。

一、轴向拉伸与压缩变形概念

工程中很多构件承受拉伸或压缩，例如液压传动机构的活塞杆，压缩机和蒸汽机的连杆；千斤顶的螺杆，如图 2-2(a)所示；工业厂房的中柱；桁架结构（如桁式桥梁、高耸建筑、屋架、发射塔、输电塔、塔式起重机的塔架和吊臂等）中的铰接杆，如图 2-2(b)、(c)所示；内燃机的挺杆，如图 2-2(d)所示；大型机加工和起重设备（如水压机、龙门式机床、门式起重机等）的立柱。

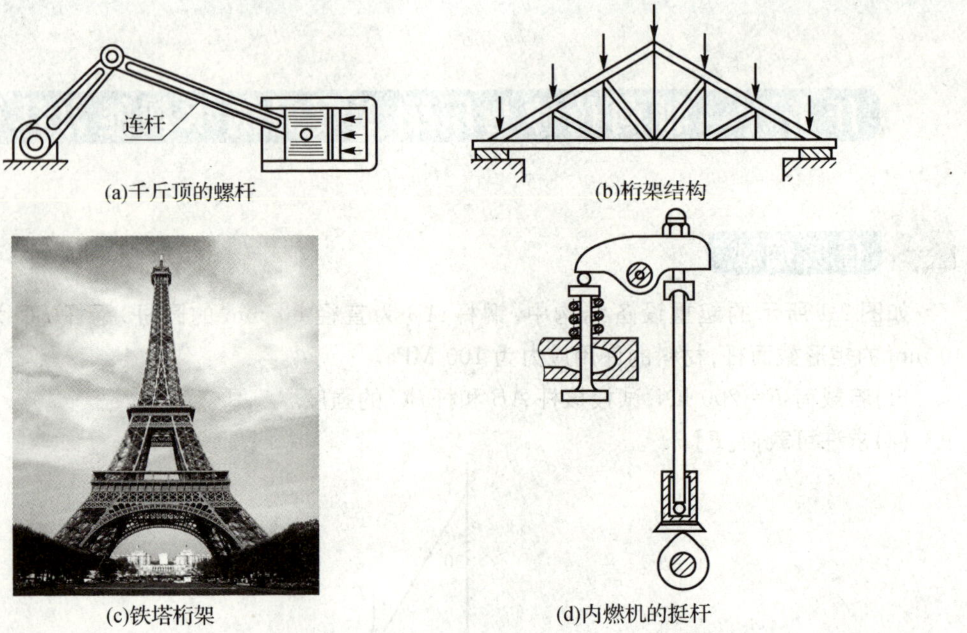

(a)千斤顶的螺杆　(b)桁架结构

(c)铁塔桁架　(d)内燃机的挺杆

图 2-2　轴向拉伸与压缩变形实例

虽然这些承受拉压外力的杆件外形各有差异，加载方式也不尽相同，但它们有共同的受力特点：作用于杆件上的外力合力作用线与杆轴线重合。在这种受力状态下，杆件主要变形是纵向伸长，相邻两截面移远，如图 2-3(a)所示；或者纵向缩短，相邻两截面移近，如图 2-3(b)所示，这种变形形式称为轴向拉伸与压缩变形。

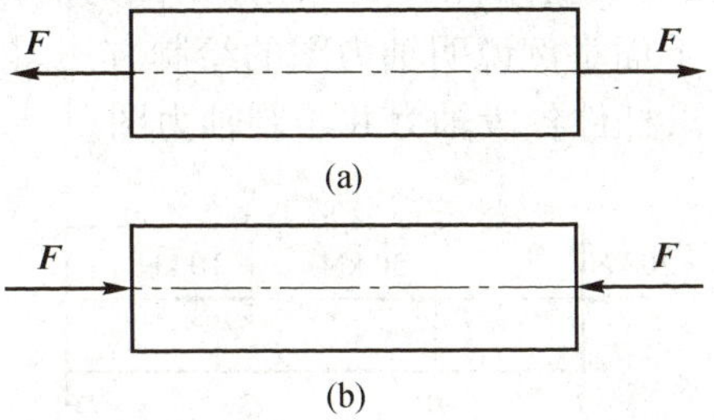

图 2-3 轴向拉伸与压缩变形的形式

二、轴向拉伸和压缩变形时的内力分析

1. 轴力

由于该段杆所有外力的作用线与杆轴线重合，内力合力 F_N 的作用线也必与杆轴线重合。这种作用线与轴线重合(垂直于横截面并通过其形心)的内力称为轴力。轴力 F_N 的符号习惯上规定：拉伸为正，压缩为负。即正轴力方向背离所作用截面，负轴力方向指向所作用截面。

通过所研究的杆段的平衡条件即可求得轴力 F_N。由于整个杆件处于平衡状态，故其任一截开部分也应处于平衡状态，该段杆列平衡方程

$$\sum F_x = 0, F_N - F_1 = 0$$

故

$$F_N = F_1$$

2. 截面法

将杆在任一横截面 $m—m$ 处假想地截分为两部分，如图 2-4(a)所示，任取一段(比如左段)分析研究，弃去另一段，画出该段所受外力，而将另一段对该段的作用以横截面上的内力代替，如图 2-4(b)所示，这种表示和求解杆件横截面的内力方法称为截面法。

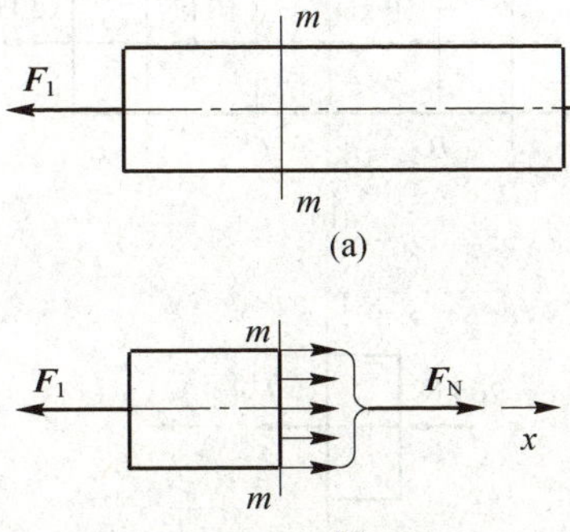

图 2-4 截面法

3.轴力图

若杆件不是仅两端受有外力，则杆件各部分横截面上的轴力不尽相同。此时常用轴力图表示轴力随横截面沿轴线位置的变化情况。轴力图是按选定的比例，以平行于轴线的坐标表示横截面位置，垂直于轴线的坐标表示相应截面的轴力值，从而得到截面位置坐标与相应截面轴力间关系的图线。下面举例说明轴力图的绘制方法。

例 2-1 如图 2-5 所示，求杆件各段轴力并绘制轴力图。

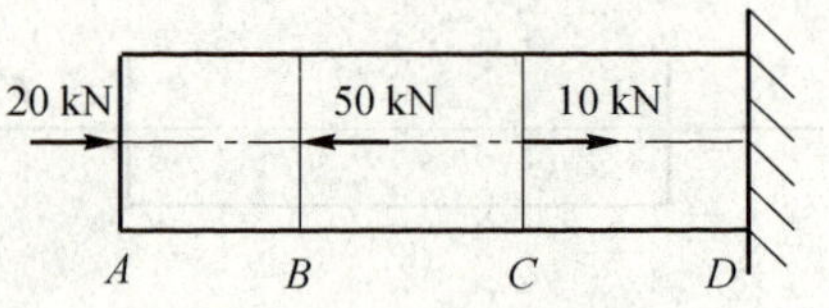

图 2-5 杆件受力图

分析：在 AB 之间任一截面处截开，所研究部分所受外力均相同，由平衡原理可知各截面内力也相同。BC 和 CD 也是如此。而显然在外力作用处 B 截面左侧截开部分与右侧截开部分所受外力是不同的，因而截面上的内力也就不同。当杆上有不止两个外力作用时，应以外力为界分段，分别求出各段轴力，如图 2-6(b)所示。

解：求 AB 段内任一横截面上的轴力时，应用截面法，假想在截面 1—1 处截开后，分离左段杆研究其平衡状况，如图 2-6(c)所示。

假定轴力 $\boldsymbol{F}_{N1}$ 为正向(拉力)，由平衡方程可求得 AB 段内任一横截面上的轴力

$$\sum F_x = 0, F_{N1} + 20 = 0$$

故 $F_{N1} = -20$ kN。结果为负值，说明该轴力实际指向与原先假定方向相反，即应为压力。

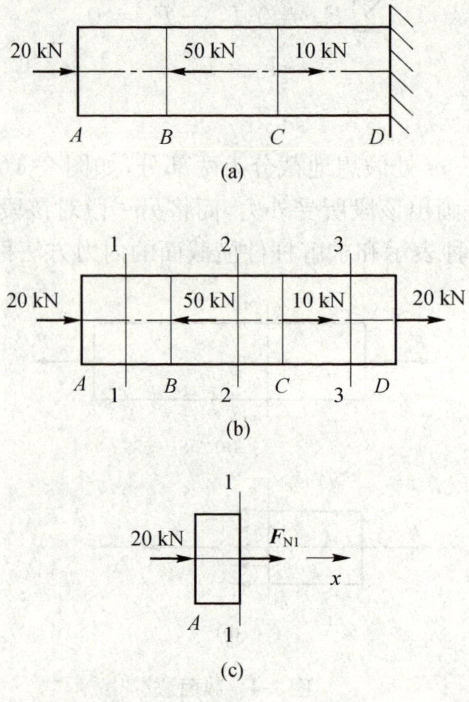

图 2-6 ***AB*** 段截面 1—1 受力分析

同理,可计算 BC 段内任一截面 2—2 上的轴力,如图 2-7 所示。

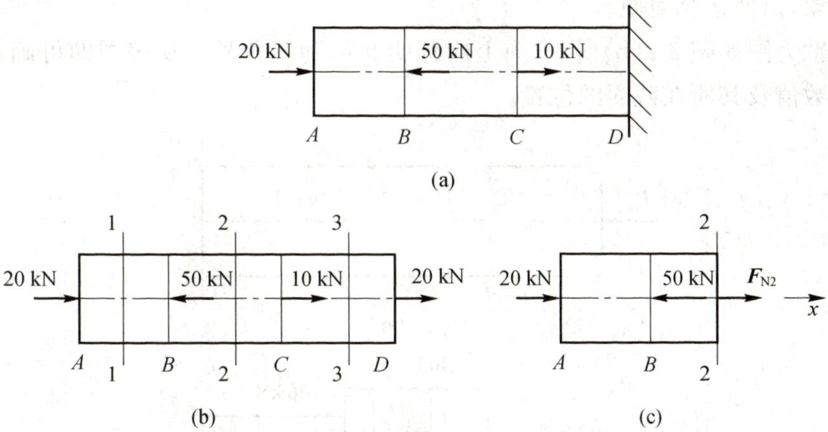

图 2-7 *BC* 段截面 2—2 受力分析

若取左段部分研究,可得

$$F_{N2}-50+20=0$$

故 $F_{N2}=50-20=30$ kN。结果为正值,说明该轴力实际指向与原先假定方向相同,即应为拉力。

计算 CD 段截面 3—3 上的轴力时,为计算方便,可取截面右段部分研究,如图 2-8 所示。

右段部分包含固定端约束,故在计算轴力之前应当先算出该端反力(由杆件的整体平衡求出)。于是由该部分的平衡条件可得 $F_{N3}=20$ kN。

若取截面 3—3 左段部分研究,则有

$$F_{N3}-50+20+10=0$$

同样可得 $F_{N3}=20$ kN。结果为正值,说明该轴力实际指向与原先假定方向相同,即应为拉力。

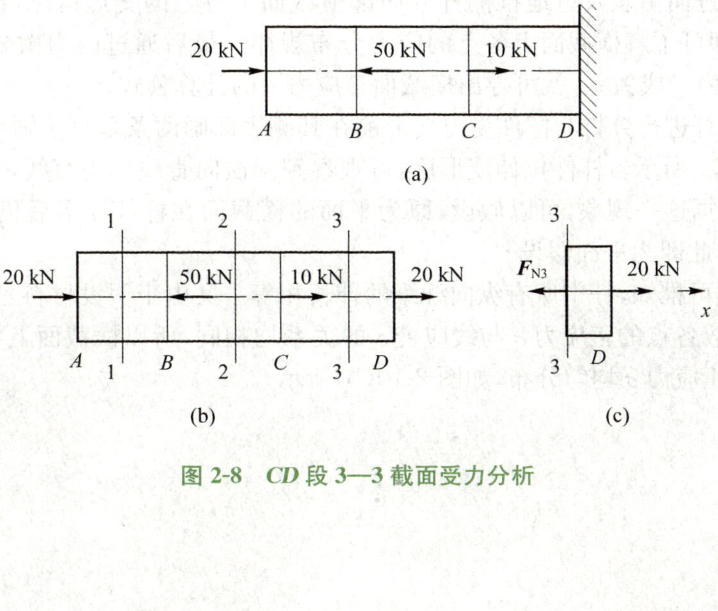

图 2-8 *CD* 段 3—3 截面受力分析

可见，不论分析左段还是右段，所得结果是相同的。计算时应选取受力比较简单的一段作为分析对象，以使运算简便。

绘制的轴力图如图 2-9(b)所示，图上应标明数值和正负号。从该图即可确定各段轴力和最大轴力数值及其所在截面的位置。

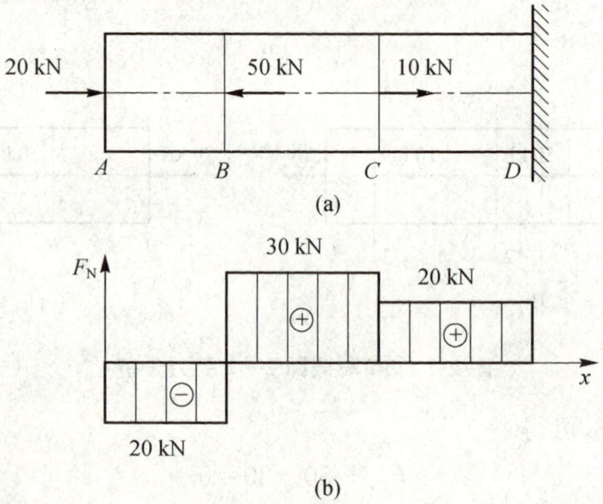

图 2-9　例 2-1 内力分析及轴力图

三、轴向拉伸和压缩变形时的应力分析

1. 横截面上的应力

由于轴力 $\boldsymbol{F}_N$ 垂直于横截面且通过横截面的形心，故横截面上应有正应力 σ，因为只有与 σ 相应的内力微分 $\sigma \cdot dA$ 才能合成轴力 $\boldsymbol{F}_N$。σ 在横截面上的分布规律还未知。

微课

拉伸正应力公式推导

要了解 σ 在横截面上各点位置的变化规律，可先通过考察杆件受力后的表面变形规律，进而由表及里地推测杆件内部横截面上各点的变形情况，再根据力与变形的关系即可了解横截面上各点的应力分布规律。最后通过内力微分 $\sigma \cdot dA$ 与轴力 $\boldsymbol{F}_N$ 的静力合成关系，就可导出横截面正应力 σ 的计算公式。

取等直均质杆进行分析。杆件受力变形前在其侧表面画两条垂直于轴线的横向直线 ab 和 cd，如图 2-10(a)所示。杆件拉伸变形后，可观察到两横向直线仍为直线，只是平行移动到 $a'b'$ 和 $c'd'$。根据这一现象，可以假设：原为平面的横截面在杆件变形后仍保持为平面，且仍垂直于轴线。此即为平面假设。

由平面假设可推知，杆中所有纵向纤维的伸长相等。又由于假设材料是均匀的，各点的力学性能相同，故各点的正应力 σ 与线应变 ε 的关系均相同，所以横截面上各点正应力 σ 相同，即横截面上正应力 σ 均匀分布，如图 2-10(b)所示。

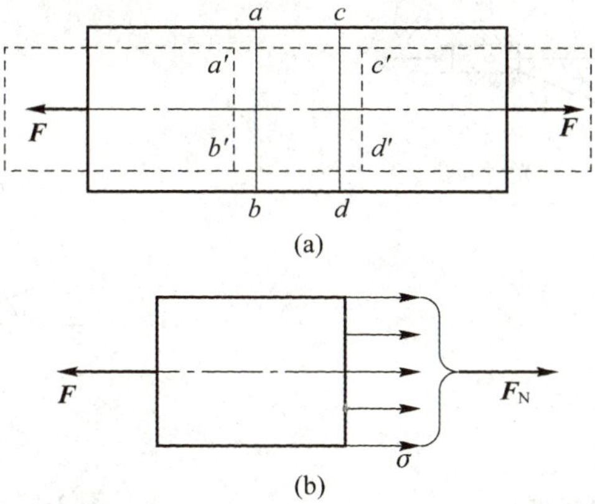

图 2-10 轴向拉压变形横截面应力分析

若以 A 表示横截面面积，其面积微分 $\mathrm{d}A$ 上的内力微分 $\sigma \cdot \mathrm{d}A$ 组成一个垂直于横截面的平行力系。于是按静力合成的方法可得

$$F_N = \int_A \sigma \mathrm{d}A \tag{2-1}$$

因为正应力 σ 均匀分布，故

$$F_N = \int_A \sigma \mathrm{d}A = \sigma \cdot A$$

于是得

$$\sigma = \frac{F_N}{A} \tag{2-2}$$

此即为横截面上正应力 σ 的计算公式。式中，F_N 为轴力；A 为横截面面积。正应力 σ 的符号规定：拉应力为正，压应力为负。

此外还要说明的是，应力均布是对杆内大部分区域而言，而在加载点附近局部区域，应力、变形是否均匀则与加力方式有关。当杆表面受均布外力作用时，荷载作用处应力和变形是均匀的；若杆表面所受外力是集中载荷或其他非均布载荷，载荷作用处应力、变形并非均匀的。实验表明，载荷分布方式不同，只影响载荷作用处附近局部区域的应力和变形，而离此稍远区域则影响甚微，此即为圣维南原理。

因此，在材料力学及一般常规工程计算中通常都按上述公式计算拉压杆横截面应力。

例 2-2 如图 2-11 所示压紧机构，若已知液压缸推力 $F=60$ kN，两连杆横截面积相同，$A=1\ 000\ \mathrm{mm}^2$，$\alpha=30°$。试求连杆 AB 和连杆 AC 的应力。

解：(1)受力分析。分析节点 A 的受力，如图 2-12 所示，该节点受汇交力系。

由汇交力系的平衡条件可得

$$\sum F_x = 0, F_1 \cos 30° - F_2 \cos 30° = 0$$

$$\sum F_y = 0, F - 2 F_1 \sin 30° = 0$$

故 $F_1 = F_2 = \dfrac{F}{2 \sin 30°} = 60$ kN。

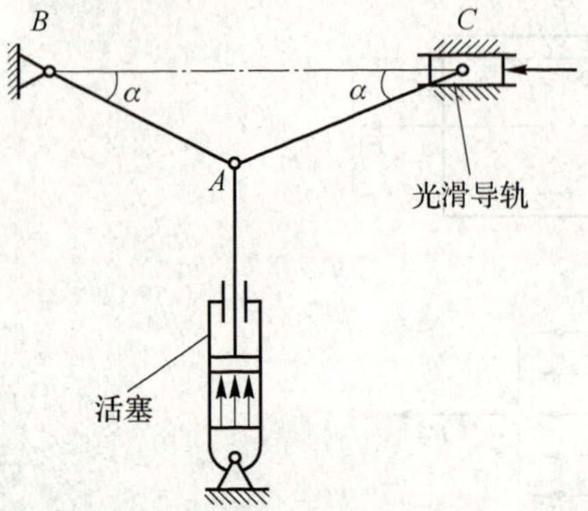

图 2-11　压紧机构

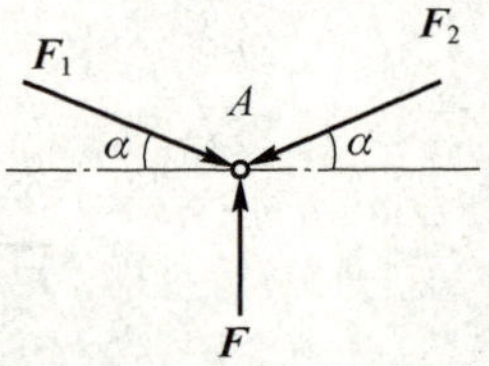

图 2-12　节点 A 受力分析

(2)应力计算。由式(2-2)计算两个连杆横截面的应力

$$\sigma_1=\sigma_2=\frac{F_1}{A}=\frac{60\times 10^3\ \mathrm{N}}{1\ 000\ \mathrm{mm}^2}=60\ \mathrm{MPa}\quad (-)$$

计算结果为负,两连杆横截面所受应力为压应力。

例 2-3　如图 2-13 所示结构中,钢拉杆 AB 中间段直径 $d_1=10$ mm,两端(螺杆)部分内径 $d_2=8$ mm,$F=9$ kN。其余被连接物体均视作刚体,试求拉杆各段应力。

解:(1)受力分析。分析右半部分受力情况如图 2-14 所示,可得

$$\sum M_D=0,\ F_R\times 2-F_N\times 2=0$$

故

$$F_N=F_R \tag{a}$$

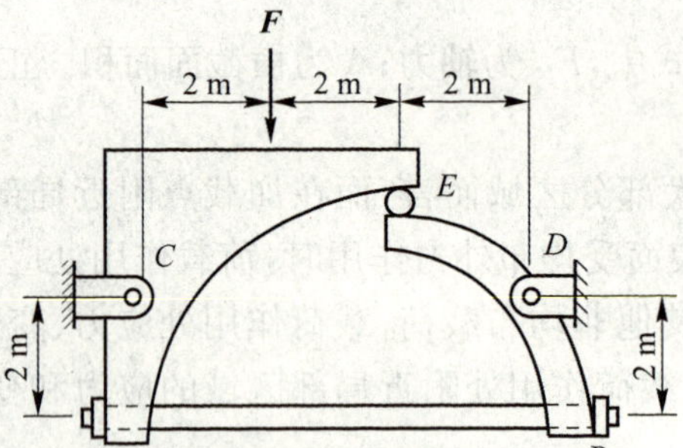

图 2-13　拉杆连接件

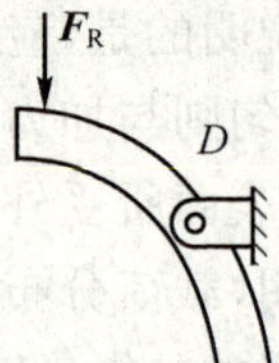

图 2-14　右半部分结构受力分析

分析左半部分受力情况如图 2-15 所示,可得

$$\sum M_C=0,F_R\times 4+F_N\times 2-9\times 2=0$$

故

$$F_N=9-2F_R \tag{b}$$

联立式(a)和式(b)解得 $F_N=3$ kN。

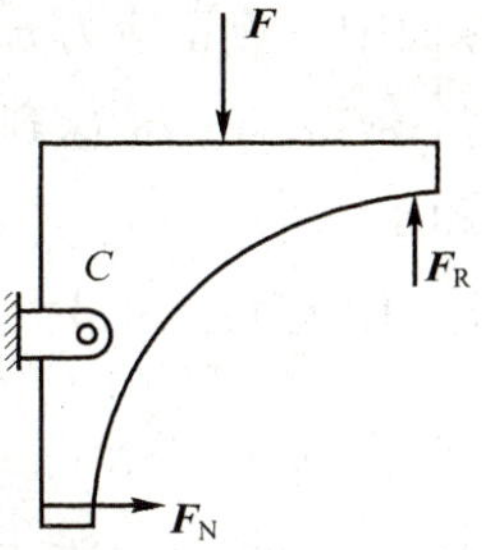

图 2-15　左半部分结构受力分析

(2)应力计算。

中间部分
$$\sigma=\frac{F_N}{A_1}=\frac{3\ 000\ \text{N}}{(10\ \text{mm})^2\cdot\frac{\pi}{4}}=38\ \text{MPa}$$

两端部分
$$\sigma=\frac{F_N}{A_2}=\frac{3\ 000\ \text{N}}{(8\ \text{mm})^2\cdot\frac{\pi}{4}}=60\ \text{MPa}$$

2.斜截面上的应力

为了解杆任意斜截面上的应力情况,可用一个假想的与横截面夹角为 α 的斜截面 $k—k$,如图 2-16(a)所示,将杆一分为二,并取左段杆研究,如图 2-16(b)所示。由该段杆的平衡可得此斜截面上的内力,即

$$F_\alpha=F=F_N \tag{2-3}$$

仿照前面推论横截面上正应力 σ 分布变化规律的方法过程,可知斜截面上各点处的应力也是均匀分布的,见图 2-16(b)。若以 A_α 表示斜截面面积,则有几何关系

$$A_\alpha=\frac{A}{\cos\alpha} \tag{2-4}$$

于是可得任意斜截面 $k—k$ 上的应力为

$$p_\alpha=\frac{F_\alpha}{A_\alpha}=\frac{F}{A}\cos\alpha=\sigma\cos\alpha \tag{2-5}$$

如图 2-16 所示,将斜截面上应力 p_α 分解为垂直于斜截面的正应力分量 σ_α 和相切于斜截面的切应力分量 τ_α,得

$$\sigma_\alpha=p_\alpha\cos\alpha=\sigma\cos^2\alpha \tag{2-6}$$

$$\tau_\alpha=p_\alpha\sin\alpha=\frac{\sigma}{2}\sin 2\alpha \tag{2-7}$$

式(2-6)和式(2-7)表示过拉压杆内任一点的不同截面上的正应力 σ_α 和切应力 τ_α 随 α 角而改变的规律。一般而言,斜截面上既有正应力 σ_α 也有切应力 τ_α。

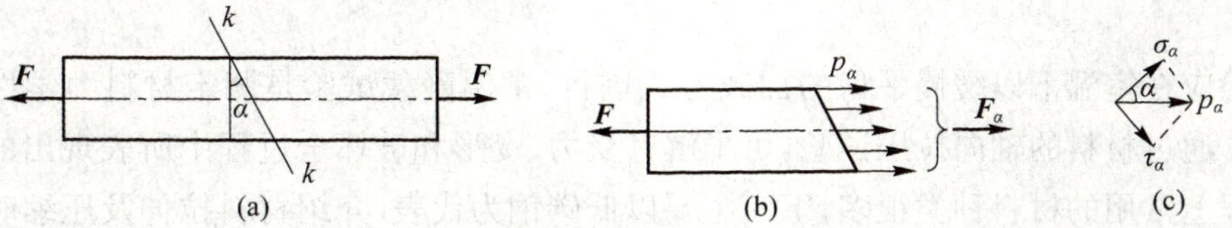

图 2-16　轴向拉压变形斜截面应力分析

例 2-4 分析拉压杆过所有各截面中一点正应力 σ_α 最大和切应力 τ_α 最大的截面。

解:由式(2-6)和式(2-7)可知,当 $\cos^2\alpha$、$\sin 2\alpha$ 达到最大值 1 时,正应力 σ_α 和切应力 τ_α 分别为最大值。相应地,α 分别为 0°和 45°。

可见,轴向拉压时:在杆横截面上,正应力 σ_α 为最大值,$\sigma_{\max}=\sigma_{0^\circ}=\sigma$;在与杆轴线成 45°的斜截面上,切应力 τ_α 为最大值,$\tau_{\max}=\tau_{45^\circ}=\dfrac{\sigma}{2}$。

此外,平行于杆件轴线的纵向截面($\alpha=90^\circ$)上无任何应力。

四、轴向载荷下材料的力学性能

构件的强度和刚度与材料破坏时的应力以及力与变形间的关系等问题有关,而这些都属于材料的固有性能,需由实验来测定。材料的力学性能又称为机械性能,是指材料在外力作用下表现出的变形和破坏等方面的特性。

实验常用设备仪器主要分为两类:一类是使试件发生变形并实时测定试件抗力的设备,常用的有万能试验机,如图 2-17 所示,其工作原理是通过试验机夹头的上下移动使试件变形,通过力传感器,实时测量试件的受力状况。另一类是测量试件变形的仪器,如引伸仪、千分表和电阻应变仪等,这类变形仪可将变形放大,在一定精度范围内测量试件的变形。

为了便于比较不同材料的试验结果,国家标准对试样的形状、加工精度、加载速度、试验环境等都有统一规定。拉伸试验前,在试样表面刻画出长为 l 的一段作为工作段,如图 2-18(a)所示,工作段长度 l 称为标距。对圆截面试样,标距 l 与直径 d 常用两种标准比例,即 $l=10d$ 和 $l=5d$。压缩试件通常用短圆柱体,如图 2-18(b)所示,其长度与直径比一般规定为 1~3。混凝土、石块等则制成立方体试件。

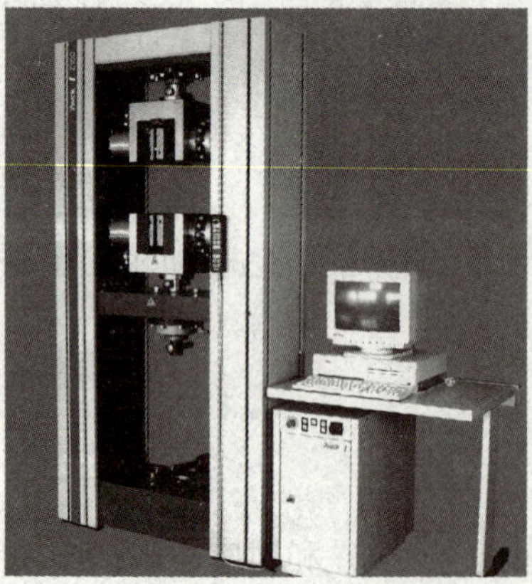

图 2-17 万能试验机

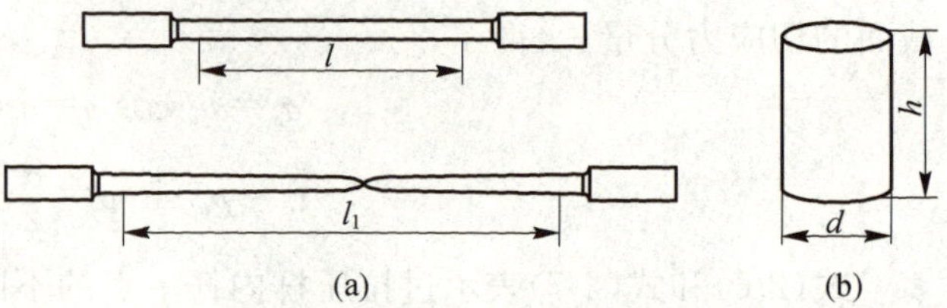

图 2-18 试样规格

试验应在室温下以缓慢平稳的加载方式进行,常温静载试验是测定材料力学性能的基本试验。通过材料的轴向拉压试验,可了解其受力、变形和破坏全过程中所表现出的力学性能。工程上常用的材料种类很多,下面主要以低碳钢为代表,介绍材料拉伸及压缩时的力学性能。

1.低碳钢拉伸图及其力学性能

低碳钢是含碳量在0.3%以下的碳素钢,是工程中使用最广泛的材料。低碳钢在拉伸试验中表现出的力学性能比较全面和典型。

试样装在试验机上后,受到缓慢增加的拉力作用。对应着每一个拉力 $\boldsymbol{F}$,试样标距 l 有相应伸长量 Δl。表示 F 和 Δl 关系的曲线,称为拉伸图或 F-Δl 曲线,如图 2-19 所示。F-Δl 曲线与试样尺寸差异有关。为了消除试样尺寸的影响,将表示拉力 F 和伸长量 Δl 的纵横坐标分别除以试样原始面积 A 和标距原始长度 l,即得出正应力 σ 与应变 ε(由于标距内各点变形均匀,平均应变 $\Delta l/l$ 即为线应变)的关系曲线。这种以 σ 为纵坐标,ε 为横坐标的关系曲线称为工程应力应变图或 σ-ε 曲线,如图 2-20 所示。显然,应力应变图与拉伸图形状相似,仅坐标的比例尺度不同。σ-ε 曲线是研究物体力学性能的重要依据。

微课

低碳钢拉伸力学性能

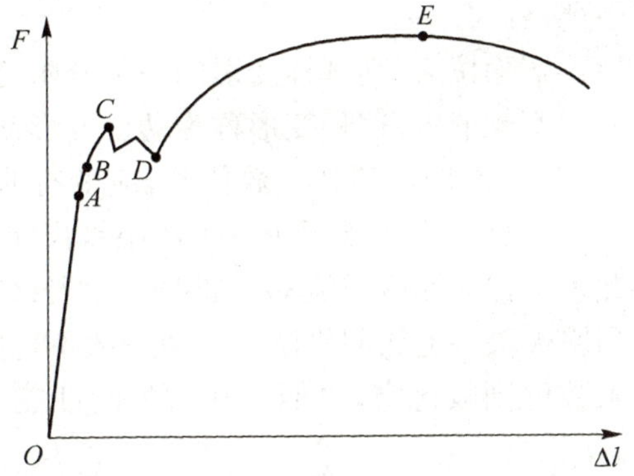

图 2-19 F-Δl 曲线

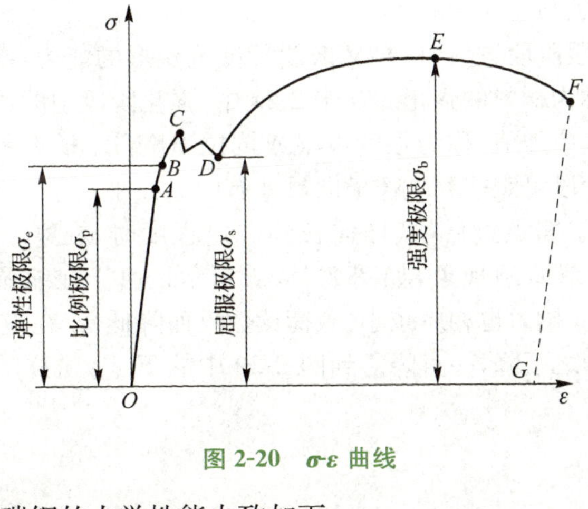

图 2-20 σ-ε 曲线

根据试验结果,低碳钢的力学性能大致如下。

(1)弹性阶段。在拉伸初始阶段,σ 与 ε 的关系表现为直线 OA,表明在这一阶段内应力 σ 与应变 ε 成正比,即

$$\sigma \propto \varepsilon \tag{2-8}$$

或写成

$$\sigma = E\varepsilon \tag{2-9}$$

这就是拉伸或压缩的胡克定律。式 2-9 中，E 为与材料有关的比例常数，称为弹性模量。从图中可看出 E 即是材料在线性范围内应力应变图中直线 OA 的斜率。E 的量纲与 σ 相同，常用单位为 GPa(1 GPa=10^9 Pa)。

应力与应变成正比关系的最大应力值(图 2-20 中 A 点所对应的应力)称为比例极限，以 σ_p 表示。显然只有应力低于比例极限时，应力才与应变成正比，材料才服从胡克定律。在该区段材料是线弹性的。

超过比例极限后，从 A 点到 B 点，σ 与 ε 之间的关系不再成比例，但解除拉力后变形仍可完全消失，这种变形称为弹性变形。材料只出现弹性变形的最大应力值(图 2-20 中 B 点所对应的应力)称为弹性极限，以 σ_e 表示。在 σ-ε 曲线上，σ_e 和 σ_p 两点非常接近，所以工程上对弹性极限和比例极限并不严格区分。

在应力大于弹性极限后再解除拉力，则试样变形的一部分随之消失，这部分变形即为弹性变形。但还残留一部分变形不能消失，这种变形称为塑性变形或残余变形。

(2)屈服阶段。当应力超过 B 点增加到某一数值时，应变有非常明显的增加，而应力略有下降后作微幅上下波动，在 σ-ε 曲线上出现近于水平的小锯齿状线段。该区间应力基本保持不变，而应变显著增加，此现象称为屈服或流动。屈服阶段内材料波动的最大和最小应力分别称为上屈服极限和下屈服极限。上屈服极限的数值一般不稳定(与试样形状、加载速度等因素有关)，而下屈服极限数值则较稳定，更能反映材料的性能。通常将下屈服极限称为屈服极限，以 σ_s 表示。

表面磨光的试样屈服时，表面将出现与轴线大致成 45°倾角的细微条纹，这是由于材料内部晶格相对滑移而形成的，称为滑移线。由于拉伸时与杆轴成 45°倾角斜截面上的切应力为最大值，可见屈服现象与切应力有关。

(3)强化阶段。屈服阶段过后，材料又恢复了抵抗变形的能力，要使试件继续伸长必须增加拉力。这种现象称为材料的强化。在图 2-20 中，强化阶段中的最高点 E 所对应的应力是材料所能承受的最大应力值，称为强度极限或抗拉强度，以 σ_b 表示。σ_b 是衡量材料强度的重要指标。在强化阶段可观察到试样横向尺寸有明显减小。

(4)颈缩破坏阶段。E 点过后，试样伸长到一定程度时，在某一局部区段内横截面积突然急剧缩小，出现所谓缩颈现象，如图 2-21(a)所示。由于在缩颈部分横截面积迅速减小，使试样继续伸长所需拉力也相应减小(载荷读数反而降低)。在应力应变图中，用横截面原始面积算出的应力随之下降，一直降落到图 2-20 中的 F 点，试样随即拉断，如图 2-21(b)所示。

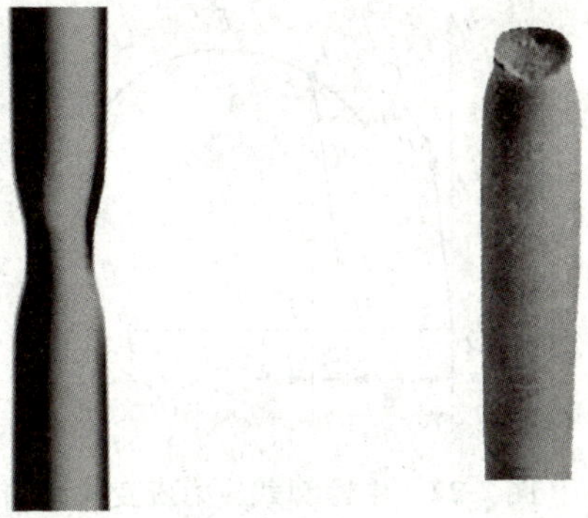

(a)　　(b)

图 2-21　缩颈现象

视频 低碳钢拉伸试验

2. 强度指标和塑性指标

通过分析低碳钢的拉伸过程可得到衡量材料强度的两个重要指标——σ_s 和 σ_b。由于材料屈服时将出现显著的塑性变形，而零件的大量塑性变形将影响机器的正常工作，所以屈服极限 σ_s 是衡量材料强度的一个重要指标。而 σ_b 是材料所能承受的最大应力，显然是衡量材料强度的另一重要指标。

除强度指标外，还可得到衡量材料塑性的两个重要指标——伸长率和断面收缩率。

试样拉断后，标距长度改变量(l_1-l)与原始标距长度 l，称为材料的伸长率 δ，用百分数表示为

$$\delta=\frac{l_1-l}{l}\times 100\% \tag{2-10}$$

该值代表了试样拉断后的塑性变形程度。试样的塑性变形越大，δ 也就越大。因此伸长率是衡量材料塑性的重要指标。承受动载荷、冲击的构件(如车轴、齿轮和冲杆等)，材料除要有足够的强度外，还应有良好的塑性指标值，以耗散能量和延缓冲击。

试样拉断后，缩颈处(最小截面)横截面积改变量与原始横截面面积 A 的比值，称为材料的断面收缩率 ψ，用百分数表示为

$$\psi=\frac{A-A_1}{A}\times 100\% \tag{2-11}$$

该值代表了试样拉断后的横向塑性变形程度，也是衡量材料塑性的指标。

工程上通常按伸长率的大小把材料分成两大类，$\delta>5\%$的材料称为塑性材料，如碳钢、黄铜和铝合金等；$\delta<5\%$的材料称为脆性材料，如灰铸铁、玻璃和陶瓷等。

3. 卸载定律及冷作硬化

若在试样拉伸过程中中途卸载，将试样拉至超过屈服极限的 K 点后逐渐卸除拉力，应力应变关系图线将沿着斜直线 KH 回到 H 点，如图 2-22 所示。斜直线 KH 近似地平行于线弹性直线 OA。这说明，在卸载过程中，应力和应变按直线规律变化，此即为卸载定律。拉力完全解除后，应力应变关系图中，HJ 相应的一部分变形为卸载后消失了的弹性变形 ε_e，而 OH 相应的一部分变形表示卸载后残留下的塑性变形 ε_p。

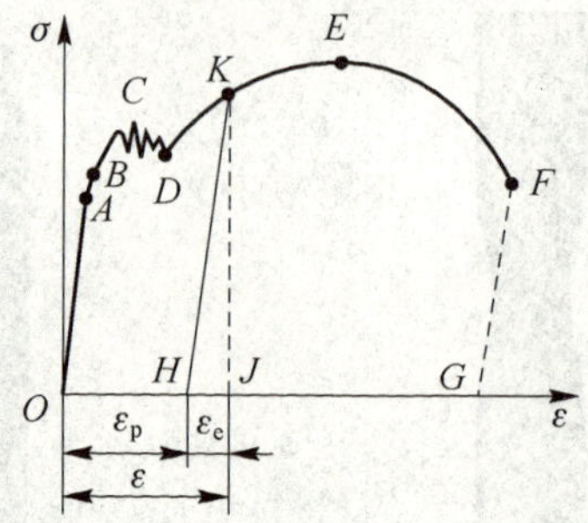

图 2-22 中途卸载应力应变关系图线

若将试样预先加载，使之达到强化阶段后卸载，在短期内再次加载，应力和应变关系基本是沿卸载时的斜直线 HK 变化。直到过卸载点 K 后，再沿无预加载曲线 KEF 变化。再次加载时，可认为材料在 K 点以前的变形是线弹性的，直到过 K 点后才开始出现塑性变形。比较图 2-22 中的 $OADEF$ 和 $HKEF$ 两条曲线，可见再次加载时，其比例极限（亦即弹性阶段）提高，而塑性变形和伸长率降低，这种现象称为冷作硬化。

工程上经常利用冷作硬化来提高材料的弹性阶段曲线。如起重钢索和建筑钢筋，常用冷拔工艺以提高强度。又如对某些零件进行喷丸处理，可使其表面发生塑性变形而形成冷硬层，从而提高零件表面层的强度。但另一方面，零件初加工后由于冷作硬化而变脆变硬，使材料可持续加工性能劣化。产生冷作硬化的零件，后续加工困难且容易产生裂纹，因而往往需要在几道工序之间安排退火处理，以消除硬化效应。

4. 其他材料拉伸时的力学性能

工程上常用的塑性材料，除低碳钢外，还有中碳钢、高碳钢、合金钢、铝、铝合金、青铜、黄铜、铜合金和球墨铸铁等。图 2-23 所示是几种材料的 σ-ε 曲线。这些材料伸长率都较大，明显大于 5%，都属塑性材料。其中有的材料，如 16Mn 钢，和低碳钢一样有明显的弹性阶段、屈服阶段、强化阶段和局部变形阶段。很多其他材料，如青铜、硬铝和退火球墨铸铁等，没有明显的屈服阶段。还有些材料如 Mn 钢等，没有屈服阶段和缩颈破坏阶段，只有弹性阶段和强化阶段。

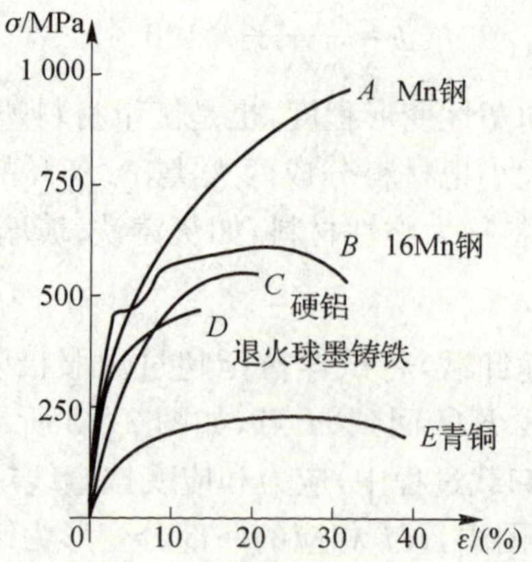

图 2-23 几种材料的 σ-ε 曲线

对没有明显屈服极限的塑性材料，通常将产生0.2%塑性应变时对应的应力值作为屈服指标，并用$\sigma_{0.2}$来表示，如图2-24所示。该应力值可代表屈服极限作为无明显屈服阶段材料的强度指标值。

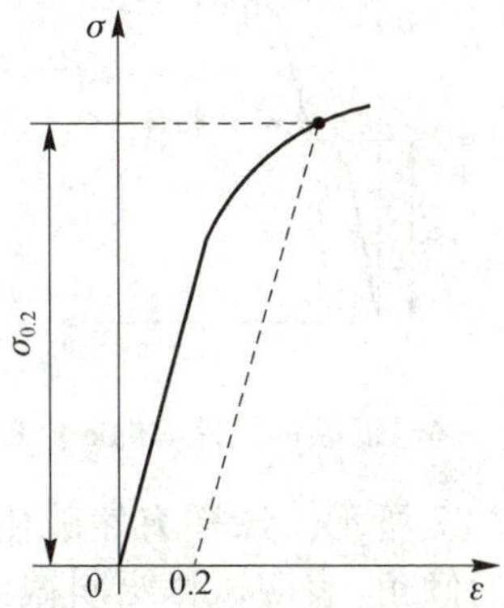

图2-24 没有屈服极限的材料屈服指标

脆性材料的共同特点是塑性较差，伸长率δ很小。灰口铸铁是典型的脆性材料之一，其拉伸时的σ-ε曲线是一段微弯曲线，无明显直线部分，也没有屈服和缩颈现象，如图2-25所示。

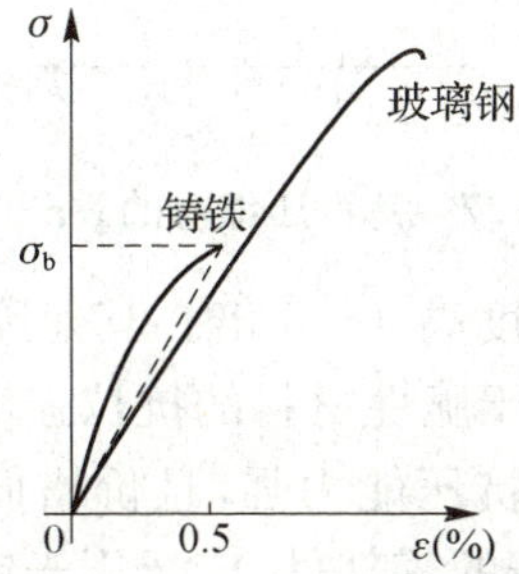

图2-25 脆性材料应力应变曲线

灰口铸铁在较小的拉应力下就被拉断，拉断前应变很小，横向尺寸无明显变化，伸长率也很小。其弹性模量E的数值随应力大小而变，但由于工程中铸铁的拉应力不允许很高，故在较低拉应力下，则可近似认为其服从胡克定律。通常取应力应变曲线的割线代替曲线初始部分，并以其割线斜率作为弹性模量，称为割线弹性模量，见图2-25。

铸铁拉断时的最大应力即为其强度极限，因为没有屈服现象，强度极限σ_b是衡量其强度的唯一指标。铸铁等脆性材料的抗拉强度很低，所以不宜作为抗拉零件的材料。

铸铁经球化处理成为球墨铸铁后，力学性能有显著变化，不但强度较高，还有较好的塑性。用球墨铸铁代替钢材制造管道、曲轴和齿轮等构件具有较好的经济性。

5. 材料压缩时的力学性能

低碳钢压缩时的σ-ε曲线如图2-26中实线所示。比较该曲线与拉伸时的σ-ε曲线可看出：在屈服之前，拉压两条图线基本重合，可见低碳钢压缩时的弹性模量E和屈服极限σ_s都与拉伸时大致相同。实验表明，屈服阶段以后，随着试样越压越扁（呈腰鼓状），横截面面积不断增大，将逐渐趋于扁饼状，试样单位面积上的受力很难继续增加，因而压缩强度极限也就无法测出。而对于大多数韧性材料，在单向压缩时，其 σ-ε 曲线与单向拉伸时具有相同的弹性模量和屈服应力。

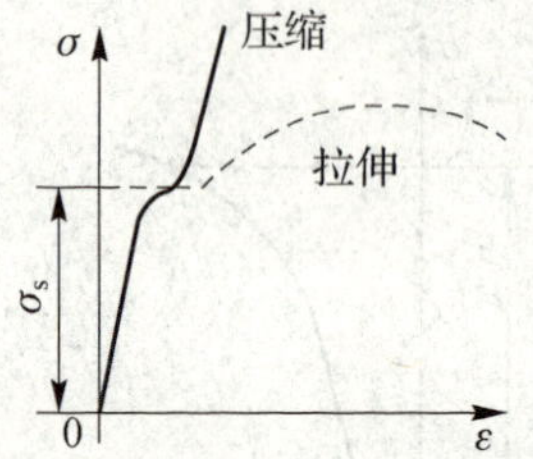

图 2-26 低碳钢压缩时的 σ-ε 曲线

铸铁压缩时的 σ-ε 曲线如图 2-27 所示。试样突然破坏，破坏时变形仍然较小。破坏断面的法线与轴线大致成 45°～55°的倾角，表明试样沿斜截面因相对错动而破坏。一些塑性材料，如铝合金、铝青铜等，压缩时也是沿斜截面破坏，而并非都像低碳钢一样压成扁饼。

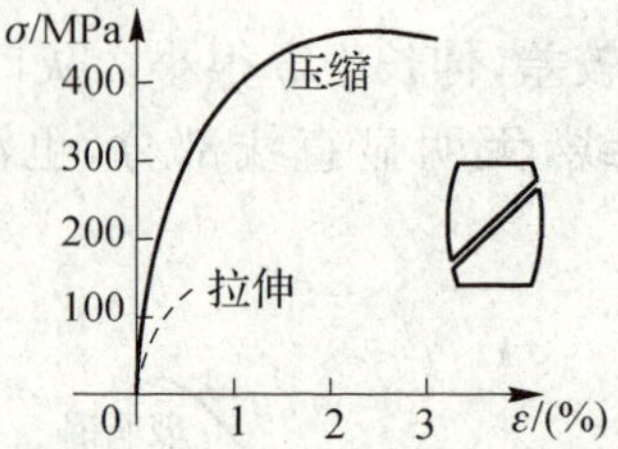

图 2-27 铸铁压缩时的 σ-ε 曲线

铸铁的抗压强度比它的抗拉强度高 4～5 倍。其他脆性材料的抗压强度也远高于抗拉强度，如混凝土、石料和玻璃等。由于脆性材料的抗拉强度远低于其抗压强度，可塑性差，故不宜制作为抗拉构件。但脆性材料抗压能力强，且价格低廉，可用来制造承受压力的构件。铸铁坚硬耐磨，易于浇铸成形状复杂的零部件，广泛用于铸造机床床身、机座、缸体及轴承座等受压零部件。因此，脆性材料的压缩性能比拉伸性能更为重要。

从材料拉压实验的全过程可见，衡量材料力学性能的主要指标：比例极限 σ_p、屈服极限 σ_s、强度极限 σ_b 和弹性模量 E、伸长率 δ 及断面收缩率 ψ 等。材料的上述指标往往受温度、热处理等条件的影响。表 2-1 中列出几种常用材料在常温、静载下的若干主要力学性能指标值。

表 2-1 几种材料的主要力学性能

材料名称	牌号	σ_s/MPa	σ_b/MPa	δ_5/%
普通碳素钢	Q235	216～235	373～461	25～27
	Q255	255～275	490～608	19～21
优质碳素结构钢	40	333	569	19
	45	353	598	16
普通低合金结构钢	Q345	274～343	471～510	19～21
	Q390	333～412	490～549	17～19
合金结构钢	20Cr	540	835	10
	40Cr	785	980	9

续表

材料名称	牌　　号	σ_s/MPa	σ_b/MPa	δ_5/%
碳素铸钢	ZG270-500	270	500	18
硬铝	—	330	470	17
球墨铸铁	QT450-10	—	450	10
灰铸铁	HT150	—	120～175	—

注：表中 δ_5 是指 $l=5d$ 的标准试样的伸长率。

6. 温度和时间对材料力学性能的影响

前面讨论的是材料在常温、静载下的力学性能，然而许多设备和机构是在非常温状态下工作的。例如，喷气发动机或者汽轮机的叶片，长期在高温环境中运转，又如液态氢或液态氮的容器，则在低温下工作。材料在高温和低温下的力学性能与常温下并不相同，作用时间长短也对高温下受力构件材料的力学性能有明显影响。温度和时间对材料力学性能的影响相当复杂，下面仅作简略介绍。

(1)短期静载下温度的影响。

为确定不同温度对金属材料力学性能的影响，可对处于一定温度下的试件(周围置以高温电炉或液态氢氮为冷却剂的低温箱)进行短期静载拉伸试验，如在 15～20 min 内的拉断试验。试验结果表明 E、σ_s 随温度的增高而降低。在 250 ℃～300 ℃之前，σ_b 随温度的升高而增加，而 δ 和 ψ 却随之降低。在 250 ℃～300 ℃之后，σ_b 将随温度的升高而降低，而 δ 和 ψ 却随之增加。在低温情况下碳钢的弹性极限和强度极限将提高，而伸长率 δ 则相应降低。这表明低温下碳钢趋于硬脆，即所谓冷脆。

(2)长期静载下温度的影响。

在高温下，长期作用载荷将影响材料的力学性能。试验结果表明，如果温度不超过一定限值(例如，对碳钢来说，温度在 300 ℃～350 ℃以下)，虽受载荷长期作用，材料的力学性能并无明显的变化。但高于一定温度时，若应力超过某一限度，则材料的塑性变形在这一固定应力和不变温度下将随时间增长缓慢发展，这种现象称为蠕变。卸载后蠕变变形不再消失。在高温下工作的零件往往因蠕变而引起事故。例如，汽轮机的叶片可能因蠕变发生过大的塑性变形，以致与轮壳相撞而击碎。

高温下工作的零件在发生弹性变形后，如保持其变形总量不变，则零件内将保持一定的预紧力。但随着时间的增长，由蠕变而生的塑性变形将逐渐代替零件初始的弹性变形，从而使零件内的预紧力逐渐降低，这种现象称为应力松弛(或简称松弛)。靠预紧力连接或密封的机器，往往因应力松弛而引起松脱或漏气。例如，汽轮机转子与轴的紧密配合可能会因松弛而松脱，这类问题就与材料蠕变的性质密切相关。

五、轴向拉压的变形计算

拉压杆变形的主要现象：在轴向拉力作用下，将引起轴向尺寸伸长而径向尺寸缩短；在轴向压力作用下，将引起轴向尺寸缩短而径向尺寸伸长。以下将讨论其变形与受力的关系问题。

1. 线应变

设杆件原长为 l，横截面面积为 A_0，在轴向拉力 F 作用下，长度变为 l_1，如图 2-28(a)所示。杆的轴向伸长

$$\Delta l=l_1-l \tag{2-12}$$

由于杆内各处变形程度相同，因此轴向线应变

$$\varepsilon=\frac{\Delta l}{l} \tag{2-13}$$

如果是拉伸应变，则 Δl 值为正，表示杆件伸长。如果是压缩应变，则 Δl 值为负，则表示杆件缩短。

若杆件变形前后的径向尺寸分别为 d 和 d_1（或 b 和 b_1），如图 2-28(b)所示，则径向线应变为

$$\varepsilon'=\frac{\pi(d+\Delta d)-\pi d}{\pi d}=\frac{\Delta d}{d}=\frac{d_1-d}{d} \tag{2-14}$$

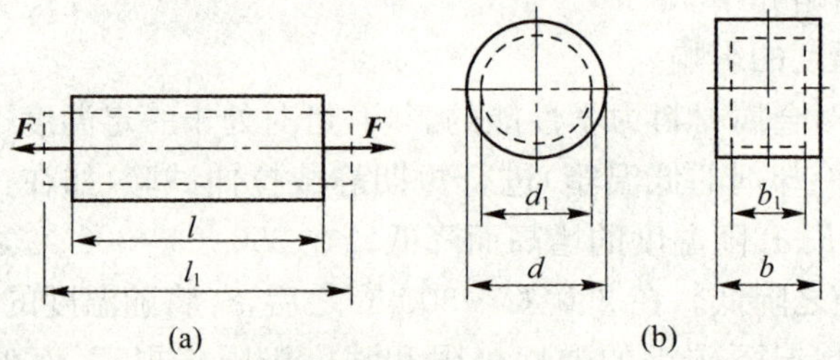

图 2-28 线应变

试验结果表明：当应力不超过材料的比例极限时，径向线应变与轴向线应变的绝对值之比是一个常数。即

$$\nu=\left|\frac{\varepsilon'}{\varepsilon}\right| \tag{2-15}$$

式中，ν 为径向变形因数或泊松比，无量纲。

由于一般情况下杆件轴向伸长时径向缩短，轴向缩短时径向伸长，故一般来说，ε' 与 ε 的负号相反。即

$$\varepsilon'=-\nu\varepsilon \tag{2-16}$$

2. 胡克定律

由实验得出的材料线弹性范围应力应变关系为式(2-9)：$\sigma=E\varepsilon$。

即当应力不超过材料的比例极限时，应力与应变成正比。式(2-9)即称为胡克定律，弹性模量 E 值随材料不同而不同。

杆件横截面上的应力为式(2-2)：$\sigma=\frac{F_N}{A}$。

若将式(2-13)和式(2-9)代入式(2-16)，得

$$\Delta l=\frac{F_N l}{EA} \tag{2-17}$$

式(2-9)表明：当应力不超过材料的比例极限时，杆件的伸缩与拉压变形和杆原长成正

比。上式是胡克定律的另一表达形式。由式(2-17)计算 Δl 时，由于 $\boldsymbol{F}_N$ 有拉压力正负之分，习惯上求得的 Δl 也以伸长为正而缩短为负。

在式(2-17)中，EA 称为抗拉刚度。对长度相同受力相等的杆件，EA 越大则杆件变形越小。

弹性模量 E 和径向变形因数 ν 都是材料固有的弹性常数，几种常用材料的 E 和 ν 值列于表 2-2 中。

表 2-2　几种常用材料的 E 和 ν 的约值

材料名称	牌　号	E/GPa	ν
低碳钢	Q235	200～210	0.24～0.28
中碳钢	45	205	—
低合金钢	16Mn	186～206	0.25～0.30
合金钢	40CrNiMoA	210	—
灰铸铁	—	78.5～157	0.23～0.27
球墨铸铁	—	150～180	—
铜及其合金	—	72.6～128	0.31～0.42
铝合金	LY12	71	0.33
混凝土	—	15.2～36	0.16～0.18

式(2-17)适用于杆的两截面间轴力 F_N 和横截面面积 A 都是常量的情况。若当构件轴力 F_N 沿轴线变化，或横截面面积 A 沿轴线变化时，计算 Δl 则须分段应用式(2-17)(离散性变化时)或须用微积分计算(连续性变化时)。

在横截面面积 A 沿轴线变化时，如果在杆的某个区段内，轴力或横截面面积可表示为沿轴线截面位置坐标 x 的连续函数 $F_N(x)$ 或 $A(x)$ 时，用相距为长度微分 dx 的两个假想截面从杆中截取任意微段，如图 2-29 所示，应用式(2-17)即可得该微段的伸缩量

$$d\Delta l=\frac{F_N(x)dx}{EA(x)} \tag{2-18}$$

再沿该区段对上式进行积分，即可得该区间杆段的伸缩量

$$\Delta l=\int_l \frac{F_N(x)dx}{EA(x)} \tag{2-19}$$

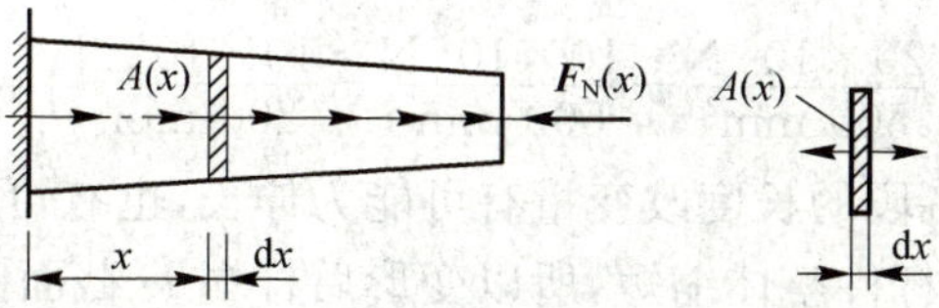

图 2-29　非等直杆的线应变

例 2-5　阶梯状变截面杆如图 2-30 所示，已知 $A_1=500\ \text{mm}^2$，$A_3=200\ \text{mm}^2$，$E=200\ \text{GPa}$。试作轴力图，并求杆端点 D 的位移。

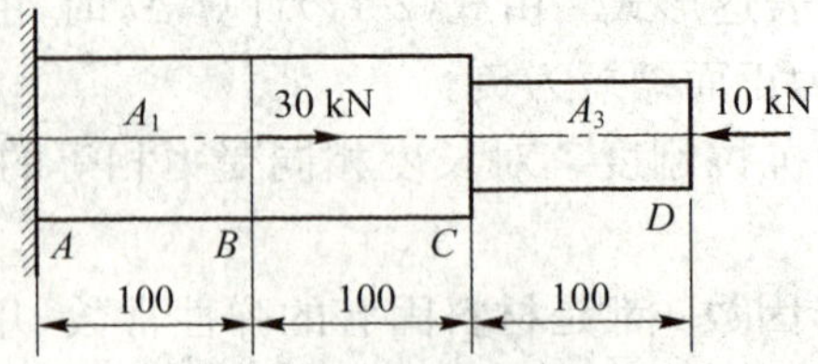

图 2-30　阶梯状变截面杆

解:(1)绘出轴力图,如图 2-31 所示。

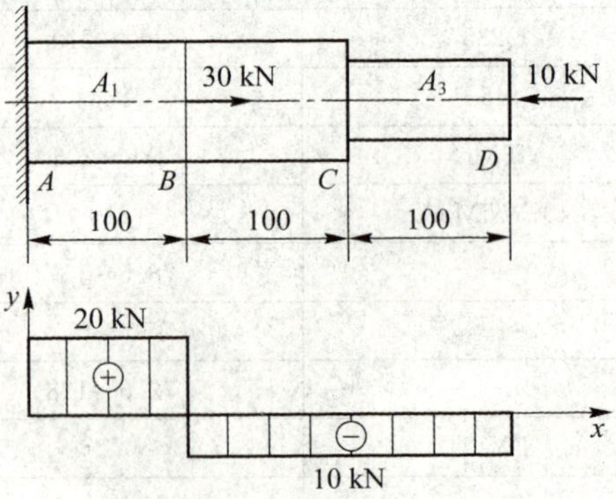

图 2-31　轴力图

(2)此杆各段 F_N 或 A 不尽相同,须以载荷作用处和截面变化处为界分段应用胡克定律,即将整个杆分为 AB、BC 和 CD 三段,以使各段内 F_N 和 A 相同。显然,杆端点 D 的位移在数值上应等于各段长度改变量的代数和,即

$$\Delta l = \Delta l_1 + \Delta l_2 + \Delta l_3 = \sum_{i=1}^{3} \Delta l_i$$

因为

$$\Delta l_i = \frac{F_{Ni} l_i}{EA_i}$$

分段应用胡克定律,可得

$$\Delta l = \frac{F_{N1} l_1}{EA_1} + \frac{F_{N2} l_2}{EA_2} + \frac{F_{N3} l_3}{EA_3}$$

将数据代入后,有

$$\Delta l = \frac{100\ \text{mm}}{200 \times 10^3\ \text{MPa}} \left(\frac{20 \times 10^3\ \text{N}}{500\ \text{mm}^2} - \frac{10 \times 10^3\ \text{N}}{500\ \text{mm}^2} - \frac{10 \times 10^3\ \text{N}}{200\ \text{mm}^2} \right) = -0.015\ \text{mm(缩短)}$$

从轴力图中可看出,各段的长度改变量有可能为伸长,也有可能为缩短。计算中应注意相应取正号或负号。由于杆件整体缩短,所以变形后杆端 D 截面向左移动。

例 2-6　如图 2-32 所示为一截锥状变截面杆,左右两端直径分别为 d_1 和 d_2。若材料弹性模量 E 已知,试求杆的伸长,并求横截面应力沿杆长的变化规律。

解:(1)在距截锥杆左端 x 处截取一微段,如图 2-33 所示,其相邻两截面距离为长度微分 dx。设其左侧截面直径和面积分别为 $d(x)$ 和 $A(x)$。

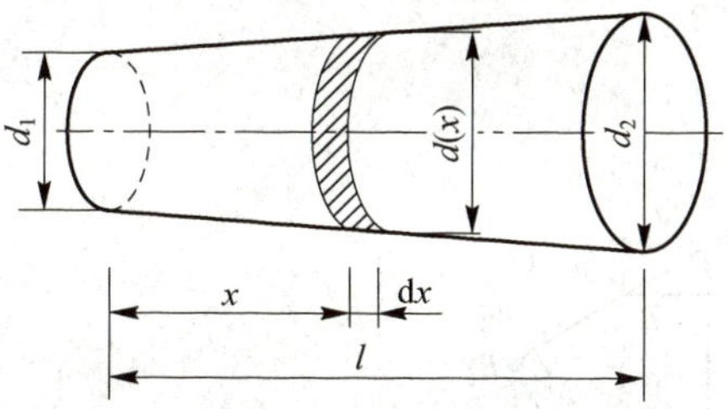

图 2-32　截锥状变截面杆

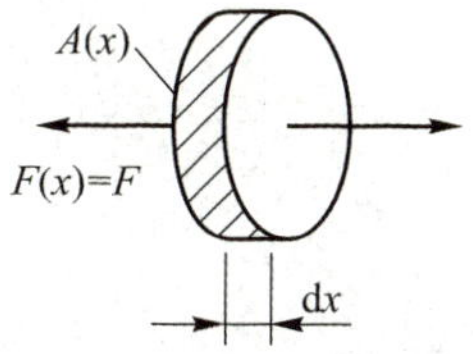

图 2-33　左端 x 处微段受力分析

当 dx 趋于零时，该微段截面面积趋于不变，于是可将式(2-17)应用于该微段，得到该微段伸长量

$$d\Delta l=\frac{F\cdot dx}{EA(x)} \tag{2-20}$$

由几何比例关系可求出 x 处截面的直径

$$d(x)=d_1+\left(\frac{d_2-d_1}{l}\right)x \tag{2-21}$$

于是 x 处截面的面积

$$A(x)=\frac{\pi d^2(x)}{4}=\frac{\pi}{4}\left[d_1+\left(\frac{d_2-d_1}{l}\right)x\right]^2 \tag{2-22}$$

(2)将式(2-22)代入式(2-20)后，再沿整个杆长进行积分，从而可求得截锥杆的伸长量

$$\Delta l=\int_0^l d\Delta l=\int_0^l\frac{4Fdx}{E\pi\left[d_1+\left(\frac{d_2-d_1}{l}\right)x\right]^2}=\frac{4Fl}{\pi Ed_1d_2}$$

(3)横截面应力沿杆长的变化规律由正应力计算公式求得，留给读者自行完成。

例 2-7　如图 2-34 所示杆系结构中，已知作用力 $F=40$ kN，钢制圆截面杆 AB 直径 $d=34$ mm，弹性模量 $E_1=210$ GPa。铝合金正方形截面杆 BC 的边长为 64 mm，$E_2=70$ GPa。两杆长度分别为 $l_1=1.15$ m，$l_2=1$ m，试求 B 点的位移。

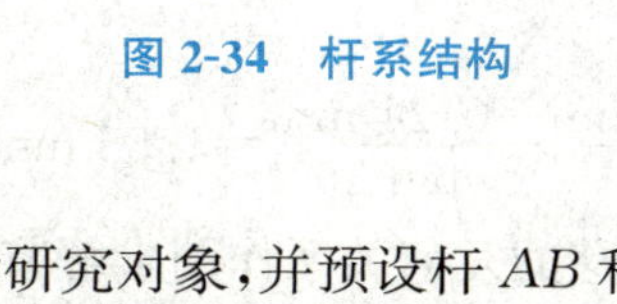

图 2-34　杆系结构

解：(1)受力分析。

如图 2-34 所示，取节点 B 为研究对象，并预设杆 AB 和杆 BC 分别受拉力和压力，可得

$$\sum F_x=0,\ F_{N2}-F_{N1}\cos 30°=0$$

$$\sum F_y=0,\ F_{N1}\sin 30°-F=0$$

解得 $F_{N1}=2F=80$ kN(拉力)，$F_{N2}=\sqrt{3}F=69.3$ kN(压力)。

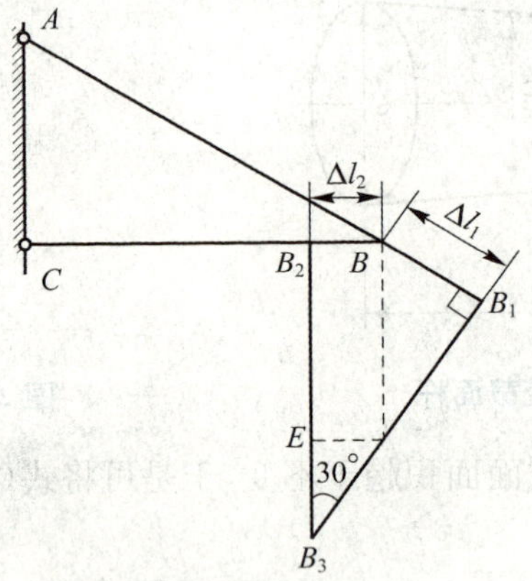

图 2-35 结构受力分析

(2)求杆端位移。

两杆受力变形后，其杆端 B 点将有相应的移动。两杆的变形可由胡克定律算出

$$\Delta l_1=\frac{F_{N1}l_1}{E_1A_1}=\frac{(80\times10^3\ \text{N})\times1\ 150\ \text{mm}}{(210\times10^3\ \text{MPa})\times\frac{\pi}{4}\times(34\ \text{mm})^2}=0.48\ \text{mm}$$

$$\Delta l_2=\frac{F_{N2}l_2}{E_2A_2}=\frac{(-69.3\times10^3\text{N})\times1\ 000\ \text{mm}}{(70\times10^3\ \text{MPa})\times(64\ \text{mm})^2}=-0.24\ \text{mm}$$

在杆 BC 的变形计算中，轴力 F_{N2} 取用负值是因为其为压力，相应的变形为缩短。两杆受力变形后，其杆端 B 点将分别有相应的移动。

(3)求 B 点位移。

假想将结构在节点 B 拆开，使两杆分别沿各自轴线方向伸长或缩短。杆 AB 伸长变形后成为 AB_1，CB 杆缩短变形后成为 CB_2，如图 2-35 所示。若两杆分别以 A 点和 C 点为圆心，以 AB_1 和 CB_2 为半径，作弧相交于 B_3，则交点 B_3 点即为结构变形后两杆连接点的位置，也就是节点 B 移动后新的位置。由于变形微小，极微小的圆弧可分别以相应的切线代替，即将原两段弧线代之以分别垂直于两杆轴线(AB 和 CB)的直线，两切线的交点即为节点移动后的新位置点 B_3。

根据上述位移多边形 $BB_1B_3B_2$ 中各杆端位移和节点位移的几何关系，即可求得节点位移的水平分量和垂直分量。

B 点的水平位移分量

$$\Delta x=\overline{BB_2}=\Delta l_2=-0.24\ \text{mm}(方向朝左)$$

B 点的垂直位移分量

$$\Delta y=\frac{0.48\ \text{mm}}{\sin30^\circ}+\frac{0.24\ \text{mm}}{\tan30^\circ}=1.38\ \text{mm}(方向朝下)$$

以上利用杆端位移与节点位移的几何关系作图求解节点位移的方法可称之为作图法。

六、轴向拉压变形强度计算

1. 许用应力与强度条件

要保证构件不发生强度破坏，除了与杆件的最大工作应力有关外，还取决于材料强度失效时的极限应力值。

由脆性材料制成的构件在拉伸变形很小时就会突然断裂，直到破坏为止都不会出现明显的塑性变形及屈服流动现象，只在断裂时才丧失工作能力。所以应取其强度极限 σ_b 作为强度失效时的极限应力值。而塑性材料制成的构件，在拉断之前已先出现大量塑性变形，此时由于构件已不能保持原有尺寸形状，影响了其正常工作，故对塑性材料取其屈服极限 σ_s 作为强度失效时的极限应力值。

工程上将材料出现断裂和塑性变形这两种情况统称为强度失效。σ_b 和 σ_s 两者都是标志构件强度失效时的极限应力。

为保证有足够的强度，构件在载荷作用下的实际应力（以后称为工作应力）应低于上述极限应力，以留有必要的强度储备和安全限度。在考虑了诸多因素后，将确保材料强度足够而能正常工作的应力最高限度分别取为

$$[\sigma]=\frac{\sigma_b}{n_b}\ （脆性材料） \tag{2-23}$$

$$[\sigma]=\frac{\sigma_s}{n_s}\ （塑性材料） \tag{2-24}$$

式中，$[\sigma]$称为拉伸（压缩）时材料的许用应力（Pa）。大于 1 的因数 n_b 和 n_s 称为安全因数，其数值通常是由设计规范标准规定的。

为保证轴向拉压杆件强度足够而能正常工作，必须使其最大工作应力不超过材料的许用应力，即

$$\sigma_{max}=\frac{F_N}{A}\leqslant[\sigma] \tag{2-25}$$

这就是轴向拉压杆的强度条件。根据以上强度条件，对三种不同情况可分别进行的强度计算：强度校核，截面选择，确定许用荷载。

（1）若已知杆件的材料、尺寸及载荷情况（即间接地知道 F_N），可由式（2-25）复核检查杆件的强度是否满足强度条件要求，这一工作即为强度校核。

（2）若已知杆件的材料和所受载荷，按上述强度条件选择杆件的截面面积或几何尺寸，即 $A_{min}\geqslant\frac{F_N}{[\sigma]}$。这一工作即为截面选择。

（3）若已知杆件的材料和截面形状尺寸，按上述强度条件确定杆件所允许承受的最大轴力或结构所允许承受的最大载荷值，即 $F_{N\max}\leqslant[\sigma]A$。这一工作即为确定许用载荷。

2. 安全因数

对许用应力数值的规定实质上为合理科学地选择适当的安全因数。安全因数的取值直接关系到构件的安全性与经济性，同时还涉及工程上的考虑。

确定安全因数应考虑的因素，一般有以下几个主要方面。

（1）材料质量的差异。包括材料的品质优劣、均匀程度以及塑性或脆性性质等。材料的极限应力值是根据试验数据按统计方法得到，材料成品是否合格是由抽样调查确定，所以实际应用中个别材料的极限应力值有可能低于标准值。

（2）构件尺寸的差异。由于加工设备精度和操作技术的局限性，构件实际尺寸有可能小于设计尺寸。

（3）载荷情况。包括载荷估值的准确性及动力的影响。载荷值的离散性和随机性，使得

载荷的估值有时可能出现较大偏差。

(4)构件简化和计算方法的准确程度。将实际结构进行计算简化,因忽略一些次要因素会导致不安全的后果。

(5)工作条件。化学腐蚀、温度和湿度等外部环境因素都可能降低构件的实际强度。

(6)构件的重要性、损坏的后果严重性、制造和修配的难易程度。

以上这些难以预测的不利因素都会影响安全因数的取值。从安全性角度考虑,应加大安全因数而降低许用应力,但从经济性角度考虑,则应减小安全因数而提高许用应力。故实际工程设计中应综合权衡安全性与经济性两方面要求。

安全因数的数值可从相关专业的一些规范中查到。目前一般机械制造工程中,对于静载荷作用下的构件,塑性材料可取 $n_s=1.2\sim2.5$。脆性材料质量均匀性较差,加之断裂发生突然而相应危险性较大,所以 n_b 取值较大。常取 $n_b=2\sim3.5$,甚至可到 3~9。

例 2-8 如图 2-36 所示为一手动压力机,在工件 C 上所加最大压力为 150 kN,已知压力机立柱和螺杆所用材料的许用应力$[\sigma]=170$ MPa,若螺杆 1 的内径 $d=40$ mm,试校核其强度并按强度要求设计立柱 2 的直径 D。

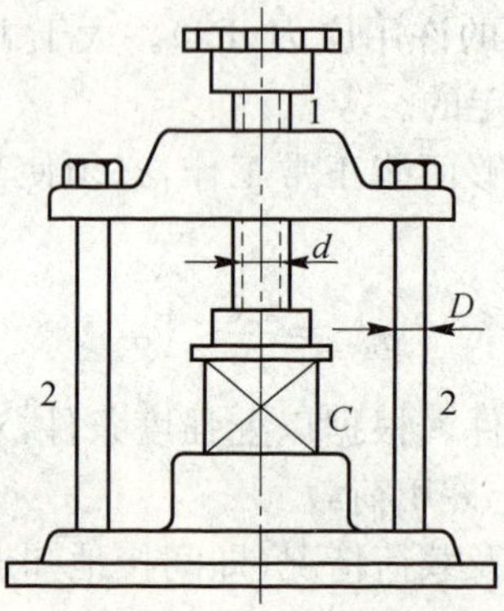

图 2-36 手动压力机

解:(1)校核螺杆 1 的强度。受力分析如图 2-37 所示,显然,螺杆的受力 $\boldsymbol{F}_{N1}$ 即是在工件上所加的压力 $\boldsymbol{F}$。

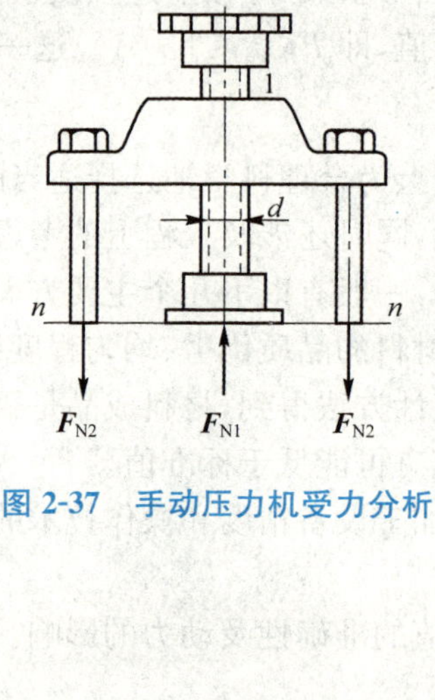

图 2-37 手动压力机受力分析

以假想截面 $n—n$ 将压力机分为上下两部分，见图 2-37，研究上半部分平衡可求出一根立柱的轴力 F_{N2} 为

$$F_{N2}=\frac{1}{2}F=\frac{1}{2}\times 150\ \text{kN}=75\ \text{kN}$$

将相关数据代入式(2-25)，得

$$\sigma=\frac{F_{N1}}{A_1}=\frac{150\times 10^3\ \text{N}}{\pi(40\ \text{mm})^2/4}=119.4\ \text{MPa}<[\sigma]$$

所以，此螺杆是安全的。

(2)根据式(2-25)，立柱的横截面面积应满足以下要求

$$A_2=\frac{\pi D^2}{4}\geqslant\frac{F_{N2}}{[\sigma]}=\frac{75\times 10^3\ \text{N}}{170\ \text{MPa}}$$

由此可求出 $D\geqslant 23.7$ mm。

例 2-9 如图 2-38 所示卧式拉床的油缸内径 $D=180$ mm，活塞杆直径 $d=60$ mm，材料 $[\sigma]_1=130$ MPa，缸盖与缸体由 6 个螺栓连接，螺栓内径 $d_2=17.3$ mm，材料 $[\sigma]_2=100$ MPa，试按活塞杆和螺栓的强度确定最大油压。

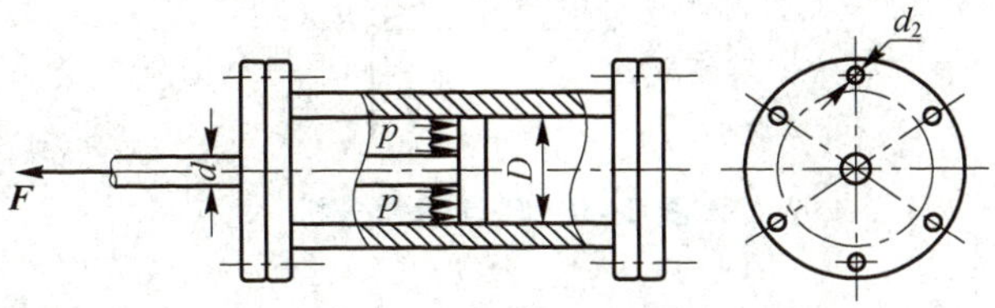

图 2-38 卧式拉床的油缸

解：活塞杆左端承受拉力 $\boldsymbol{F}$，右端承受活塞上的油液压力，故活塞杆是轴向拉伸。而 6 个螺栓则共同承受缸盖与缸体间的拉伸。由强度条件可确定活塞杆和螺栓许用拉力的算式

$$F_N\leqslant[\sigma]A$$

(1)由活塞杆的强度条件可得

$$F_{N1}\leqslant[\sigma]_1A_1=130\ \text{MPa}\times\frac{\pi(60\ \text{mm})^2}{4}=367.566\ \text{kN} \tag{a}$$

(2)由螺栓的强度条件可得

$$F_{N2}\leqslant[\sigma]_2A_2\times 6=100\ \text{MPa}\times\frac{\pi(17.3\ \text{mm})^2}{4}\times 6=141.037\ \text{kN} \tag{b}$$

(3)活塞上的油液压力为

$$F=p\cdot\frac{\pi(D^2-d^2)}{4}$$

显然该值不可超过活塞杆和螺栓的许用拉力。比较式(a)和式(b)结果可知，应由螺栓的强度条件来确定油压，即有

$$F\leqslant F_{N2}$$

故最大油压

$$p\leqslant\frac{F_{N2}}{\pi(D^2-d^2)/4}=\frac{141\,037\ \text{N}\times 4}{\pi[(180\ \text{mm})^2-(60\ \text{mm})^2]}=6.24\ \text{MPa}$$

例 2-10 如图 2-39 所示钢-铝结构的简易吊架。杆 BC 为铝杆，杆 AB 为钢杆。两杆横

截面面积相同，$A_1=A_2=600\ mm^2$，铝的许用应力$[\sigma]_1=100$ MPa，钢的许用应力$[\sigma]_2=160$ MPa。试求许可吊重 F。

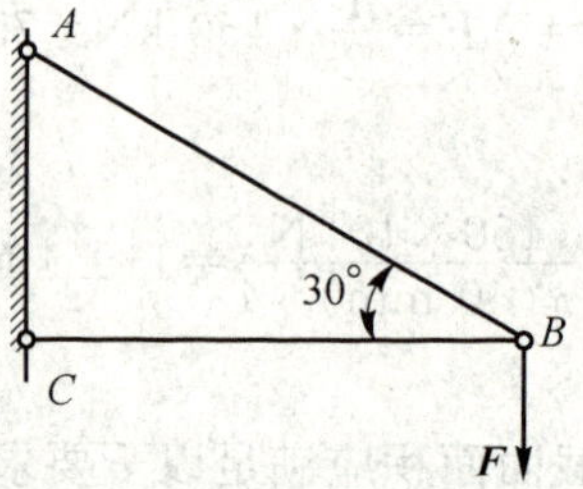

图 2-39 钢-铝结构的简易吊架

解：(1)受力分析。先求两杆轴力 F_{N1} 和 F_{N2} 与载荷 F 的关系。取节点 B 为分析对象，并假设 F_{N1} 为压力，F_{N2} 为拉力，其受力图如图 2-40 所示。

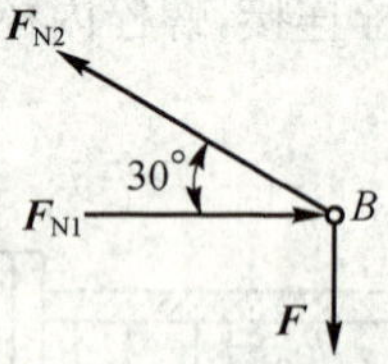

图 2-40 B 点受力分析

可得平衡方程

$$\sum F_x=0, F_{N1}-F_{N2}\cos 30°=0$$

$$\sum F_y=0, F_{N2}\sin 30°-F=0$$

所以

$$F_{N1}=\sqrt{3}F, F_{N2}=2F \tag{a}$$

(2)求许用内力。根据强度条件，可得两杆的许用轴力分别为

$$[F_{N1}]=[\sigma]_1 A_1=100\ \text{MPa}\times 600\ \text{mm}^2=60\ \text{kN}$$

$$[F_{N2}]=[\sigma]_2 A_2=160\ \text{MPa}\times 600\ \text{mm}^2=96\ \text{kN}$$

(3)求许用载荷。将$[F_{N1}]$和$[F_{N2}]$分别代入式(a)，即得到分别按两杆各自强度所算出的许用载荷

$$[F_1]=\frac{[F_{N1}]}{\sqrt{3}}=\frac{60\ \text{kN}}{\sqrt{3}}=34.6\ \text{kN}$$

$$[F_2]=\frac{[F_{N2}]}{2}=\frac{96\ \text{kN}}{2}=48.0\ \text{kN}$$

显然，如果将$[F_2]$作为该结构的许用载荷，则杆 BC 的工作应力将超过许用应力。因此该结构的许用载荷应取$[F]=34.6$ kN。

任务实施

杆件拉压变形时承载能力的求解——校核杆 AB 的强度并确定许用载荷。

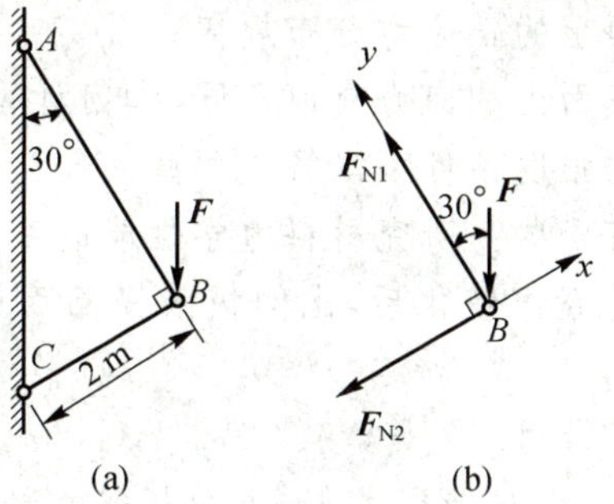

图 2-41 起重设备受力分析

解:先求杆 AB 和 BC 的轴力与外载荷 F 的关系。如图 2-41(b)中点 B 的平衡方程为

$$\sum F_y = 0, F_{N1} - F\cos 30° = 0$$

$$\sum F_x = 0, F_{N2} - F\cos 60° = 0$$

得

$$F_{N1}=0.866F, F_{N2}=-0.5F \tag{a}$$

(1)强度校核。

当 $F=200$ kN 时,$F_{N1}=0.866F=173.2$ kN,$F_{N2}=0.5F=100$ kN。

则 $$\sigma_1=\frac{F_{N1}}{A_1}=\frac{173.2\times10^3\ \text{N}}{\frac{\pi}{4}\times(50\times10^{-3})^2\ \text{m}^2}=8.82\times10^7\ \text{Pa}=88.2\ \text{MPa}<[\sigma]$$

$$\sigma_2=\frac{F_{N2}}{A_2}=\frac{100\times10^3\ \text{N}}{50\times40\times10^{-6}\ \text{m}^2}=5\times10^7\ \text{Pa}=50\ \text{MPa}<[\sigma]$$

所以起重设备满足强度要求,是安全的。

(2)确定许用载荷。

根据强度条件

$$\sigma=\frac{F_N}{A}\leqslant[\sigma]$$

有

$$F_{N1}\leqslant A_1[\sigma]=\frac{\pi}{4}\times(50\times10^{-3})^2\ \text{m}^2\times100\times10^6\ \text{Pa}=196.3\ \text{kN}$$

$$F_{N2}\leqslant A_2[\sigma]=50\times40\times10^{-6}\ \text{m}^2\times100\times10^6\ \text{Pa}=200\ \text{kN}$$

将 F_{N1}、F_{N2}代入式(a)得到按杆 AB、BC 强度要求所算出的许用载荷为

$$[F_1]=\frac{2F_{N1}}{\sqrt{3}}=\frac{2\times196.3\times10^3\ \text{N}}{\sqrt{3}}=226.7\ \text{kN}$$

$$[F_2]=2F_{N2}=2\times200\times10^3=400\ \text{kN}$$

在许用载荷作用下,杆 AB、BC 都应是安全的,所以该起重机的许用载荷应为$[F]=[F_1,F_2]_{\min}=226.7$ kN。

思考与练习

一、简答题

1. 什么称为轴力图? 如何绘制拉压杆的轴力图? 轴力图有什么用途?

2. 叙述轴向拉压杆横截面上的正应力分布规律。

3. 拉压杆的横截面与斜截面上的应力有何不同，如何计算？

4. 什么是强度条件？根据强度条件可以解决哪些问题？

5. 材料的主要力学性能有哪些？研究材料力学性能的目的？它们的含义是什么？

6. 为什么低碳钢材料经过冷作硬化后，比例极限提高而塑性降低？材料塑性的高低与材料的使用有什么关系？

7. 如何区分塑性材料和脆性材料？

8. 试说明脆性材料压缩时，沿与轴线成45°方向断裂的原因。

9. 怎样确定材料的许用应力？安全系数的选择与哪些因素有关？

二、分析计算题

1. 试用截面法求出图2-42中指定截面的轴力，并作轴力图。

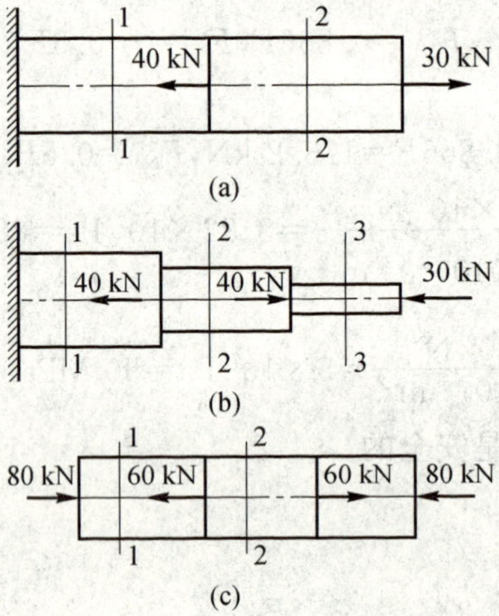

图2-42　轴

2. 已知 AD 杆载荷如图2-43所示，计算出杆 AD 各段轴力，画出其轴力图。若杆截面面积 $A=200\ \text{mm}^2$，试计算各段应力。

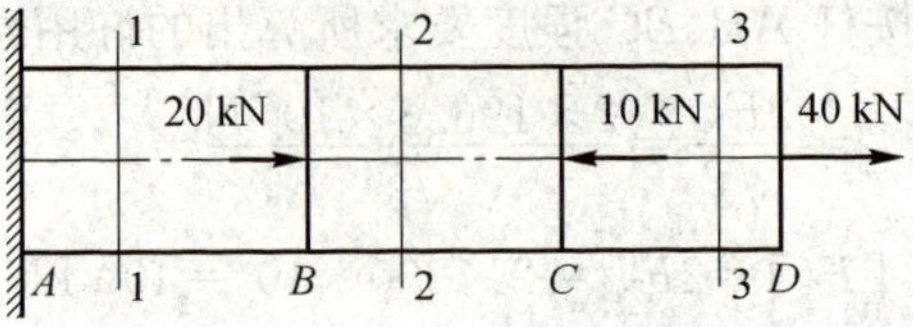

图2-43　*AD* 杆载荷

3. 某铆接钢板有三个铆钉孔，其受力如图2-44所示。已知钢板宽度 $b=60\ \text{mm}$，厚度 $t=10\ \text{mm}$，孔径 $d=16\ \text{mm}$，载荷 $P=40\ \text{kN}$，试画出钢板的轴力图并计算其最大应力。

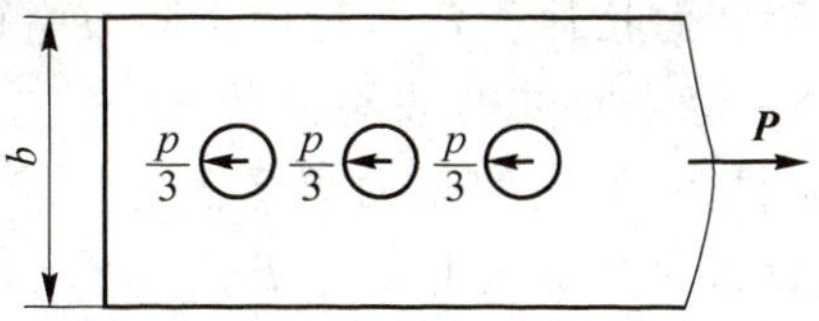

图 2-44 铆接钢板受力

4. 如图 2-45 所示为阶梯杆，材料 $E=200$ GPa，横截面面积 $A_1=240\ \text{mm}^2$，$A_2=160\ \text{mm}^2$，试求杆的总变形及最大应变 $\varepsilon_{\max}$ 和最大正应力 $\tau_{\max}$。

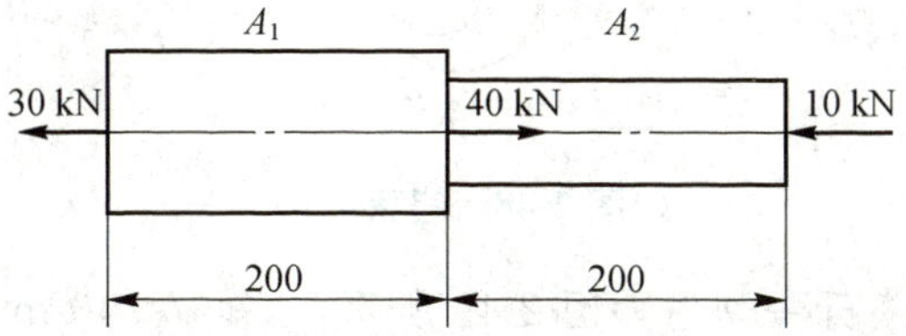

图 2-45 阶梯杆

5. 在外径 $D=25$ mm，内径 $d=15$ mm，长 $l=200$ mm 的铸铁管内套进一根直径为 15 mm 的钢杆，如图 2-46 所示。设铸铁的弹性模量为 $E_1=140$ GPa，钢的弹性模量为 $E_2=200$ GPa，$P=12$ kN，求铸铁管和钢杆的应力 σ_1、σ_2 及变形 Δl。

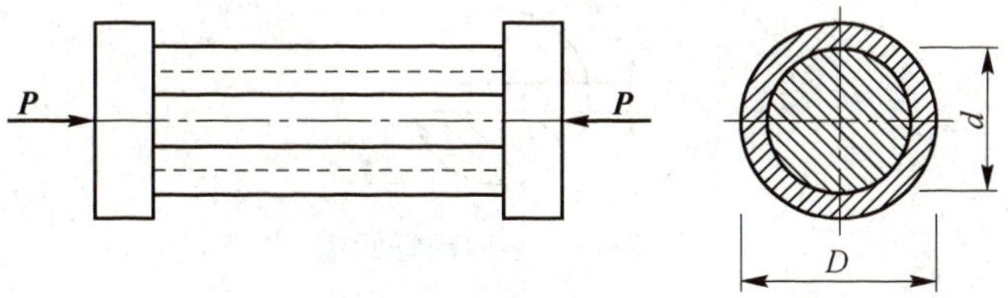

图 2-46 铸铁管和钢杆

6. 如图 2-47 所示，悬挂重杆长为 $l=2$ m，单位长度的自重为 $q=2$ kN/m，载荷 $P=20$ kN，试作其轴力图。当杆件变形总伸长量 $\Delta l=2$ mm 时，其抗拉刚度 EA 等于多少？

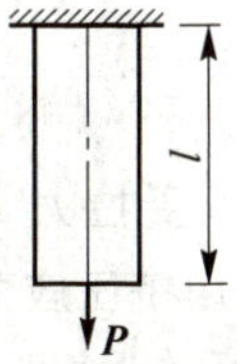

图 2-47 悬挂重杆

7. 一根直径为 $d=30$ mm 的钢杆，在轴向载荷 80 kN 的作用下，在 1.5 m 的初始长度内伸长了 1.15 mm，材料的比例极限为 210 MPa，泊松系数为 0.27，试求：(1)拉杆横截面上的正应力；(2)材料的弹性模量 E；(3)杆的直径改变量 Δd。

8. 长度 $l=320$ mm，直径 $d=32$ mm 的圆形横截面钢杆，在试验机上受到拉力 $P=135$ kN 的作用。由测量得知杆直径缩小了 0.006 mm，在 50 mm 的杆长内的伸长为 0.04 mm，试求此钢杆的弹性模量 E 和泊松比 ν。

9. 一圆形横截面等直杆受轴向拉伸。已知杆的直径 $d=16$ mm，材料的屈服极限 $\sigma_s=235$ MPa，杆端拉力 $P=20$ kN。求杆的工作安全系数 n_s。

10. 如图 2-48 所示为起重机吊钩，上端用的螺母固定。若螺纹最小直径 $d=60$ mm，材料的许用应力 $[\sigma]=80$ MPa，试求吊钩最大起重力 P。

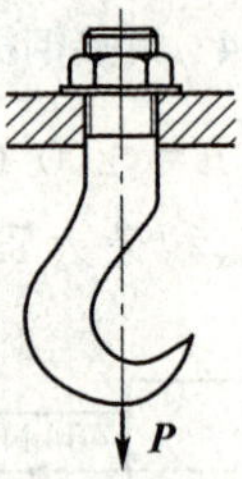

图 2-48　起重吊钩

11. 在圆形钢杆上准备开一切槽如图 2-49 所示，已知 $d=40$ mm，拉力 $P=100$ kN，材料许用应力 $[\sigma]=120$ MPa，试设计切槽宽度 b 的允许值。

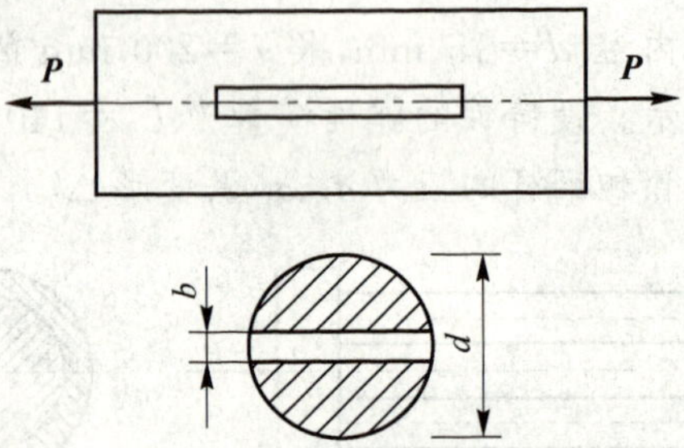

图 2-49　圆形钢杆切槽

任务二　剪切与挤压变形时的承载能力计算

任务描述

螺栓联接件及其尺寸如图 2-50 所示，承受拉力 $F=30$ kN，螺栓直径为 10 mm，$t_1=8$ mm，$t_2=16$ mm，许用切应力 $[\tau]=120$ MPa，许用挤压应力 $[\sigma_{bs}]=150$ MPa，拉杆的宽度 $b=70$ mm，许用应力 $[\sigma]=100$ MPa，试校核螺栓与拉杆的强度。

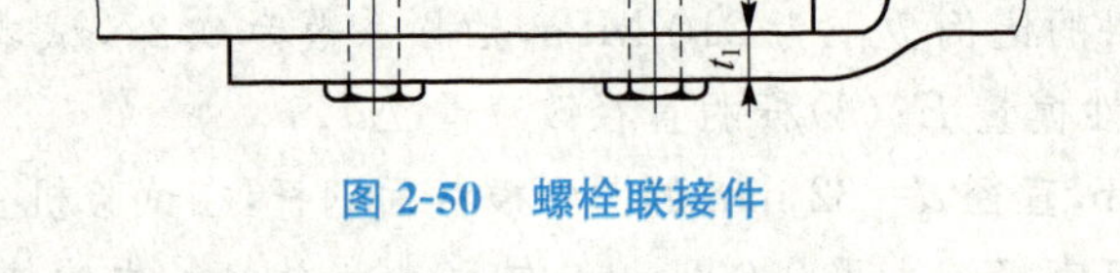

图 2-50　螺栓联接件

任务分析

熟悉典型构件剪切与挤压变形时的实用计算。

知识准备

工程中经常用到各种各样的连接，连接处会发生剪切和挤压变形，其变形及应力分布较复杂，本任务主要介绍剪切和挤压的实用计算。

一、剪切与挤压变形概念和实例

在工程中，经常需要把一些构件相互连接起来，如房屋建筑中的桁架、起重用的构架等，这些由拉、压杆组成的工程结构物，一般采用键、铆钉、螺栓、销钉或榫等连接起来。这些起连接作用的部件，称为连接件。如图 2-51 所示为常见的一些连接。

视频
剪切与挤压变形

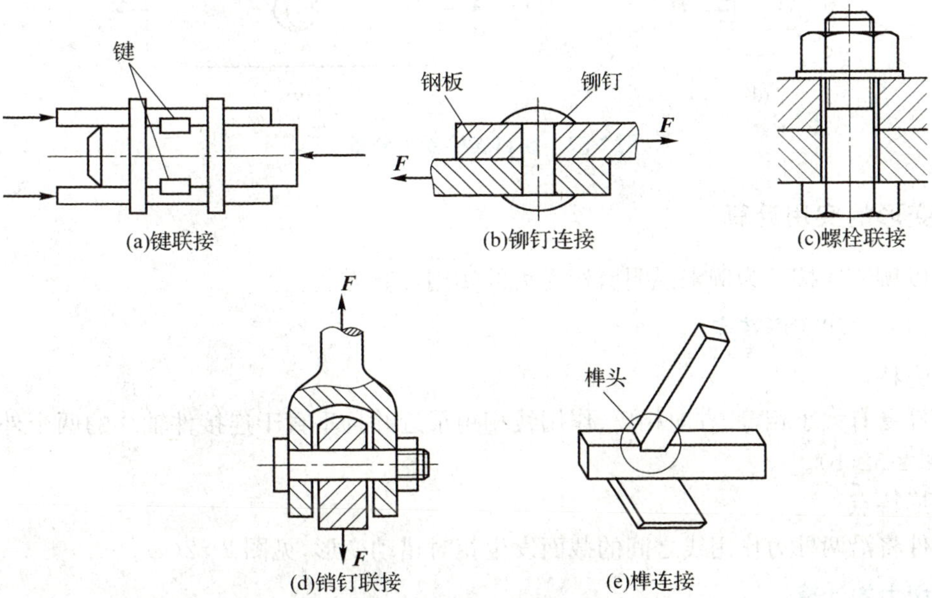

图 2-51　常见的一些连接

连接件在工作中主要承受剪切和挤压作用。如图 2-52(a)所示为两块钢板用铆钉连接，并受轴向拉力 $\boldsymbol{F}$ 的作用。铆钉的受力简图如图 2-52(b)所示。在铆钉上受有上下板给它的压力 $\boldsymbol{F}$，此压力是作用在铆钉半圆柱面上的分布压力的合力，并且这两个合力大小相等，方向相反，作用线相距很近而且垂直于铆钉的轴线。在这样的外力作用下，铆钉连接件的破坏有两种形式。

(1)剪切破坏。连接件铆钉将沿截面 $m—m$ 发生相对错动，如图 2-52(c)所示。铆钉的这种变形称为剪切变形。发生相对错动的截面 $m—m$ 称为剪切面，剪切面与外力的作用面平行，当外力足够大时，铆钉将沿剪切面被剪断。

(2)挤压破坏。由于铆钉与钢板在接触面上相互挤压，致使铆钉或钢板的孔壁发生过大的塑性变形，这种破坏形式称为挤压破坏。图 2-52(e)所示为铆钉发生挤压变形的情况。

在连接件工作时，剪切和挤压是同时发生的，它们都可能导致连接破坏。它们的受力及变形比较复杂，用精确的理论方法分析它们的应力比较困难，因此工程中常根据构件的受力特点和实践经验，做出一些假设进行简化计算，这种计算方法称为实用计算法。

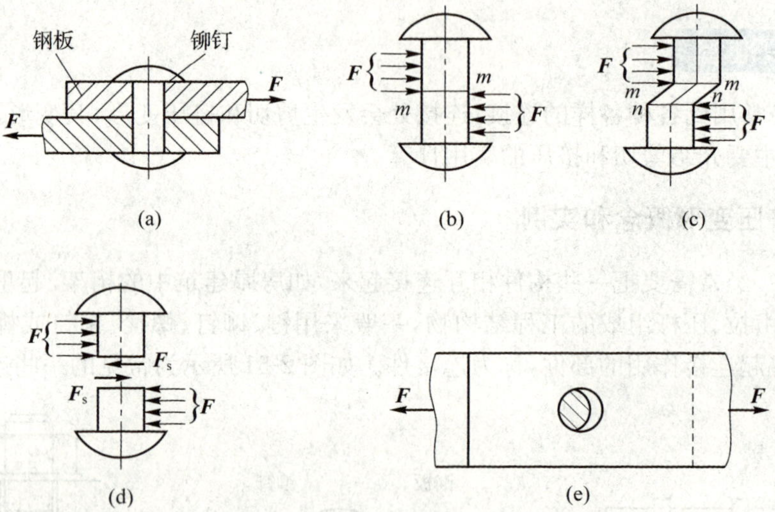

图 2-52　铆钉连接受力分析

二、剪切变形的实用计算

下面以铆钉连接件为例来说明剪切受力的实用计算方法。

1. 剪切受力和变形特点

1)受力特点

连接件受有大小相等、方向相反、作用线相距很近并且垂直于连接件轴线的两个外力的作用，见图 2-52(b)。

2)变形特点

连接件将沿两外力作用线之间的截面发生相对错动变形，见图 2-52(c)。

2. 剪切力的计算

1)剪力 $\boldsymbol{F}_s$

首先要计算铆钉在剪切面上的内力，称之为剪力，用 $\boldsymbol{F}_s$ 表示。

应用截面法将受剪构件沿剪切面 $m—m$ 分成两部分，并以其中的一部分为研究对象，见图 2-52(d)。$m—m$ 截面上的内力(即剪力)与截面相切，由平衡条件可得

$$F_s = F$$

2)切应力 τ

设剪切面上任一点处的切应力为 τ，则剪力 $\boldsymbol{F}_s$ 是剪切面上各点处微内力 τdA 的合力。由于实际变形比较复杂，切应力并非均匀分布，而且还有正应力，为了计算的方便，假设在剪切面上切应力是均匀分布的，并且与剪切面相切。按此假设计算的切应力实际上是剪切面上的平均切应力，称之为名义切应力。若以 A 表示剪切面面积，则名义切应力 τ 可表示为

$$\tau=\frac{F_s}{A} \tag{2-26}$$

3)剪切强度条件

为了保证连接件不被剪断,要求连接件在工作时剪切面上的切应力 τ 不得超过材料的许用切应力[τ],因此剪切强度条件为

$$\tau=\frac{F_s}{A}\leqslant[\tau] \tag{2-27}$$

根据以上强度条件,便可进行强度计算。

材料的许用切应力[τ]由剪切试验确定。对材料进行剪切破坏性实验,可测得剪断时的切应力 τ_u,然后除以安全系数 n,即可得到材料的许用切应力[τ]。

各种材料的许用切应力可从有关技术手册中查得。一般情况下,材料的许用切应力[τ]与许用拉应力[σ]之间有如下关系。

对脆性材料,有[τ]=(0.6~0.8)[σ];对塑性材料,有[τ]=(0.8~1.0)[σ]。

例 2-11 如图 2-53 所示的凸缘联轴节,传递的力偶矩为 M_e=200 N·m,凸缘之间用 4 个对称分布在 D_0=80 mm 圆周上的螺栓联接,螺栓的内径 d=10 mm,螺栓材料的许用切应力[τ]=60 MPa,试校核螺栓的剪切强度。

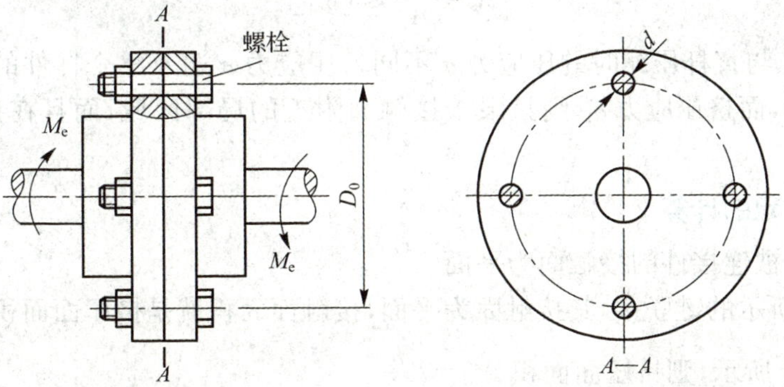

图 2-53 凸缘联轴节

解:设每个螺栓承受的剪力为 F_s,则由

$$F_s\frac{D_0}{2}\times4=M_e$$

可得

$$F_s=\frac{M_e}{2D_0}$$

因此,螺栓的剪应力 τ 为

$$\tau=\frac{F_s}{A}=\frac{\frac{M_e}{2D_0}}{\frac{\pi d^2}{4}}=\frac{2M_e}{\pi d^2 D_0}=\frac{2\times200}{\pi\times10^2\times10^{-6}\times80\times10^{-3}}\ \text{Pa}=15.9\ \text{MPa}<[\tau]$$

因此,螺栓满足剪切强度条件。

三、挤压变形的实用计算

在外力的作用下，连接件除发生剪切破坏外，连接件和被连接件在接触面上相互压紧，使接触处的局部区域发生塑性变形或压溃，所以除对连接件进行剪切强度计算之外，还要对其进行挤压强度计算。

1. 挤压力

挤压面上的压力称为挤压力，用 $\boldsymbol{F}_{bs}$ 表示。其大小可根据被连接件所受的外力，由静力平衡条件求得。在挤压面上发生的变形称为挤压变形。

2. 挤压应力

在挤压面上应力的分布比较复杂，因此在工程上通常采用挤压的实用计算方法，即假设挤压应力在挤压面上是均匀分布的，则挤压应力的计算公式为

$$\sigma_{bs}=\frac{F_{bs}}{A_{bs}} \tag{2-28}$$

式中，F_{bs} 为挤压面上的挤压力；A_{bs} 为挤压面面积。

相应的强度条件是

$$\sigma_{bs}=\frac{F_{bs}}{A_{bs}}\leqslant[\sigma_{bs}] \tag{2-29}$$

挤压应力 σ_{bs} 与直杆压缩时的压应力 σ 不同。压应力 σ 遍及整个杆件的内部，在横截面上是均匀分布的，而挤压应力 σ_{bs} 则只限于接触面附近的局部区域，而且在接触面上的分布情况比较复杂。

3. 挤压面面积的计算

1)连接件与被连接件的接触面为平面

图 2-51(a)所示的键联接，其接触面为平面，接触面面积就是挤压面面积 A_{bs}。若接触面的尺寸如图 2-54 所示，则挤压面面积 $A_{bs}=l\frac{h}{2}$。

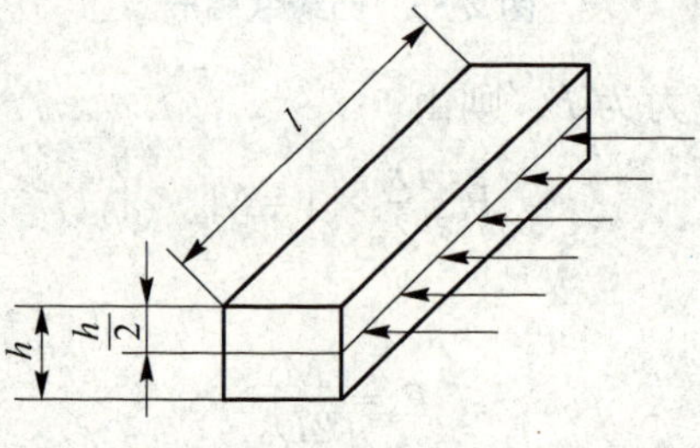

图 2-54 键

2)连接件与被连接件的接触面为圆柱面

螺栓、销钉和铆钉等与孔间的接触面均为圆柱面，其挤压应力的分布情况大致如图 2-55(a)所示。最大应力在挤压面的中点处，而两侧应力为零。

在实际计算中，以实际挤压面的正投影面积(称之为直径面面积)作为挤压面的计算面积，见图 2-55(b)，即挤压面面积为 $A_{bs}=\delta d$，这样所得的应力大致与实际最大应力接近。

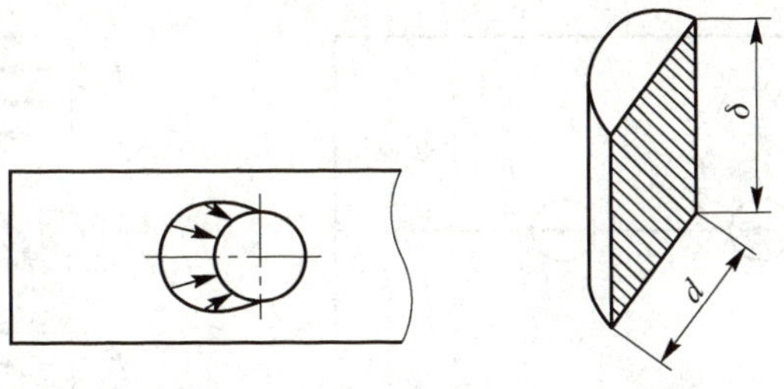

图 2-55 挤压应力的分布

例 2-12 如图 2-56 所示木拉杆接头，其截面为矩形，已知轴向拉力 $F=50$ kN，截面的宽度 $b=250$ mm，木材顺纹的许用挤压应力 $[\sigma_{bs}]=10$ MPa，顺纹的许用切应力 $[\tau]=1$ MPa，试求接头处所需的尺寸 l 和 a。

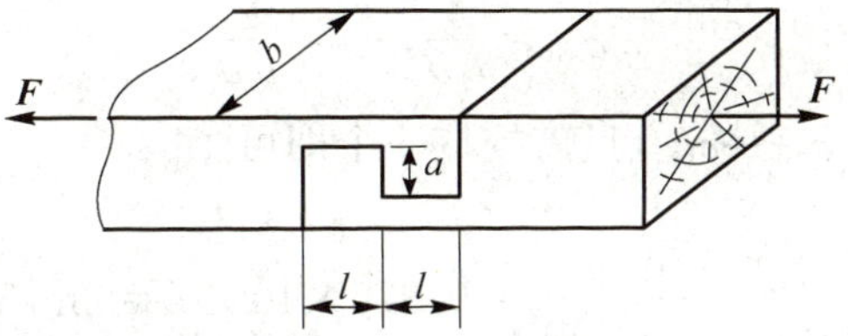

图 2-56 木拉杆接头

解：木拉杆的接头应同时满足挤压强度条件和剪切强度条件。

由挤压强度条件 $\sigma_{bs}=\dfrac{F}{ab}\leqslant[\sigma_{bs}]$，可得

$$a\geqslant\frac{F}{b[\sigma_{bs}]}=\frac{50\times10^3}{250\times10^{-3}\times10\times10^6}\ \text{m}=20\ \text{mm}$$

由剪切强度条件 $\tau=\dfrac{F}{bl}\leqslant[\tau]$，可得

$$l\geqslant\frac{F}{b[\tau]}=\frac{50\times10^3}{250\times10^{-3}\times1\times10^6}\ \text{m}=200\ \text{mm}$$

所以，可取 $a=20$ mm，$l=200$ mm。

任务实施

构件受剪切和挤压变形时的承载能力求解——校核螺栓与拉杆的强度。

解：(1)螺栓的剪切强度计算。拉杆与螺栓的受力简图如图 2-57 所示。

可假设 2 个螺栓平均承担外力，进而可得螺栓的计算简图，如图 2-57(b)所示，该螺栓承受双剪切力的作用，即存在两个剪切面 $m—m$ 和 $n—n$，由截面法可得剪切面上的剪力为

$$F_s=\frac{F}{4}=\frac{30\times10^3}{4}\ \text{N}=7.5\ \text{kN}$$

相应的切应力

$$\tau=\frac{F_s}{\dfrac{\pi d^2}{4}}=\frac{4\times7.5\times10^3\ \text{N}}{\pi\times10^2\times10^{-6}\ \text{m}^2}=9.55\times10^7\ \text{Pa}=95.5\ \text{MPa}<[\tau]$$

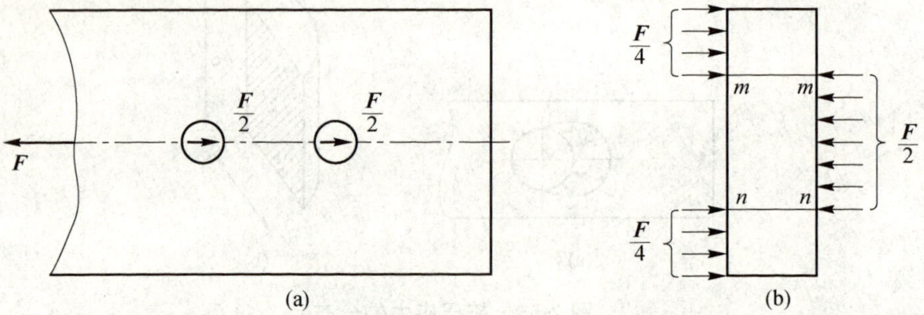

图 2-57　拉杆与螺栓的受力简图

(2)螺栓的挤压强度计算。螺栓的挤压面积分别为 t_1d 和 t_2d，则挤压应力分别为

$$\sigma_{bs1}=\frac{\frac{F}{4}}{t_1d},\sigma_{bs2}=\frac{\frac{F}{2}}{t_2d}$$

得 $2t_1=t_2=16$ mm，所以 $\sigma_{bs1}=\sigma_{bs2}$，只需校核一个即可。

$$\sigma_{bs1}=\frac{\frac{F}{4}}{t_1d}=\frac{7.5\times10^3\ \text{N}}{8\times10\times10^{-6}\ \text{m}^2}=9.375\times10^7\ \text{Pa}=93.75\ \text{MPa}<[\sigma_{bs}]$$

(3)拉杆的强度校核。

$$\sigma_{max}=\frac{F_{Nmax}}{(b-d)t_2}=\frac{30\times10^3\ \text{N}}{(70-10)\times16\times10^{-6}\ \text{m}^2}=0.313\times10^8\ \text{Pa}=31.3\ \text{MPa}<[\sigma]$$

可见，螺栓和拉杆都满足强度条件。

思考与练习

一、简答题

1. 对连接件的强度计算采用实用计算的依据是什么？
2. 挤压与压缩有何区别？为什么挤压许用应力比许用压应力要大？
3. 实际挤压面与计算挤压面是否相同？试举例说明。

二、分析计算题

1. 图 2-58 所示为螺栓联接，试根据标注尺寸写出剪切面积、受拉面积和挤压面积的表达式。

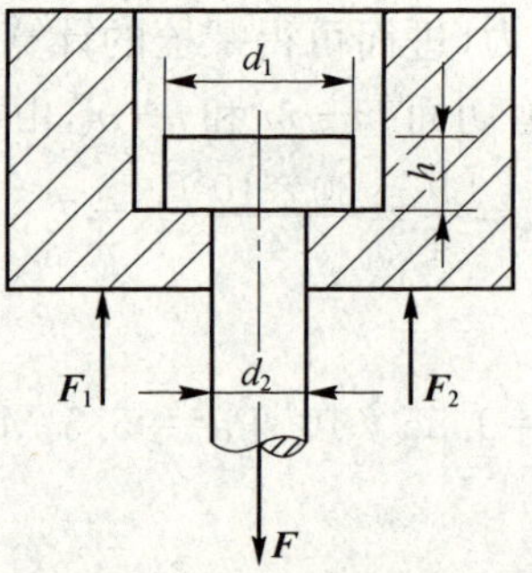

图 2-58　螺栓联接

2. 如图 2-59 所示，直径为 30 mm 的心轴上安装着一个手摇柄，杆与轴之间有一个键 K。键长×宽×高为 36 mm×8 mm×8 mm，已知键的许用切应力$[\tau]=56$ MPa，在距轴心 700 mm 处所加的力 $P=300$ N，试校核键的强度。

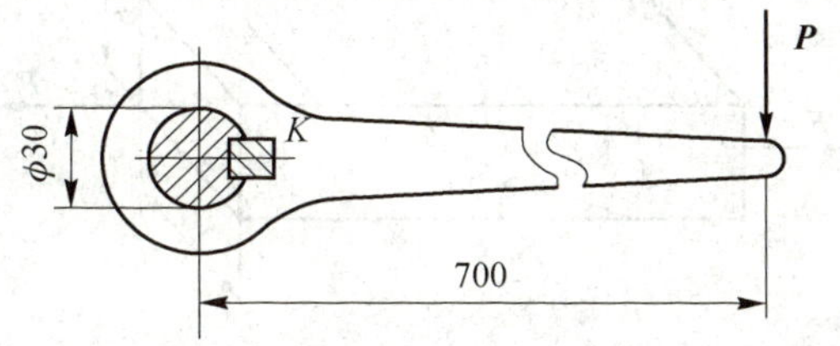

图 2-59 手柄(1)

3. 如图 2-60 所示装置中，键的长度 $l=35$ mm，许用切应力$[\tau]=100$ MPa，许用挤压应力$[\sigma_{bs}]=220$ MPa，试求允许作用在手柄上的力 F 的最大值。

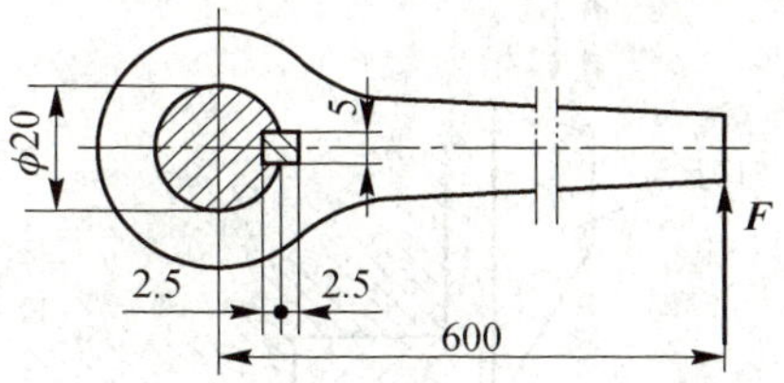

图 2-60 手柄(2)

4. 如图 2-61 所示的铆钉连接中，两板厚 $t=20$ mm，铆钉的许用切应力$[\tau]=100$ MPa，$d=30$ mm。连接件能够承受多大的拉力 P？

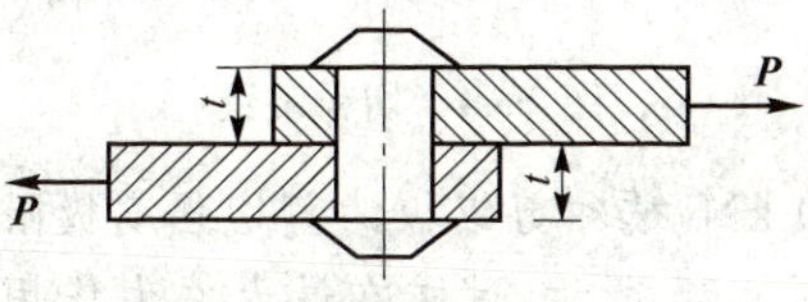

图 2-61 铆钉连接两板

5. 如图 2-62 所示为两块厚度为 10 mm 的钢板，用 4 个直径为 16 mm 的铆钉搭接在一起。已知铆钉和钢板许用应力$[\tau]=120$ MPa，$[\sigma_{bs}]=300$ MPa，$[\sigma]=160$ MPa，$P=110$ kN。试校核铆钉的强度，并确定板宽最小尺寸 b 的值。

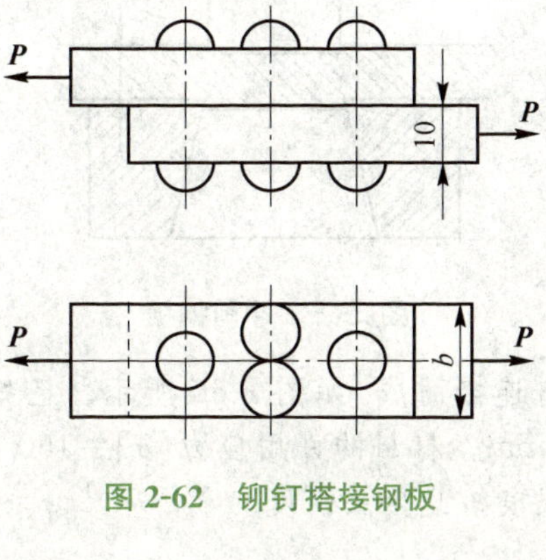

图 2-62 铆钉搭接钢板

6. 如图 2-63 所示木杆由 A、B 两部分用斜面胶接而成。已知胶缝的许用切应力 $[\tau]$ = 517 MPa，许用拉应力 $[\sigma]$ = 850 MPa，求许可载荷 $[F]$。

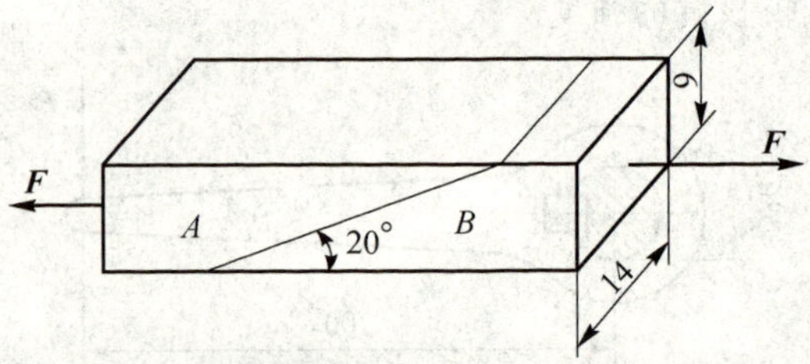

图 2-63　木杆

7. 切料装置用刀刃把插进切料模中的 $\phi 16$ 棒料切断，如图 2-64 所示，棒料为 20 钢，剪切强度极限 $[\tau_b]$ = 320 MPa，试计算切断力 P。

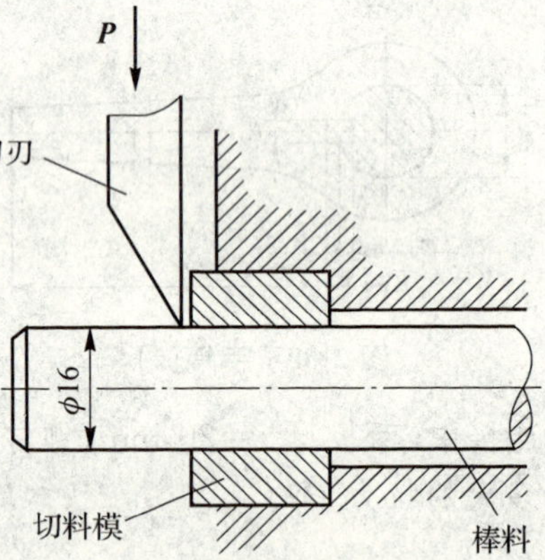

图 2-64　切料装置

8. 冲床的最大冲力为 400 kN，被冲剪钢板的剪切强度极限 $[\tau_b]$ = 360 MPa，冲头材料的许用应力 $[\sigma]$ = 440 MPa，如图 2-65 所示，试求在最大冲力作用下所能冲剪的圆孔的最小值径 d 和板的最大厚度 δ。

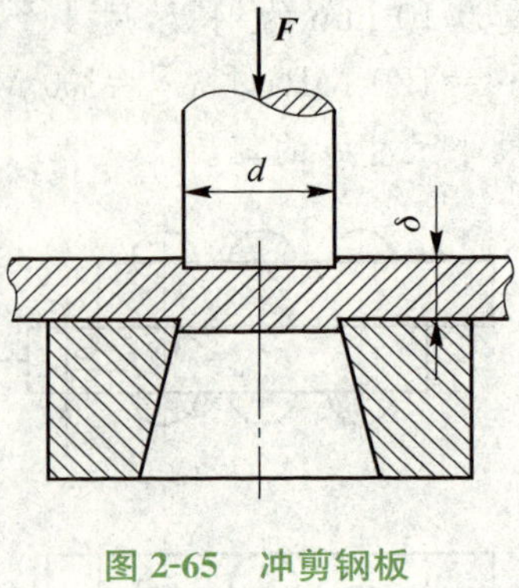

图 2-65　冲剪钢板

9. 两块钢板采用 7 个铆钉连接而成，如图 2-66 所示。已知钢板的厚度 δ = 6 mm，宽度 b = 200 mm，铆钉直径 d = 18 mm。材料的许用应力 $[\sigma]$ = 160 MPa，$[\tau]$ = 100 MPa，$[\sigma_{bs}]$ = 240 MPa，载荷 F = 150 kN，试校核此接头强度。

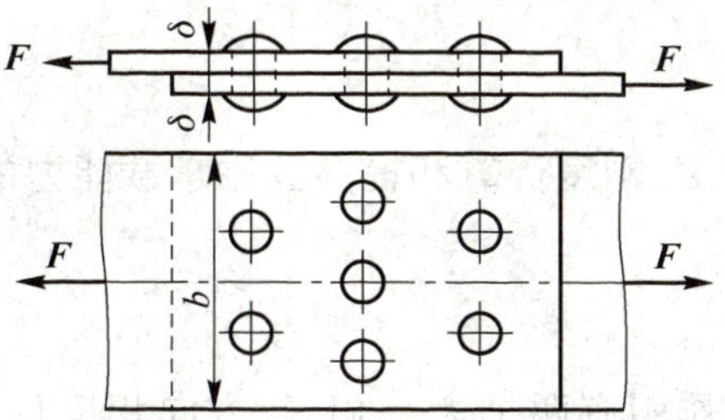

图 2-66　铆接钢板

10. 如图 2-67 所示，凸缘联轴节传递扭矩 $M=35\ \text{kN}\cdot\text{m}$，直径 $d_1=12\text{mm}$ 的螺栓分布在 $D=150\ \text{mm}$ 的圆周上。材料的许用切应力 $[\tau]=90\ \text{MPa}$，试校核螺栓的剪切强度。

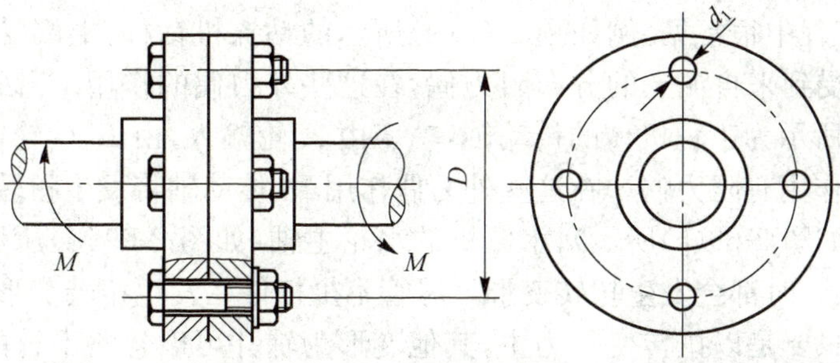

图 2-67　凸缘联轴节

任务三　圆轴扭转变形时的承载能力计算

任务描述

如图 2-68 所示阶梯圆轴，作用 3 个外力偶 $M_{e1}=800\ \text{N}\cdot\text{m}$，$M_{e2}=1\,400\ \text{N}\cdot\text{m}$，$M_{e3}=600\ \text{N}\cdot\text{m}$，$AC$ 段直径 $d_1=70\ \text{mm}$，CD 段直径 $d_2=40\ \text{mm}$，材料的许用切应力 $[\tau]=50\ \text{MPa}$，切变模量 $G=80\ \text{GPa}$，许用单位长度扭转角 $[\theta]=1.5°/\text{m}$。

(1)求 A、D 两端截面的相对扭转角。

(2)校核轴的强度和刚度。

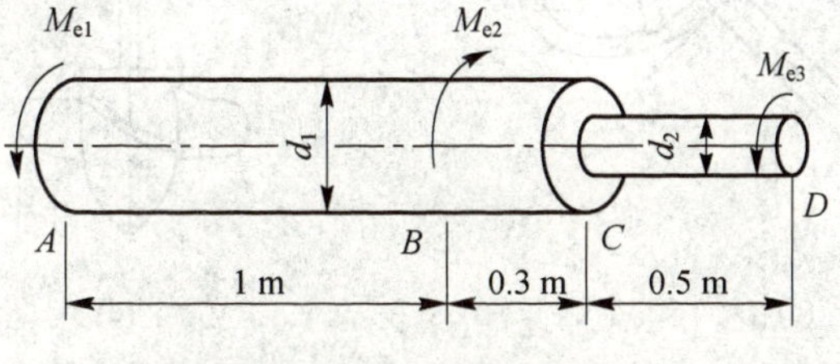

图 2-68　阶梯圆轴

任务分析

典型构件扭转变形的强度、刚度计算和提高圆轴承载能力的措施。

知识准备

工程中有些杆件在两端作用有两个大小相等、方向相反且作用面垂直于杆件轴线的力偶，使杆件的任意两个横截面都发生绕杆件轴线作相对转动的变形，这种变形称为扭转变形。本任务主要介绍圆轴扭转变形时的内力、应力、强度及刚度计算等问题。

一、圆轴扭转变形概念和实例

扭转变形在工程中很常见，例如图 2-69(a)所示的钻探机钻杆，上端受到来自动力机械的主动力偶，下端受到来自泥土的分布阻力偶，在这些外力偶的作用下，钻杆将发生扭转变形。如图 2-69(b)所示为工程机械的传动轴，功率由 A 轮输入，由 B、C 轮输出，A 轮作用有主动力偶，B、C 轮作用有阻力偶。在这些外力偶作用下，传动轴将发生扭转变形。另外汽车方向盘的操纵杆(如图 2-69(c)所示)、水轮机的水轮主轴(如图 2-69(d)所示)和攻制螺丝时的丝锥等构件在工作时都会发生扭转变形。尽管不少杆件在发生扭转变形的同时会伴随发生其他的变形，但只要是以扭转变形为主，其他变形为辅并可以忽略不计的杆件，都可以按纯扭转变形来讨论。

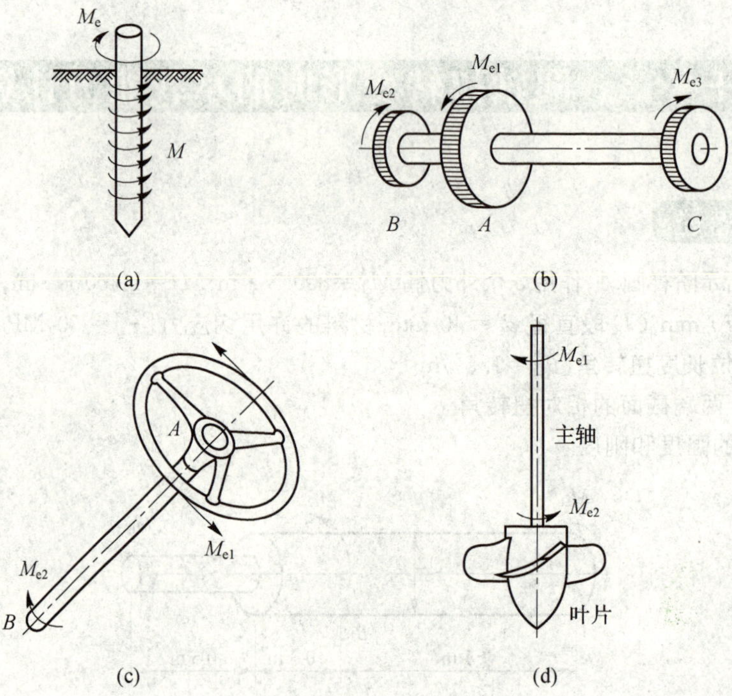

图 2-69　扭转变形示例

通过上述工程实例可总结出扭转变形的受力特点：杆件在作用面和其轴线相垂直的外力偶作用下将发生扭转变形。其变形特点：对等直圆杆来说，其轴线仍然是直线，但各横截面将发生相对转动，如图 2-70 所示截面 AB 相对转过了 φ 角，称之为相对扭转角。相应的杆件表面的纵向线也发生了倾斜而成为螺旋线。

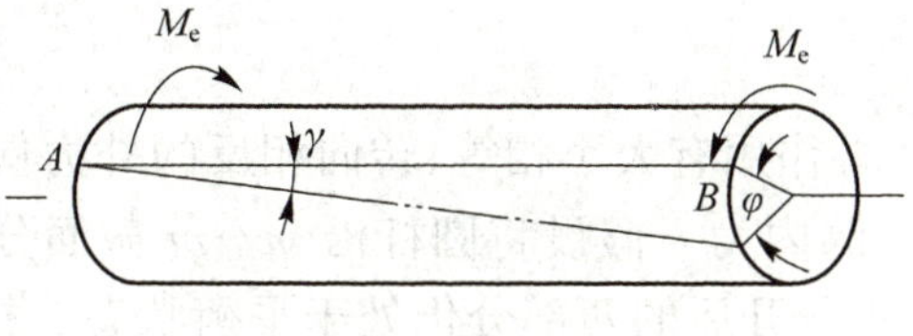

图 2-70 相对扭转角示意

本任务将主要讨论等截面直圆杆的扭转变形，对非圆截面杆等仅作简单介绍。

二、圆轴扭转变形时横截面的内力分析

1. 力偶矩的计算

圆轴在扭转外力偶作用下会发生扭转变形。要想对圆轴进行强度和刚度计算，必须知道外力偶矩的大小。但在很多情况下仅知道轴的转速和所传递的功率，而不知道外力偶矩的大小，这时就需要根据已知数据计算出外力偶矩的大小。如图 2-71(a)所示的减速箱，能把电动机的高速转动转换为低速转动，以适合工作机械的要求。电动机发出的功率 P 由皮带轮 B 输入，经轴 Ⅰ 再由齿轮 C 输出。设电动机的转速和皮带轮 A、B 的直径皆为已知，由此可求出轴 Ⅰ 的转速 n。

如图 2-71(b)所示为传动轴 Ⅰ 的受力图，皮带轮上作用有主动力偶矩 M_e，齿轮上作用有阻力偶(轴匀速转动时，其大小亦为 M_e)。在 t min 内力偶 M_e 所做的功 W_1 应等于轴在 t min 内转过的角度 $2\pi nt$ 和力偶矩 M_e 的乘积，即

$$W_1 = M_e \cdot 2\pi nt \tag{2-30}$$

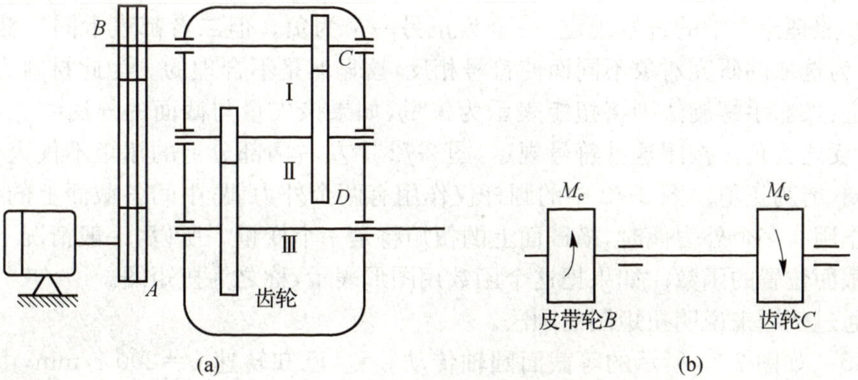

图 2-71 减速箱传动装置

因为 1 kW＝1 000 N·m/s，故在 t min 内电动机做的功 $W_2 = 1\ 000 \times 60Pt$。显然，在不计皮带摩擦等损耗的情况下有

$$W_1 = W_2$$

将 W_1、W_2 代入，整理得

$$M_e = 9\,549\,\frac{P}{n} \tag{2-31}$$

式中，M_e 为作用在传动轴上的扭矩（N·m）；P 为电动机输出功率（kW）；n 为传动轴转速（r/min）。

2. 内力分析及扭矩图

如图 2-72 所示，圆杆两端作用有大小相等、转向相反的外力偶 M_e。用截面法可求出其任一截面（如 m—m 截面）上的内力。假设将圆杆沿 m—m 截面分为两部分，因为圆杆在分割前处于平衡状态，所以假想分开后的两部分仍处于平衡状态。根据平衡条件，m—m 截面上内力系的合力必然为一力偶，用 T 表示，称之为扭矩。从两部分中任选一部分作为研究对象，例如选取左边部分为研究对象，对杆轴线求矩，列平衡方程

$$\sum M_x = 0, T - M_e = 0$$

解得 $T = M_e$。

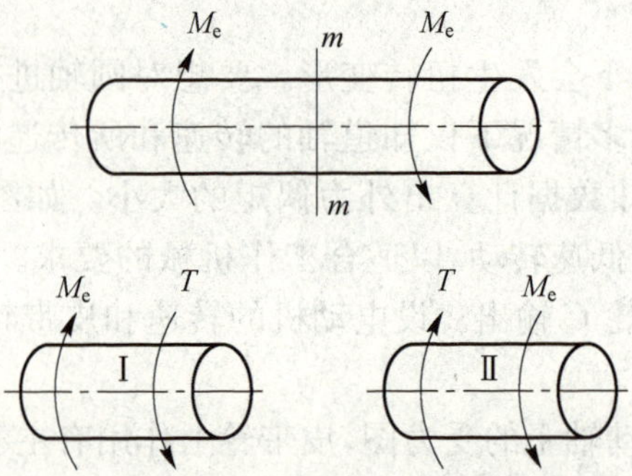

图 2-72 圆杆内力分析

如果选取右端为研究对象，同理可得 $T = M_e$。

显然左右两部分上的内力偶应大小相等且方向相反，因为它们是作用力偶与反作用力偶。如果按照理论力学的符号规定，一个为正另一个为负。但二者都表示同一截面上的扭矩，仅仅因为选取的研究对象不同而使符号相反，这显然是不合理的。为此材料力学对扭矩的符号规定：按右手螺旋法则将扭矩表示为矢量，如果该矢量与截面的外法线方向一致，则扭矩为正，反之为负。按照这种符号规定，图 2-72 中左右两部分上的扭矩不仅大小相等，而且符号相同，皆为正值。图 2-72 中的圆杆仅作用有两个外力偶，中间各截面上的扭矩相等。但当杆件作用有多个外力偶时，横截面上的扭矩将是一个变量。所以，一般情况下横截面上的扭矩是截面位置的函数。如果把这个函数用图形表示，称之为扭矩图。

下面通过例题来说明扭矩图的画法。

例 2-13 如图 2-73 所示的等截面圆轴传动装置，已知转速 $n = 200$ r/min，由主动轮 A 输入功率 $P_A = 40$ kW，由从动轮 B、C、D 输出功率分别为 $P_B = 20$ kW，$P_C = P_D = 10$ kW，试作扭矩图。

解：(1) 计算外力偶矩。

$$M_{eA} = 9\,549\,\frac{P_A}{n} = 9\,549 \times \frac{40}{200}\ \text{N·m} = 1\,909.8\ \text{N·m}$$

$$M_{eB}=9\ 549\frac{P_B}{n}=9\ 549\times\frac{20}{200}\ \text{N}\cdot\text{m}=954.9\ \text{N}\cdot\text{m}$$

$$M_{eC}=M_{eD}=9\ 549\frac{P_C}{n}=9\ 549\times\frac{10}{200}\ \text{N}\cdot\text{m}=477.45\ \text{N}\cdot\text{m}$$

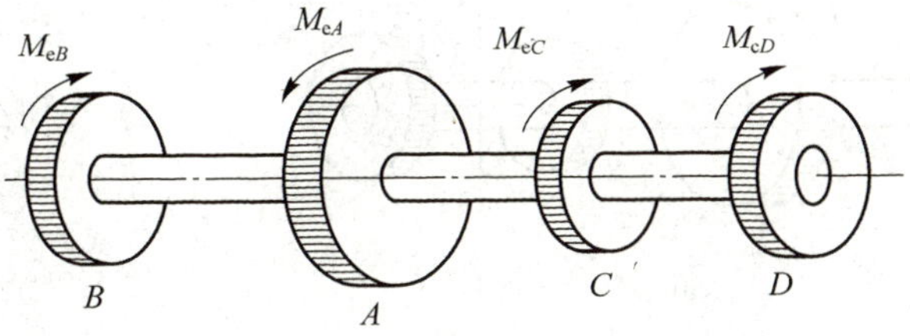

图 2-73 等截面圆轴传动装置

(2)计算扭矩。

圆轴 BA 段内各截面上的扭矩相同，在 BA 段内任取一个截面 1—1，并假想地由 1—1 截面将轴分成两部分，如图 2-74(a)所示，取左端部分为研究对象。

设该截面上的扭矩 T_1 为正，受力情况如图 2-74(b)所示。由静力平衡方程

$$\sum M_x=0, T_1-M_{eB}=0$$

得 $T_1=M_{eB}=954.9\ \text{N}\cdot\text{m}$。结果为正值，说明对截面 1—1 上假设的扭矩符号是正确的，该截面上的扭矩确实为正值。

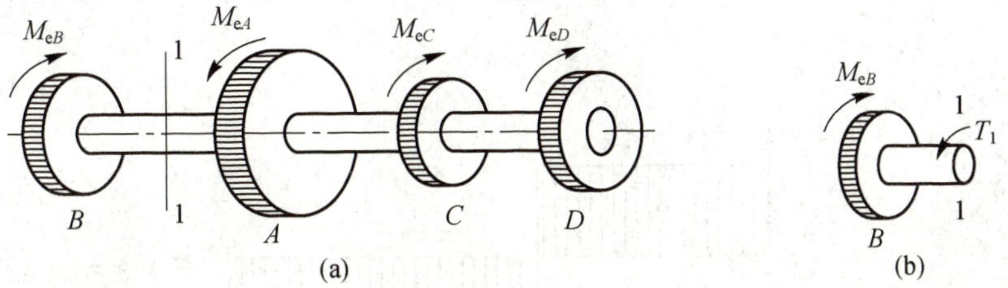

图 2-74 *BA* 段扭矩分析

同理，假想地将圆轴由截面 2—2 分成两部分，仍取左端部分为研究对象，设该截面上的扭矩 T_2 仍为正，受力情况如图 2-75 所示。

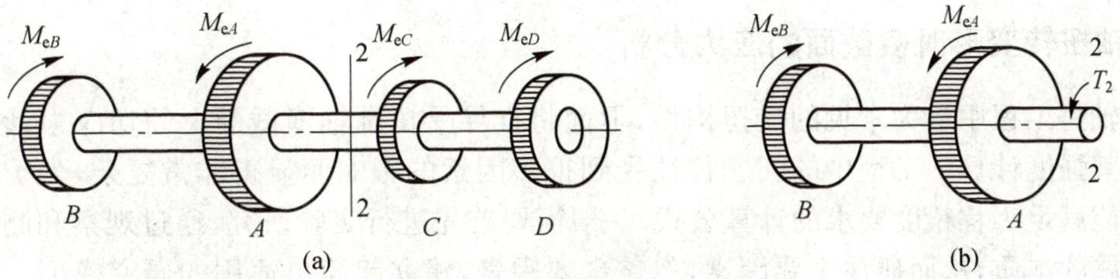

图 2-75 *AC* 段扭矩分析

$$\sum M_x=0, T_2-M_{eB}+M_{eA}=0$$

得 $T_2=-954.9\ \text{N}\cdot\text{m}$。结果为负值，说明截面 2—2 上假设的扭矩符号与实际相反，即

T_2 应为负扭矩。

同理，如图 2-76 所示可求出截面 3—3 上的扭矩 $T_3 = -477.45\ \mathrm{N \cdot m}$。即截面 3—3 上的扭矩也为负值。

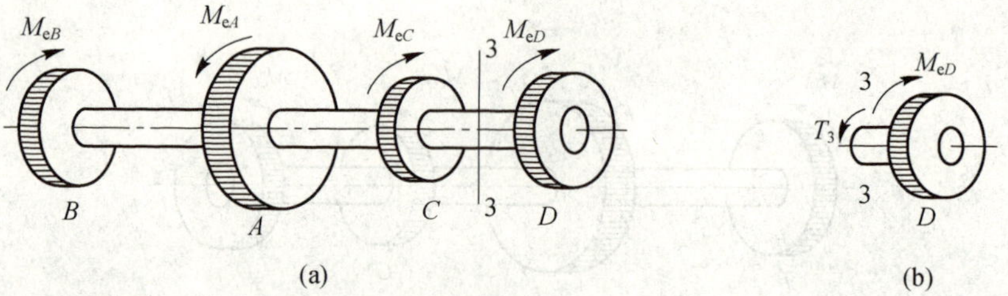

图 2-76　*CD* 段扭矩分析

(3)作扭矩图。

取 x 轴和圆轴的轴线相平行，T 轴垂直向上。坐标原点与圆轴左端对齐，用 x 表示横截面的位置，T 表示横截面上的扭矩，根据第(2)步求出的各截面上的扭矩作扭矩图，如图 2-77 所示。由图知绝对值最大的扭矩发生在 AB 段或 AC 段。

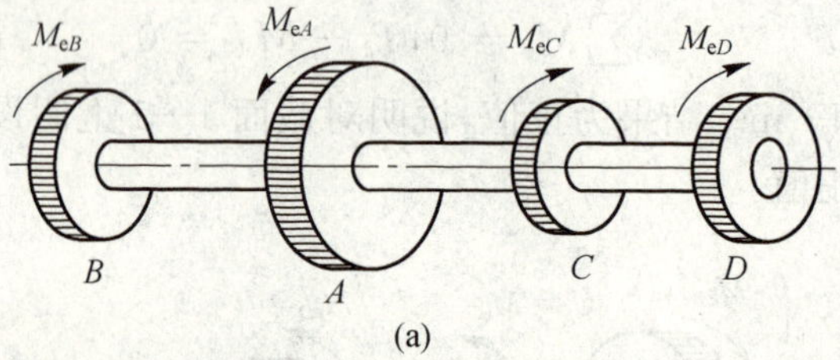

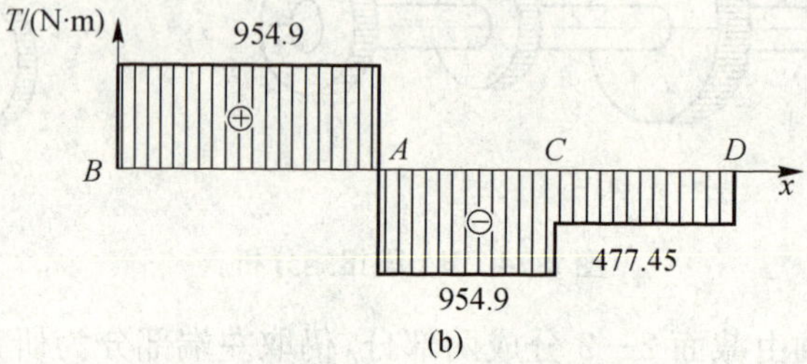

图 2-77　扭矩图

三、圆轴扭转变形时横截面的应力分析

圆轴是工程中最为常见的受扭构件，下面将推导受扭圆轴横截面上的切应力计算公式并讨论其强度计算。工程中的问题往往受到很多因素的影响而显得非常复杂，为了得到简单而又能满足工程精度要求的计算公式，一般需要首先进行实验研究，通过观察和测量等来了解问题的本质，从而抓住主要因素，忽略次要因素，建立起简单适用的研究模型。然后对研究模型进行理论分析，推导出所需要的计算公式。本任务将利用这种解决工程实际问题的一般方法来推导受扭圆轴横截面上的切应力计算公式。

1. 实验研究

取一实心圆轴，其半径为 R。为了便于观察圆轴扭转时的外部变形情况，外加扭转力偶前在圆轴外表面画上圆周线和纵向线，如图 2-78(a)所示。然后在圆轴两端加上扭转外力偶 M_e，使杆发生扭转变形，如图 2-78(b)所示。

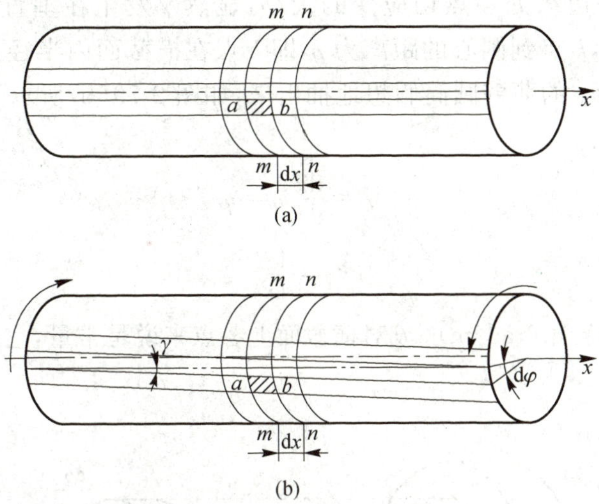

图 2-78 圆轴扭转变形

(1)圆轴外表面上各圆周线的形状、大小和间距均不变，但都绕圆轴轴线相对转过了一个角度。

(2)各纵向线仍近似为直线，但都倾斜了一个相同的微小角度。

根据上述观察到的圆轴外部变形情况，可以推测分析其内部变形情况。圆周线是横截面的周边线，根据(1)可以推测，横截面在变形后仍为平面，但在变形过程中发生了绕杆轴线的相对转动。由(2)可以推知，圆周上各点绕轴线转过的角度都相同，由此可以推测，横截面内各点无相对运动，整个横截面像刚性薄片一样绕轴线相对转过了一个角度。

由此，对圆轴的扭转变形作假设：圆轴发生扭转变形后，横截面仍然为平面，其大小、形状和间距均不变，但各横截面均像刚性薄片一样绕轴线相对转过了一个角度。该假设称之为平面假设。平面假设描述了各横截面在圆轴扭转变形时的运动和变形情况，也是对圆轴扭转变形的描述，所以平面假设也就是圆轴的扭转变形模型。

在变形前的圆轴上截取 dx 微段，按照平面假设可绘出其变形后的形状见图 2-78(b)。其左右端横截面仍然为圆形平面，但相对转动了 $d\varphi$ 角。相应纵向线有一倾斜角 γ，这就是用图形表示的圆轴扭转变形模型。

2. 理论分析

1)横截面上各点的切应变分布规律

首先利用变形几何关系来讨论横截面上各点的应变分布规律。根据图 2-78 的变形模型，由于左右端横截面之间的距离 dx 不变，无轴线方向的伸缩变形，所以轴向线应变为零。

而左右端截面发生了相对转动，横截面上各点应有切应变。实心圆轴可看成由无数个壁厚为无穷小的薄壁圆筒组成，最外面的薄壁圆筒的切应变 γ 和左右端截面相对转角 $\mathrm{d}\varphi$ 之间的关系可表示为

$$\gamma=\frac{R\mathrm{d}\varphi}{\mathrm{d}x} \tag{2-32}$$

这就是横截面外边缘处各点切应变的大小，显然 γ 发生在垂直于半径的切平面内。横截面内任找一点 k，k 点到圆心的距离为 ρ，即 k 点在横截面内半径为 ρ 的圆周上。把和该圆周对应的半径为 ρ 的薄壁圆筒假想地抽出来，如图 2-79(b)所示。该圆筒上任一点的切应变可表示为

$$\gamma_\rho=\frac{\mathrm{d}\varphi}{\mathrm{d}x}\rho=\theta\rho \tag{2-33}$$

$$\theta=\frac{\mathrm{d}\varphi}{\mathrm{d}x} \tag{2-34}$$

式中，θ 为单位长度扭转角(rad/m)。θ 对横截面上各点来说是常量，它描述了该微段圆轴扭转变形的大小。

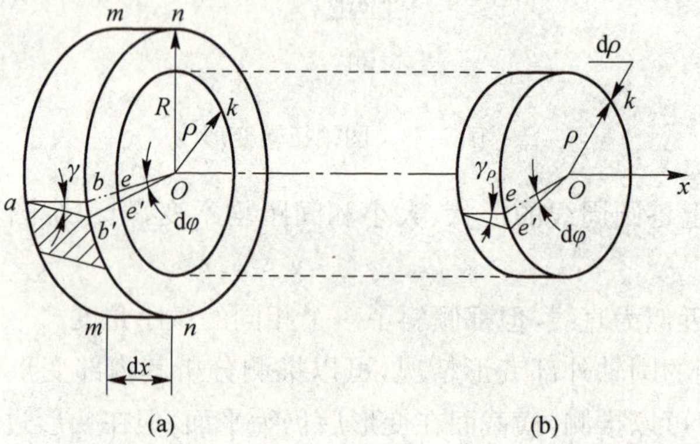

图 2-79　圆筒上任一点的切应变

式(2-33)表示了横截面内各点的切应变分布规律，即圆轴横截面内任一点的切应变和这一点到圆心的距离成正比。

2)横截面上各点的切应力分布规律

根据剪切胡克定律，横截面上任一点的切应力可表示为 $\tau=G\gamma_\rho$，将式(2-33)代入得

$$\tau=G\theta\rho \tag{2-35}$$

式(2-35)表明，横截面内任一点的切应力和这一点到圆心的距离成正比。由于切应变位于和半径相垂直的切平面内，所以切应力的方向应和对应的半径相垂直。这就是横截面上各点的切应力分布规律。在纵截面上同样有切应力，如图 2-80 所示为切应力沿半径在纵、横截面上的分布情况。

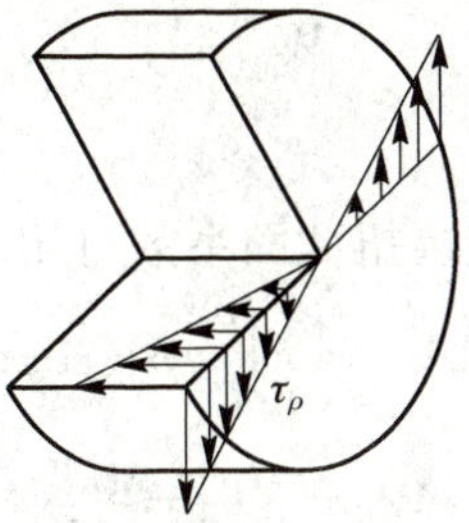

图 2-80 切应力沿半径在纵、横截面上的分布

3)利用静力平衡关系确定圆轴横截面上切应力公式

式(2-35)虽然表达了横截面上的切应力分布情况,但利用该式还不能计算横截面各点的切应力大小,因为式中的单位长度扭转角 θ 还是未知的,下面就利用静力平衡关系来确定 θ。假想地将圆轴沿某一横截面分成两部分,取左端为研究对象,如图 2-81 所示。在横截面上任找一点 k,k 点处的应力为 τ,到圆心的距离为 ρ,在 k 点处取微面积 dA,微内力 τdA 对圆心之矩为 $\rho\tau dA$,对此积分可得整个横截面上的内力对圆心的力矩,该力矩即为横截面上的扭矩 T。

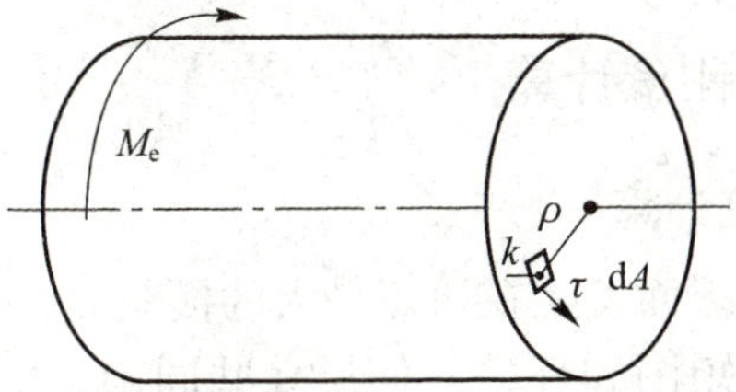

图 2-81 内力对圆心的力矩

$$T=\int_A \rho\tau \mathrm{d}A \tag{2-36}$$

把式(2-35)代入式(2-36)得

$$T=G\theta\int_A \rho^2 \mathrm{d}A=G\theta I_p \tag{2-37}$$

$$I_p=\int_A \rho^2 \mathrm{d}A \tag{2-38}$$

式中,I_p 称之为横截面对圆心 O 点的极惯性矩。由式(2-37)可得

$$\theta=\frac{T}{GI_p} \tag{2-39}$$

把式(2-39)代入式(2-35)得

$$\tau=\frac{T\rho}{I_p} \tag{2-40}$$

式(2-40)即为横截面上任一点切应力计算公式。

由(2-40)式可知,最大切应力发生在横截面边缘处,即

$$\tau_{max}=\frac{T}{W_p} \tag{2-41}$$

$$W_p = \frac{I_p}{R} \tag{2-42}$$

式中，W_p 称为抗扭截面系数。

对实心圆截面杆，其极惯性矩和抗扭截面系数可用下式计算

$$I_p = \int_A \rho^2 \mathrm{d}A = \int_0^{2\pi}\int_0^{D/2} \rho^2 (\rho \mathrm{d}\varphi \mathrm{d}\rho) = \frac{\pi D^4}{32} \tag{2-43}$$

$$W_p = \frac{I_p}{D/2} = \frac{\pi D^3}{16} \tag{2-44}$$

对外直径为 D，内直径为 d 的空心圆轴，上述公式的推导过程仍然适用，除式(2-43)和式(2-44)以外的其他各式仍然有效。其极惯性矩和抗扭截面系数可用下式计算

$$I_p = \int_A \rho^2 \mathrm{d}A = \int_0^{2\pi}\int_{d/2}^{D/2} \rho^2 (\rho \mathrm{d}\varphi \mathrm{d}\rho) = \frac{\pi(D^4 - d^4)}{32} \tag{2-45}$$

$$W_p = \frac{I_p}{D/2} = \frac{\pi D^3}{16}\left(1 - \frac{d^4}{D^4}\right) \tag{2-46}$$

应用式(2-43)和式(2-44)时应注意：公式是在平面假设的基础上推导出来的，该公式只适用于等截面直圆轴，对于小锥度圆轴只能近似使用。另外，在推导公式时，应用了剪切胡克定律，因而该公式只适用于线弹性材料。

四、圆轴扭转变形的强度和刚度计算

1. 圆轴扭转变形时的强度计算

对等截面受扭圆轴，危险截面发生在扭矩最大的横截面上，根据扭矩图即可确定危险截面。对阶梯圆轴，需要根据扭矩图和杆的几何尺寸共同确定危险截面。最大切应力发生在危险截面的周边各点处，可由式(2-41)求出，要使受扭圆轴不发生破坏，最大切应力 τ_{max} 必须小于材料的许用切应力$[\tau]$，所以其强度条件为

$$\tau_{max} = \frac{T}{W_p} \leqslant [\tau] \tag{2-47}$$

利用式(2-47)可解决三个方面的强度计算问题，即强度校核、横截面尺寸设计和许用载荷的计算。

例 2-14 如图 2-82 所示阶梯圆轴，其直径 $d_1 = 38$ mm，$d_2 = 50$ mm，$d_3 = 36$ mm。受外力偶矩 $M_{e1} = 300$ N·m，$M_{e2} = 1\ 200$ N·m，$M_{e3} = 540$ N·m，$M_{e4} = 360$ N·m 的作用，材料的许用切应力$[\tau] = 40$ MPa，试校核该轴的强度。

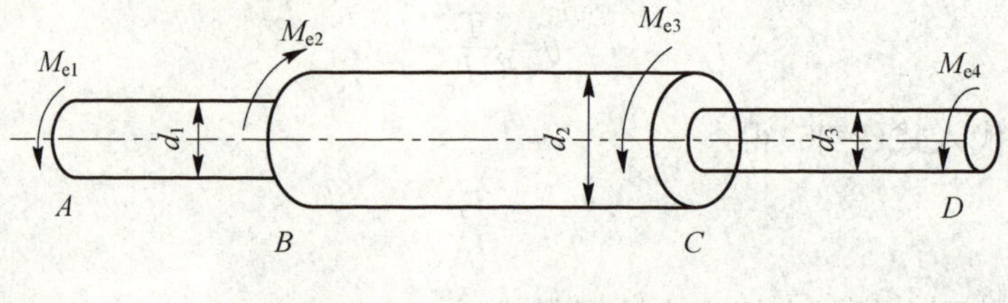

图 2-82 阶梯圆轴

解：(1)作扭矩图，确定危险截面。

利用截面法分别求出 AB 段、BC 段、CD 段的扭矩，画扭矩图如图 2-83(b)所示。

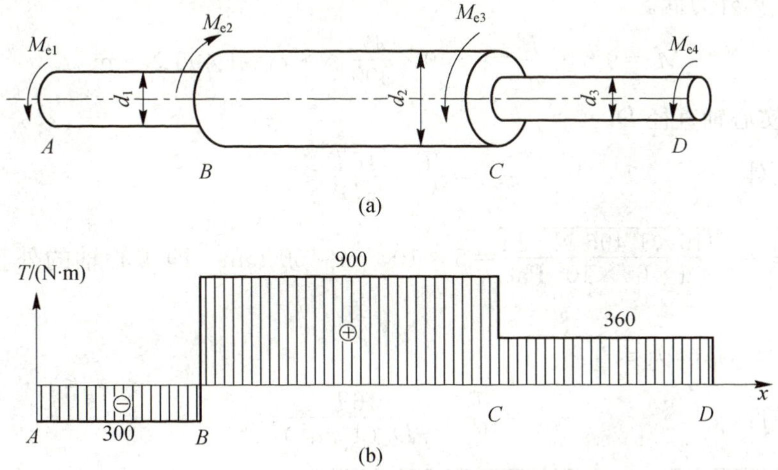

图 2-83　阶梯圆轴扭矩图

由于 AB 段扭矩绝对值小于 CD 段扭矩绝对值，但 $d_1 > d_3$，所以 CD 段比 AB 段更危险，和 CD 段相比，BC 段的扭矩大，其直径也大，所以 BC 段和 CD 段都危险，都要进行强度校核。

(2)强度校核。

$$BC\text{段}: \tau_{max} = \frac{T_2}{W_{p2}} = \frac{900\ \text{N}\cdot\text{m}}{\frac{\pi}{16}(50\times10^{-3}\ \text{m})^3} = 36.7\times10^6\ \text{Pa} = 36.7\ \text{MPa} < [\tau]$$

$$CD\text{段}: \tau_{max} = \frac{T_3}{W_{p3}} = \frac{360\ \text{N}\cdot\text{m}}{\frac{\pi}{16}(36\times10^{-3}\ \text{m})^3} = 39.3\times10^6\ \text{Pa} = 39.3\ \text{MPa} < [\tau]$$

所以该轴满足强度条件。

例 2-15　传动轴转速为 300 r/min，传递功率为 47 kW，材料的许用应力$[\tau]=60$ MPa，试在下列两种情况下设计轴的直径并计算两种情况下所用材料的比例：(1)传动轴为等截面实心圆轴，如图 2-84(a)所示；(2)传动轴为等截面空心圆轴，内外径之比 $a=\frac{d}{D}=0.8$，如图 2-84(b)所示。

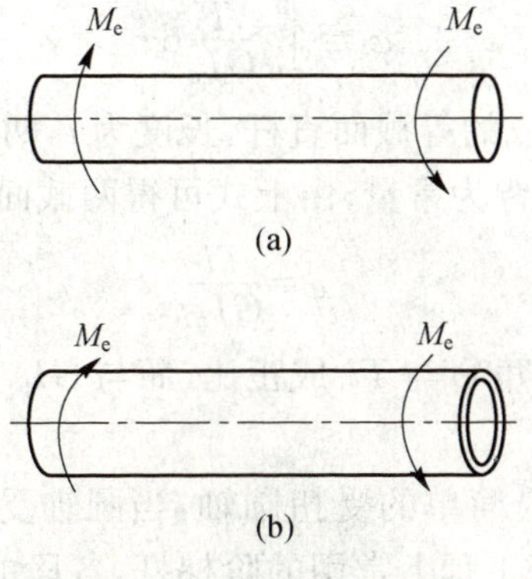

图 2-84　实心和空心圆轴

解:(1)计算外力偶。

$$M_e=9\,549\,\frac{P}{n}=9\,549\times\frac{47}{300}\ \mathrm{N\cdot m}=1\,496\ \mathrm{N\cdot m}$$

(2)设计实心轴直径 D。

由强度条件
$$\tau_{\max}=\frac{T}{W_p}=\frac{16T}{\pi D^3}\leqslant[\tau]$$

得 $D\geqslant\sqrt[3]{\frac{16T}{\pi[\tau]}}=\sqrt[3]{\frac{16\times 1\,496\ \mathrm{N\cdot m}}{\pi\times 60\times 10^6\ \mathrm{Pa}}}=5\times 10^{-2}\ \mathrm{m}=50\ \mathrm{mm}$。即实心轴的外直径不得小于 50 mm。

(3)设计空心轴的内外直径。

由强度条件
$$\tau_{\max}=\frac{T}{W_p}=\frac{16T}{\pi D^3(1-a^4)}\leqslant[\tau]$$

得 $D\geqslant\sqrt[3]{\frac{16T}{\pi(1-a^4)[\tau]}}=\sqrt[3]{\frac{16\times 1\,496\ \mathrm{N\cdot m}}{\pi(1-0.8^4)\times 60\times 10^6\ \mathrm{Pa}}}=6\times 10^{-2}\ \mathrm{m}=60\ \mathrm{mm}$

$$d=aD=0.8\times 60=48\ \mathrm{mm}$$

即空心轴的外径不得小于 60 mm。

(4)确定空心轴与实心轴所用材料之比。

$$\frac{\text{实心轴横截面积}}{\text{空心轴横截面积}}=\frac{\frac{\pi}{4}\times(50\times 10^{-3})^2}{\frac{\pi}{4}\times[(60\times 10^{-3})^2-(48\times 10^{-3})^2]}=1.9$$

即实心轴所用材料为空心轴的 1.9 倍。

2. 圆轴扭转变形时的刚度计算

1)圆轴扭转时的变形计算

圆轴扭转变形时,两个横截面之间要发生相对转动。工程上经常需要计算相距为 l 的两个横截面之间的相对扭转角。由式(2-39)$\theta=\frac{\mathrm{d}\varphi}{\mathrm{d}x}=\frac{T}{GI_p}$可知,相差 $\mathrm{d}x$ 的两个横截面之间的相对扭转角为 $\mathrm{d}\varphi=\frac{T}{GI_p}\mathrm{d}x$,沿圆轴轴线对 x 积分可得相距为 l 的两横截面之间的相对扭转角为

$$\varphi=\int_0^l\frac{T}{GI_p}\mathrm{d}x \tag{2-48}$$

如果圆轴是由同种材料制成的等截面直杆,长度为 l,两端受到两个大小相等、转向相反的外力偶作用,此时 G、I_p 和 T 皆为常量,由上式可得两截面之间的相对扭转角为

$$\varphi=\frac{Tl}{GI_p} \tag{2-49}$$

由式(2-49)可知,相对扭转角 φ 与 Tl 成正比,而与 GI_p 成反比,故 GI_p 称之为圆轴的抗扭刚度。φ 的单位为 rad。

式(2-49)只能应用于上述最简单的受扭圆轴,当圆轴受到多个外力偶作用而发生扭转变形时,各段的扭矩不同。对于工程上常用的阶梯杆,各段的 I_p 也不同,这时就需要分段计算扭转角。分段的原则是使每段内的 G、I_p 和 T 都是常量,然后把各段相对扭转角相叠加,

即得总的相对扭转角

$$\varphi=\sum_{i=1}^{n}\frac{T_i l_i}{G_i I_{pi}}$$

对于小锥度杆，I_p 是 x 的连续函数。当圆轴受到分布外力偶矩作用时，扭矩 T 也是 x 的函数，这时需要利用式(2-48)计算相对扭转角 φ。

2)圆轴扭转时的刚度校核

工程中的受扭杆件，不仅要有足够的强度，往往还要求有足够的刚度，即工作时不能发生太大的扭转变形。例如传动轴，如果扭转变形过大就会引起振动，不能正常工作。为此设计圆轴时需要限制单位长度扭转角的大小，也就是使轴的最大单位长度扭转角 θ_{max} 小于许用值[θ]，即

$$\theta_{max}=\frac{T}{GI_p}\leqslant[\theta] \tag{2-50}$$

式中，[θ]为许用单位长度扭转角(rad/m)。但在工程上习惯用°/m 作为[θ]的单位。为此 θ_{max} 的单位也要换算成°/m，则式(2-50)变为

$$\theta_{max}=\frac{T}{GI_p}\times\frac{180^\circ}{\pi}\leqslant[\theta] \tag{2-51}$$

[θ]的数值是根据载荷的性质和机械的精密程度等来确定的，从有关设计手册中可查到各种轴类零件的[θ]值。

例 2-16 如图 2-85 所示的等截面齿轮轴，转速为 300 r/min。由主动轮 A 输入功率 $P_1=400$ kW，由从动轮 B、C 输出功率分别为 $P_2=250$ kW，$P_3=150$ kW。若材料的切变模量 $G=80$ GPa，许用切应力[τ]=40 MPa，轴的许用单位长度扭转角[θ]=0.3°/m，试设计该轴的直径。

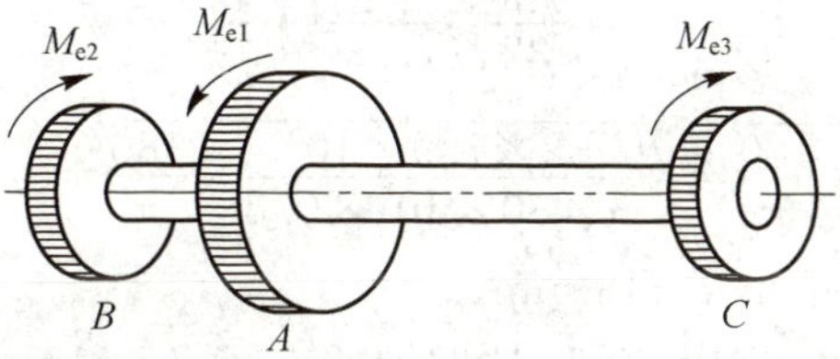

图 2-85 等截面齿轮轴

解:(1)计算外力偶矩。

$$M_{e1}=9\ 549\frac{P_1}{n}=9\ 549\times\frac{400}{300}\ \text{N}\cdot\text{m}=12.7\times10^3\ \text{N}\cdot\text{m}$$

$$M_{e2}=9\ 549\frac{P_2}{n}=9\ 549\times\frac{250}{300}\ \text{N}\cdot\text{m}=7.9\times10^3\ \text{N}\cdot\text{m}$$

$$M_{e3}=9\ 549\frac{P_3}{n}=9\ 549\times\frac{150}{300}\ \text{N}\cdot\text{m}=4.8\times10^3\ \text{N}\cdot\text{m}$$

(2)绘扭矩图。用截面法求出 AB 段和 AC 段扭矩 $T_1=7.9\times10^3$ N·m，$T_2=4.8\times10^3$ N·m。

扭矩图如图 2-86 所示。

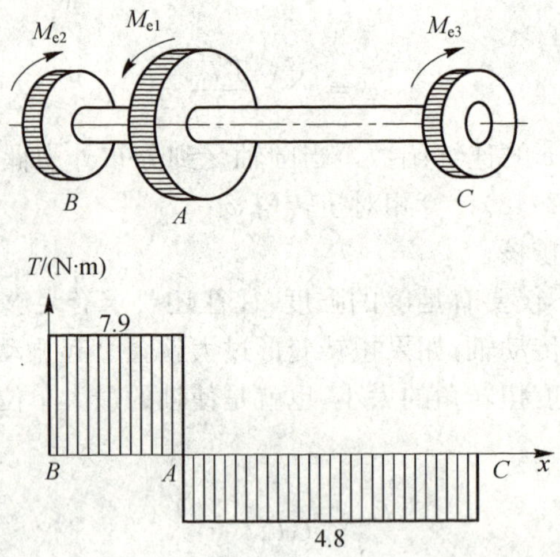

图 2-86　等截面齿轮轴扭矩图

(3)由强度条件确定直径。根据扭矩图可确定 AB 段为危险段，AB 段内任一横截面皆为危险截面。

由强度条件式(2-47)可得

$$\tau_{\max}=\frac{T}{w_t}=\frac{16T}{\pi D^3}\leqslant[\tau]$$

$$D\geqslant\sqrt[3]{\frac{16T}{\pi[\tau]}}=\sqrt[3]{\frac{16\times7.9\times10^3\ \text{N}\cdot\text{m}}{\pi\times40\times10^6\ \text{Pa}}}=0.1\ \text{m}$$

即根据强度条件，轴的直径应不小于 100 mm。

(4)由刚度条件确定轴的直径。由刚度条件式(2-51)可得

$$I_p=\frac{\pi d^4}{32}\geqslant\frac{T}{G[\theta]}\cdot\frac{180}{\pi}$$

$$d\geqslant\sqrt[4]{\frac{32T}{\pi\cdot G[\theta]}\cdot\frac{180}{\pi}}=\sqrt[4]{\frac{32\times7.9\times10^3}{\pi\times80\times10^9\times0.3}\times\frac{180}{\pi}}=0.118\ \text{m}=118\ \text{mm}$$

即根据刚度条件，轴的直径不小于 118 mm。

为了同时满足强度条件和刚度条件，选取轴的直径 $d=118$ mm。

任务实施

圆轴扭转变形时承载能力的求解——求如图 2-87(a)所示轴 A、D 端截面的相对扭转角，并校核该轴的强度和刚度。

解：(1)求 A、D 两横截面的相对扭转角。将圆轴分为三段：AB 段、BC 段、CD 段，每段内的 I_p 和扭矩 T 皆为常量。作扭矩图如图 2-87(b)所示。

由式(2-50)可得

$$\varphi_{AD}=\sum_{i=1}^{3}\frac{T_i l_i}{GI_{pi}}=\frac{32}{G\pi}\left(\frac{T_1 l_1}{d_1^{\ 4}}+\frac{T_2 l_2}{d_1^{\ 4}}+\frac{T_3 l_3}{d_2^{\ 4}}\right)$$

$$=\frac{32}{80\times10^9\cdot\pi}\left[\frac{(-800\ \text{N}\cdot\text{m})\times1\ \text{m}}{(70\times10^{-3}\ \text{m})^4}+\frac{(600\ \text{N}\cdot\text{m})\times0.3\ \text{m}}{(70\times10^{-3}\ \text{m})^4}+\frac{(600\ \text{N}\cdot\text{m})\times0.5\ \text{m}}{(40\times10^{-3}\ \text{m})^4}\right]$$

$$=11.63\times10^{-3}\ \text{rad}$$

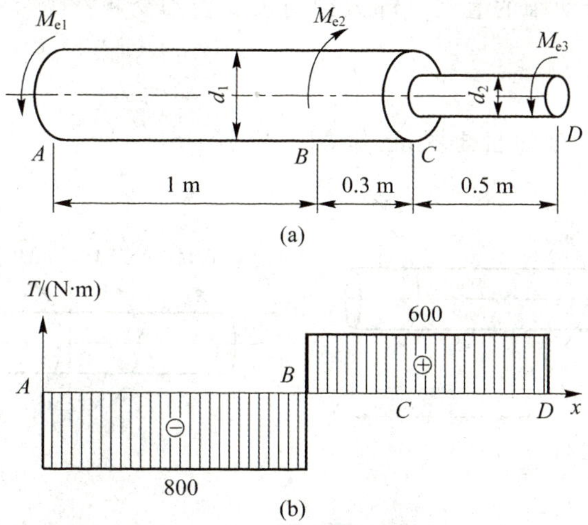

图 2-87 阶梯圆轴扭矩图

(2)校核轴的强度。根据扭矩图和轴的几何尺寸可确定 AB 段和 CD 段为危险段,需要对这两段进行强度校核。

$$AB\text{段}:\tau_{max}=\frac{T}{W_p}=\frac{16\times800\ \text{N}\cdot\text{m}}{\pi(70\times10^{-3}\ \text{m})^3}=11.9\times10^6\ \text{Pa}=11.9\ \text{MPa}\leqslant[\tau]$$

$$CD\text{段}:\tau_{max}=\frac{T}{W_p}=\frac{16\times600\ \text{N}\cdot\text{m}}{\pi(40\times10^{-3}\ \text{m})^3}=47.7\times10^6\ \text{Pa}=47.7\ \text{MPa}\leqslant[\tau]$$

故该轴强度符合要求。

(3)校核轴的刚度。根据扭矩图和轴的几何尺寸可确定 AB 段和 CD 段皆为危险段,需要对这两段进行刚度校核。

$$AB\text{段}:\theta=\frac{T}{GI_p}\cdot\frac{180}{\pi}=\frac{800\ \text{N}\cdot\text{m}}{(80\times10^9\ \text{Pa})\frac{\pi}{32}\times(70\times10^{-3}\ \text{m})^4}\times\frac{180}{\pi}=0.24°/\text{m}<[\theta]$$

$$CD\text{段}:\theta=\frac{T}{GI_p}\cdot\frac{180}{\pi}=\frac{600\ \text{N}\cdot\text{m}}{(80\times10^9\ \text{Pa})\frac{\pi}{32}\times(40\times10^{-3}\ \text{m})^4}\times\frac{180}{\pi}=1.71°/\text{m}>[\theta]$$

CD 段刚度不符合要求,故 CD 段直径需要加大。

思考与练习

一、简答题

1. 圆轴扭转切应力在截面上是怎样分布的?

2. 两根圆轴,一根为钢,另一根为铜,直径相同,长度相同。在相同扭矩作用下,两根轴的最大切应力、强度、扭转角 φ、刚度是否一样?

3. 有两根长度及重量都相同,且由同一材料制成的圆轴,其中一轴是空心的,内外径之比 $a=d/D=0.8$,另一轴是实心的,直径为 D。试问:(1)在相同许用应力情况下,空心轴和实心轴所能承受的扭矩哪个大?求出扭矩比值。(2)哪根轴的刚度大?求出刚度比值。

4. 为什么减速箱传动轴的直径从输入到输出要由细变粗？

二、分析计算题

1. 作如图 2-88 所示轴的扭矩图，已知 $M=20\ \text{N}\cdot\text{m}$。

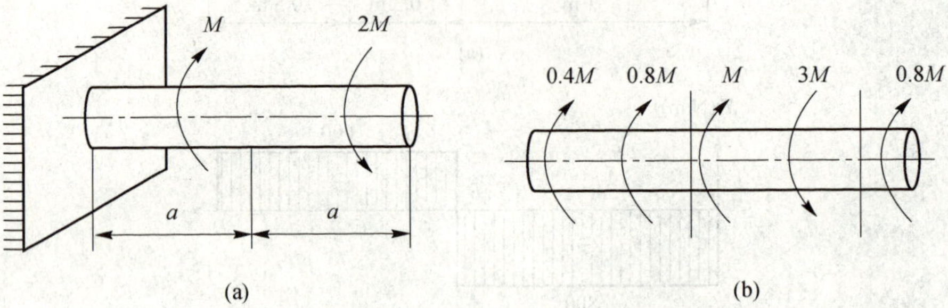

图 2-88 轴

2. 画出如图 2-89 所示各杆横截面上的切应力分布图。

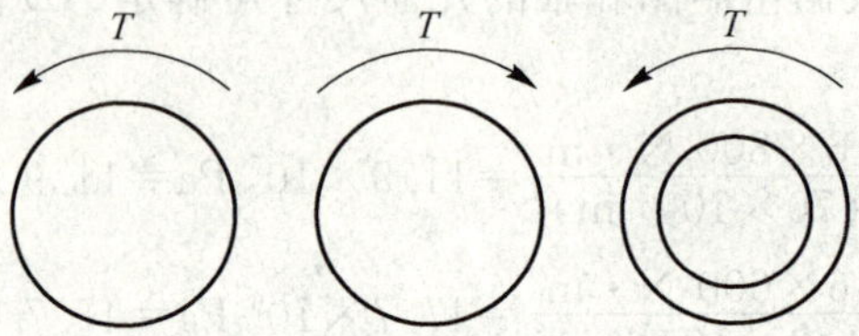

图 2-89 杆

3. 已知图 2-90 所示轴 $M_{e1}=6\ \text{kN}\cdot\text{m}$，$M_{e2}=4\ \text{kN}\cdot\text{m}$，轴外径 $D=120\ \text{mm}$，空心轴内径 $d=60\ \text{mm}$，$G=80\ \text{GPa}$。画扭矩图，求最大切应力 $\tau_{\max}$ 及 C 截面相对 A 截面转过的角度。

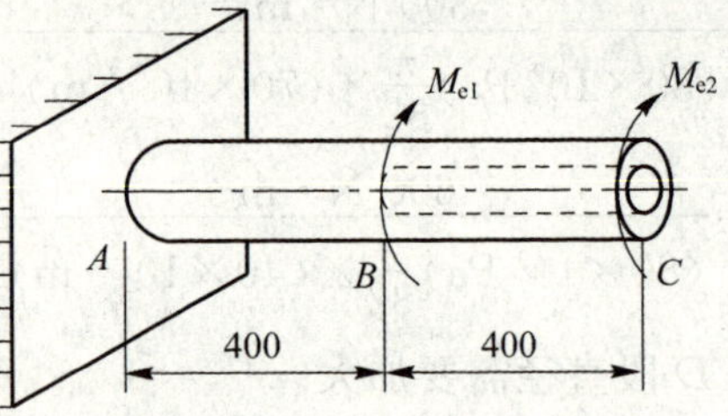

图 2-90 空心轴

4. 传动轴上的功率分配如图 2-91 所示，已知转速 $n=300\ \text{r/min}$，$G=80\ \text{GPa}$，$[\tau]=40\ \text{MPa}$，$[\theta]=1°/\text{m}$。试作扭矩图，设计各段阶梯轴直径，并计算轮 5 相对轮 1 的转角 φ_{51}。

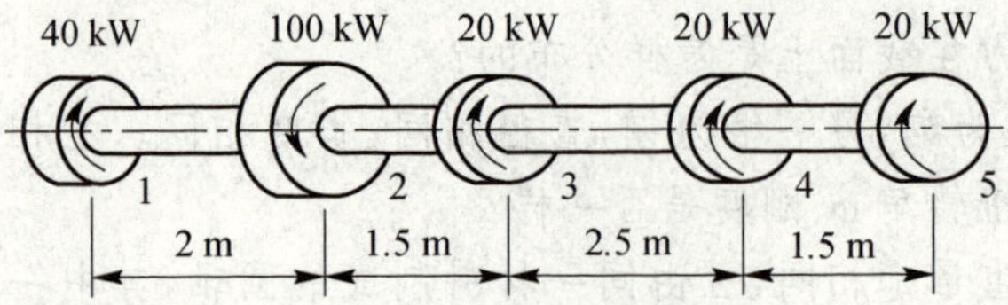

图 2-91 传动轴上的功率分配

5. 直径 $d=50$ mm 的圆轴，其两端受矩为 1 kN·m 的外力偶作用而发生扭转，轴材料的切变模量 $G=80$ GPa，求：(1)如图 2-92 所示，横截面上 $\rho_A=d/4$ 处的切应力和切应变；(2)最大切应力和单位长度扭转角。

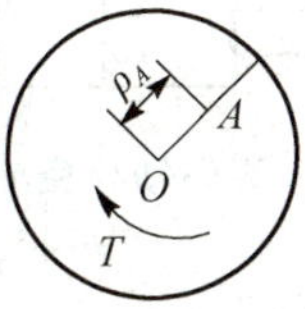

图 2-92 圆轴横截面

6. 材料相同的一根空心圆轴和一根实心圆轴，它们的横截面面积相同，扭矩相同，试分别比较这两根轴的最大切应力和单位长度扭转角。

7. 一根轴转速 360 r/min，传递功率 150 kW，切变模量为 80 GPa，试设计其直径，使切应力不超过 50 MPa，并且在 2.5 m 长度内扭转角不超过 3°。

8. 空心圆轴的外径 $D=100$ mm，内径 $d=50$ mm，已知间距 $L=2.7$ m 的两横截面的相对扭转角 $\varphi=1.8°$，材料的切变模量 $G=80$ GPa。求：(1)轴内最大切应力；(2)当轴以 $n=80$ r/min 的速度旋转时，轴传递的功率。

9. 已知等截面轴输入的功率如图 2-93 所示，转速 $n=1\,450$ r/min，$[\tau]=60$ MPa，$[\theta]=0.6°/\text{m}$，$G=80$ GPa，$l=500$ mm。试设计轴的直径。

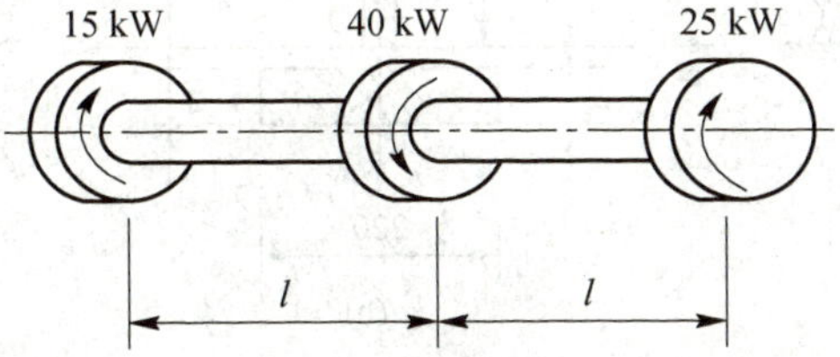

图 2-93 等截面轴

10. 传动轴外力矩 $M_A=3$ kN·m，其分配情况如图 2-94 所示，$M_B=7$ kN·m，$M_C=4$ kN·m，$d_1=60$ mm，$d_2=65$ mm，$[\tau]=60$ MPa。试校核该轴各段的强度。

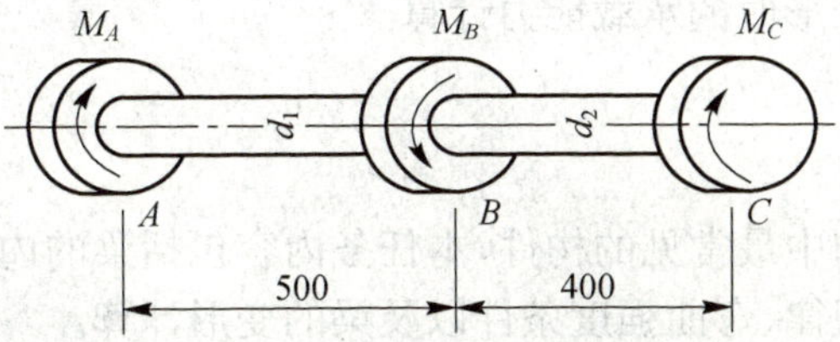

图 2-94 传动轴上的力矩分配

11. 实心轴和空心轴通过牙嵌式离合器连接在一起，如图 2-95 所示，已知轴的转速 $n=100$ r/min，传递功率 $P=7.5$ kW，最大切应力为 40 MPa。试选择实心轴直径 d_1 和内外径之比为 1/2 的空心轴外径 D_2。

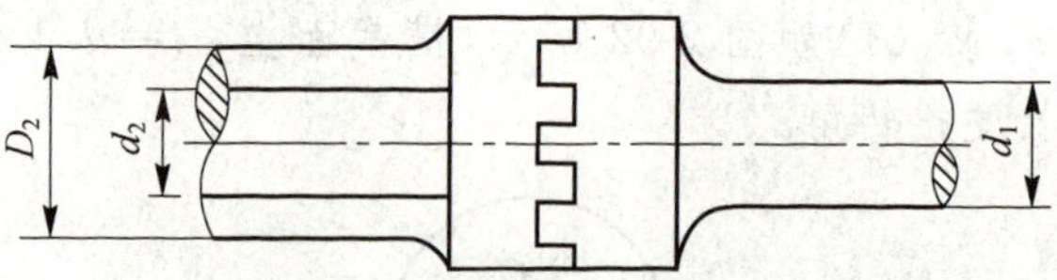

图 2-95 实心轴与空心轴连接

任务四 弯曲变形时的承载能力计算

任务描述

T 形截面铸铁梁受力如图 2-96 所示，已知材料的许用拉应力为$[\sigma_l]=30$ MPa，许用压应力为$[\sigma_a]=90$ MPa。给出截面的部分尺寸，试按合理截面的要求确定尺寸 δ，并按所确定的截面尺寸计算梁的许用载荷。

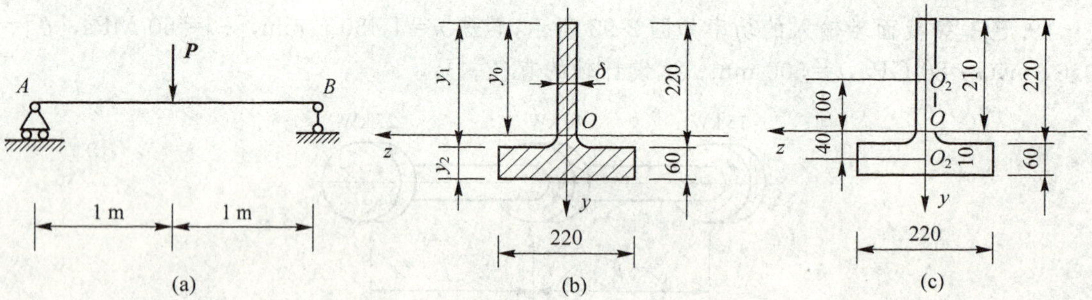

图 2-96 T 形截面铸铁梁受力

任务分析

掌握典型构件弯曲变形时的承载能力计算。

知识准备

梁是机械与工程结构中最常见的构件，本任务内容包括梁的内力、平面弯曲中横截面上的正应力和切应力分布规律、弯曲强度条件以及梁的变形计算。

一、梁的内力

视频
弯曲变形

1. 梁的概念

当杆件受到矢量方向垂直于轴线的外力或外力偶作用时，其轴线将由直线变为曲线，如图 2-97(a)所示。以轴线变弯为主要特征的变形形式称为弯曲。凡是以弯曲变形为主的杆件，工程上称为梁，如车辆的轮轴、房屋的梁及桥梁等。分析计算时，通常用梁的轴线代表梁，如图 2-97(b)所示。

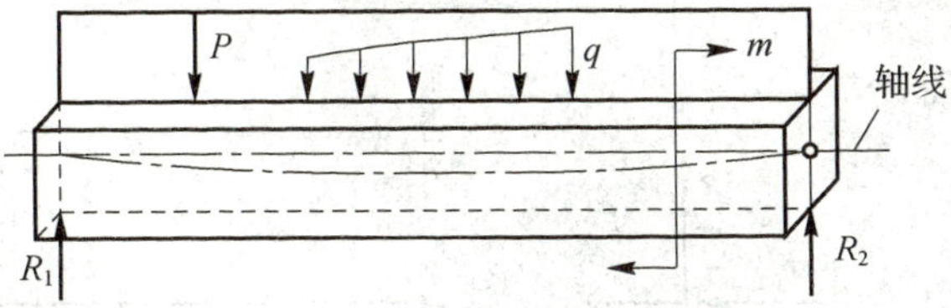

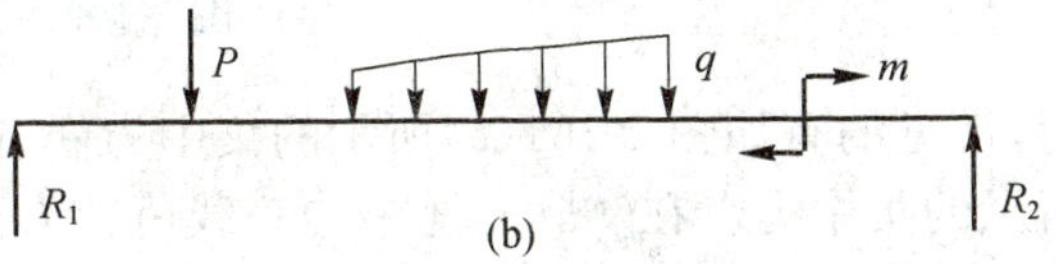

图 2-97　梁

在工程实际中，大多数梁都具有一个纵向对称面，而外力也作用在该对称面内。在这种情况下，梁的变形对称于纵向对称面，且变形后的轴线也在对称面内，即所谓的对称弯曲，如图 2-98 所示。它是弯曲问题中最基本、最常见的情况。

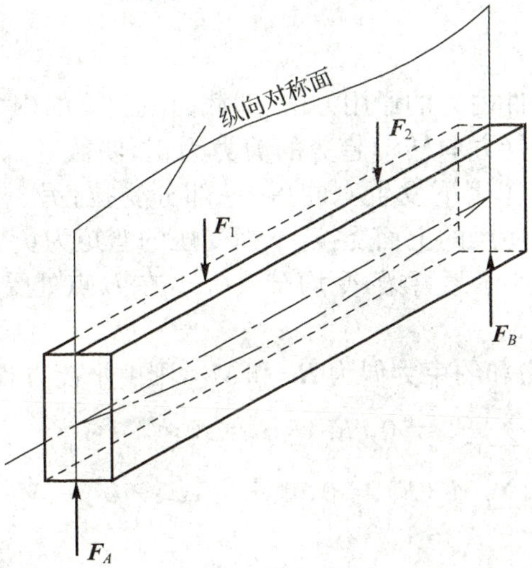

图 2-98　对称弯曲

图 2-99 表示了梁的三种常见约束形式及相应的约束力：如图 2-99(a)所示的可动铰支座、如图 2-99(b)所示的(平面)固定端约束和如图 2-99(c)所示的固定铰支座。在以上三种约束方式下，有三种常见的静定梁形式。如图 2-100(a)所示为简支梁，两端分别为固定铰支座和活动铰支座；如图 2-100(b)所示为悬臂梁，一端固定端约束，一端自由；如图 2-100(c)所示为外伸梁，它是具有一个或两个外伸部分的简支梁。

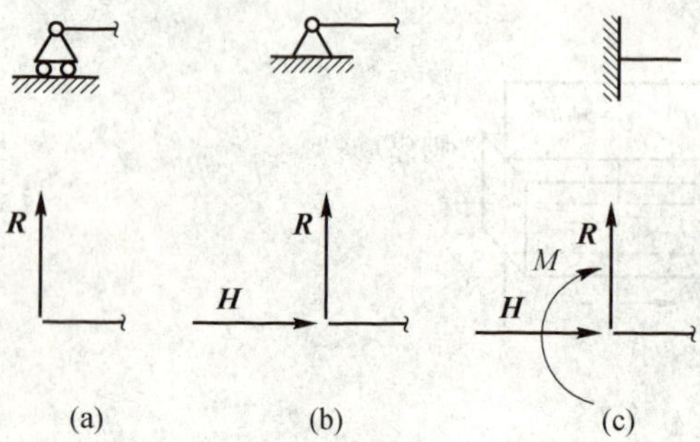

图 2-99　梁的约束

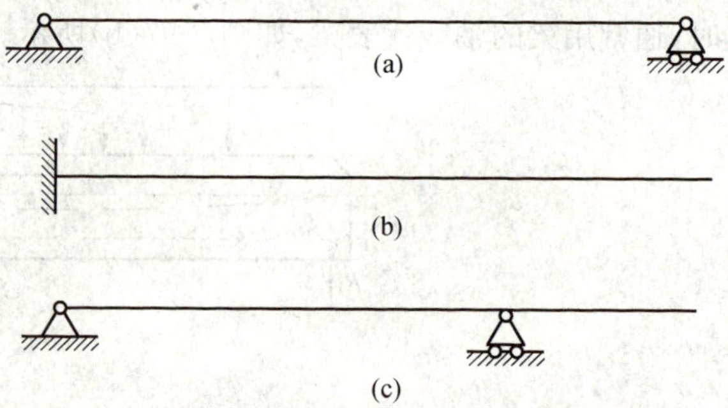

图 2-100　三类静定梁

作用在梁上的外载荷，常见的有如图 2-101(a)所示的集中力偶、如图 2-101(b)所示的分布载荷和如图 2-101(c)所示的集中力。在实际问题中均布载荷较为常见。

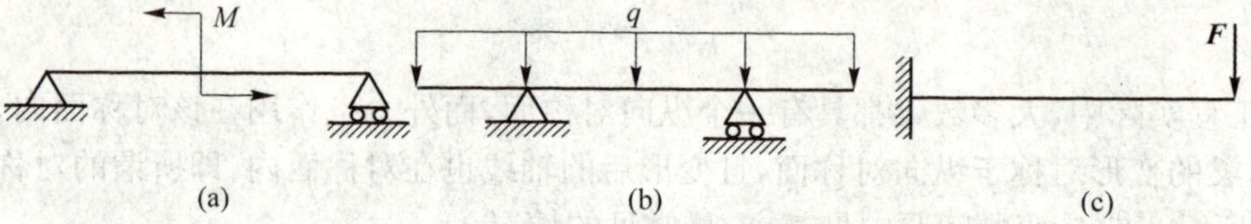

图 2-101　梁的外载荷

2. 梁的剪力与弯矩

前面已经介绍了求杆件内力的通用方法，即截面法。梁的内力分量为剪力和弯矩，规定使梁的截开部分产生顺时针方向转动趋势的剪力为正，使截开部分产生逆时针方向转动趋势的剪力为负。梁在弯矩作用下发生弯曲后，一部分受拉；另一部分受压。使梁的上面受压、下面受拉的弯矩为正；使梁的上面受拉、下面受压的弯矩为负。

例 2-17　如图 2-102 所示悬臂梁，受均布载荷 q，在 B 点处受 $M=qa^2$ 的力偶作用，试绘梁的剪力图与弯矩图。

解：设固定端的约束力和约束力偶为 $\boldsymbol{R}_C$ 和 M_C，则由平衡方程

$$\sum F_y = 0,\ R_C - qa = 0$$

$$\sum M_C(\boldsymbol{F}) = 0,\ 1.5a \cdot qa - qa^2 - M_C = 0$$

得 $R_C = qa$，$M_C = \frac{1}{2}qa^2$。

以杆件左端为坐标原点，以 B 为分界面，将梁分为 AB 和 BC 两段。对 AB 段中的 x_1 截面，剪力方程和弯矩方程分别为

$$F_s(x) = -qx,\ 0 \leqslant x < a$$

$$M(x) = -\frac{1}{2}qx^2,\ 0 \leqslant x < a$$

同样，可得到 BC 段中的 x_2 截面，剪力方程和弯矩方程如下

$$F_s(x) = -qa,\ a \leqslant x < 2a$$

$$M(x) = qax - \frac{3}{2}qx^2,\ a \leqslant x < 2a$$

根据得到的剪力方程和弯矩方程，绘出相应的剪力图和弯矩图，如图 2-102(b)、(c)。在

B 处作用有集中力偶，所以弯矩图在 B 点有突变，突变值正好等于集中力偶值。

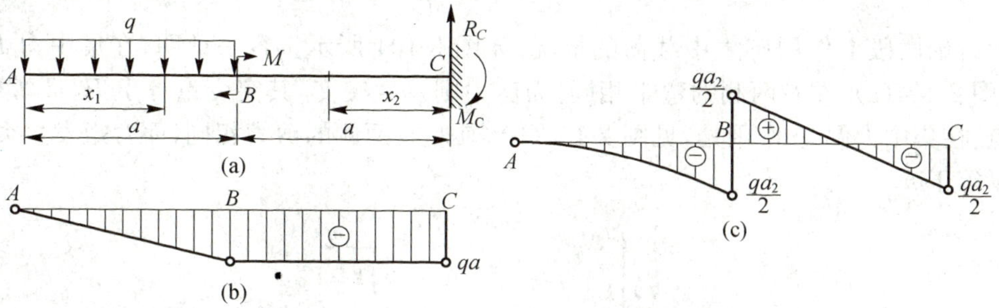

图 2-102 悬臂梁

3. 剪力、弯矩和载荷集度的微分关系

现研究剪力 $F_s(x)$、弯矩 $M(x)$ 和分布载荷集度 $q(x)$ 之间的微分关系。

首先讨论梁上无集中载荷的情况。如图 2-103(a) 所示梁，受分布载荷 $q=q(x)$ 作用。规定 x 轴水平向右，分布载荷向上为正。为研究剪力和弯矩沿梁轴线的变化规律，用坐标分别为 x 与 $x+dx$ 的横截面从梁中切取一段来进行分析，如图 2-103(b)。

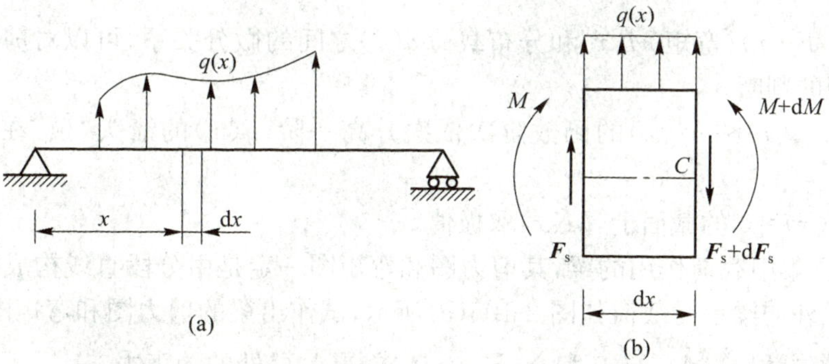

图 2-103 剪力、弯矩与载荷集中度的微分关系

微段左右截面上的剪力和弯矩分别为 F_s 和 M、F_s+dF_s 和 $M+dM$，它们和微段上的分布载荷 $q(x)$ 一起组成平衡力系，竖直方向的平衡方程为

$$\sum F_y=0,\ F_s+q(x)dx-(F_s+dF_s)=0$$

$$\frac{dF_s}{dx}=q(x) \tag{2-52}$$

式(2-52)就是剪力 $F_s(x)$ 和分布载荷 $q(x)$ 之间的微分关系。对右截面形心 C 取矩，可得平衡方程

$$\sum M_C(\boldsymbol{F})=0,\ M+dM-\frac{q(x)}{2}(dx)^2-F_s dx-M=0$$

略去高阶无穷小 $\frac{q(x)}{2}(dx)^2$ 后，得

$$\frac{dM}{dx}=F_s \tag{2-53}$$

式(2-53)是弯矩 $M(x)$ 和剪力 $F_s(x)$ 之间的微分关系。将式(2-52)代入式(2-53)，得到弯矩 $M(x)$ 和分布载荷 $q(x)$ 之间的微分关系

$$\frac{d^2M}{dx^2}=q(x) \tag{2-54}$$

现讨论微段上作用有集中载荷的情况，如图 2-104 所示。容易证明，在集中力 P 作用处，见图 2-104(a)，左右两侧的弯矩相同，而剪力则发生突变，其突变量等于 P，且弯矩图出现尖点；在集中力偶 m 作用处，见图 2-104(b)，其左右两侧的剪力相同，而弯矩发生突变，其突变量等于 m。

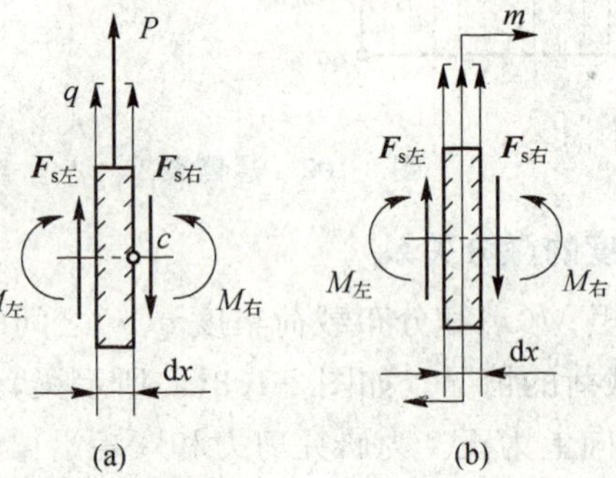

图 2-104 集中载荷的影响

利用剪力 $F_s(x)$、弯矩 $M(x)$ 和分布载荷 $q(x)$ 之间的微分关系，可以对剪力图和弯矩图的形态作直观的判断。

(1) $q(x)$、$F_s(x)$ 和 $M(x)$ 的函数阶次依次升高一阶，$q(x)$ 的箭头"顶"在 $M(x)$ 的凸出一侧。

(2) 在 $F_s(x)=0$ 的截面上，$M(x)$ 取极值。

(3) 对只有集中载荷作用的梁，其剪力图和弯矩图一定是由分段直线构成的。

例 2-18 外伸梁承受载荷如图 2-105(a)所示，试作出梁的剪力图和弯矩图。

解：由平衡方程 $\sum M_C=0$ 和 $\sum F_y=0$，求得 A、C 处的约束力

$$F_A=\frac{5}{6}qa,\ F_C=\frac{13}{6}qa$$

将整个梁分为 AB、BC 和 CD 三段。先讨论剪力图。AB 段无外载荷，因此剪力为常值；BC 和 CD 都受均布载荷作用，剪力图为斜直线，但因为 C 处有集中约束力，因此剪力图发生突变。由截面法可计算出 A、B、C 和 D 处的剪力依次为

$$F_{sA}=F_{sB}=\frac{5}{6}qa,\ F_{sC左}=-\frac{7}{6}qa,\ F_{sC右}=qa,\ F_{sD}=0。$$

据此绘出剪力图，如图 2-105(b)所示。注意到 E 点和 D 点剪力为零，此处弯矩取极值。

对弯矩图，依据剪力和弯矩微分关系，AB 段弯矩图为斜直线，BC 段和 CD 段为抛物线，其极值点分别为 E 和 D。在 B 点处弯矩图有突变。同样由截面法计算各关键截面处的弯矩依次为 $M_A=0$，$M_{B左}=\frac{5}{6}qa^2$，$M_{B右}=-\frac{qa^2}{6}$，$M_E=\frac{15}{72}qa^2$，$M_C=-\frac{qa^2}{2}$，$M_D=0$。

由此绘出弯矩图，如图 2-105(c)所示。

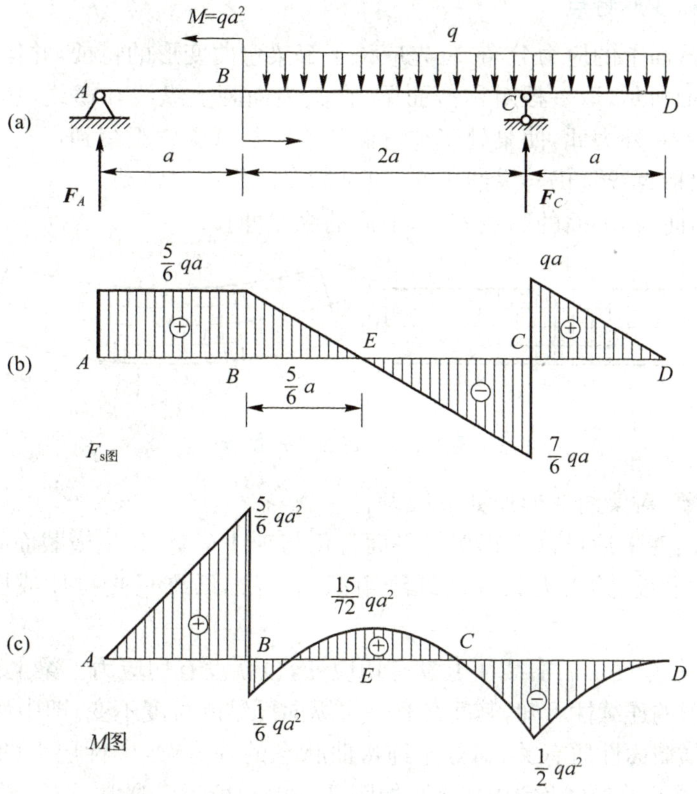

图 2-105 外伸梁承受载荷

二、弯曲时横截面上的正应力

在一般情况下，梁的横截面上存在着正应力和切应力。正应力向横截面形心简化将产生弯矩，而切应力的简化结果产生剪力，如图 2-106。若梁内各横截面的剪力为零而弯矩为常量，即为纯弯曲状态，如图 2-107 中的 BC 段。这时梁的横截面上只存在正应力。

微课
弯曲时横截面上的正应力(一)

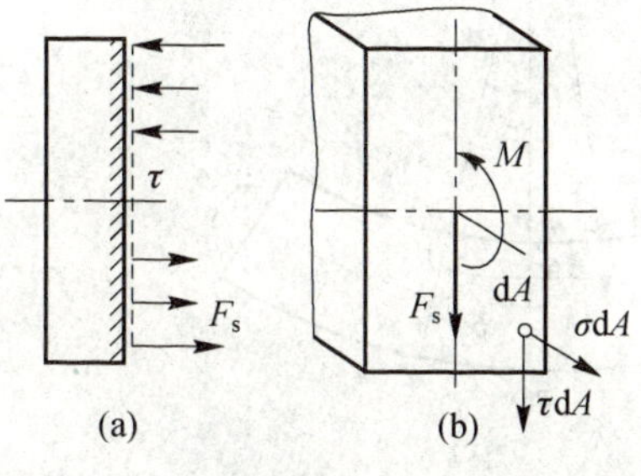

图 2-106 横截面上的正应力和切应力

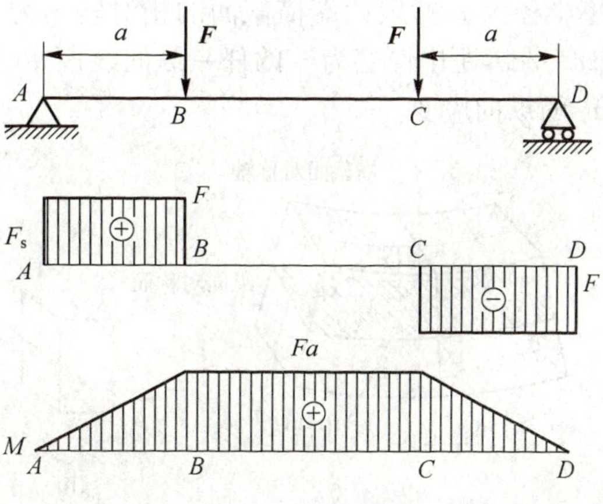

图 2-107 纯弯曲

1. 弯曲试验和变形特点

要求得梁横截面上的应力分布，首先应该了解梁弯曲变形的特征，并作出合理的简化。

如图 2-108(a)所示，取一根对称截面梁，在其表面画上纵线和横线，然后在梁两端的纵向对称面内作用一对外力偶，使梁处于纯弯曲状态。从试验中观察到：

(1)横线仍保持直线且仍与纵线正交，只是横线间作相对转动。

(2)纵线变为曲线，上面的纵线缩短，下面的纵线伸长。

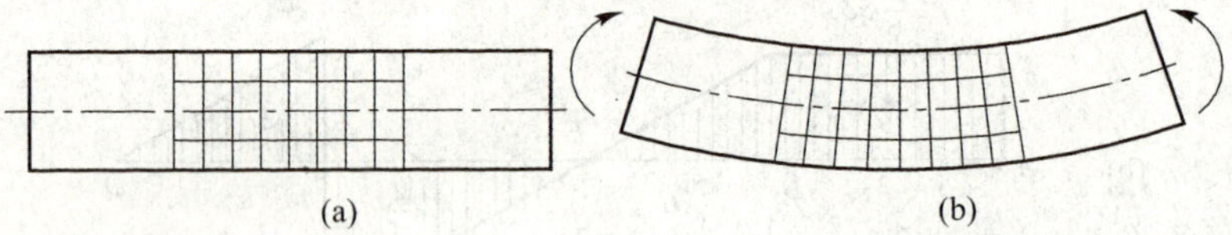

图 2-108　弯曲变形试验

根据上述现象，对梁内变形作如下假设。

(1)平面假设：变形后横截面仍保持平面且仍与轴线正交，只是横截面间作相对转动。

(2)单向受力假设：梁由无数纵向纤维组织，各纵向纤维只受拉伸或压缩，不存在相互挤压。

根据平面假设，梁变形后横截面上没有切应变，也就没有切应力。梁上部纤维受压，下部纤维受拉。由变形的连续性可知，其间必有一层纵向纤维的长度不变，即中性层。显然中性层的曲率与弯矩和横截面性质有关，对处于纯弯曲状态的等直梁，中性层上的纵向线段变成圆弧。中性层与横截面的交线称为中性轴，如图 2-109(a)所示。通常，取梁横截面的对称轴为 y 轴，中性轴为 z 轴，梁轴线为 x 轴，三者构成右手坐标系，如图 2-109(b)所示。

概括地说，在纯弯曲条件下，所有横截面仍保持平面，只是绕中性轴作相对转动，而纵向纤维则均处于单向受力状态。

2. 对称弯曲正应力一般公式

微课
弯曲时横截面上的正应力(二)

在对弯曲变形作出合理的简化后，即可通过对变形、物理和静力学三方面的综合分析，建立弯曲正应力公式。

如图 2-109(c)，在梁中切取长为 dx 的微段。设变形后中性层上纵向线段的曲率半径为 ρ，微段两端横截面的相对转角为 $d\theta$。因此微段上任一纵向线段的原长为 $dx=\rho d\theta$，距中性层为 y 的任一纵向线段 ab 变形后长度为$(\rho-y)d\theta$。由此可得线段 ab 的纵向应变

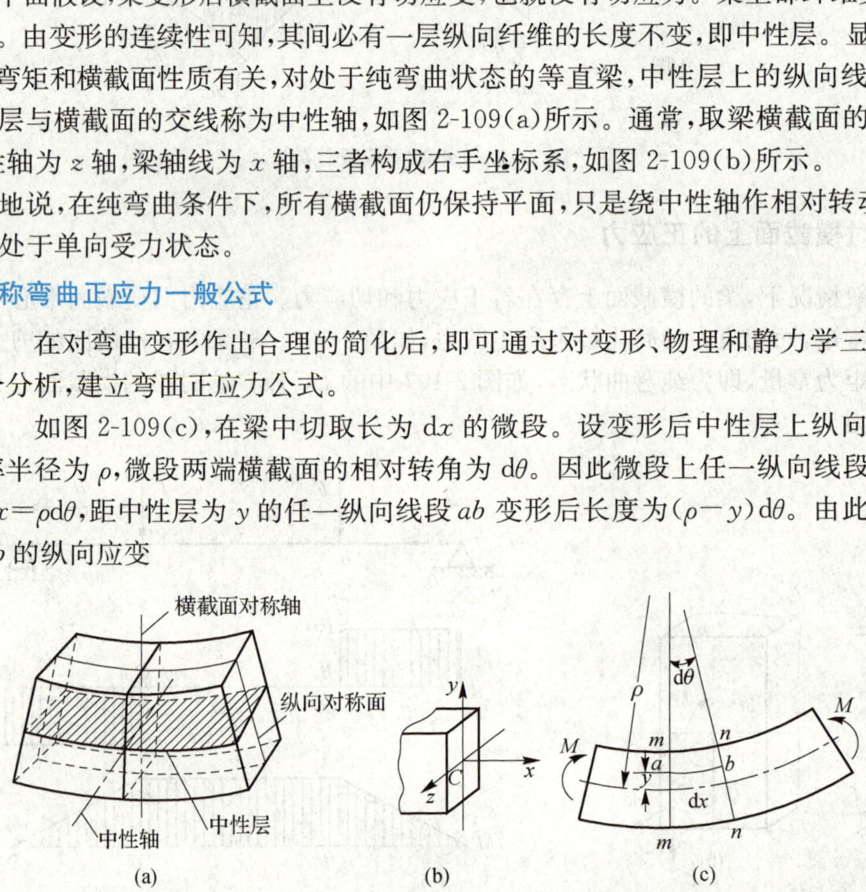

图 2-109　弯曲变形分析

$$\varepsilon_x = \frac{(\rho - y)\mathrm{d}\theta - \rho\mathrm{d}\theta}{\rho\mathrm{d}\theta} = -\frac{y}{\rho}$$

上式表明，横截面上各点正应变与其距中性层的距离成正比。负号表示在正弯矩作用下，中性层以上($y>0$)纵向线段缩短($\varepsilon_x<0$)。

由于假设各纵向纤维处于单向受力状态，因此，当正应力不超过材料的比例极限时，由胡克定律可得出横截面上正应力的分布规律为

$$\sigma = -\frac{Ey}{\rho} \tag{2-55}$$

式(2-55)表明，横截面上正应力沿截面高度按线性规律变化，沿梁宽度方向均匀分布，而中性轴上各点处的正应力均为零，如图 2-110 所示。

目前为止尚不能应用式(2-55)求横截面上的正应力，因为中性轴的位置和中性层曲率半径 ρ 均为未知。为求这两个未知量，还需利用应力和内力间的静力学关系。

如图 2-111 所示，横截面上正应力的合力形成轴力，由于轴力为零，则

$$\int_A \sigma \mathrm{d}A = -\int_A \frac{Ey}{\rho}\mathrm{d}A = -\frac{E}{\rho}S_z = 0$$

积分 $S_z = \int_A y\mathrm{d}A$ 为横截面关于轴 z 的静矩。上式表明横截面对中性轴的静矩 S_z 等于零，即中性轴通过截面的形心，由此确定出中性轴的位置。

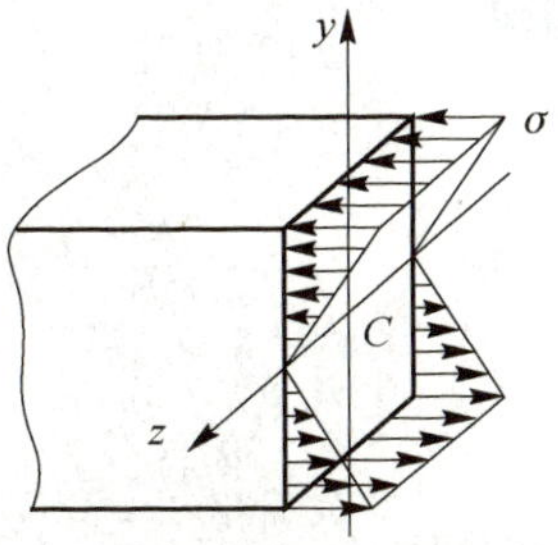

图 2-110　弯曲正应力

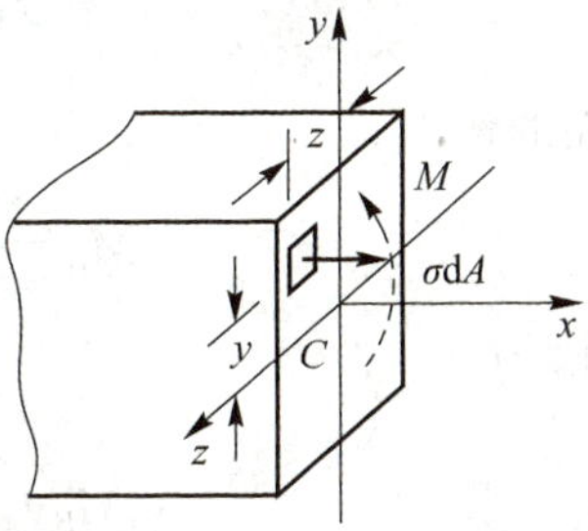

图 2-111　弯曲正应力的简化

所有正应力对 z 轴矩之和即为横截面上的弯矩 M，得

$$M = -\int_A \sigma y \mathrm{d}A = \frac{E}{\rho}\int_A y^2 \mathrm{d}A$$

积分 $I_z = \int_A y^2 \mathrm{d}A$ 为横截面关于轴 z 的惯性矩。于是有

$$\frac{1}{\rho} = \frac{M}{EI_z} \tag{2-56}$$

式(2-56)为以曲率表示的弯曲变形公式。$\frac{1}{\rho}$ 是梁变形后的曲率，它与 EI_z 成反比。EI_z 称为梁的截面抗弯刚度，简称抗弯刚度。

将式(2-56)代入式(2-55)，即得横截面上任一点处的正应力计算公式

$$\sigma = -\frac{My}{I_z} \tag{2-57}$$

式(2-57)是矩形截面梁在纯弯曲的情况下建立的。当横截面上有剪力时，由于存在切应力，其横截面将发生翘曲，同时梁上横向力的作用还会引起纵向纤维的侧向挤压。但分析

表明，应用式(2-57)计算非矩形截面的细长梁在非纯弯曲下的弯曲正应力，结果仍具有足够的精确度，因此也将式(2-57)称为弯曲正应力的一般公式。

式(2-57)表明横截面上的最大拉和压应力分别发生在离中性轴的两边最远处。以 $|y|_{\max}$ 表示最远处到中性轴的距离，则

$$\sigma_{\max}=\frac{My_{\max}}{I_z}=\frac{M}{\dfrac{I_z}{|y|_{\max}}}=\frac{M}{W_z} \tag{2-58}$$

式中，比值 $W_z=\dfrac{I_z}{|y|_{\max}}$ 称为抗弯截面模量。

例 2-19 如图 2-112 所示，长为 L 的矩形截面悬臂梁，在自由端作用一集中力 $\boldsymbol{F}$，已知 $b=120$ mm，$h=180$ mm，$L=2$ m，$F=1.6$ kN，试求 B 截面上 a、b、c 各点的正应力。

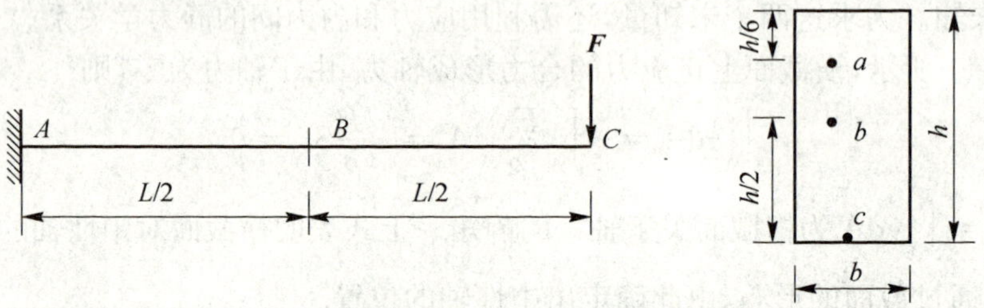

图 2-112 矩形截面悬臂梁

解：B 截面的弯矩

$$M_B=\frac{1}{2}FL=1.6\ \text{k N}\cdot\text{m}$$

a 点的正应力

$$\sigma_a=\frac{M_By_a}{I_z}=\frac{\dfrac{1}{2}FL\dfrac{h}{3}}{\dfrac{bh^3}{12}}=1.65\ \text{MPa}$$

b 点在中性轴上，其正应力 $\sigma_b=0$。

c 点的正应力

$$\sigma_c=\frac{M_By_c}{I_z}=\frac{\dfrac{1}{2}FL\dfrac{h}{2}}{\dfrac{bh^3}{12}}=2.47\ \text{MPa}\ (\text{压})$$

例 2-20 长度为 250 mm，截面尺寸为 $h\times b=0.8$ mm$\times 25$ mm 的薄钢尺，由于两端外力偶的作用而弯成中心角为 60°的圆弧，已知弹性模量 $E=2.1\times10^5$ MPa。试求钢尺横截面上的最大正应力。

解：

$$\sigma_{\max}=-E\frac{y}{\rho}=-\frac{E\cdot\dfrac{h}{2}}{\dfrac{l}{\dfrac{\pi}{3}}}=-\frac{2.1\times10^{11}\times0.8\times10^{-3}\times3.14}{2\times250\times10^{-3}\times3}\ \text{Pa}=-352\ \text{MPa}$$

例 2-21 直径为 d 的钢丝，其名义屈服极限为 $\sigma_{0.2}$。现在其两端施加外力偶使钢丝弯成直径为 D 的圆弧。试求当钢丝横截面上的最大正应力等于 $\sigma_{0.2}$ 时 D 与 d 的关系式。并据此分析为何钢丝绳要用许多高强度的细钢丝组成。

解：

$$l=2\pi R=2\pi\cdot\frac{D}{2}$$

$$\frac{1}{\rho}=\frac{2}{D}=\frac{M}{EI_z}$$

$$\frac{M}{I_z}=\frac{2E}{D}$$

解得 $\sigma=\frac{My}{I_z}=\frac{2E}{D}=\sigma_{0.2}$，$\frac{D}{d}=\frac{E}{\sigma_{0.2}}$。由此可见，细钢丝强度越大，$E$ 越大，D 越大，抗弯刚度大。

例 2-22 截面形状及所有尺寸完全相同的一根钢梁和一根木梁，如果所受外力也相同，内力图是否相同？它们的横截面上的正应力变化规律是否相同？对应点处的正应力与纵向线应变是否相同？

解：因为 $\sigma_{\max}=\frac{M}{W_z}$，$\sigma=\frac{My}{I_z}$，且钢梁与木梁截面尺寸一样及所受外力相同，所以其内力及横截面的正应力变化规律相同。

又因 $\sigma=E\varepsilon$，钢梁与木梁的弹性模量不同，所以对应点处的正应力与纵向线应变不相同。

例 2-23 一根 25a 号槽钢，在纵向对称平面内受矩为 $M_e=5\ \text{kN}\cdot\text{m}$ 的一对外力偶作用，如图 2-113(a)所示。试求截面上 A、B、C、D 四点处的正应力。若力偶仍作用于铅垂平面内，但将槽钢绕其轴线转 90°，如图 2-113(b)所示，求此时四点处正应力。

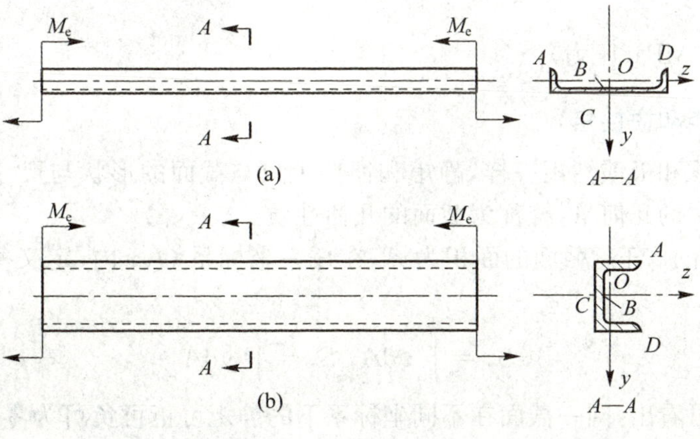

图 2-113 槽钢在纵向对称平面内受外力偶作用

解：因为两种情况下各横截面上的弯矩 m 都等于外力偶矩 M_e，但(a)和(b)的惯性矩 I_z 不同，按应力公式 $\sigma=\frac{My}{I_z}$ 得

对于图(a) $$\sigma_A=\sigma_D=\frac{My}{I_z}=\frac{M_e y_A}{I_z}\text{（压力）}$$

$$\sigma_B=\frac{My}{I_z}=\frac{M_e y_B}{I_z}(\text{拉力})$$

$$\sigma_C=\frac{My}{I_z}=\frac{M_e y_{C\max}}{I_z}(\text{拉力最大})$$

对于图(b)：$\sigma_A=\sigma_D=\frac{My}{I_z}=\frac{M_e y_{A\max}}{I_z}$($A$ 点是压力最大，D 点为拉力最大)，$\sigma_B=\sigma_C=0$。

例 2-24 矩形截面的悬臂梁，受集中力和集中力偶作用. 如图 2-114 所示。试求Ⅰ—Ⅰ截面和固定端Ⅱ—Ⅱ截面上 A、B、C、D 四点处的正应力。

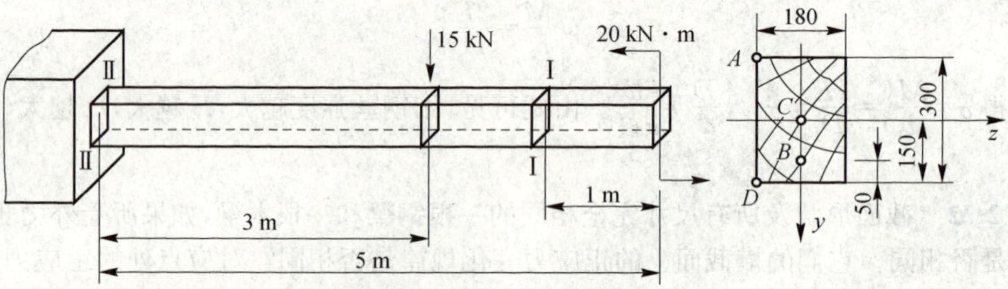

图 2-114 悬臂梁受集中力和集中力偶作用

解：Ⅰ—Ⅰ截面，弯矩为 $M_{\mathrm{I}}=20\ \mathrm{kN\cdot m}$，$I_z=\frac{bh^3}{12}=4.05\times10^{-4}\ \mathrm{m^4}$。

Ⅱ—Ⅱ截面，弯矩为 $M_{\mathrm{II}}=15\times3-20=-25\ \mathrm{kN\cdot m}$。

对于Ⅰ—Ⅰ截面：$\sigma_A=\sigma_D=\frac{My}{I_z}=7.41\ \mathrm{MPa}$($A$ 点处压力最大，D 点处拉力最大)，$\sigma_C=0$，$\sigma_B=\frac{My}{I_z}=4.94\ \mathrm{MPa}$(拉力)。

对于Ⅱ—Ⅱ截面：$\sigma_A=\sigma_D=\frac{My}{I_z}=9.26\ \mathrm{MPa}$($A$ 点处拉力最大，D 点处压力最大)，$\sigma_C=0$，$\sigma_B=\frac{My}{I_z}=-6.17\ \mathrm{MPa}$(压力)。

3. 截面的静矩和惯性矩

与截面的面积和极惯性矩一样，静矩和惯性矩只与截面的形状与尺寸有关。这些与截面形状与尺寸有关的几何量，统称为截面的几何性质。

如图 2-115 所示，任意截面的面积为 A，在任一坐标系 Oyz 内，定义截面对轴 y 和轴 z 的静矩

$$S_y=\int_A z\,\mathrm{d}A,\ S_z=\int_A y\,\mathrm{d}A$$

由上述定义可看出，同一截面在不同坐标系下的静矩可正可负可为零，其量纲为长度的三次方。

截面形心的位置坐标(y_C，z_C)按下式确定

$$y_C=\frac{\int_A y\,\mathrm{d}A}{A}=\frac{S_z}{A},\ z_C=\frac{\int_A z\,\mathrm{d}A}{A}=\frac{S_y}{A} \tag{2-59}$$

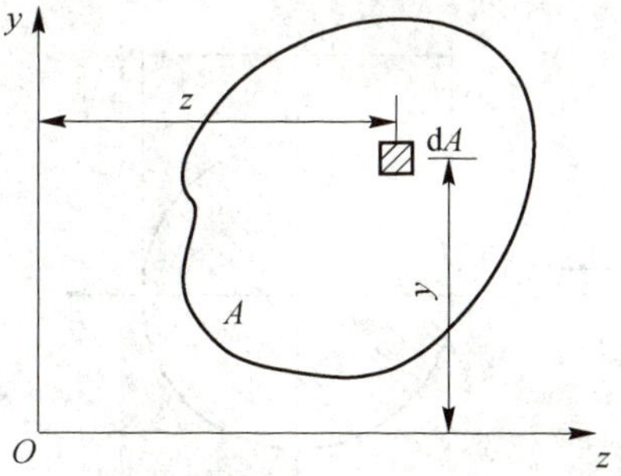

图 2-115　截面的静矩

均质等厚薄板的重心与该板平面的形心重合。因此可用求重心的方法来求截面的形心。若某坐标轴通过截面之形心，则称该轴为截面的形心轴。根据式(2-59)，截面对形心轴之静矩为零，反之亦然。此外若某一轴为截面的对称轴，则该轴为截面的形心轴。

如图 2-116 所示，定义截面对 y 轴和 z 轴的惯性矩和惯性积为：

$$I_y=\int_A z^2\mathrm{d}A,\ I_z=\int_A y^2\mathrm{d}A,\ I_{yz}=\int_A yz\mathrm{d}A \tag{2-60}$$

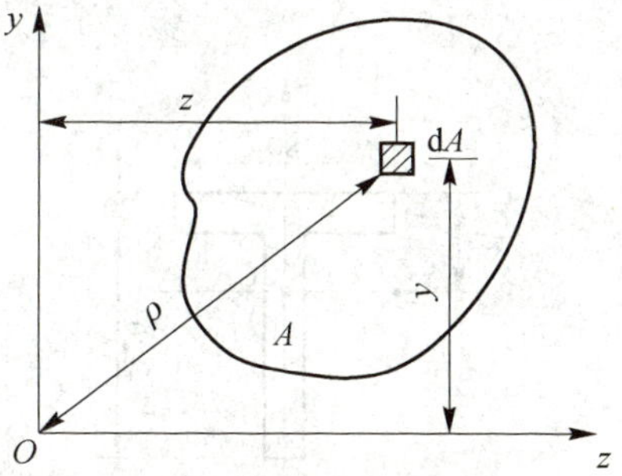

图 2-116　截面的惯性矩

截面的惯性矩恒为正，其量纲为长度的四次方。不难计算，图 2-117(a)中的矩形截面关于对称轴 z 和 y 的惯性矩分别为

$$I_z=\frac{bh^3}{12},\ I_y=\frac{b^3h}{12} \tag{2-61}$$

而图 2-117(b)中直径为 d 的圆截面关于任意过圆心轴惯性矩为

$$I_z=I_y=\frac{\pi d^4}{64} \tag{2-62}$$

对图 2-117(c)中外径为 D、内外径之比为 a 的圆环形截面，有

$$I_z=\frac{\pi D^4}{64}(1-a^4) \tag{2-63}$$

平行移轴定理反映了截面对一组平行轴的惯性矩的定量关系。设截面面积为 A，轴 z 为形心轴，轴 z' 与轴 z 平行，d 为两轴之距离，截面关于两轴的惯性矩分别为 I_z 和 $I_{z'}$。根据平行移轴定理可知

$$I_{z'}=I_z+Ad^2 \tag{2-64}$$

即在一组平行轴中，截面对形心轴的惯性矩为最小值。

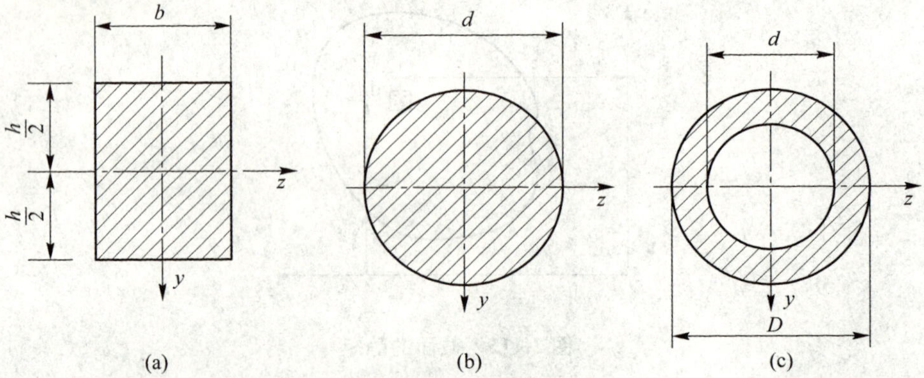

图 2-117 简单截面的惯性矩

在工程中经常会遇到一些形状复杂的截面，这些截面通常可看成是由若干简单截面所组成的。对于这种组合截面，根据静矩和惯性矩的定义，组合截面对某一轴的静矩（或惯性矩）应等于各部分对同一轴的静矩（或惯性矩）之和。

例 2-25 如图 2-118 所示一 T 字形截面，尺寸如图，试计算该截面对中性轴 z 的惯性矩。

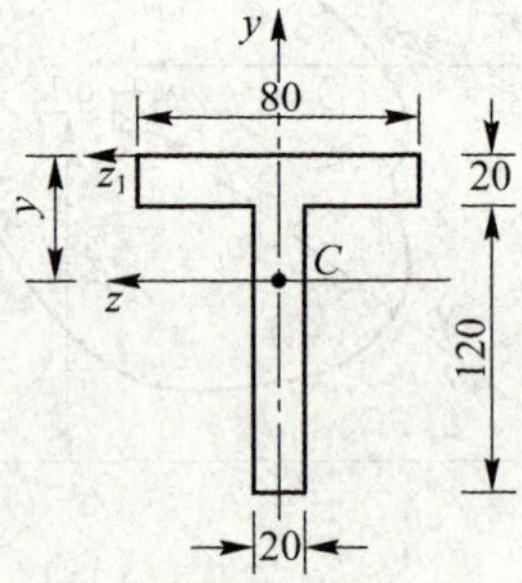

图 2-118 T 字形截面

解：设截面形心到顶边的距离为 y，取顶边轴 z_1 作参考轴。截面由两个矩形组合而成，其面积和形心坐标分别为

$$A_1 = 80\times 20\ \text{mm} = 1\ 600\ \text{mm}^2,\ y_1 = 10\ \text{mm}$$

$$A_1 = 120\times 20\ \text{mm} = 2\ 400\ \text{mm}^2,\ y_2 = 80\ \text{mm}$$

由此计算出整个截面的中性轴 z 的位置

$$y = \frac{\sum A_i y_i}{\sum A} = \frac{1\ 600\times 10 + 2\ 400\times 80}{1\ 600 + 2\ 400}\ \text{mm} = 52\ \text{mm}$$

根据惯性矩的平行移轴定理，可求得截面对中性轴 z 的惯性矩

$$I_z = \frac{80\times 20^3}{12} + 1\ 600\times(10-52)^2 + \frac{20\times 120^3}{12} + 2\ 400\times(80-52)^2$$

$$= 7.64\times 10^6\ \text{mm}^4 = 7.64\times 10^{-6}\ \text{m}^4$$

例 2-26 如图 2-119(a)所示外伸梁，截面形状和尺寸见图 2-118。梁承受均布载荷，集度 $q=10$ kN/m。试求梁内的最大拉应力和压应力。

解:弯矩图如图 2-119(b),截面 D 处弯矩取极值,$M_D=3.80\ \text{kN}\cdot\text{m}$;在截面 B 有最大负弯矩,$M_B=-5\ \text{kN}\cdot\text{m}$。在此二截面上都有可能出现最大拉应力和压应力。

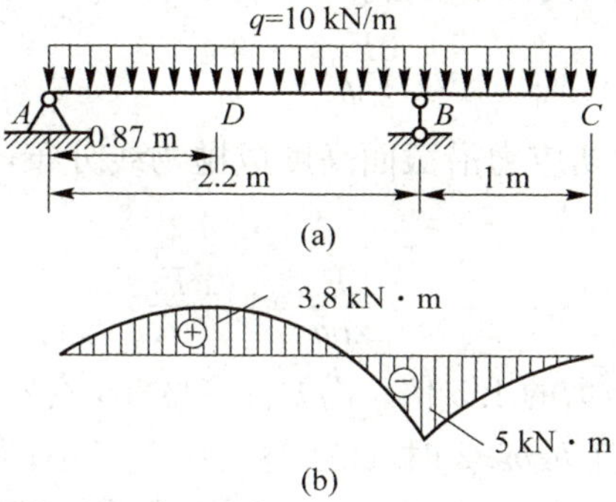

图 2-119 外伸梁

D 截面的上边缘有最大压应力 $\sigma_{\max}^{-}$,下边缘有最大拉应力 $\sigma_{\max}^{+}$,即

$$\sigma_{\max}^{-}=-\frac{M_D y}{I_z}=-\frac{3.8\times10^3\times52\times10^{-3}}{7.64\times10^{-6}}\ \text{Pa}=-25.9\ \text{MPa}$$

$$\sigma_{\max}^{+}=-\frac{M_D(y-140)}{I_z}=-\frac{3.8\times10^3\times(52-140)\times10^{-3}}{7.64\times10^{-6}}\ \text{Pa}=43.8\ \text{MPa}$$

B 截面的上边缘有最大拉应力 $\sigma_{\max}^{+}$,下边缘有最大压应力 $\sigma_{\max}^{-}$,即

$$\sigma_{\max}^{+}=-\frac{M_B y}{I_z}=\frac{5\times10^3\times52\times10^{-3}}{7.64\times10^{-6}}\ \text{Pa}=34.0\ \text{MPa}$$

$$\sigma_{\max}^{-}=-\frac{M_B(y-140)}{I_z}=\frac{5\times10^3\times(140-52)\times10^{-3}}{7.64\times10^{-6}}\ \text{Pa}=-57.6\ \text{MPa}$$

因此梁内的最大拉应力发生在截面 D 的下边缘,其值为 $\sigma_{\max}^{+}=43.8\ \text{MPa}$;最大压应力发生在截面 B 的下边缘,其值为 $\sigma_{\max}^{-}=-57.6\ \text{MPa}$。

三、弯曲时横截面上的切应力

工程上大多数梁主要承受横向载荷,这时梁横截面上作用有剪力。横截面上除正应力外,还存在切应力。

研究截面上的切应力分布要比正应力复杂得多。需根据截面具体形状对切应力的分布适当地作出一些假设,然后应用局部平衡的方法,得出近似的公式。下面只介绍等截面直梁在对称弯曲情形下几种常见截面上切应力的计算公式。

1. 矩形截面梁的弯曲切应力

如图 2-120(a)所示,宽为 b、高为 h 的矩形截面,截面上沿 y 轴作用有剪力 F_s。假设横截面上各点处的切应力的方向均平行于剪力,且沿截面宽度均匀分布。可导出横截面上距中性轴为 y 的各点处切应力的近似计算公式为

$$\tau=\frac{F_s S_z^*}{bI_z} \tag{2-65}$$

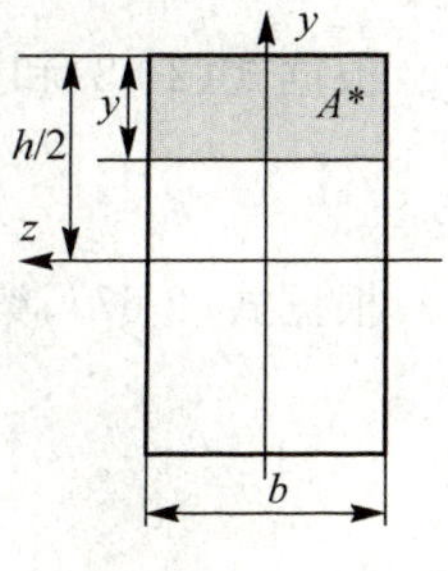

式中,S_z^* 为微段局部的横截面面积 A^* 对横截面中性轴的静矩,对矩形截面

$$S_z^* = A^* \times y_C^* = b\left(\frac{h}{2}-y\right)\left[y+\frac{1}{2}\left(\frac{h}{2}-y\right)\right] = \frac{b}{2}\left(\frac{h^2}{4}-y^2\right)$$

将上式及 $I_z = bh^3/12$ 代入式(2-65)，得

$$\tau = \frac{3F_s}{2bh}\left(1-\frac{4y^2}{h^2}\right) \tag{2-66}$$

可见，矩形截面梁的弯曲切应力沿截面高度成抛物线分布，如图 2-120(b)所示。最大切应力发生在中性轴($y=0$)处

$$\tau_{max} = \frac{3F_s}{2bh} = 1.5\frac{F_s}{A} \tag{2-67}$$

即最大切应力是平均切应力的 1.5 倍。需要注意的是，该公式的应用条件为高梁，即梁的高度>宽度。精确分析表明，当 $h/b \geqslant 2$ 时，此解答的误差极小；当 $h/b=1$，误差约为 10%。而当宽度>高度时，误差会进一步加大，当 $h/b=0.5$ 时误差约为 57%，此时工程上已不可应用。

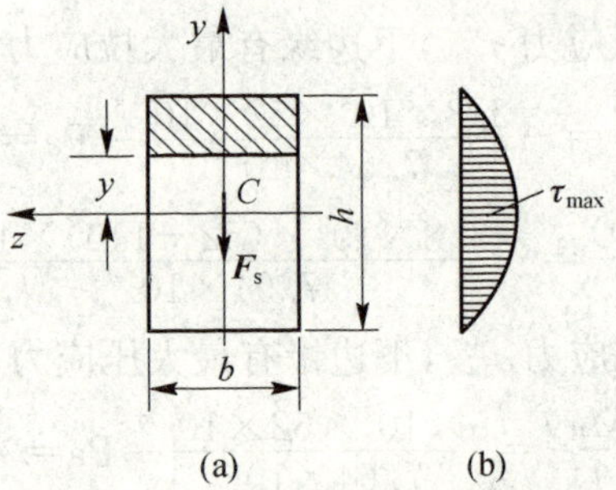

图 2-120 矩形截面上切应力

例 2-27 如图 2-121 所示矩形截面梁，自由端受铅垂载荷 $\boldsymbol{F}$ 作用。试计算梁内的最大弯曲正应力和切应力，并比较其大小。

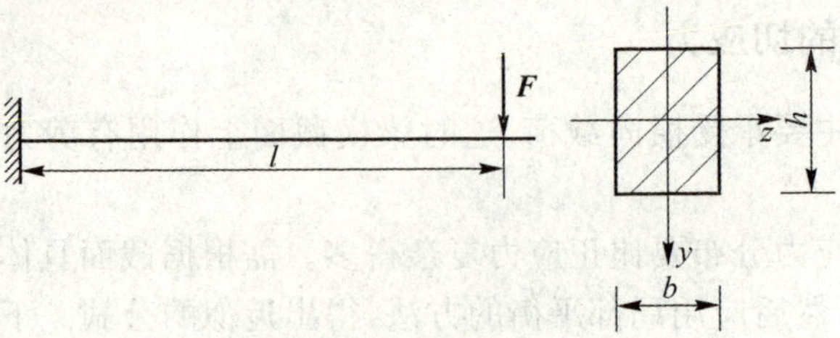

图 2-121 矩形截面梁

解：梁中各截面的剪力均相等，最大弯矩发生在固定端截面处。

$$M_{max} = Fl,\ F_s = -F$$

根据式(2-58)和式(2-61)，梁内的最大弯曲正应力

$$\sigma_{max} = \frac{M}{W_z} = \frac{6Fl}{bh^2}$$

根据式(2-67)，梁内的最大弯曲切应力

$$\tau_{max} = \frac{3F_s}{2A} = \frac{3F}{2bh}$$

最大弯曲正应力与最大弯曲切应力的比值

$$\frac{\sigma_{max}}{\tau_{max}}=4\frac{l}{h}$$

因此，对跨度 l 远大于截面高度 h 的细长梁，梁内的最大弯曲正应力远大于最大弯曲切应力。这个结论对细长的非薄壁梁也是成立的，即最大弯曲正应力与最大弯曲切应力比值的数量级约等于梁的跨高比 $\frac{l}{h}$。

2. 工字形截面梁的弯曲切应力

如图 2-122(a)所示，工字形截面由上、下两翼缘及中间的腹板组成。由于翼缘和腹板都是狭长矩形，因此可以假设：腹板（或翼缘）上各点的切应力都平行于腹板（或翼缘）侧边，且沿厚度均匀分布。根据上述假设，可导出工字形截面梁的弯曲切应力公式

$$\tau=\frac{F_s S_z^*}{\delta I_z} \tag{2-68}$$

式中，δ 为腹板（或翼缘）的厚度(m)；S_z^* 为 y 处横线外侧的横截面（包括腹板和翼缘）(m^2)。容易验证，对腹板上各点，S_z^* 也是关于 y 的二次函数，因此腹板上的弯曲切应力沿腹板高度呈抛物线分布，如图 2-122(b)所示。最大切应力同样发生在中性轴上，其值取决于 $S_{z\max}^*/I_z$，对于工字形钢，该比值可直接由型钢表查得。

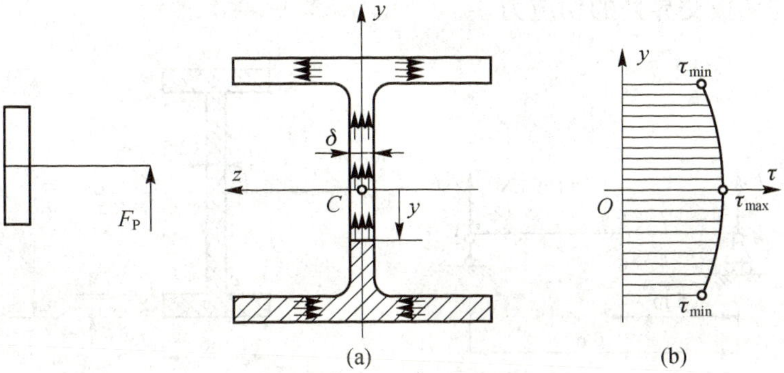

图 2-122 工字形截面切应力

观察图 2-122(b)，腹板上最大切应力和最小切应力相差甚小，当腹板厚度远小于翼缘宽度时，这种现象更为明显。因此，腹板上切应力可近似看成是均匀分布的。

翼缘上的切应力值小于腹板上的切应力。在腹板和翼缘的交接处，切应力分布比较复杂，该处的切应力通常取为按腹板计算的结果，即图 2-122(b)中的 τ_{min}，并以此作为强度校核的依据。

3. 圆形截面的弯曲切应力

弹性理论分析表明，对图 2-123(a)中的圆截面梁，在与中性轴 z 平行的弦线 $m—n$ 上，两端的切应力沿圆周的切线，内部各点的切应力方向并不相同，但是圆截面梁的最大弯曲切应力仍发生在中性轴上，且中性轴上各点的切应力都近似平行于剪力。这样仍可利用式(2-68)计算截面上的最大弯曲切应力

$$\tau_{max}=\frac{F_s S_{z\max}^*}{dI_z}$$

式中，d 为圆截面的直径，$S_{z\max}^{*}$ 为图 2-123(b)中的半圆形截面对中性轴的静矩，其值为

$$S_{z\max}^{*}=\frac{\pi d^{2}}{8}\cdot\frac{3d}{2\pi}=\frac{d^{3}}{12}$$

由此可得到圆截面梁的最大弯曲切应力

$$\tau_{\max}=\frac{F_{s}S_{z\max}^{*}}{dI_{z}}=\frac{4F_{s}}{3A} \tag{2-69}$$

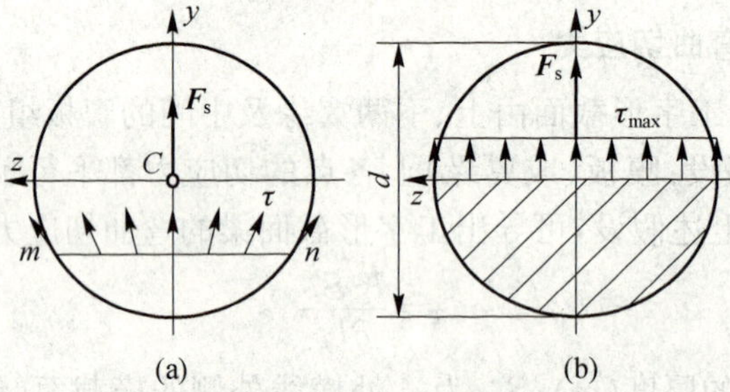

图 2-123　圆截面切应力

与精确解相比，式(2-69)的误差约为 4%。

例 2-28　如图 2-124 所示简支梁用 56a 号工字钢制成，试求此梁的最大切应力和同一截面腹板部分在与翼板交界处的切应力。

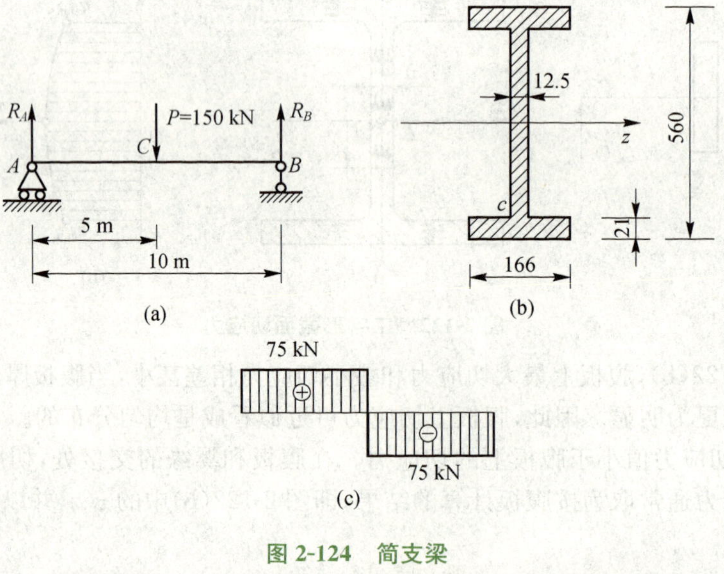

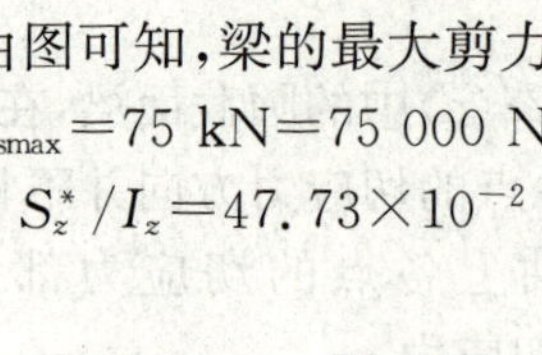

图 2-124　简支梁

解：作剪力图如图 2-124(c)。由图可知，梁的最大剪力出现在 AC 段，其值为

$$F_{s\max}=75\ \text{kN}=75\ 000\ \text{N}$$

利用型钢表查得，56a 号工字钢 $S_{z}^{*}/I_{z}=47.73\times10^{-2}$ m，最大切应力在中性轴上。由此得

$$\tau_{\max}=\frac{F_{s\max}S_{z\max}^{*}}{I_{z}d}=\frac{F_{s\max}}{\dfrac{I_{z}}{S_{z\max}^{*}}\times d}=\frac{75\ 000}{47.73\times10^{-2}\times12.5\times10^{-3}}\ \text{Pa}=12.6\ \text{MPa}$$

以下求该横截面上腹板与翼板交界处 C 的切应力。此时 S_z^* 是翼板面积对中性轴的面积矩(m^2)，由横截面尺寸可计算得

$$S_z^* = 166\times21\times(\frac{560}{2}-\frac{21}{2}) = 939\ 500\ mm^3 = 9.40\times10^{-4}\ m^3$$

由型钢表查得 $I_z = 65\ 866\ cm^4$，腹板与翼板交界处的切应力

$$\tau_C = \frac{75\ 000\times9.40\times10^{-4}}{65\ 866\times10^{-8}\times12.5\times10^{-3}}\ Pa = 8.6\ MPa$$

四、弯曲强度条件及应用

在一般情况下，梁内同时存在弯曲正应力和弯曲切应力，因此需要同时考虑这两种应力的强度条件。

1. 弯曲正应力强度条件

由式(2-58)可知，最大弯曲正应力发生在横截面上离中性轴最远的各点处，而此处的切应力为零或很小。因而可以处理成单向受力状态，建立起弯曲正应力强度条件

$$\sigma_{max} = \frac{M}{W_z} \leqslant [\sigma] \tag{2-70}$$

上述强度条件仅适用于许用拉应力$[\sigma^+]$与许用压应力$[\sigma^-]$相同的材料。如果材料的拉压性能不同，如铸铁等脆性材料，则应按拉伸与压缩分别进行强度校核。

例 2-29 如图 2-125(a)所示简支梁用工字钢制成。若 $F=25\ kN$，$l=6\ m$，$[\sigma]=160\ MPa$。试选择工字钢型号。

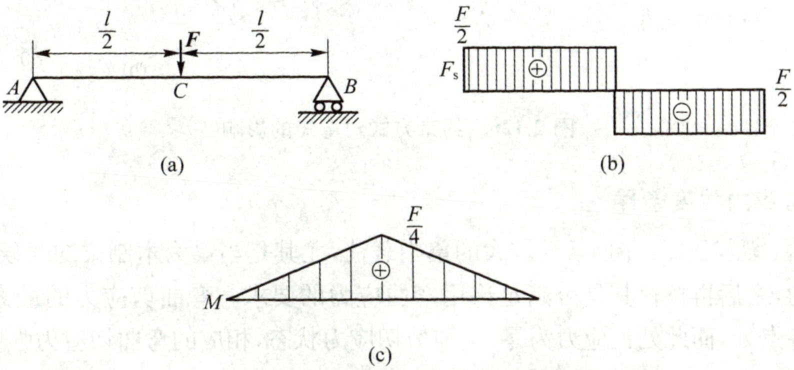

图 2-125 简支梁

解：如图 2-125(b)所示为梁的剪力图，如图 2-125(c)所示为弯矩图。梁内最大弯矩 $M_{max}=0.25Fl$，按正应力条件选择截面

$$\sigma_{max} = \frac{M}{W_z} = \frac{M_{max}}{W_z} \leqslant [\sigma]$$

由此可得截面抗弯模量

$$W_z \geqslant \frac{M_{max}}{[\sigma]} = \frac{0.25\times25\times10^3\times6}{160\times10^6}\ m^3 = 234\ cm^3$$

查型钢表可知，20a 号工字钢的 $W_z = 236\ cm^3$，故选择 20a 号工字钢。

由式(2-70)可知，欲提高梁的强度，应提高截面抗弯模量 W_z 或降低梁中最大弯矩。主要措施有：

(1)选用合理的截面形状。合理的截面形状能够用较小的截面面积而获得较大的截面抗弯模量。为此应尽可能将材料布置在远离中性轴的位置，以获得更大的惯性矩或截面抗弯模量。另外，设计截面形状时，还应考虑材料的特性。例如对抗拉强度低于抗压强度的脆性材料，最好将中性轴设计成偏于截面的受拉区域，使得拉、压应力的最大值同时接近其许用值。

(2)合理安排梁的约束与加载方式。合理安排结构的约束位置和载荷施加方式，能在很大程度上降低最大弯矩值。例如图 2-126(a)所示的承受均布载荷的，梁中最大弯矩值为 $ql^2/8$。若结构允许，将两端的约束各向内移动 $0.2l$，如图 2-126(b)所示，则最大弯矩值为 $ql^2/40$，仅为前者的 1/5。还可以通过改变加载方式，例如，将集中载荷 $F=ql$ 换成分布载荷，以及将梁制成静不定梁，对于提高梁强度都会起到显著作用。

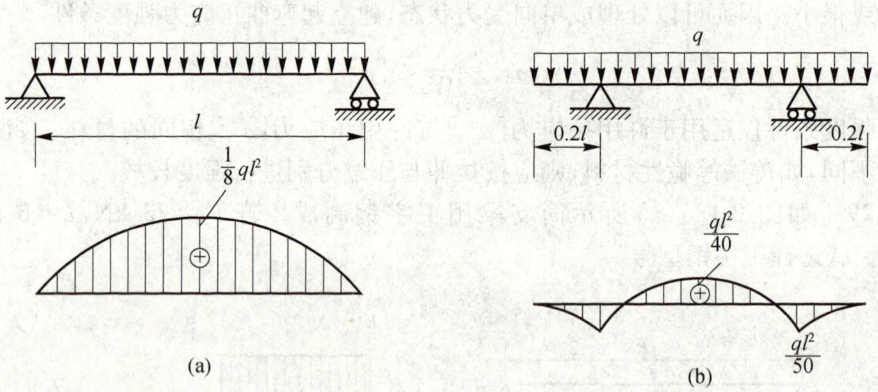

图 2-126　约束方式对弯矩的影响

2. 弯曲剪应力强度条件

一般来说，梁若很短，并且承受较大的集中载荷，尤其是当梁为木制梁的时候，首先需要设计其抗剪能力，之后再校核其是否满足许用弯曲应力的要求。弯曲剪应力的最大值通常发生在中性轴上各点处，而此处正应力为零，是纯剪切应力状态，相应的弯曲切应力强度条件

$$\tau_{\max}=\frac{F_s S_{z\max}^*}{dI_z}\leqslant[\tau] \tag{2-71}$$

式中，$S_{z\max}^*$ 为中性轴一侧截面的静矩(m^2)；d 为矩形截面宽度或工字形截面腹板厚度或圆截面直径。

对细长的非薄壁梁，弯曲正应力是主要因素，通常只需要按弯曲正应力进行强度校核即可；而对短粗梁和薄壁梁，还应考虑弯曲切应力强度条件。还应指出对某些截面上的特定点，如工字形截面梁的腹板和翼缘的交界处，弯曲正应力和弯曲切应力都具有相当大的数值。当梁同时承担多种载荷时也会出现这种情况，而基于单向应力状态建立的强度条件式(2-70)和式(2-71)，将不再适用在正应力和切应力联合作用下的强度问题。

例 2-30　在例 2-29 中，设材料的许用切应力$[\tau]=80$ MPa，试校核例 2-29 中所选定的工字钢的剪切强度。

解:图 2-125(b)是梁的剪力图,梁内最大剪力为 $F_{S,\max}=0.5F$,例 2-29 已根据弯曲正应力强度条件选定 20a 工字钢。

根据型钢表,对 20a 号工字钢

$$I_z/S_{z\max}^*=17.2\ \text{cm},\ d=7\ \text{cm}$$

按弯曲切应力强度条件 20a 号工字钢的剪切强度

$$\tau_{\max}=\frac{F_{s\max}S_{z\max}^*}{I_z d}=\frac{12.5\times10^3}{1.72\times10^{-1}\times7\times10^{-3}}\ \text{Pa}=10.38\ \text{MPa}\leqslant[\tau]$$

可见,选择 20a 号工字钢作梁,将同时满足弯曲正应力和弯曲切应力强度条件。

例 2-31 如图 2-127 所示为一工字形钢梁,钢的许用弯曲应力为$[\sigma]=152$ MPa,许用切应力为$[\tau]=95$ MPa。试选择工字钢的型号。

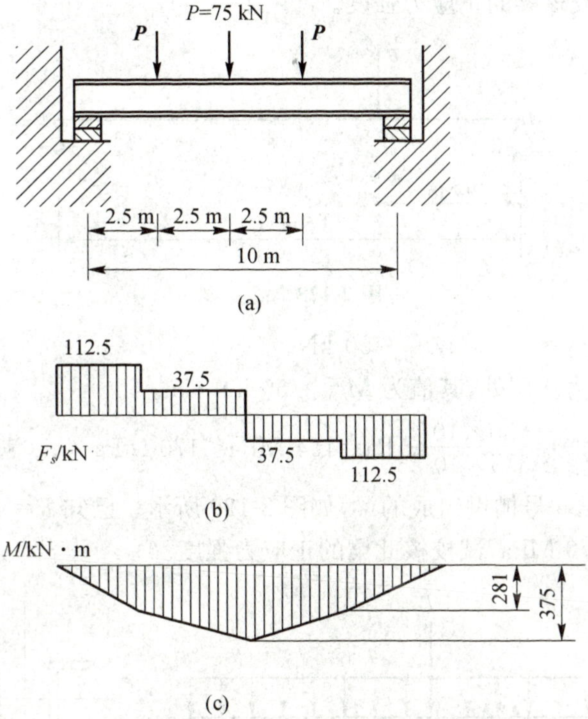

图 2-127 工字形钢梁

解:首先将梁简化为简支梁,作出剪力图如图 2-127(b)所示,弯矩图如图 2-127(c)所示,先按正应力强度条件选择截面,因梁的最大弯矩为

$$M_{\max}=375\ 000\ \text{N}\cdot\text{m}$$

根据 $\sigma_{\max}=\dfrac{M_{\max}}{W_z}\leqslant[\sigma]$,可计算梁截面的截面抗弯模量 W_z,应为

$$W_z=\frac{M_{\max}}{\sigma_{\max}}=\frac{375\ 000}{152\times10^6}\ \text{m}^3=2\ 460\times10^{-6}\ \text{m}^3$$

由型钢表查得最接近这一要求的是 56b 号工字钢,其截面抗弯模量

$$W_z=2\ 447\times10^{-6}\ \text{m}^3$$

由于在规定材料的许用应力时，为材料留有一定的安全裕度，所以只要超出许用应力不是很大（一般5%在之内），选用小一号的截面是允许的，这里56b号工字钢截面模量比所需要的相差不到1%，相应地，最大正应力也不会超出许用应力1%，因此可以采用。

进行切应力强度校核，梁的最大剪力为

$$F_{smax}=112\ 500\ \mathrm{N\cdot m}$$

利用型钢表查得，56b号工字钢的 $I_z/S_z^*=47.17\times10^{-2}$ m，最大切应力为

$$\tau_{max}=\frac{F_{smax}S_{zmax}^*}{I_z d}=\frac{F_{smax}}{\frac{I_z}{S_{zmax}^*}\times d}=\frac{1\ 500\ 000}{47.17\times10^{-2}\times12.5\times10^{-3}}\ \mathrm{Pa}=25.4\ \mathrm{MPa}$$

显然这个最大切应力小于许用切应力，切应力强度条件满足。

例 2-32　简支梁由22b号工字钢制成，受力如图2-128所示，$P=150$ kN，材料的许用应力$[\sigma]=170$ MPa，试校核梁的正应力强度。

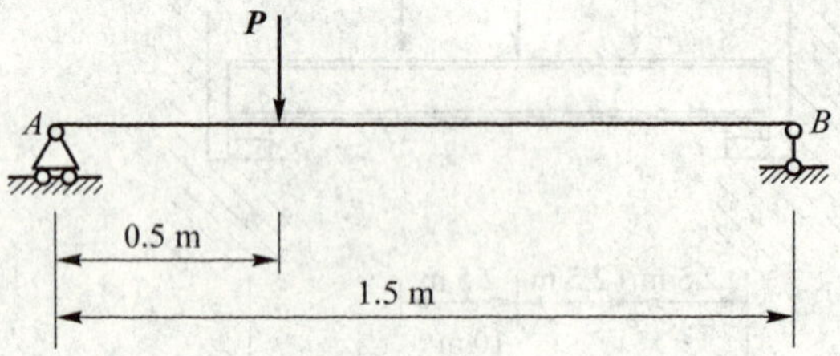

图 2-128　简支梁

解：支座约束力 $F_A=100$ kN，$F_B=50$ kN。

最大弯矩在集中力作用处，其值为 $M_{max}=50$ kN·m。

$$\sigma_{max}=\frac{M_{max}}{W_z}=\frac{50\times10^3}{325\times10^{-6}}\ \mathrm{Pa}=154\ \mathrm{MPa}<170\ \mathrm{MPa}\quad（满足要求）$$

例 2-33　由两根36号槽钢组成的梁，如图2-129所示。已知 $P=44$ kN，$q=1$ kN/m，若钢的许用应力$[\sigma]=170$ MPa，试校核此梁的正应力强度。

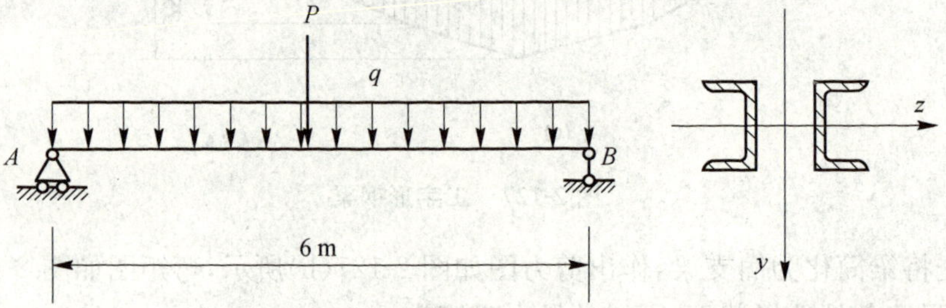

图 2-129　两根36号槽钢组成的梁

解：支座约束力 $F_A=113$ kN$=F_B$。

查表得36号槽钢 $W_z=703\times10^{-6}$ m³，故对于本例中的组合截面，$W_z=2\times703\times10^{-6}=1406\times10^{-6}$ m³

跨中弯矩最大，其值为 $M_{max}=202.5$ kN·m。

$$\sigma_{max}=\frac{M_{max}}{W_z}=\frac{202.5\times10^3}{1046\times10^{-6}}=144.1\ \mathrm{MPa}<170\ \mathrm{MPa}（满足要求）$$

例 2-34 一矩形截面简支梁系由圆柱形木料锯成，如图 2-130 所示，已知 $P=5\ \text{kN}$，$a=1.5\ \text{m}$，$[\sigma]=10\ \text{MPa}$。试确定抗弯截面模量为最大时矩形截面的高宽比 h/b，以及锯成此梁所需木料的最小直径 d。

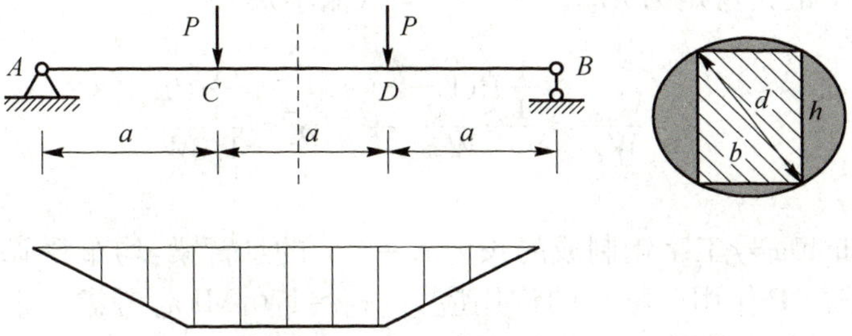

图 2-130 矩形截面简支梁

解：(1)支座约束力。

$$F_A=F_B=P=5\ \text{kN}$$

(2)确定 W_z 最大时的 h/b。由 $\dfrac{\mathrm{d}W_z}{\mathrm{d}b}=0$ 得

$$\frac{1}{6}(h^2-2b^2)=0,\ \frac{h}{b}=\sqrt{2}$$

(3)确定圆木直径 d。

$$M_{\max}=Pa=7.5\ \text{kN}\cdot\text{m}$$

$$\sigma_{\max}=\frac{M_{\max}}{W_z}\leqslant[\sigma]$$

$$W_z\geqslant\frac{M_{\max}}{[\sigma]}$$

$$=\frac{7.5\times10^3\ \text{N}\cdot\text{m}}{10\times10^6\ \text{Pa}}=75\times10^4\ \text{mm}^3$$

$$W_z=\frac{bh^2}{6}=\frac{1}{6}[(\sqrt{2}b)^2\cdot b]=75\times10^4\ \text{mm}^3$$

$$b=131\ \text{mm},\ d^2=h^2+b^2,\ d=227\ \text{mm}。$$

例 2-35 当载荷 $\boldsymbol{P}$ 直接作用在跨长为 $L=6\ \text{m}$ 的简支梁 AB 之中点时，梁内最大正应力超过容许值 30%。为了消除此过载现象，配置了辅助梁 CD，如图 2-131 所示，试求此辅助梁的最小跨长 a。

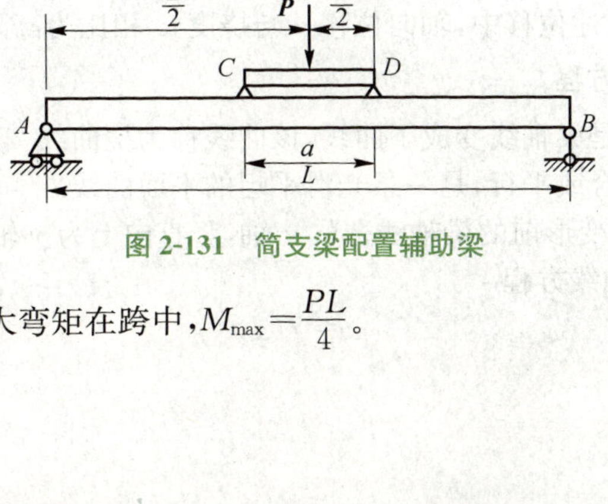

图 2-131 简支梁配置辅助梁

解：不设辅梁时，最大弯矩在跨中，$M_{\max}=\dfrac{PL}{4}$。

最大正应力 $$\sigma=\frac{M_{\max}}{W_z}=\frac{\frac{1}{4}PL}{W_z}=1.3[\sigma]$$

设辅梁时，跨中最大弯矩为 $M_{\max}=\frac{P(L-a)}{4}$（减小）。

最大正应力 $$\sigma=\frac{M_{\max}}{W_z}=\frac{\frac{1}{4}P(L-a)}{W_z}\leqslant[\sigma]=\frac{\frac{1}{4}PL}{1.3W_z}$$

解得 $a\geqslant 1.38$ m。

例 2-36 已知 40a 号工字钢制成的长为 $L=6$ m 的悬臂梁，均布载荷 $q=0.68$ kN/m，在自由端受一集中载荷 $\boldsymbol{P}$ 作用。材料的许用应力 $[\sigma]=170$ MPa，考虑自重对强度的影响，试按正应力强度条件计算此梁的许用载荷。

解：查表得 40a 号工字钢每米的质量为 67.598 kg，$W_z=1\,090\times10^{-6}$ m^3，支座处弯矩最大为 $M_{\max}=\frac{qL^2}{2}+PL$。

由 $$\sigma=\frac{M_{\max}}{W_z}=\leqslant[\sigma]$$

解得 $P\leqslant 28.86$ kN。

例 2-37 一根简支木梁，在全梁长度上受集度为 $q=5$ kN/m 的均布载荷作用。已知跨长 $L=7.5$ m，截面尺寸为宽度 $b=300$ mm，高度 $h=180$ mm，木材的许用切应力为 1 MPa。试校核此梁的切应力强度。

解：(1)支座约束力 $F_A=F_B=18.75$ kN。

(2)最大剪力在支座内侧，$F_s=18.75$ kN。

$$\tau_{\max}=\frac{3F_s}{2A}=0.52\ \text{MPa}<[\tau]$$

五、梁的弯曲变形计算

在解决了梁横截面上应力分布及梁的强度问题之后，现在研究梁的变形。此处主要研究梁在对称弯曲下由弯矩引起的变形。可以证明剪力对细长梁的变形可忽略不计。

梁在弯曲变形后，横截面的位置将发生改变，这种位置的改变称为位移(displacement)。梁的位移包括三部分：(1)横截面形心处的垂直于变形前梁的轴线方向线位移，称为挠度(deflection)，用 w 表示；(2)变形后的横截面相对于变形前位置绕中性轴转过的角度，称为转角(slope)，用 θ 表示；(3)横截面形心沿变形前梁的轴线方向的线位移，称为轴向位移或水平位移(horizontal displacement)，用 u 表示。

在小变形情形下，上述位移中，轴向位移 u 与挠度 w 相比为高阶小量，故通常不予考虑。

1.挠曲线近似微分方程

梁变形的主要特征是梁轴线变成了曲线，该曲线称为挠曲线。在发生对称弯曲时，挠曲线与外力的作用平面重合或平行，是一条光滑平坦的平面曲线。

如图 2-132 所示，沿变形前的梁轴线选取 x 轴，竖直向上为 y 轴。任一截面的挠度 w 是截面位置 x 的函数，挠曲线方程

$$w=f(x) \tag{2-72}$$

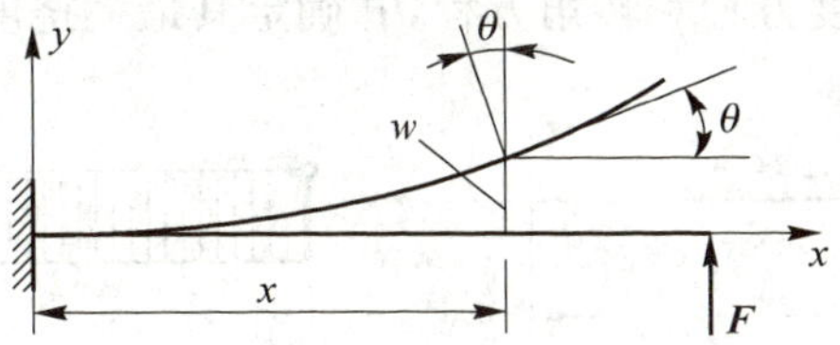

图 2-132　挠度和转角

根据平面假设，横截面变形后仍然保持平面，且仍垂直于变形后的轴线。因此，任一横截面的转角就是该处挠曲线的切线与 x 轴的夹角，以 θ 表示。在小变形假设

$$\theta \approx \tan\theta = \frac{\mathrm{d}f(x)}{\mathrm{d}x} = w'(x) \tag{2-73}$$

式(2-73)就是转角方程。在工程实际中梁的转角一般不会超过 0.017 5 弧度或 1 度，所以式(2-73)完全能满足工程上的要求。

应当指出梁轴线弯成曲线后，在 x 方向也会产生轴向变形。但细长梁在小变形条件下，其轴向变形与挠度相比属于高阶微量，一般可略去不计。

纯弯曲状态下用中性层曲率表示的弯曲变形公式为式(2-56)：

$$\frac{1}{\rho} = \frac{M}{EI_z}$$

如果忽略剪力对变形的影响，上式也适用于一般非纯弯曲。

挠曲线 $w = f(x)$ 的曲率为

$$\frac{1}{\rho} = \frac{w''(x)}{[1+(w'(x))^2]^{1.5}}$$

在小变形条件下，梁的转角 $\theta = w'$ 很小，因此曲率 $1/\rho$ 可近似为

$$\frac{1}{\rho} \approx w''(x) \tag{2-74}$$

将式(2-74)代入式(2-56)，即可得到挠曲线近似微分方程

$$w''(x) = \frac{M}{EI_z} \tag{2-75}$$

式(2-75)适用于在线弹性范围和小变形的条件下的对称弯曲梁。

2. 积分法求挠曲线及转角方程

将挠曲线近似微分方程(2-75)积分，即可得转角方程和挠度方程

$$\theta(x) = \int \frac{M}{EI}\mathrm{d}x + C \tag{2-76}$$

$$w(x) = \int (\int \frac{M}{EI}\mathrm{d}x)\mathrm{d}x + Cx + D \tag{2-77}$$

式(2-76)和式(2-77)中 C、D 为积分常数，可利用梁的位移边界条件来确定。例如，在固定端处，横截面的挠度和转角均为零；在铰链支座处，横截面处的挠度为零。若梁的弯矩方程为分段函数，则应对式(2-75)分段积分，此时将出现多对积分常数。为确定这些常数，除利用位移边界条件外，还应利用相邻梁的交接处挠度和转角的连续性条件。

下面举例说明积分常数的确定以及挠度和转角的计算。

例 2-38　如图 2-133(a)所示一长为 l，抗弯刚度为 EI 的悬臂梁，在自由端受矩为 m 的集

中力偶作用,试求此梁的挠度方程和转角方程,并确定其最大挠度和转角。

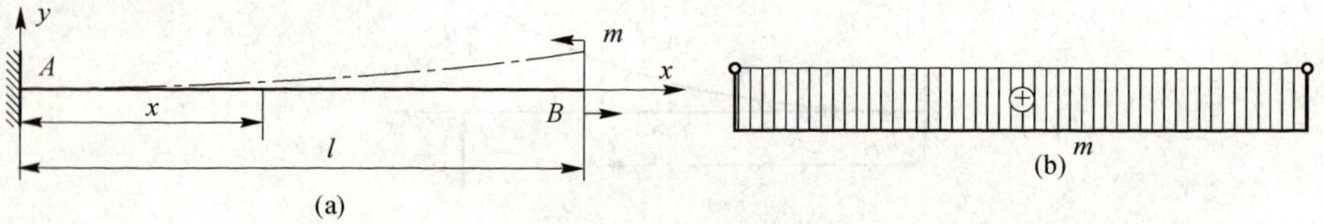

图 2-133　悬壁梁

解: 如图 2-133 建立坐标系,容易得出任意截面上的弯矩

$$M(x)=m$$

代入式(2-75),得挠曲线近似微分方程

$$w''(x)=\frac{m}{EI_z}$$

将上述方程积分,得

$$\theta(x)=w'=\frac{m}{EI}x+C \quad \text{(a)}$$

$$w(x)=\frac{m}{2EI}x^2+Cx+D \quad \text{(b)}$$

如前所述,悬臂梁的位移边界条件是固定端处的挠度和转角都等于零,即 $w(0)=w'(0)=0$。将上述边界条件应用于式(a)和(b),得 $C=0$, $D=0$。

由此得到自由端受集中力偶作用的悬臂梁的转角方程

$$\theta(x)=\frac{m}{EI}x \quad \text{(c)}$$

以及挠曲线方程

$$w(x)=\frac{m}{2EI}x^2 \quad \text{(d)}$$

梁的最大挠度和转角均发生在自由端截面 B(即 $x=l$)处,即

$$\theta_{\max}=\frac{ml}{EI},\ w_{\max}=\frac{ml^2}{2EI}$$

例 2-39　如图 2-134 所示一长为 l 的简支梁,抗弯刚度为 EI,受集中力 $\boldsymbol{F}$ 作用,试确定挠曲线及转角方程。

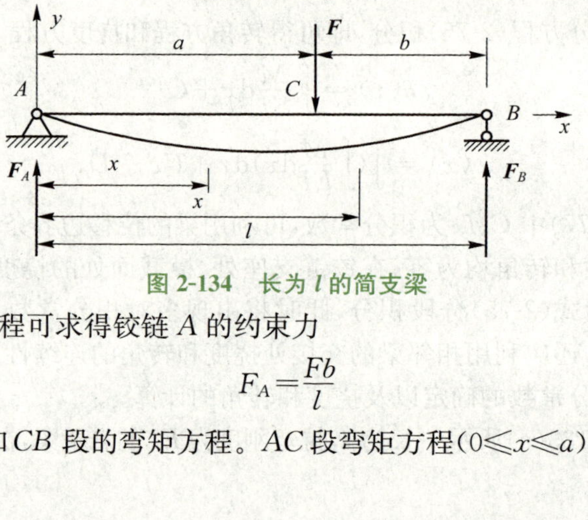

图 2-134　长为 l 的简支梁

解: 由梁的平衡方程可求得铰链 A 的约束力

$$F_A=\frac{Fb}{l}$$

分段列出 AC 段和 CB 段的弯矩方程。AC 段弯矩方程($0\leqslant x\leqslant a$)

$$M_1(x)=\frac{Fb}{l}x$$

CB 段的弯矩方程($a\leqslant x\leqslant l$)

$$M_2(x)=\frac{Fb}{l}x-F(x-a)$$

分别积分后得到 AC 段和 CB 段的转角方程 $\theta_1(x)$、$\theta_2(x)$和挠曲线方程 $w_1(x)$、$w_2(x)$

AC 段($0\leqslant x\leqslant a$)

$$\theta_1(x)=\int\frac{M_1(x)}{EI}\mathrm{d}x=\frac{Fb}{2EIl}x^2+C_1$$

$$w_1(x)=\int\theta_1(x)\mathrm{d}x=\frac{Fb}{6EIl}x^3+C_1x+D_1$$

CB 段($a\leqslant x\leqslant l$)

$$\theta_2(x)=\int\frac{M_2(x)}{EI}\mathrm{d}x=\frac{Fb}{2EIl}x^2-\frac{F}{2EI}(x-a)^2+C_2$$

$$w_1(x)=\int\theta_2(x)\mathrm{d}x=\frac{Fb}{6EIl}x^3-\frac{F}{6EI}(x-a)^3+C_2x+D_2$$

梁在 C 处的转角及挠度连续,即 $x=a$ 时,$\theta_1(a)=\theta_2(a)$,$w_1(a)=w_2(a)$。代入 AC 段和 CB 段的转角及挠曲线方程,有 $C_1=C_2$, $D_1=D_2$。

梁 A、B 两端均为铰链约束,其边界条件为 $w_1(0)=w_2(l)=0$,由此可得到

$$D_1=D_2=0,\ C_1=C_2=-\frac{Fb}{6lEI}(l^2-b^2)$$

由此不难写出 AC 段和 CB 段的转角及挠曲线方程。

AC 段($0\leqslant x\leqslant a$)

$$\theta_1(x)=\frac{Fb}{6EIl}(3x^2-l^2+b^2)$$

$$w_1(x)=\frac{Fbx}{6EIl}(x^2-l^2+b^2)$$

CB 段($a\leqslant x\leqslant l$)

$$\theta_2(x)=\frac{Fb}{2EIl}x^2-\frac{F}{2EI}(x-a)^2-\frac{Fb}{6EIl}(l^2-a^2)$$

$$w_2(x)=\frac{Fa(l-x)}{6EIl}(x^2+a^2-2lx)$$

可以证明,最大挠度发生在 $x_0=\sqrt{\frac{a(a+2b)}{3}}$ 截面处,其值为 $w_{\max}=-\frac{Fb\sqrt{(l^2-b^2)^3}}{9\sqrt{3}EIl}$。当集中力 $\boldsymbol{F}$ 作用在梁中点时,即 $a=b=0.5l$,显然最大挠度发生在中点处

$$w_{max}=-\frac{Fl^3}{48EI}$$

此时最大转角在 A、B 截面处

$$\theta_{max}=-\theta_A=\theta_B=\frac{Fl^2}{26EI}$$

转角 θ_A 为负,表示 A 截面处的转角是顺时针的。w_{max} 为负,表示挠度向下。

对分别受集中力 $\boldsymbol{F}$、集中力偶 M 及均布载荷 q 作用的简支梁或悬臂梁,其挠曲线方程及端截面转角和最大挠度列于表 2-3。

表 2-3 梁在简单载荷作用下的变形

梁的简图	挠曲线方程	端截面转角和最大挠度
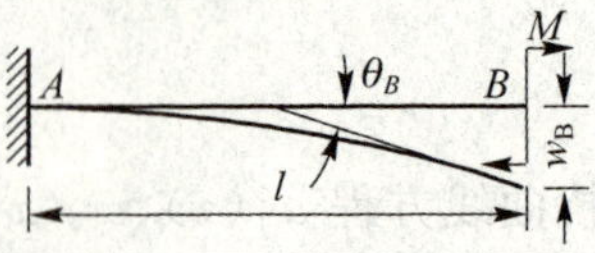	$w=-\frac{Mx^2}{2EI}$	$\theta_B=-\frac{Ml}{EI}$ $w_B=-\frac{Ml^2}{2EI}$
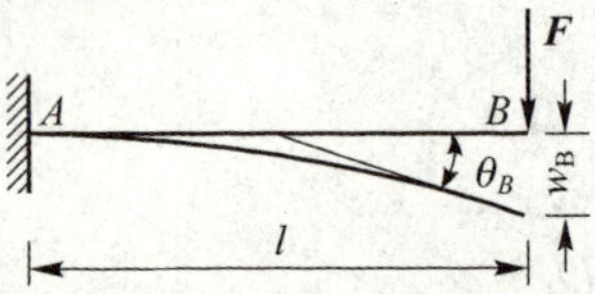	$w=-\frac{Fx^2}{6EI}(3l-x)$	$\theta_B=-\frac{Fl^2}{2EI}$ $w_B=-\frac{Ml^3}{3EI}$
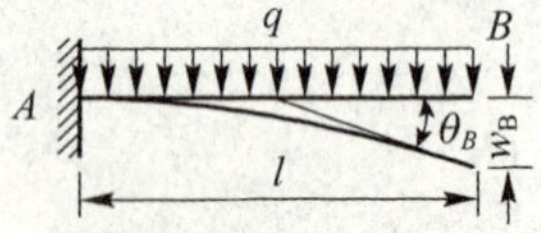	$w=-\frac{qx^2}{24EI}(x^2-4lx+6l^2)$	$\theta_B=-\frac{ql^3}{6EI}$ $w_B=-\frac{ql^4}{8EI}$
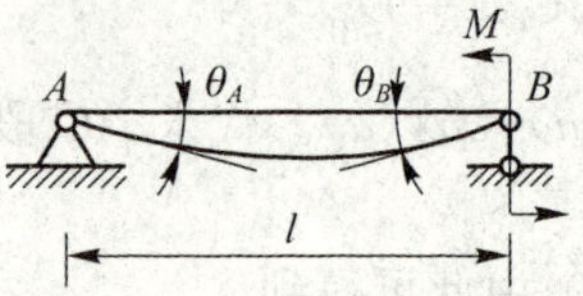	$w=-\frac{Mx}{6EIl}(l^2-x^2)$	$\theta_A=-\frac{Ml}{6EI},\theta_B=-\frac{Ml}{3EI}$ $w_{\max}=\frac{-Ml^2}{9\sqrt{3}EI}(x=\frac{\sqrt{3}}{3}l)$ $w_{l/2}=-\frac{Ml^2}{16EI}$
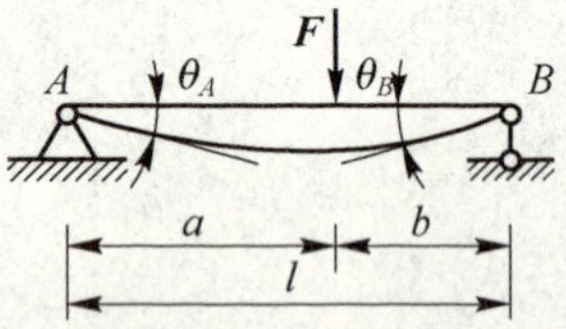	$w=-\frac{Fbx}{6EIl}(l^2-x^2-b^2)$ $(0\leqslant x\leqslant a)$ $w=-\frac{Fb}{6EIl}[\frac{l}{b}(x-a)^3+$ $(l^2-b^2)x-x^3]$ $(a\leqslant x\leqslant l)$	$\theta_A=-\frac{Fab(l+b)}{6EIl}$ $\theta_B=\frac{Fab(l+a)}{6EIl}$ $w_{l/2}=-\frac{Fb(3l^2-4b^2)}{48EI}$ $(a>b)$
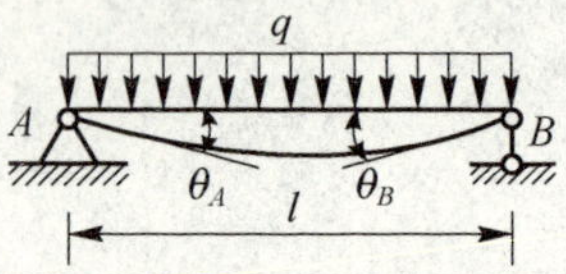	$w=-\frac{qx}{24EI}(l^3-2lx^2+x^3)$	$\theta_A=-\theta_B=-\frac{ql^3}{24EI}$ $w_{\max}=-\frac{5ql^2}{384EI}(x=\frac{l}{2})$

3. 求弯曲变形

微课
应用叠加法求解弯曲变形

在小变形条件下，当梁内应力不超过材料的比例极限时，挠曲线近似微分方程式(2-75)是一个线性微分方程，因此可应用叠加法来求解梁的变形。即梁在几项载荷同时作用下，任一横截面的挠度和转角，等于各载荷单独作用时在该截面处引起的挠度和转角之和。

例 2-40 简支梁抗弯刚度为 EI，受力如图 2-135(a)所示，试用叠加法求截面 A 的转角。

解：在分布载荷 q 单独作用下，截面 A 转角由表 2-3 查得

$$(\theta_A)_q=-\frac{ql^3}{24EI}$$

在集中力偶 M_0 单独作用下，截面 A 转角为

$$(\theta_A)_{M_0}=-\frac{M_0 l}{EI}$$

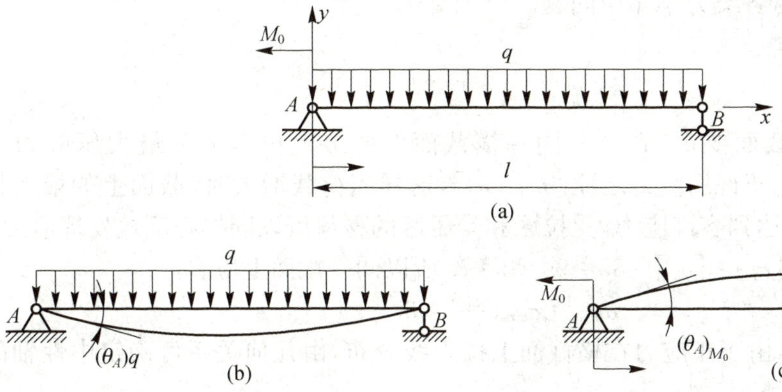

图 2-135　简支梁受力

叠加以上结果，即得到在 q 和 M_0 共同作用下截面 A 的转角

$$\theta_A=(\theta_A)_q+(\theta_A)_{M_0}=-\frac{ql^3}{24EI}+\frac{M_0 l}{EI}$$

例 2-41　如图 2-136(a)所示外伸梁，自由端受集中载荷 $\boldsymbol{F}$ 作用，试求自由端 C 的挠度。已知抗弯刚度 EI 为常数。

解：如图 2-136(b)，可将该梁看作是由简支梁 AB 与固定在横截面 B 的悬臂梁 BC 组成。当简支梁 AB 与悬臂梁 BC 变形时，均在截面 C 引起挠度，而此两挠度的代数和，即为该截面的总挠度 w_C。

将载荷 $\boldsymbol{F}$ 平移到截面 B，得到作用在该截面的集中力 $\boldsymbol{F}$ 与力矩 Fa 的力偶，于是得到截面 B 的转角为

$$\theta_B=-\frac{Fal}{3EI}$$

并由此得截面 C 的相应挠度为

$$w_1=\theta_B a=-\frac{Fla^2}{3EI}$$

如图 2-136(c)，在载荷 $\boldsymbol{F}$ 作用下，悬臂梁 BC 的端点挠度为

$$w_2=-\frac{Fa^3}{3EI}$$

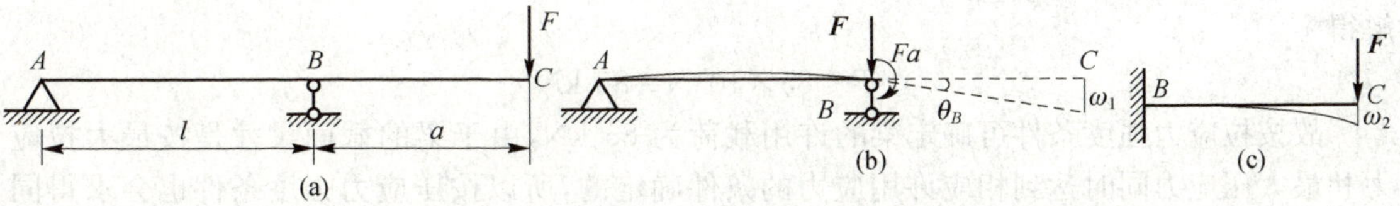

图 2-136　外伸梁

由此可见，截面 C 的总挠度为

$$w_C=w_1+w_2=-\frac{Fa^2}{3EI}(l+a)$$

叠加法不仅可以用来计算梁的位移，也可以用来计算梁的约束力、内力和应力。它不仅可用于梁，也可用于拉(压)杆、轴和其他结构。只要在分析中材料处于小变形下的线弹性状

态，则可应用叠加法计算各类力学相应问题。

任务实施

解：为了达到合理截面要求，必须使同一横截面上的最大拉应力和最大压应力之比 $\sigma_{l\max}/\sigma_{a\max}$ 等于相应的拉、压许用应力之比$[\sigma_l]/[\sigma_a]$，这样当荷载增大时，截面上的最大拉应力和最大压应力将同时达到容许应力，受拉区和受压区的材料可以同样程度地发挥潜力。

根据给定条件可知$[\sigma_l]:[\sigma_a]=30:90=1:3$，所以同一截面上应有

$$\sigma_{l\max}:\sigma_{a\max}=1:3$$

如图 2-96 (c)所示，由于正应力在横截面上按直线分布，由几何关系可确定中性轴的位置 $y_0=210$ mm。

由于中性轴是通过形心的，根据形心计算公式，可建立 y_0 与截面几何尺寸关系式为

$$y_0=\frac{\delta(280-60)\times(\frac{280-60}{2})+60\times220\times(280-\frac{60}{2})}{(280-60)\delta+60\times220}$$

将 $y_0=210$ mm 代入上式可解得 $\delta=24$ mm。

下面确定梁的许用载荷。

首先计算截面惯性矩，由于 T 形截面可划分为两个矩形，由几何关系可求得两矩形形心相对于中性轴位置如图 2-96(c)，利用平行移轴定理可解出

$$I_z=(\frac{24\times220^3}{12}+24\times220\times100^2)+(\frac{220\times60^3}{12}+220\times60\times40^2)=99.18\times10^6\ \text{mm}^4$$

最大弯矩 $M_{\max}$ 出现在跨中，即

$$M_{\max}=\frac{PL}{4}=\frac{P\times2}{4}=0.5P$$

最大拉应力为

$$\sigma_{\max}=\frac{M_{\max}y_{l\max}}{I_z}=\frac{0.5P\times70\times10^{-3}}{99.18\times10^{-6}}=352.9P$$

根据强度条件

$$\sigma_{\max}\leqslant[\sigma_l]$$

故有

$$352.9P\leqslant30\times10^6\ \text{Pa}$$

解得

$$P\leqslant85\times10^3\ \text{N}=85\ \text{kN}$$

故按拉应力强度条件可确定梁的许用载荷为 85 kN，由于梁的截面尺寸是按最大拉应力和最大压应力同时达到相应许用应力的条件确定的，所以按压应力强度条件也会求得同样的许用载荷。

思考与练习

一、判断题

1. 梁的挠曲线近似微分方程为 $EIy=M(x)$。 （ ）

2. 梁上弯矩最大的截面，挠度也最大；弯矩为零的截面，转角为零。（　）

3. 两根几何尺寸、支承条件完全相同的静定梁，只要所受载荷相同，则两梁相对应的截面的挠度及转角相同，而与梁的材料无关。（　）

4. 等截面直梁在弯曲变形时，挠曲线的曲率最大值发生在转角等于零的截面处。（　）

5. 若梁上中间铰链处无集中力偶作用，则中间铰链左右两侧截面的挠度相等，转角不等。（　）

6. 简支梁的抗弯刚度 EI 相同，在梁中间受载荷 $\boldsymbol{F}$ 相同，当梁的跨度增大一倍后，其最大挠度增加四倍。（　）

7. 当一个梁同时受几个力作用时，某截面的挠度和转角就等于每一个力单独作用下该截面的挠度和转角的代数和。（　）

8. 弯矩突变的截面转角也有突变。（　）

二、选择题

1. 梁的挠度是（　）。

A. 横截面上任一点沿梁轴线方向的位移

B. 横截面形心沿梁轴方向的位移

C. 横截面形心沿梁轴方向的横向线位移

D. 横截面形心的位移

2. 在下列关于挠度、转角正负号的概念中，（　）是正确的。

A. 转角的正负值与坐标系有关，挠度的正负值与坐标系无关

B. 转角的正负值与坐标系无关，挠度的正负值与坐标系有关

C. 转角和挠度的正负值均与坐标系有关

D. 转角和挠度的正负值均与坐标系无关

3. 挠曲线近似微分方程在（　）条件下成立。

A. 梁的变形属于小变形　　B. 材料服从胡克定律

C. 挠曲线在 xOy 平面内　　D. 同时满足 A、B、C

4. 等截面直梁在弯曲变形时，挠曲线的最大曲率发生在（　）处。

A. 挠度最大　　B. 转角最大　　C. 剪力最大　　D. 弯矩最大

5. 两简支梁，一根为钢，一根为铜，已知它们的抗弯刚度相同。跨中作用有相同的力 $\boldsymbol{F}$，二者的（　）不同。

A. 支座约束力　　B. 最大正应力　　C. 最大挠度　　D. 最大转角

6. 某悬臂梁其刚度为 EI，跨度为 l，自由端作用有力 $\boldsymbol{F}$。为减小最大挠度，则下列方案中最佳方案是（　）。

A. 梁长改为 $l/2$，惯性矩改为 $l/8$

B. 梁长改为 $3l/4$，惯性矩改为 $l/2$

C. 梁长改为 $5l/4$，惯性矩改为 $3l/2$

D. 梁长改为 $3l/2$，惯性矩改为 $l/4$

7. 已知等截面直梁在某一段上的挠曲线方程为：$y(x)=Ax^2(4lx-6l^2-x^2)$，则该段梁

上(　　)。

A. 无分布载荷作用

B. 有均布载荷作用

C. 分布载荷是 x 的一次函数

D. 分布载荷是 x 的二次函数

8. 如图 2-137 所示结构的变形谐调条件为(　　)。

A. $f_A = f_B$　　B. $f_A + \Delta l = f_B$

C. $f_A + f_B = \Delta l$　　D. $f_A - f_B = \Delta l$

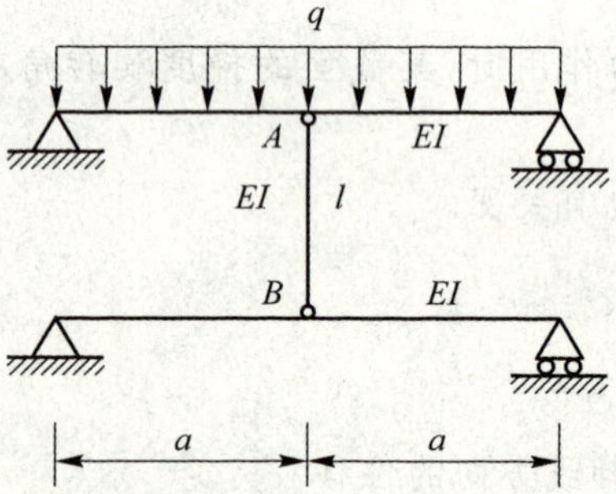

图 2-137　结构变形谐调条件

三、填空题

1. 用积分法求简支梁的挠曲线方程时，若积分需分成两段，则会出现 4 个积分常数，这些积分常数需要用梁的________条件和________条件来确定。

2. 用积分法求如图 2-138 所示梁变形时，边界条件为：________；连续条件为：________。

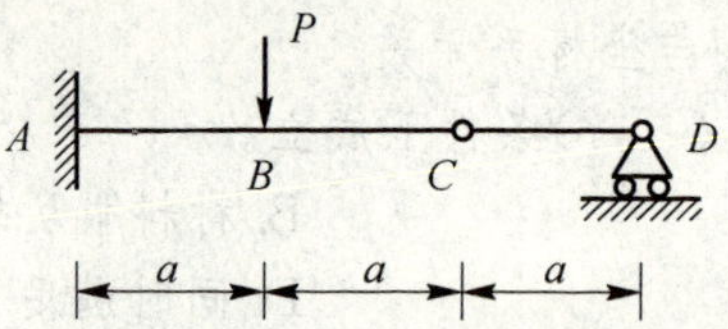

图 2-138　梁变形

3. 如图 2-139 所示的外伸梁，已知 B 截面转角 $\theta_B = \dfrac{Fl^2}{16EI}$，则 C 截面的挠度 $y_C =$________。

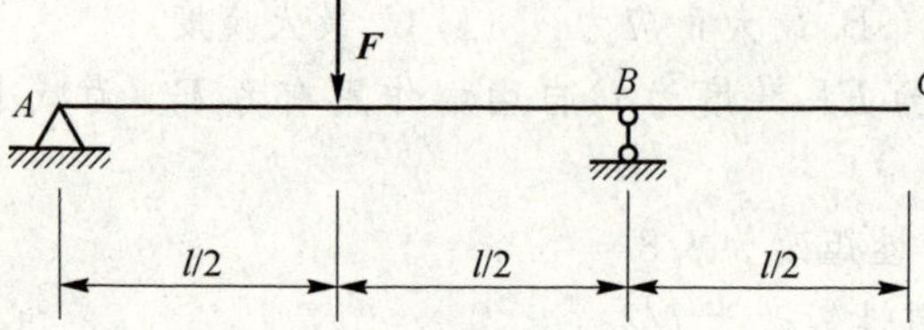

图 2-139　外伸梁挠度

4. 如图 2-140 所示两梁的横截面大小形状均相同，跨度为 l，则两梁的内力图________，两梁的变形________。（填“相同”或“不同”）

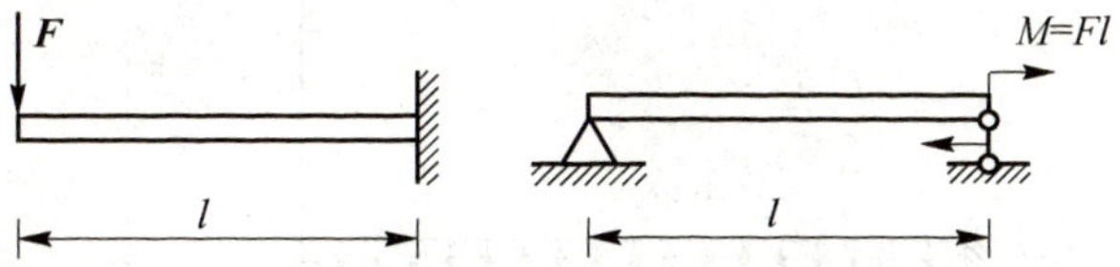

图 2-140 横截面大小相等的两梁

5. 提高梁的刚度措施有________、________等。

四、分析计算题

1. 用积分法求如图 2-141 所示梁 A 截面的挠度和 B 截面的转角。

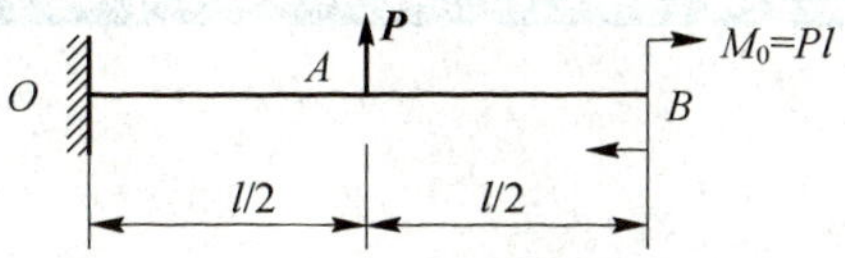

图 2-141 积分法求梁挠度、转角

2. 简支梁受三角形分布载荷作用，如图 2-142 所示。

(1)试导出该梁的挠曲线方程。

(2)确定该梁的最大挠度。

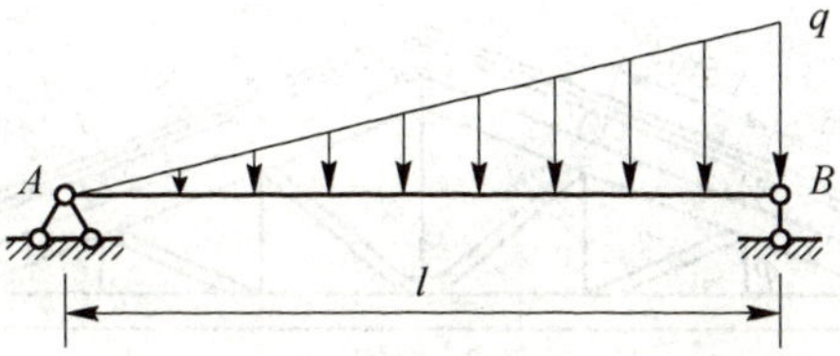

图 2-142 受分布载荷简支梁

3. 如图 2-143 所示桥式起重机的最大载荷 $P=20$ kN，起重机大梁为 32a 号工字钢，$E=210$ GPa，$l=8.76$ cm。规定$[f]=l/500$，试校核梁的刚度。

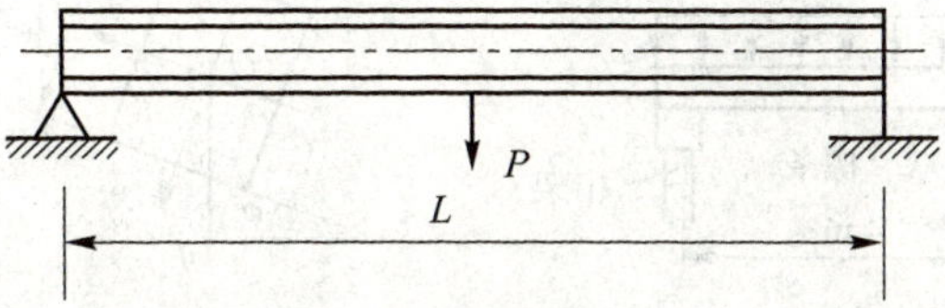

图 2-143 桥式起重机

4. 如图 2-144 所示结构中梁为 16 号工字钢，其右端用钢丝吊起。钢拉杆截面为圆形，$d=10$ cm，$E=200$ GPa。试求梁及拉杆内的最大正应力。

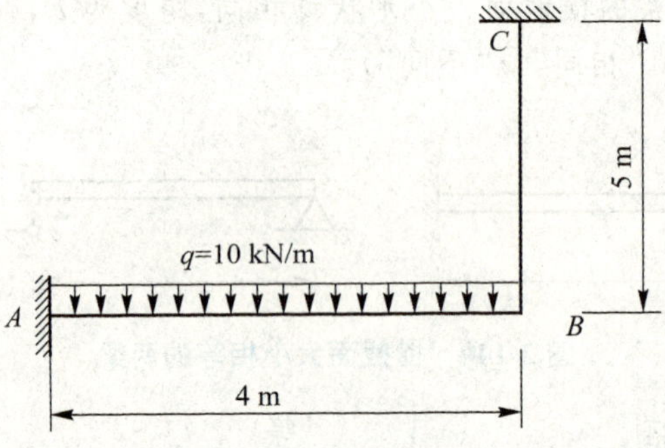

图 2-144　结构中梁

任务五　组合变形的强度计算

任务描述

有一屋桁架结构如图 2-145(a)所示。已知屋面坡度为 1∶2,两桁架之间的距离为 4 m,木檩条的间距为 1.5 m,屋面重(包括檩条)为 1.4 kN/m^2。若木檩条采用 120 mm×180 mm 的矩形截面,所用松木的弹性模量 $E=10$ GPa,许用应力$[\sigma]=10$ MPa,许可挠度$[f]=\dfrac{l}{200}$,试校核木檩条的强度和刚度。

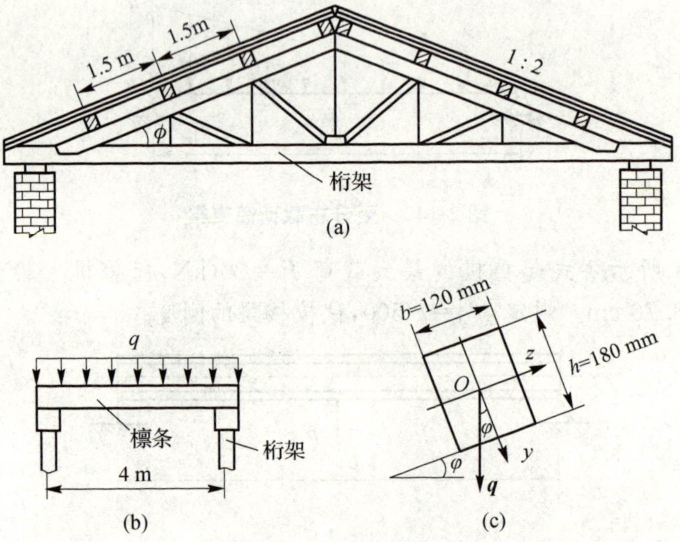

图 2-145　屋桁架结构

任务分析

掌握典型构件斜弯曲变形时的强度计算。

知识准备

一、组合变形和叠加原理的概念

前面分别讨论了杆件在拉伸(或压缩)、剪切、扭转和弯曲(主要是平面弯曲)四种基本变形时的内力、应力及变形计算,建立了相应的强度条件,并讨论了复杂应力状态下的应力分析及强度理论。但在实际工程中杆件的受力有时是很复杂的,如图 2-146 所示的一端固定另一端自由的悬臂杆,若在其自由端截面上作用有一空间的任意力系,我们可以把空间的任意力系沿截面形心主惯性轴 $xOyz$ 简化,得到向 xyz 三坐标轴上投影 $\boldsymbol{P}_x$、$\boldsymbol{P}_y$、$\boldsymbol{P}_z$ 和对 xyz 三坐标轴的力矩 M_x、M_y、M_z。当这六种力(或力矩)中只有某一个作用时,杆件产生基本变形。

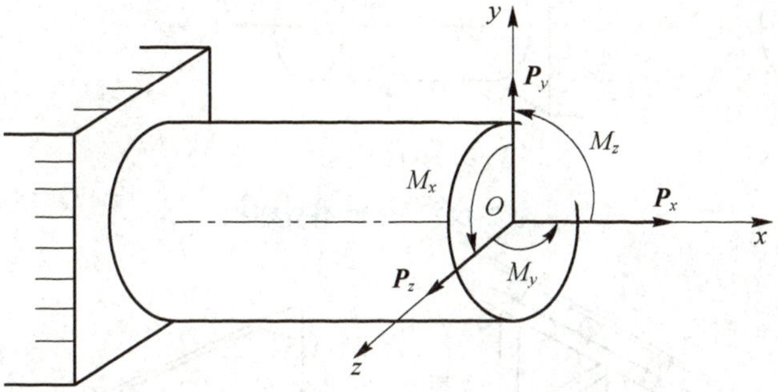

视频
组合变形

图 2-146 杆件的复杂受力

杆件的变形是由两种或两种以上的基本变形的组合时,称为组合变形,例如:

(1)若只有 $\boldsymbol{P}_x$ 和 M_z(或 M_y)作用时,杆件既产生拉伸(或压缩)变形又产生纯弯曲,也可称它为偏心拉伸或压缩,如图 2-147(a)所示。

(2)若只有 M_z 和 M_y 作用时,杆件产生两个互相垂直方向的平面弯曲(纯弯曲)的组合,如图 2-147(b)所示。

(3)若只有 $\boldsymbol{P}_z$ 和 $\boldsymbol{P}_y$ 作用时,杆件也产生两个互相垂直方向的平面弯曲(横力弯曲)的组合,如图 2-147(c)所示。

(4)若只有 $\boldsymbol{P}_y$ 和 M_x 作用时,杆件产生弯曲和扭转的组合,如图 2-147(d)所示。

(5)若有 $\boldsymbol{P}_x$、$\boldsymbol{P}_y$ 和 M_x 三个作用时,杆件产生拉(压)与弯曲和扭转的组合,如图 2-147(e)所示。

组合变形的工程实例是很多的,例如,如图 2-148(a)所示屋架上檩条的变形,是由檩条在 y,z 两方向的平面弯曲变形所组合的斜弯曲;图 2-148(b)所示悬臂吊车,当在横梁 AB 跨中的任一点处起吊重物时,梁 AB 中不仅有弯矩作用,而且还有轴向压力作用,从而使梁处在压缩和弯曲的组合变形情况下;图 2-148(c)所示的空心桥墩受偏心力 $\boldsymbol{P}$ 作用,图 2-148(d)所示的厂房支柱受偏心力 $\boldsymbol{P}_1$、$\boldsymbol{P}_2$ 作用,都会发生压缩和弯曲的组合变形;图 2-148(e)所示的卷扬机机轴,在力 $\boldsymbol{P}$ 作用下,则会发生弯曲和扭转的组合变形。

在弹性力学中,小变形假设指物体在外力作用下产生的变形与其本身几何尺寸相比很小,可以不考虑因变形而引起的尺寸变化。在小变形假设和胡克定律有效的情况下可根据叠加原理来处理杆件的组合变形问题。即首先将杆件的变形分解为基本变形，然后分别考虑杆件在每一种基本变形情况下所发生的应力、应变或位移，最后再将它们叠加起来，即可得到杆件在组合变形情况下所发生的应力、应变或位移。

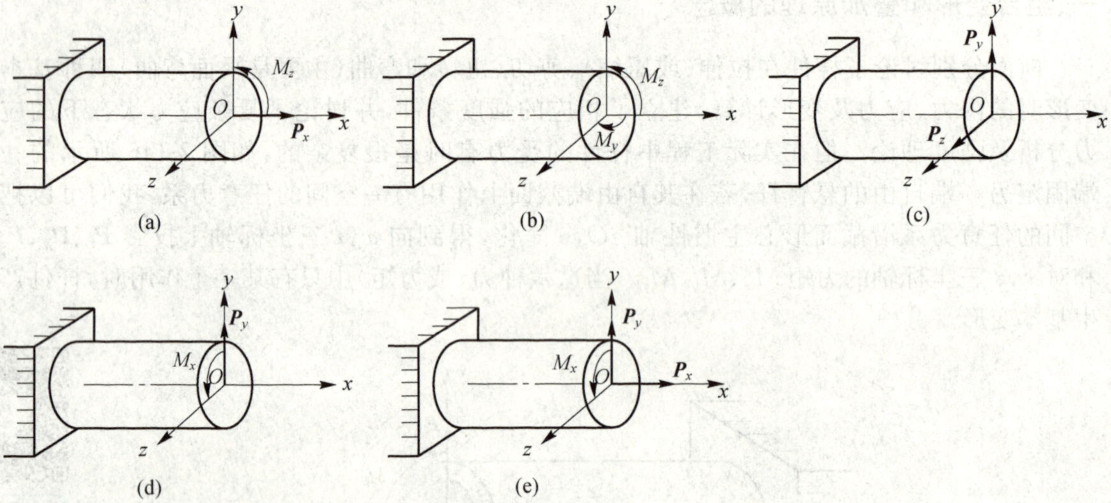

图 2-147　几种组合变形

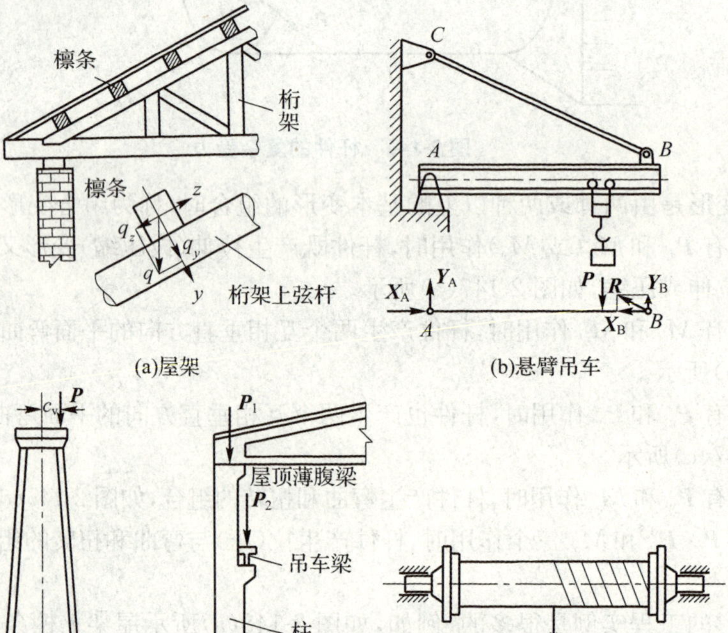

图 2-148　组合变形的实例

为了便于读者研究杆件的组合变形问题，表 2-4 列出了杆件在四种基本变形情况下的外力、内力、应力和变形的计算公式以及强度条件，作为前面内容的小结。

表 2-4　杆件在四种基本变形情况下的外力、内力、应力和变形的计算公式以及强度条件

基本变形类型	拉伸(压缩)	剪　切	扭　转	弯　曲	
受力特点		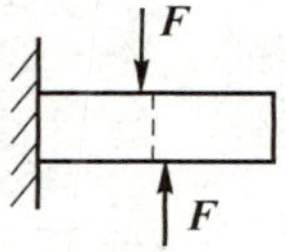	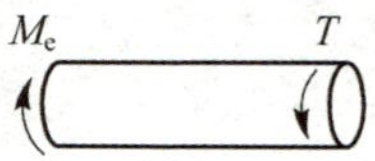	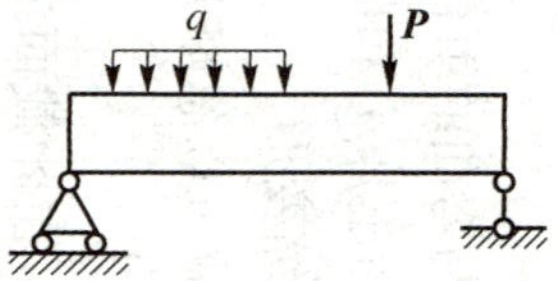	
横截面内力	F_N(轴力)	F_s(剪力)	T(扭矩)	M(弯矩)	F_s(剪力)
横截面上的应力分布情况	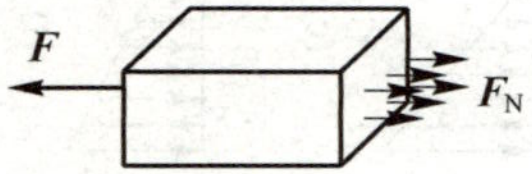 (均布)	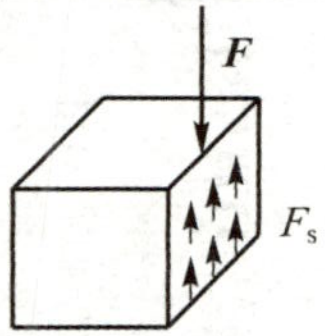 (假设均布)	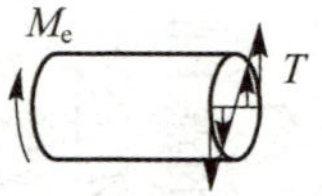 (线性分布)	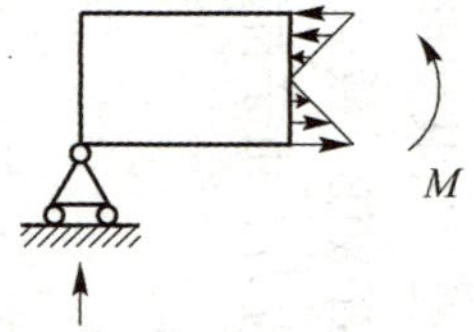 (线性分布)	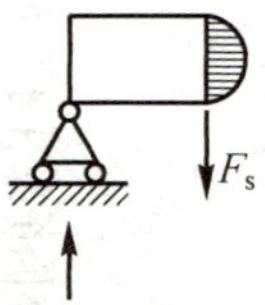 (抛物线分布)
应力计算公式	$\sigma=\frac{F_N}{A}$	$\tau=\frac{F_s}{A}$	$\tau_p=\frac{T\rho}{I_p}$	$\sigma=-\frac{My}{I_z}$	$\tau=\frac{F_s S_z^*}{\delta I_z}$
变形计算公式	$\Delta l=\frac{F_N l}{EA}$	—	$\varphi=\frac{Tl}{GI_p}$	$\theta=\frac{\mathrm{d}f(x)}{\mathrm{d}x}=-\int\frac{M}{EI}\mathrm{d}x+C$ $y=-\int(\int\frac{1}{EI}dx)dx+Cx+D$	
危险截面上最大应力计算公式	$\sigma_{\max}=\frac{F_{N\max}}{A}$	—	$\tau_{\max}=\frac{T_{\max}}{W_p}$	$\sigma_{\max}=\frac{M}{W_z}$	$\tau_{\max}=\frac{F_{s\max}S_{z\max}^*}{\delta I_z}$
强度条件	$\sigma_{\max}=\frac{F_{N\max}}{A}\leqslant[\sigma]$	$\tau=\frac{F_s}{A}\leqslant[\tau]$	$\tau_{\max}=\frac{T_{\max}}{W_p}\leqslant[\tau]$	$\sigma_{\max}=\frac{M}{W_z}\leqslant[\sigma]$	$\tau_{\max}=\frac{F_{s\max}S_{z\max}^*}{\delta I_z}\leqslant[\tau]$

本任务将着重介绍工程实际中遇到较多的三种组合变形问题，即拉伸或压缩与弯曲的组合(包括偏心拉伸或压缩)，扭转与弯曲的组合，斜弯曲的组合。

二、拉压和弯曲组合变形

若作用在杆上的外力除轴向力外，还有横向力，则杆将发生拉伸或压缩与弯曲的组合变形。

如图 2-149(a)、(b)所示的矩形等截面石墩。它同时受到水平方向的土压力和竖直方向的自重作用。显然土压力会使它发生弯曲变形，而自重则会使它发生压缩变形。

因石墩的横截面积 A 和惯性矩 I 都比较大，在受力后其变形很小，故可以忽略其压缩变形和弯曲变形间的相互影响，并根据叠加原理求得石墩任一截面上的应力。

现研究距墩顶端的距离为 x 的任意截面上的应力。由于自重作用，在此截面上将引起均匀分布的压应力

$$\sigma_N=\frac{N(x)}{A}$$

由于土压力的作用，在同一截面上离中性轴 Oz 的距离为 y 的任一点处的弯曲应力

$$\sigma_q=\frac{M(x)y}{I_z}$$

根据叠加原理，在此截面上离中性轴的距离为 y 的点上的总应力

$$\sigma=\sigma_N+\sigma_q=\frac{N(x)}{A}+\frac{M(x)y}{I_z}$$

应用上式时注意将 $N(x)$、$M(x)$、y 的大小和正负号同时代入。

石墩横截面上应力 σ_N、σ_q 和 σ 的分布情况一般如图 2-149(c)、(d)、(e)所示。由于土压力和自重大小的不同，总应力 σ 的分布也可能有如图 2-149(f)或(g)所示的情况。

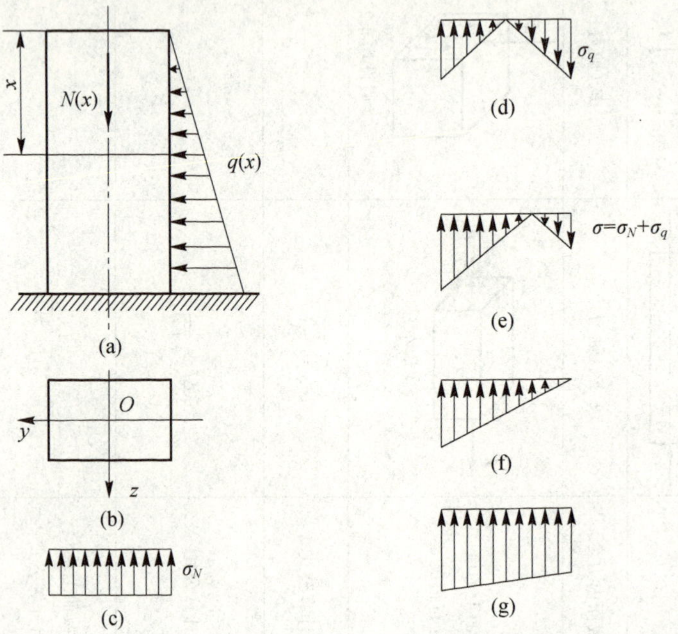

图 2-149　在自重和土压力作用下的石墩

石墩的最大正应力 σ_{max} 及最小正应力 σ_{min}，都发生在最大弯矩 M_{max} 及最大轴力 N_{max} 所在

的截面上离中性轴最远处。故石墩的强度条件为

$$\sigma_{max}=\left|\frac{N_{max}}{A}+\frac{M_{max}}{W_z}\right|\leqslant[\sigma] \tag{2-78}$$

式中，$W_z=\dfrac{I_z}{y_{max}}$是石墩矩形横截面对 z 轴的抗弯截面模量。

上面以石墩为例介绍了杆在拉伸或压缩与弯曲组合变形情况下的应力计算。也可用同样方法求解其他类似情况的问题。

例 2-42 如图 2-150(a)所示为三角形托架，杆 AB 为一工字钢。已知作用在点 B 处的集中荷载 $P=8$ kN，型钢的许用应力$[\sigma]=100$ MPa，试选择杆 AB 的工字钢型号。

解：(1)计算杆 AB 的内力，并作内力图，杆 AB 的受力图如图 2-150(b)所示。

$$\sum M_A=0, Y_C\times 2.5-8\times 4=0$$

求得 $Y_C=12.8$ kN(↑)。而 $X_C=Y_C\tan 30°=22.17$ kN。

作出杆 AB 的弯矩图和轴力图分别如图 2-150(c)、(d)所示。

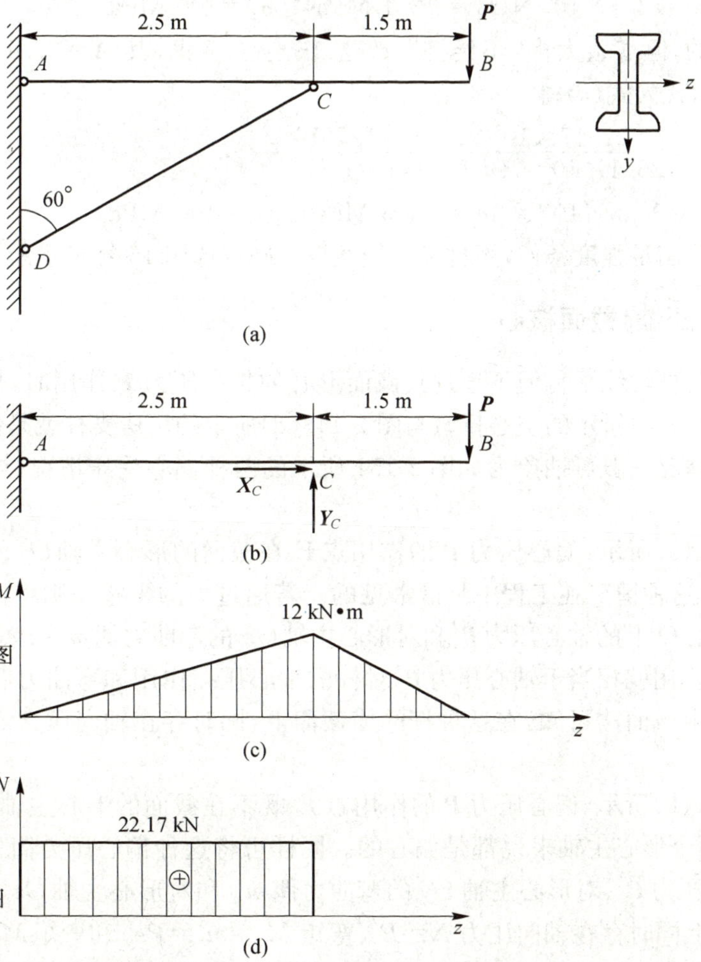

图 2-150 三角形托架

(2)从内力图上可看出最大弯矩(绝对值)及最大轴力均发生在截面 C 上，$M_{max}=$

12.8 kN·m，N_{max}=22.17 kN。

(3)计算最大正应力。

根据叠加原理，杆 AB 在截面 C 上的最大拉应力

$$\sigma_{max}=\frac{N_{max}}{A}+\frac{M_{max}}{W_z}$$
$$=\frac{22.17\times10^3}{A}+\frac{12\times10^3}{W_z} \quad \text{(a)}$$

式中，A 为杆 AB 横截面的面积(m^2)；W_z 为相应的抗弯截面模量(m^3)。

(4)选择工字钢的型号。

因式(a)中的 A 和 W_z 均为未知，故需采用试算法。首先选用 18 号工字钢，由型钢表可查得 $A=30.8\times102\ mm^2$，$W_z=185\times103\ mm^3$，代入式(a)得

$$\sigma=\frac{22.17\times10^3}{30.8\times10^2\times10^{-6}}+\frac{12\times10^3}{185\times10^3\times10^{-9}}$$
$$=72.1\times10^6\ N/m^2=72.1\ MPa<[\sigma]=100\ MPa$$

强度是够的，但富余太多，不经济。改选 16 号工字钢，其 $A=26.1\times102\ mm^2$，$W_z=141\times103\ mm^3$，代入式(a)得

$$\sigma=\frac{22.17\times10^3}{26.1\times10^2\times10^{-6}}+\frac{12\times10^3}{141\times10^3\times10^{-9}}$$
$$=93.6\times10^6\ N/m^2=93.6\ MPa<[\sigma]=100\ MPa$$

这样就既能满足强度条件，用材又比较经济。确定选用 16 号工字钢。

三、偏心拉伸(压缩)截面核心

当杆受到与杆轴线平行但不通过其截面形心的集中压力 $\boldsymbol{P}$ 作用时，杆处在偏心压缩的情况下。图 2-148(c)所示的空心桥墩与图 2-148(d)所示的厂房支柱就是偏心受压杆。偏心受压杆的受力情况一般可抽象为如图 2-151 所示的两种偏心受压情况(当 $\boldsymbol{P}$ 向上时为偏心受拉)。

如图 2-151(a)所示，偏心压力 $\boldsymbol{P}$ 的作用点 E 在截面的形心主轴 Oy 上，即它只在轴 Oy 的方向上偏心，这种情况在工程中是最常见的。若通过力的平移规则将偏心压力 $\boldsymbol{P}$ 简化为作用在截面形心 O 上的轴心压力 $\boldsymbol{P}'$ 和对形心主轴 Oz 的弯曲力偶 $m=Pe$(e 为偏心距)，偏心压力 $\boldsymbol{P}$ 对杆的作用就相当于轴心压力 $\boldsymbol{P}'$ 对杆的轴心压缩作用和弯曲力偶 m 对杆的纯弯曲作用的组合。由截面法可知，在这种杆的横截面上，同时存在轴向压力 $N=P$ 和弯矩 $M=m=Pe$。

如图 2-151(b)所示，偏心压力 $\boldsymbol{P}$ 的作用点 E 既不在截面的形心主轴 Oy 上，也不在 Oz 上，即它对于两个形心主轴来说都是偏心的。同样可将这种偏心压力简化为作用在截面形心 O 上的轴心压力 $\boldsymbol{P}'$、对形心主轴 Oy 的弯曲力偶 m_y 和对形心主轴 Oz 的弯曲力偶 m_z，故在杆的横截面上同时存在轴向压力 $N=P'$、弯矩 $M_z=m_z=Pe_y$ 和弯矩 $M_y=m_y=Pe_z$。

从上面的分析可见，杆的偏心压缩相当于杆的轴心压缩和弯曲的组合。

因为在偏心受压杆中，出现的正应力主要是压应力，为了计算上的方便，对正应力正负号的规定作如下的改变，即令压应力的符号为正，拉应力的符号为负。

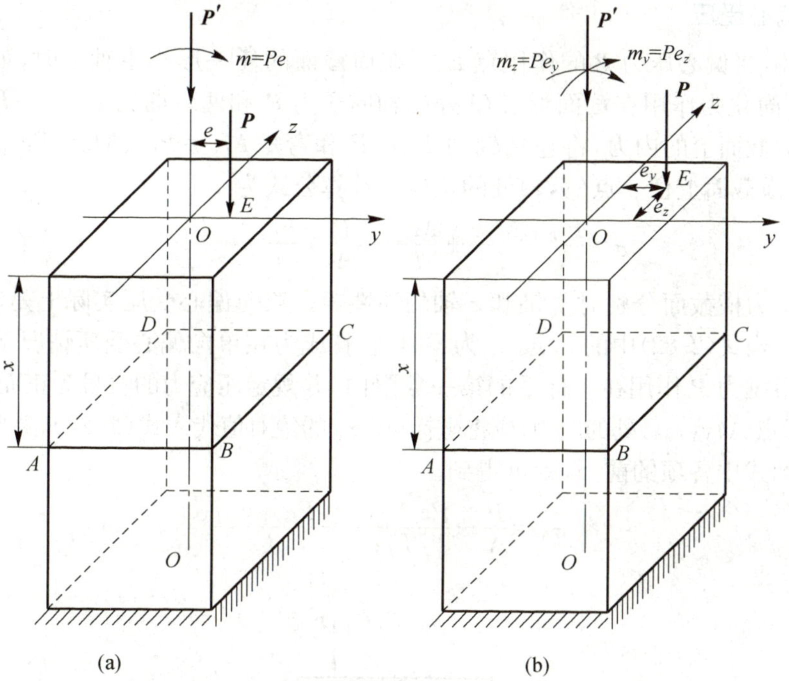

图 2-151　偏心受压的两种情况

1. 单向偏心受压

图 2-151(a)所示的情况也称为单向偏心受压。因压力 **P** 的作用线平行于杆轴线，故在杆的各横截面上有同样的轴力 $\boldsymbol{F}_N$ 和同样的弯矩 M。根据叠加原理，可求得杆任一横截面上任一点处的正应力

$$\sigma=\frac{F_N}{A}\pm\frac{My}{I_z} \tag{2-79}$$

在应用式(2-79)时，对第二项前的正负号一般可根据弯矩 M 的转向凭直观来选定，即当 M 对计算点处引起的正应力为压应力时取正号，为拉应力时取负号。但应注意在这种情况下，M 和 y 都只要代入它们的绝对值。

最大正应力和最小正应力分别发生在截面的两个边缘上，其计算公式为

$$\sigma_{\min}^{\max}=\frac{F_N}{A}\pm\frac{M}{W} \tag{2-80}$$

式中，A 为杆的横截面面积(m^2)；W 为相应的抗弯截面模量(m^3)。

对图 2-151(a)所示的矩形截面偏心受压杆，从偏心力 **P** 所在的位置可以看出，在任一横截面上，最大的正应力发生在边缘 BC 上。在边缘 AD 上则根据 N 和 M 的不同大小，可能发生最小的压应力、最大的拉应力或在该处的应力等于零。若将矩形截面的面积 $A=bh$，抗弯截面模量 $W_z=\frac{bh^2}{6}$ 和截面上的弯矩 $M=Ne$ 代入式(2-80)，即可将其改写为

$$\sigma_{\min}^{\max}=\frac{F_N}{bh}\pm\frac{6Ne}{bh^2}=\frac{F_N}{bh}\left(1\pm\frac{6e}{h}\right) \tag{2-81}$$

2. 双向偏心受压

如上所述，当偏心压力 $\boldsymbol{P}$ 的作用点 E 不在横截面的任一形心主轴上时，如图 2-151(b)所示，力 $\boldsymbol{P}$ 可简化为作用在截面形心 O 处的轴向压力 $\boldsymbol{P}$ 和两弯曲力偶 $m_y=Pe_z$，$m_z=Pe_y$。故在杆任一横截面上的内力，将包括轴力 $F_N=P$ 和弯矩 $M_y=Pe_z$、$M_z=Pe_y$。根据叠加原理，可得到杆横截面上任一点(y,z)处的正应力计算公式为

$$\sigma=\frac{F_N}{A}+\frac{M_yz}{I_y}+\frac{M_zy}{I_z}=\frac{P}{A}+\frac{Pe_zz}{I_y}+\frac{Pe_yy}{I_z} \tag{2-82}$$

式中，I_y 和 I_z 为横截面分别对 y 轴和 z 轴的惯性矩。双向偏心受压实际上是轴心受压与斜弯曲的叠加。当式(2-82)中的 e_z 或 e_y 为零时，它就成为在单向偏心受压情况下的式(2-79)。式(2-82)是根据力 $\boldsymbol{P}$ 作用在坐标系的第一象限内，并规定压应力的符号为正而导出的。求如图 2-152 所示点 $A(y_A,z_A)$处的应力，应将坐标 y_A、z_A 的绝对值代入式(2-82)，并将 y_A、z_A 所带的正负号提到式中各项的前面，则可得到

$$\sigma_A=\frac{P}{A}-\frac{Pe_z|z_A|}{I_y}+\frac{Pe_y|y_A|}{I_z}$$

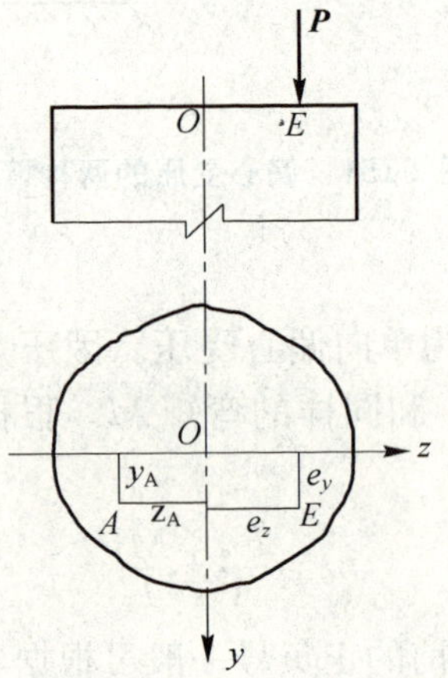

图 2-152 双向偏心受压

一般说来，每一种内力在截面上某一点处产生的应力的正负号，是可从图上直接判断出来的。例如由图 2-152 不难看出，轴心压力 $\boldsymbol{P}$ 会使点 A 处产生压应力，对 z 轴的弯矩 M_z 会使点 A 处产生压应力，对 y 轴的弯矩 M_y 则会使点 A 处产生拉应力，这与上式中各项所有的正负号是一致的。故在应用式(2-82)时，经常用到的办法是，只将 F_N、M_y、M_z、y、z 等的绝对值代入，至于每一项前应有的正负号，则可用上述直接判断的方法来确定。

为了进行强度计算，我们需要求出在截面上所产生的最大正应力和最小正应力，为此需先确定出中性轴的位置。同样，根据中性轴的概念可将 $\sigma=0$ 代入式(2-82)，求得中性轴的方程为

$$\frac{P}{A}+\frac{Pe_zz}{I_y}+\frac{Pe_yy}{I_z}=0$$

定义 $r_y=\sqrt{\frac{I_y}{A}}$，$r_z=\sqrt{\frac{I_z}{A}}$ 分别为图形对于 y 轴和 z 轴的惯性半径，则 $I_y=Ar_y^2$，$I_z=Ar_z^2$，将其代入，上式可改写为

$$1+\frac{e_z z}{r_y^2}+\frac{e_y y}{r_z^2}=0 \tag{2-83}$$

式(2-83)这个方程是一直线方程，故中性轴为一直线，如图 2-153 所示的直线 $n-n$。由式(2-83)还可看出，坐标 y 和 z 不能同时为零，故中性轴不通过截面的形心。至于中性轴是在截面之内还是在截面之外，则与力 $\boldsymbol{P}$ 的作用点 E 的位置(e_y，e_z)有关。将 $z=0$ 和 $y=0$ 分别代入式(2-83)，即可求得中性轴与轴 y 和轴 z 的截距 a_y、a_z 如下

$$\left.\begin{aligned} a_y&=-\frac{r_z^2}{e_y} \\ a_z&=-\frac{r_y^2}{e_z}\end{aligned}\right\} \tag{2-84}$$

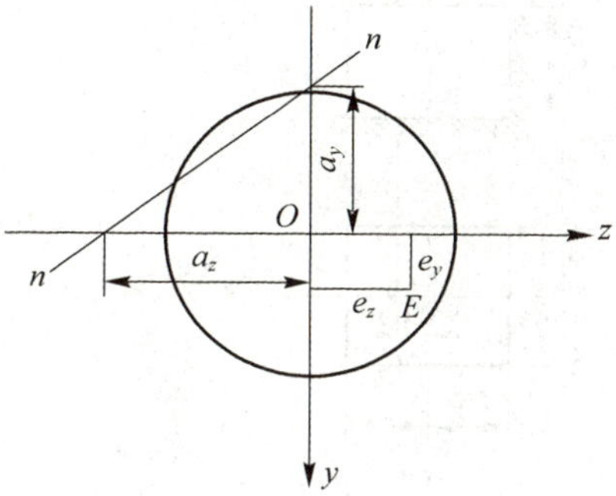

图 2-153 中性轴的位置

由式(2-84)可以看出，e_y、e_z 愈小时，a_y、a_z 就愈大，即力 $\boldsymbol{P}$ 的作用点愈向截面形心靠近，截面的中性轴就离截面形心愈远，甚至会移到截面以外去。中性轴不在截面上面，则意味着在整个截面上只有压应力作用。

例 2-43 起重能力为 80 kN 的起重机，安装在混凝土基础上，如图 2-154 所示。起重机支架的轴线通过基础的中心。已知起重机的自重为 180 kN(荷载 $\boldsymbol{P}$ 及平衡锤 Q 的重量不包括在内)，其作用线通过基础底面的轴 Oz，且有偏心距 $e=0.6$ m。若矩形基础的短边长为 3 m，问：(1)其长边的尺寸 a 应为多少才能使基础上不产生拉应力。(2)在所选的 a 值之下，基础底面上的最大压应力等于多少？(已知混凝土的密度 $\rho=2.243\times10^3\ \text{kg/m}^3$。)

解：(1)将有关各力向基础的中心简化，得到轴向压力

$$\begin{aligned} P&=50+80+180+2.4\times3\times a\times2.243\times9.81 \\ &=(310+158.4a)\ \text{kN}\end{aligned}$$

对主轴 Oy 的力矩为

$$M=-50\times4+180\times0.6+80\times8=548\ \text{kN}\cdot\text{m}$$

要使基础上不产生拉应力，必须使式(2-80)中的 $\sigma_{\min}=\dfrac{F_N}{A}-\dfrac{M}{W}=0$，将 $F_N=P$，$A=3a$，M 和 $W=\dfrac{3a^2}{6}$ 代入，可得

$$\sigma_{\min}=\frac{310+158.4a}{3a}-\frac{548}{\frac{3a^2}{6}}=0$$

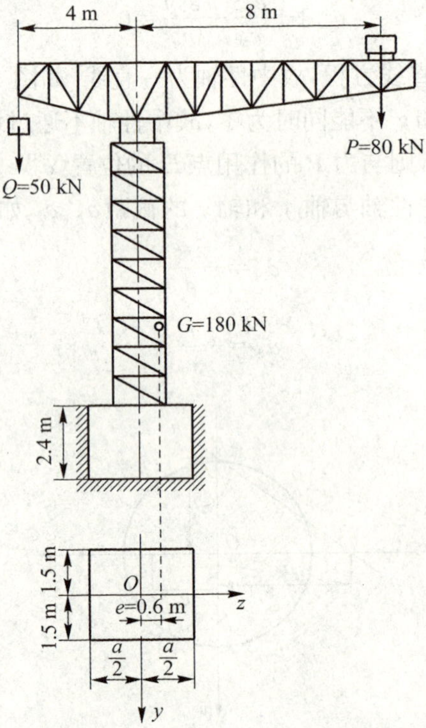

图 2-154 起重机安装在混凝土基础上

从而解得 $a=3.68$ m，取 $a=3.7$ m。

(2)在基础底面上产生的最大压应力可以由式(2-80)求得

$$\sigma_{\max}=\frac{F_N}{A}+\frac{M}{W}=\frac{310+158.4\times3.7a}{3\times3.7}+\frac{548}{\frac{3\times3.7^2}{6}}$$

$$=161\ \text{kN/m}^2=0.161\ \text{MPa}$$

公式(2-80)也可推广用于由其他形式载荷使构件同时受到压缩或拉伸和弯曲作用的情况，下面举例说明。

例 2-44 某水库溢洪道的浆砌块石挡土墙如图 2-155 所示(墙高与基宽的比例尺未画成一致)，通常是取单位长度(1 m)的挡土墙来进行计算。已知墙的自重 $G=G_1+G_2$，$G_1=72$ kN 的作用线到横截面 BC 的形心 O 的距离为 $x_1=0.8$ m，$G_2=77$ kN 的作用线到点 O 的距离为 $x_2=0.03$ m。在横截面 BC 以上的土壤作用在墙面上的总土压力 $F=95$ kN，其作用线与水平面的夹角 $\theta=42°$，其在墙面上的作用点 D 到点 O 的水平距离和竖直距离分别为 $x_0=0.43$ m 和 $y_0=1.67$ m，砌体的许用压应力为 3.5 MPa，许用拉应力为 0.14 MPa。要求计算出作用在截面 BC 上点 B 和点 C 处的正应力并进行强度校核。

解：(1)土压力 F 的水平分力和竖直分力分别为

$$F_x=F\cos\theta=95\times\cos 42°=70.6\ \text{kN}$$

$$F_y=F\sin\theta=95\times\sin 42°=63.6\ \text{kN}$$

作用在横截面 BC 上的全部竖直压力为

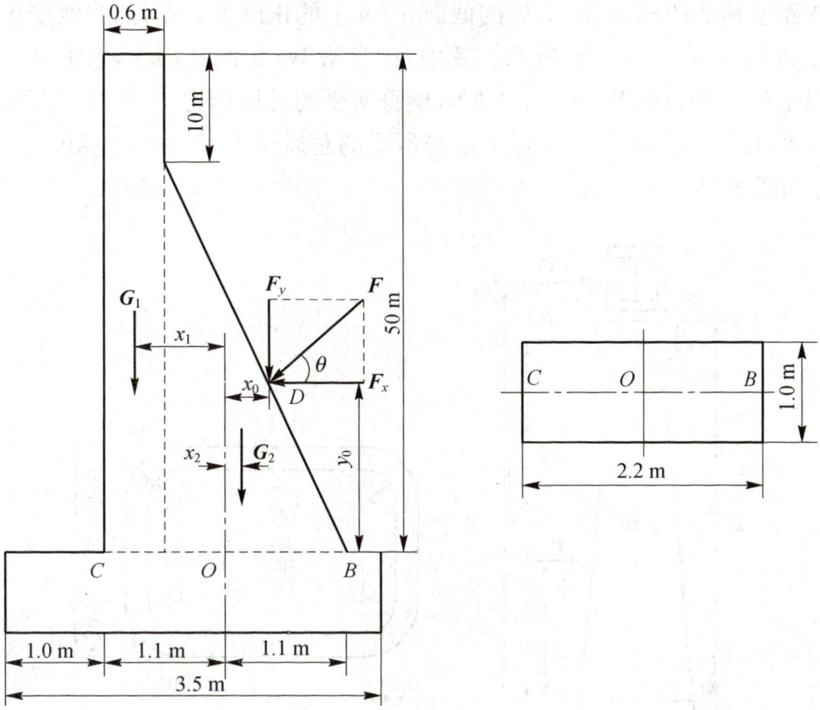

图 2-155 某水库溢洪道的浆砌块石挡土墙

$$F_N = G_1 + G_2 + F_y = 212.6 \text{ kN}$$

各力对横截面 BC 的形心 O 的总力矩

$$\begin{aligned} M &= G_1 x_1 - G_2 x_2 + F_x y_0 - F_y x_0 \\ &= 72 \times 0.8 - 77 \times 0.03 + 70.6 \times 1.67 - 63.6 \times 0.43 \\ &= 145.8 \text{ kN} \end{aligned}$$

横截面 BC 的面积（按 1 m 长的挡土墙计算）$A = 2.2 \text{ m}^2$，其抗弯截面模量

$$\begin{aligned} W &= \frac{bh^2}{6} = \frac{1 \times 2.2^2}{6} \\ &= 0.807 \text{ m}^3 \end{aligned}$$

(2)由式(2-80)可求得点 C 处的正应力

$$\begin{aligned} \sigma_C &= \frac{F_N}{A} + \frac{M}{W} = \frac{212.6}{2.2} + \frac{145.8}{0.807} \\ &= 278 \text{ kN/m}^2 = 0.278 \text{ MPa}(\text{压应力}) < [\sigma]_{\text{压}} = 3.5 \text{ MPa} \end{aligned}$$

点 B 处的正应力

$$\begin{aligned} \sigma_B &= \frac{F_N}{A} - \frac{M}{W} = 97 - 181 = -84 \text{ kN/m}^2 \\ &= -0.08 \text{ MPa}(\text{拉应力}) < [\sigma]_{\text{拉}} = 0.14 \text{ MPa} \end{aligned}$$

故截面 BC 满足强度要求。

例 2-45 图 2-156(a)表示某渡槽工程中混凝土空心墩的构造简图。试计算当渡槽正常工作时，在距墩顶的距离为 20 m 处的截面 n—n 上的正应力。已知：当渡槽正常工作时，作用在空心墩上的载荷如图 2-156(a)所示。其中，槽身重 $W_1=2\ 143$ kN，水重 $W_2=2\ 400$ kN，截面 n—n 以上的墩身自重 $W_3=2\ 431$ kN，槽身所受的总风压力 $P_1=95.7$ kN，墩帽所受的总风压力 $P_2=11.7$ kN，截面 n—n 以上墩身所受的总风压力 $P_3=47.3$ kN。空心墩的截面 n—n 的尺寸如图 2-156(b)所示。

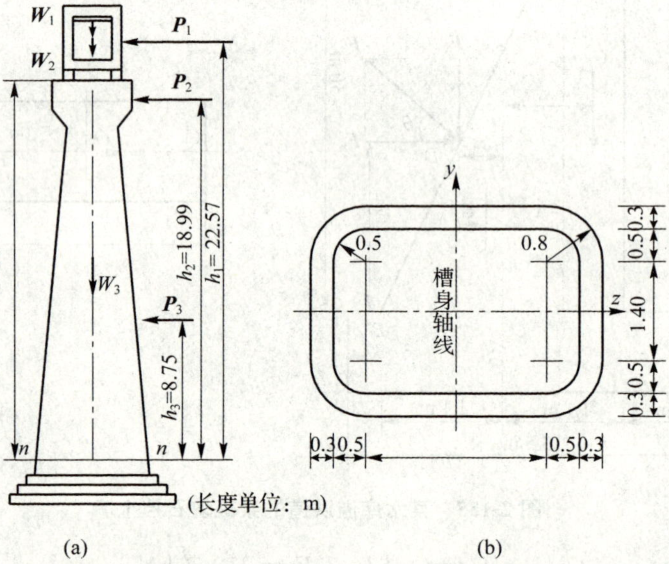

图 2-156 某渡槽工程中混凝土空心墩的构造简图

解：由图 2-156(a)可以看出，槽身重、水重及墩身自重等将在截面 n—n 上产生轴心压力，而风载荷 $\boldsymbol{P}_1$、$\boldsymbol{P}_2$、$\boldsymbol{P}_3$ 等将在截面 n—n 上产生对 y 轴的弯曲力矩。

(1)截面 n—n 上的内力计算。

轴力

$$F_N=W_1+W_2+W_3=6\ 974\ \text{kN}$$

弯矩

$$M=P_1h_1+P_2h_2+P_3h_3=95.7\times22.57+11.7\times18.99+47.3\times8.75=2\ 796\ \text{kN}\cdot\text{m}$$

(2)截面 n—n 的几何性质计算。

$$A=2\times(3.08\times0.3+1.40\times0.3)+4\times\frac{1}{4}\pi(0.8^2-0.5^2)=3.91\ \text{m}^2$$

$$I_y=\frac{1.4\times4.68^3}{12}-\frac{1.4\times4.08^3}{12}+2\times\frac{0.3\times3.08^3}{12}+4I'=5.50+4I'$$

式中的 I' 是截面 n—n 的一个角上的圆弧形面积对截面主轴 y—y 的惯性矩，如图 2-157 所示，可以算出

$$I'=\int_0^{\pi/2}t(R\sin\theta+a)^2R\mathrm{d}\theta=\frac{\pi R^3t}{4}+2aR^2t+\frac{\pi}{2}a^2Rt$$

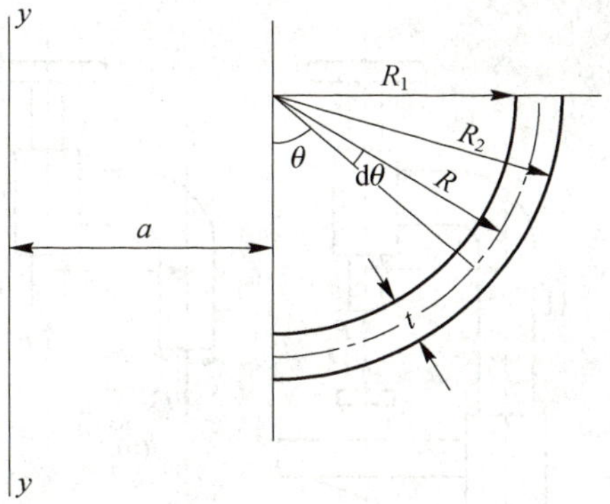

图 2-157　求圆弧形面积对 y—y 轴的惯性矩

将 $R=\dfrac{R_1+R_2}{2}=\dfrac{0.5+0.8}{2}=0.65$ m，$a=1.54$ m，$t=0.3$ m 代入可得

$$I'=\frac{\pi\times0.65^3\times0.3}{4}+2\times1.54\times0.65^2\times0.3+\frac{\pi\times1.54^2}{2}\times0.65\times0.3=1.181\ \mathrm{m^4}$$

故得到

$$I_y=5.50+4\times1.181=10.22\ \mathrm{m^4}$$

$$W_y=\frac{I_y}{|z|}=\frac{10.22}{2.34}=4.37\ \mathrm{m^3}$$

(3)截面 n—n 上的正应力计算。

$$\sigma_{\substack{\max\\\min}}=\frac{F_N}{A}\pm\frac{M}{W}=\frac{6\ 974}{3.91}\pm\frac{2\ 796}{4.37}$$

$$=1\ 784\pm640=\begin{matrix}2\ 424\\ \\1\ 144\end{matrix}\ \mathrm{kN/m^2}$$

$$=\begin{matrix}2.42\\ \\1.14\end{matrix}\ \mathrm{MPa}(\text{都是压应力})$$

例 2-46　如图 2-158 所示的钻床，当它工作时，钻孔进刀力 $P=2$ kN。已知力 $\boldsymbol{P}$ 的作用线与立柱轴线间的距离为 $e=180$ mm，立柱的横截面为外径 $D=40$ mm，内径 $d=30$ mm 的空心圆，材料的许用应力$[\sigma]=100$ MPa，试校核此钻床立柱的强度。

微课
例 2-46 讲解

解：对于钻床立柱来说，外力 $\boldsymbol{P}$ 是偏心的拉力。它将使立柱受到偏心拉伸，立柱任一横截面上产生的内力如图 2-158(b)所示。

轴力

$$F_N=P=2\ \mathrm{kN}=2\ 000\ \mathrm{N}$$

弯矩

$$M=Pe=2\ 000\times0.18=360\ \mathrm{N\cdot m}$$

因轴向拉力 $\boldsymbol{F}_N$ 与弯矩 M 都会使横截面的内侧边缘的点 a 处产生拉应力，并使该处的拉应力最大，应对其进行强度校核。

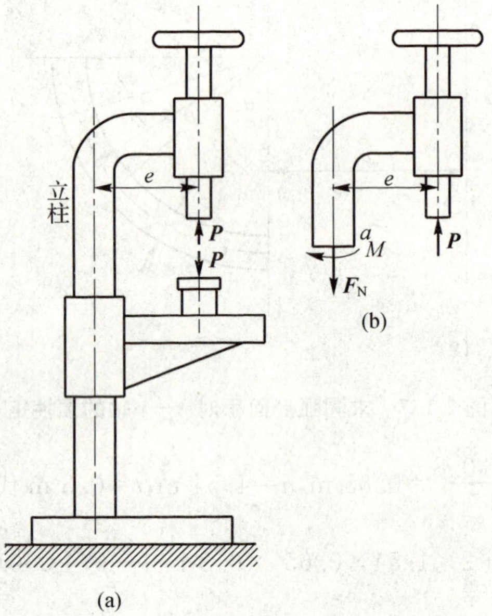

图 2-158 钻床

$$\sigma_a=\sigma_{\max}=\left|\frac{F_N}{A}+\frac{M}{W}\right|$$
$$=\frac{2\,000}{\frac{\pi}{4}(40^2-30^2)\times10^{-6}}+\frac{2\,000\times0.18}{\frac{\pi}{32}\times40^3\times[1-(\frac{30}{40})^3]\times10^{-9}}$$
$$=5.1\times10^6+83.8\times10^6$$
$$=88.9\ \text{MPa}<[\sigma]=100\ \text{MPa}$$

所以满足强度要求。

3. 截面核心

采用使偏心压力 $\boldsymbol{P}$ 向截面形心靠近(即减小偏心距 e_y,e_z)的办法,可使杆横截面上的正应力全部为压应力而不是拉应力。当偏心压力作用在截面的某个范围以内时,中性轴的位置将在截面以外或与截面周边相切,这样在整个截面上就只会产生压应力。通常把截面上的这个范围称为截面核心。

在工程实际中,砖、石、混凝土一类的建筑材料,其承压能力比抗拉能力要强得多,故在设计由这类材料制成的构件时,应充分发挥材料的抗压能力,在构件的横截面上最好不要出现拉应力,或使拉应力控制在许可的范围以内,以避免出现拉裂破坏。这就要用到截面核心的概念。

如图 2-159 所示为一任意形状的截面。要求其截面核心时,首先应选择通过截面形心的主轴 Oy 与 Oz 为坐标轴,然后过截面周边上的任意一点 F' 作与周边相切的中性轴 f—f,并求出它在两坐标轴上的截距 a_y 和 a_z,将 a_y 与 a_z 代入式(2-84)求得 e_y 和 e_z,它们就是与中性轴 f—f 相对应的偏心压力作用点 F 的坐标。按照同样的方法,由与截面周边相切的一系列中性轴,可求得一系列偏心压力作用点,将这些点按顺序连接起来得出的闭合图形

(如图 2-159 中阴影部分)即为我们要求的截面核心。

在确定多边形的截面核心时,会遇到中性轴必须绕一定点(如图 2-159 中的点 B)转动的情况,它与力作用点在一直线上的移动相对应。

将定点 B 的坐标 y_B 与 z_B 代入中性轴方程式(2-83)可以得到

$$e_y=-\frac{r_z^2}{y_B}-\frac{r_z^2 z_B}{r_y^2 y_B}e_z$$

因截面的形状不变,其 A、I_y、I_z 均为定值,故上式中的 r_y、r_z 也都是常数,e_y、e_z 间的关系是线性关系。如图 2-159 所示,与过点 B 的三条中性轴 1—1、2—2、3—3 分别对应的力的作用点 1、2、3 必定在一条直线上。

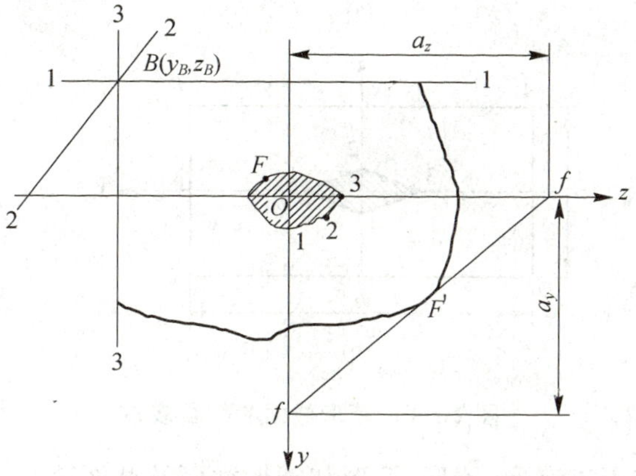

图 2-159　任一形状的截面

对边长为 b 和 h 的矩形截面,如图 2-160(a)所示,其截面核心可用如下的简单方法确定。设偏心荷载 $\boldsymbol{P}$ 作用在形心主轴 Oy 上的点 F_1 处时,与其相应的中性轴恰与 AD 边重合,运用公式(2-81),并令 $\sigma=\frac{N}{bh}\left(1-\frac{6e}{h}\right)=0$,即可得出 $e_y=\frac{h}{6}$;再设偏心荷载 $\boldsymbol{P}$ 作用在形心主轴 Oy 上的点 F_3 处时,与其相应的中性轴恰与 BC 边重合,令 $\sigma=\frac{N}{bh}\left(1+\frac{6e}{h}\right)=0$,即可得出 $e_y=-\frac{h}{6}$。根据 e_y 的这两个值,可在截面的形心主轴 Oy 上描出点 1 和 3,如图 2-160(b)所示。同样设偏心荷载 $\boldsymbol{P}$ 作用在另一形心主轴 Oz 上,且中性轴与 CD 边或 AB 边重合,可得到 $e_z=\pm\frac{b}{6}$,从而又可在截面的形心主轴 Oz 上描出点 2 和 4。用直线将 1、2、3、4 顺序相连,所形成的菱形(图 2-160(b)中阴影部分)即为矩形截面的截面核心。从图 2-160(b)可以看出,$e=\frac{h}{6}\left(\text{或}\frac{b}{6}\right)$表示偏心压力 $\boldsymbol{P}$ 正作用在矩形截面宽度 h(或 b)的三分点处。可得到这样的结论,当偏心压力作用在矩形截面任一形心主轴的中间三分点以内时,在截面上即不会出现拉应力。这个三分点的概念,对于设计砖、石、混凝土等材料结构来说是非常重要的。

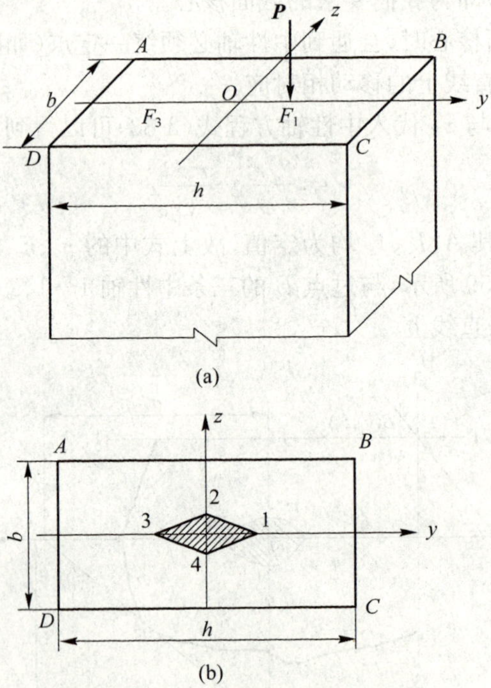

图 2-160　矩形截面的截面核心

在图 2-161 中画出了工字形、墙形、T 形和圆形截面的截面核心。

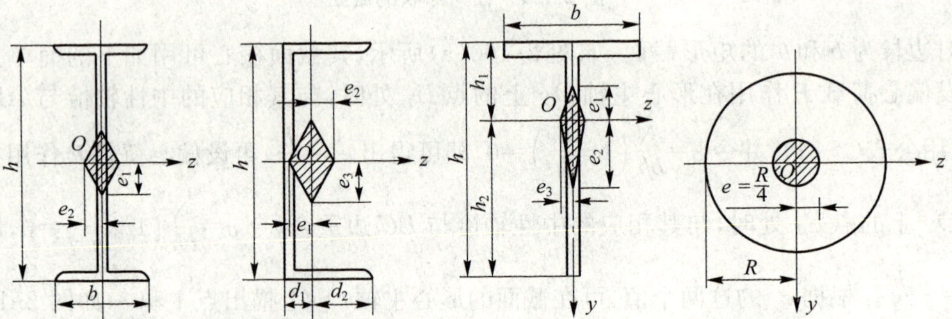

(a) $e_1=\pm\dfrac{2r_y^2}{h}$，$e_2=\pm\dfrac{2r_z^2}{b}$

(b) $e_1=\dfrac{r_y^2}{d_1}$，$e_2=\dfrac{r_y^2}{d_2}$，$e_3=\pm\dfrac{2r_z^2}{h}$

(c) $e_1=\dfrac{r_z^2}{h_1}$，$e_2=\dfrac{r_z^2}{h_2}$，$e_3=\pm\dfrac{2r_y^2}{b}$

(d)

图 2-161　几种常用截面的截面核心

例 2-47　试作出如图 2-162 所示边长为 a 的等边三角形截面的截面核心。

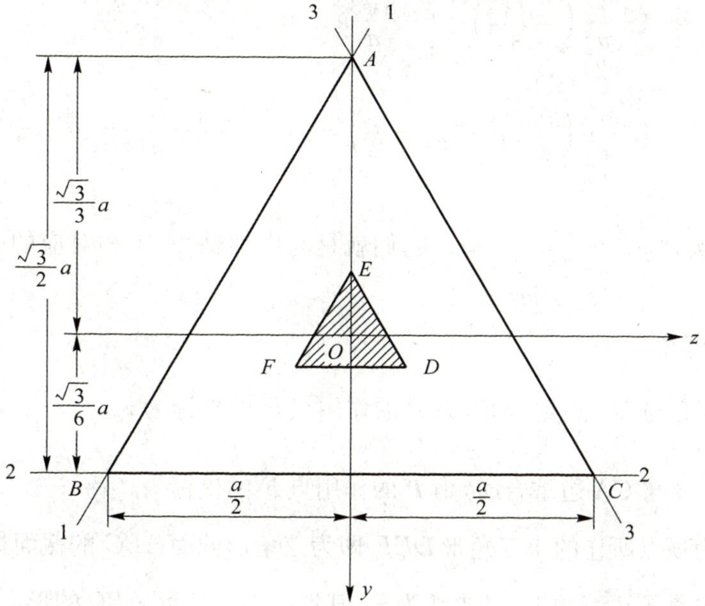

图 2-162 等边三角形截面的截面核心

解:(1)取坐标系 yOz 如图 2-162 中所示,并将坐标原点 O 放在三角形的形心上。

(2)根据公式计算出三角形的一些几何性质。

$$A=\frac{1}{2}a\times\frac{\sqrt{3}}{2}a=\frac{\sqrt{3}}{4}a^2$$

$$I_z=\frac{1}{36}\times a\times\left(\frac{\sqrt{3}}{2}a\right)^3=\frac{\sqrt{3}}{96}a^4$$

$$I_y=2\left[\frac{1}{36}\times\frac{\sqrt{3}}{2}a\times\left(\frac{a}{2}\right)^3+\frac{\sqrt{3}}{4}a^2\times\left(\frac{1}{3}\times\frac{a}{2}\right)^2\right]=\frac{\sqrt{3}}{96}a^4$$

可以看出,$I_z=I_y$(事实上,任何正多边形对通过其形心的任一轴线的惯性矩都是相等的),与其相应的惯性半径 r_z 和 r_y 也相等,且有 $r_z^2=r_y^2=\frac{I_z}{A}=\frac{a^2}{24}$。

(3)求截面核心。

由式(2-83)知中性轴的方程为

$$1+\frac{e_y}{r_z^2}y+\frac{e_z}{r_y^2}z=0$$

当中性轴 1—1 与三角形的 AB 边重合时,将点 $A\left(y=-\frac{\sqrt{3}}{3}a, z=0\right)$ 和点 $B\left(y=\frac{\sqrt{3}}{6}a, z=-\frac{a}{2}\right)$ 的坐标以及上面算得的 $r_z^2=r_y^2=\frac{a^2}{24}$ 代入中性轴方程,可以得到

$$\left.\begin{aligned}1+\frac{e_y}{\frac{a^2}{24}}\left(-\frac{\sqrt{3}}{3}a\right)=1-\frac{8\sqrt{3}}{a}e_y=0\\1+\frac{e_y}{\frac{a^2}{24}}\left(\frac{\sqrt{3}}{6}a\right)+\frac{e_z}{\frac{a^2}{24}}\left(-\frac{a}{2}\right)=1+\frac{4\sqrt{3}}{a}e_y-\frac{12}{a}e_z=0\end{aligned}\right\}$$

联立二式可解得 $e_y=\frac{\sqrt{3}a}{24}$，$e_z=\frac{a}{8}$。它们就是与中性轴 1—1 相对应的力 $\boldsymbol{P}$ 的作用点 D 的坐标。

用同样方法可知

当中性轴 2—2 与 BC 边重合时，力 $\boldsymbol{P}$ 的作用点 E 的坐标为 $e_y=-\frac{\sqrt{3}a}{12}$，$e_z=0$。

当中性轴 3—3 与 CA 边重合时，力 $\boldsymbol{P}$ 的作用点 F 的坐标为 $e_y=\frac{\sqrt{3}a}{24}$，$e_z=-\frac{a}{8}$。

以 D、E、F 为顶点所作的小三角形 DEF 即为三角形截面 ABC 的截面核心。不难证明，小三角形 DEF 也是等边三角形，其边长为 $\frac{a}{4}$，其形心与三角形 ABC 的形心重合。

四、扭转与弯曲组合变形

前面研究杆件的扭转时只考虑了扭矩对杆的作用。实际上工程中的许多受扭杆件，在发生扭转变形的同时，还常会发生弯曲变形，当这种弯曲变形不能忽略时，则应按弯曲与扭转的组合变形问题来处理。例如，在图 2-148(e)中所示的卷扬机机轴，绳子的拉力除会使机轴发生扭转以外还将使机轴发生弯曲。又如图 2-163 所示的传动轴，在两个轮子的边缘上作用有沿切线方向的力 $\boldsymbol{P}_1$ 和 $\boldsymbol{P}_2$，这些力不但会使轴发生扭转，同时还会使它发生弯曲。下面将以圆截面杆为研究对象，介绍杆件在扭转与弯曲组合变形情况下的强度计算问题。

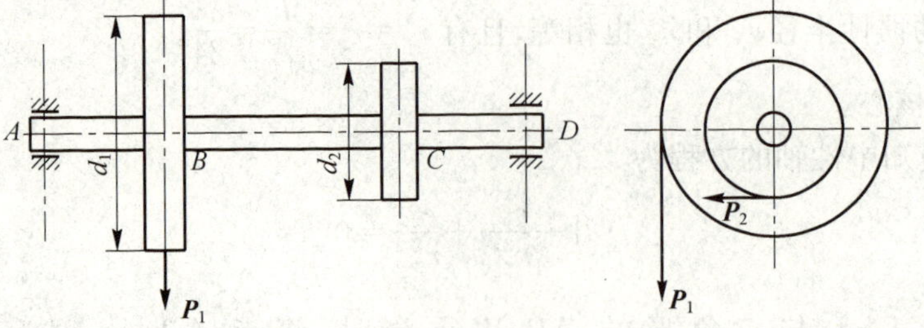

图 2-163　传动轴

1. 内力计算

图 2-164 表示一横截面直径为 d 的机轴。在轴的左端有一重量为 $\boldsymbol{W}$、半径为 R 的皮带轮，轴转动时皮带中的拉力为 $\boldsymbol{T}$ 和 $\boldsymbol{t}$($T>t$)，轴的右端为一曲柄，曲柄把手上的力 $\boldsymbol{P}$ 总是垂直于曲柄平面。为了求得在机轴各个截面上的扭矩 M_n、弯矩 M 和剪力 F_s，首先需将各个外力

对轴心进行简化。

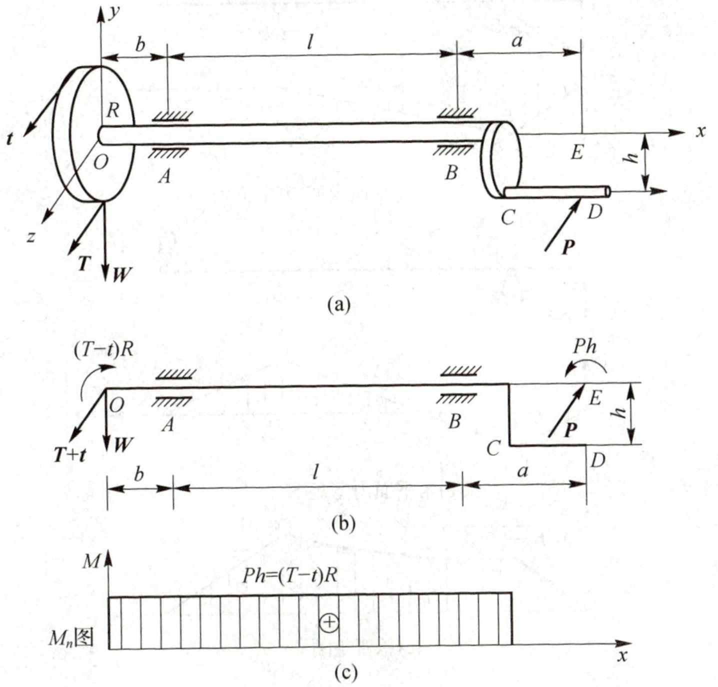

图 2-164　机轴受力分析

现在研究图 2-164(a)中所示 $\boldsymbol{P}$、$\boldsymbol{T}$、$\boldsymbol{t}$ 三力与水平轴 Oz 平行时的情形。为了计算机轴的内力，将左端作用在轮周的拉力 $\boldsymbol{T}$ 与 $\boldsymbol{t}$ 对点 O 进行简化，得到作用在杆轴上的水平力$(\boldsymbol{T}+\boldsymbol{t})$和扭转外力偶矩$(T-t)R$。同样将右端作用在手柄上的力 $\boldsymbol{P}$ 向机轴延长线上的点 E 进行简化，得到水平力 $\boldsymbol{P}$ 与扭转外力偶矩 Ph，如图 2-164(b)所示。扭转外力偶矩将使机轴发生扭转，水平力和竖直力将使机轴发生弯曲。当机轴处在等速转动的平衡状态时，机轴受到的扭矩

$$M_n=(T-t)R=Ph$$

机轴的扭矩图如图 2-164(c)所示。

当力$(\boldsymbol{T}+\boldsymbol{t})$、$\boldsymbol{P}$、$\boldsymbol{W}$ 使机轴弯曲时，A 与 B 可以看做是铰支座。这样，竖直力 $\boldsymbol{W}$ 使机轴在竖直平面内引起的弯矩图如图 2-165(a)所示，水平力$(\boldsymbol{T}+\boldsymbol{t})$和 $\boldsymbol{P}$ 使机轴在水平面内引起的弯矩图如图 2-165(b)所示。在机轴每个横截面上的总弯矩应等于在竖直方向的弯矩和在水平方向的弯矩的几何叠加。例如在机轴的截面 A 上的总弯矩

$$M_A=\sqrt{W^2b^2+(T+t)^2b^2}=b\sqrt{W^2+(T+t)^2}$$

一般各个横截面在竖直方向和水平方向的弯矩都互不相同，而对于圆形截面轴，截面上的任一直径都是形心主轴，截面对任一直径的抗弯截面模量都相等，故可将各个截面上的总弯矩都画在同一平面内，得到如图 2-165(c)所示的总弯矩图。由总弯矩图可以看出机轴中的最大弯矩发生在横截面 A 或 B 上。

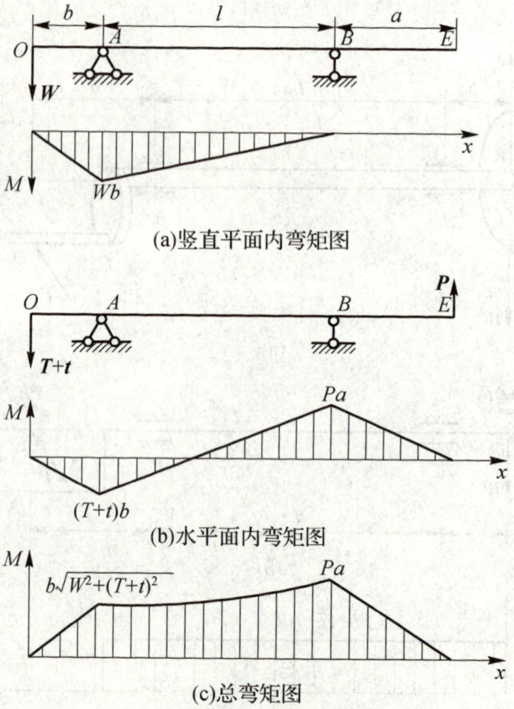

图 2-165　机轴的弯矩图

用类似的计算方法也可求出在机轴各个横截面上的剪力。

2. 应力计算

由于扭矩 M_n 的作用，在圆截面上产生剪应力 $\tau=\dfrac{M_n\rho}{I_p}$，它在圆截面的边缘$\left(\rho=\dfrac{d}{2}\right)$达到最大值 $\tau_n=\dfrac{M_n}{W_p}$，方向与圆截面的周边相切，如图 2-166(a)所示。对于实心圆轴，其抗扭截面模量 $W_p=\dfrac{\pi d^3}{16}$。

弯矩 M 作用在水平面上，使圆形截面水平直径的两端点处产生最大正应力 $\sigma_M=\dfrac{M}{W}$，如图 2-166(b)所示。对实心圆轴来说，其抗弯截面模量 $W=\dfrac{\pi d^3}{32}$，并与 W_p 具有 $W_p=2W$ 的关系。

机轴弯曲时，剪力 $\boldsymbol{Q}$ 在圆轴截面上产生的剪应力仍可用公式 $\tau=\dfrac{QS}{bI}$ 计算，最大剪应力 $\tau_Q=\dfrac{4}{3}\dfrac{Q}{A}=\dfrac{16Q}{3\pi d^2}$ 发生在圆截面的竖向直径上，如图 2-166(c)所示。

由上面的分析可知，各种应力的最不利组合情况肯定会发生在最大弯矩和最大扭矩所作用的横截面的边缘处。为了进行强度计算，必须分析如图 2-166(d)所示的某些边缘点(例如点 1 和点 2)的应力状态。如图 2-166(e)所示为分别由点 1 和点 2 取出的单元体。

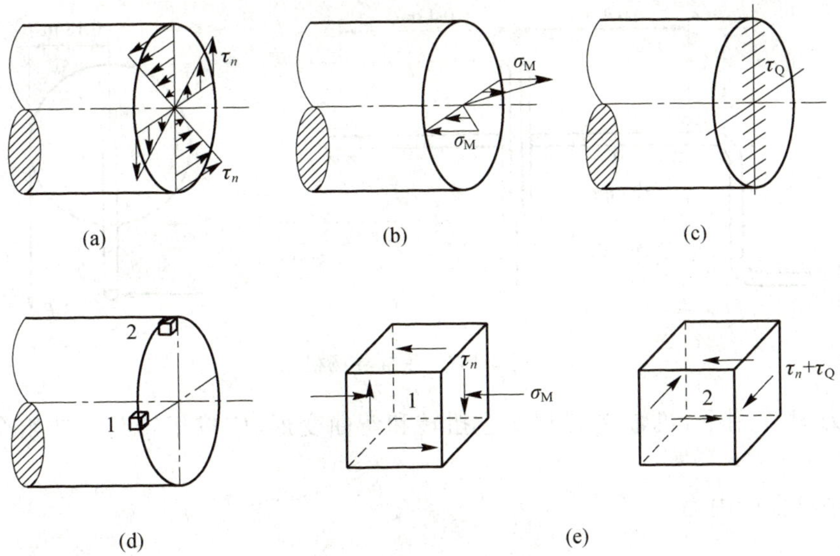

图 2-166 机轴的应力

在单元体 1 上，有由弯矩 M 产生的正应力 $\sigma_M=\frac{M}{W}$ 与由扭矩 M_n 产生的剪应力 $\tau_n=\frac{M_n}{W_p}$，其主应力和单元体内最大剪应力分别为

$$\begin{matrix}\sigma_1\\ \sigma_2\end{matrix}=\frac{\sigma_M}{2}\pm\sqrt{\left(\frac{\sigma_M}{2}\right)^2+\tau_n{}^2}=\frac{16}{\pi d^3}(M^2\pm\sqrt{M^2+M_n{}^2}) \tag{2-85}$$

$$\tau_{\max}=\frac{\sigma_1-\sigma_3}{2}=\sqrt{\left(\frac{\sigma_M}{2}\right)^2+\tau_n^2}=\frac{16}{\pi d^3}\sqrt{M^2+M_n^2} \tag{2-86}$$

在单元体 2 上，有由扭矩 M_n 产生的剪应力 $\tau_n=\frac{M_n}{W_p}$ 和由剪力 Q 产生的剪应力 $\tau_Q=\frac{4}{3}\frac{Q}{A}$，且 τ_n 和 τ_Q 的方向相同，故单元体 2 是处在($\tau_n+\tau_Q$)作用下的纯剪切状态。其主应力

$$\begin{matrix}\sigma_1\\ \sigma_2\end{matrix}=\pm(\tau_n+\sigma_Q) \tag{2-87}$$

在工程实际中，因作用在实心圆轴上的 τ_Q 一般都很小，往往可忽略不计。

若在机轴上还作用有轴力 $\boldsymbol{N}$，它会在截面上产生正应力 $\sigma_N=\frac{N}{A}$。在这种情况下，应将 σ_N 与 σ_M 的代数和代入式(2-85)中的 σ_M。

3. 强度校核

当构件处在扭转和弯曲组合变形的情况下时，由其中取出的单元体一般是处在复杂应力状态之下。在对这类构件进行强度校核时，首先应计算出危险截面上某些危险点处的主应力，再根据所选择的强度理论，列出相应的强度条件，进行强度校核。下面举例说明。

例 2-48 试根据最大剪应力理论(第三强度理论)确定如图 2-167 所示手摇卷扬机(辘轳)能起吊的最大许可载荷 $\boldsymbol{P}$ 的数值。已知机轴的横截面为直径 $d=30$ mm 的圆形，机轴材料的许用应力$[\sigma]=160$ MPa。

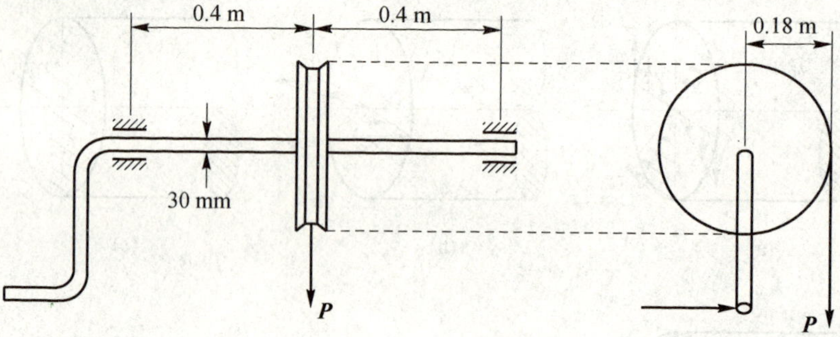

图 2-167　手摇卷扬机

解:在力 $\boldsymbol{P}$ 作用下,机轴将同时发生扭转和弯曲变形,应按扭转与弯曲组合变形问题计算。

(1)跨中截面的内力。

扭矩

$$M_n = P\times 0.18 = 0.18P\ \mathrm{N\cdot m}$$

弯矩

$$M = \frac{P\times 0.8}{4} = 0.2P\ \mathrm{N\cdot m}$$

剪力

$$Q = \frac{P}{2} = 0.5P\ \mathrm{N}$$

(2)截面的几何特性。

$$W = \frac{\pi d^3}{32} = \frac{\pi\times 30^3}{32} = 2\ 651\ \mathrm{mm}^3$$

$$W_p = 2W = 5\ 302\ \mathrm{mm}^3$$

$$A = \frac{\pi d^2}{4} = \frac{\pi\times 30^2}{4} = 707\ \mathrm{mm}^2$$

(3)应力计算。

$$\tau_n = \frac{M_n}{W_p} = \frac{0.18P}{5\ 300\times 10^{-9}} = 0.034P\times 10^6\ \mathrm{N/m^2}$$
$$= 0.034P\ \mathrm{MPa}$$

$$\tau_Q = \frac{4}{3}\frac{Q}{A} = \frac{4}{3}\times\frac{0.5P}{707\times 10^{-6}} = 0.001P\times 10^6\ \mathrm{N/m^2}$$
$$= 0.001P\ \mathrm{MPa}$$

$$\sigma_M = \frac{M}{W} = \frac{0.2P}{2\ 651\times 10^{-9}} = 0.075P\times 10^6\ \mathrm{N/m^2}$$
$$= 0.075P\ \mathrm{MPa}$$

由式(2-85)求主应力

$$\left.\begin{matrix}\sigma_1\\ \sigma_3\end{matrix}\right\} = \frac{\sigma_M}{2} \pm \sqrt{\left(\frac{\sigma_M}{2}\right)^2 + \tau_n{}^2}$$

$$=\frac{0.075P}{2}\pm\sqrt{\left(\frac{0.075P}{2}\right)^2+(0.034P)^2}$$

$$=0.038P\pm0.051P=\begin{matrix}0.089P\\-0.013P\end{matrix}\ \text{MPa}$$

(4)根据最大剪应力理论求许可载荷。

因 $\sigma_1-\sigma_3=0.089P+0.013P=0.102P\leqslant[\sigma]=160\ \text{MPa}$

所以

$$P\leqslant\frac{160}{0.102}=1\ 569\ \text{N}\approx1.57\ \text{kN}$$

由本例题可以看出，在实心轴中由剪力 $\boldsymbol{Q}$ 产生的剪应力 τ_Q 一般很小可以忽略。

五、斜弯曲

横截面有竖向对称轴(即形心主轴)的梁，若所有的外力都作用在包含此竖向对称轴与梁轴线的纵向对称平面内，则梁在发生弯曲变形时，其弯曲平面(即挠曲轴线所在平面)将与外力的作用平面相重合，并将梁的这种弯曲叫作平面弯曲。

如图 2-168(a)所示中的矩形截面梁(檩条)，其矩形截面具有两个对称轴，也叫形心主轴。作用在该梁上的外力(上部载荷与自重)的作用线虽通过截面的形心，但与其两形心主轴不重合。在这种情况下，我们可以将外载荷沿两形心主轴分解，在某一分载荷作用下都将产生平面弯曲，这就叫两个平面弯曲的组合。横截面上任一点处的正应力，可看作两个平面弯曲下的正应力的叠加，而杆件的变形曲线一般不会发生在外力作用平面内。通常把外力所在平面与变形曲线所在平面不重合的弯曲称为斜弯曲。

具有非对称截面的梁，只有当外力通过其弯曲中心，且作用在与其形心主惯性平面平行的平面内时，它才会只发生平面弯曲。如图 2-168 所示的"["形和"Z"形截面檩条，作用其上的外力 $\boldsymbol{P}$ 虽通过截面的弯曲中心 k，但因为 $\boldsymbol{P}$ 所在的平面与形心主惯性平面间存在一夹角 φ，故檩条发生的弯曲仍属于两个方向的平面弯曲的组合，也称为斜弯曲。

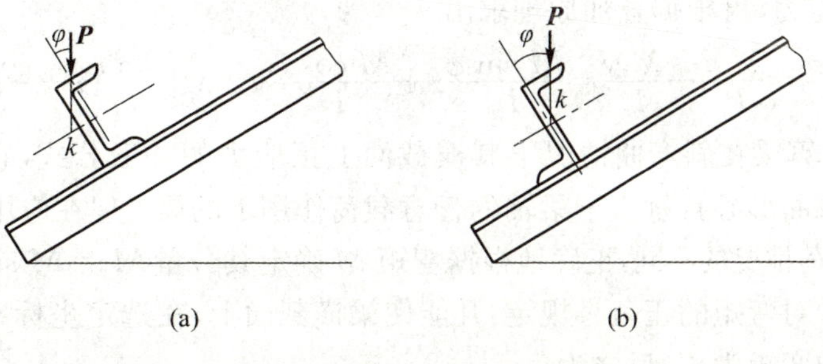

图 2-168　在斜弯曲情况下的檩条

处理梁的斜弯曲问题的方法：首先将外力分解为梁的两形心主惯性平面内的分量，然后分别求解由每一外力分量引起的梁的平面弯曲问题，将所得的结果叠加起来即为斜弯曲问题的解答。

1. 梁在斜弯曲情况下的应力

如图 2-169 所示的悬臂梁，当在其自由端作用有一与截面纵向形心主轴成一夹角 φ 的

集中载荷 **P** 时(为了便于说明,设外力 **P** 的作用线处在 yOz 坐标系的第一象限内),梁发生了斜弯曲。若要求在此悬臂梁中距固定端距离为 x 的任一截面上,坐标为(y,z)的任一点 A 处的应力,可按照以下步骤进行。

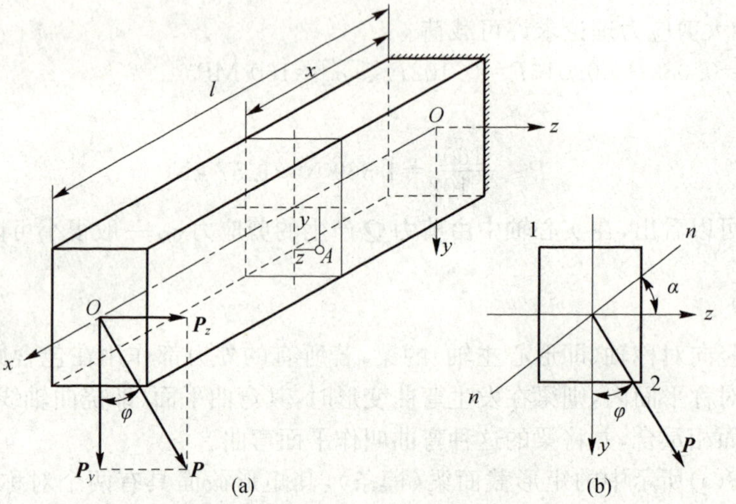

图 2-169 在斜弯曲情况下的悬臂梁

将载荷 **P** 沿 y,z 两个形心主轴方向进行分解,得到

$$P_y=P\cos\varphi \text{ 和 } P_z=P\sin\varphi$$

$\boldsymbol{P}_y$ 和 $\boldsymbol{P}_z$ 将分别使梁在 xOy 和 xOz 两个主惯性平面内发生平面弯曲,它们在任意截面上产生的弯矩为

$$\left.\begin{aligned}M_y&=P_z(l-x)=P(l-x)\sin\varphi=M\sin\varphi\\M_z&=P_y(l-x)=P(l-x)\cos\varphi=M\cos\varphi\end{aligned}\right\}\tag{2-88}$$

其中的 M 表示斜向载荷 **P** 在任意截面上产生的弯矩。

点 A 处的正应力,可根据叠加原理求出

$$\sigma=\frac{M_y z}{I_y}+\frac{M_z y}{I_z}=\frac{M\sin\varphi}{I_y}z+\frac{M\cos\varphi}{I_z}y=M\left(\frac{\sin\varphi}{I_y}z+\frac{\cos\varphi}{I_z}y\right)\tag{2-89}$$

式(2-89)是计算梁在斜弯曲情况下其横截面上正应力的一般公式,它适用于具有任意支承形式和通过截面形心且垂直于梁轴的任意载荷作用下的梁。但在应用此公式时,要注意随着支承情况和载荷情况的不同,正确地根据弯矩 M 确定其分量 $M_y=M\sin\varphi$,$M_z=M\cos\varphi$ 的大小和正负号。对弯矩的正负号规定:凡能使梁横截面上,在选定坐标系的第一象限内的各点产生拉应力的弯矩为正,反之为负。

同样,载荷 **P** 使梁发生斜弯曲时,在梁横截面上所引起的剪应力,也可将由 $\boldsymbol{P}_y$、$\boldsymbol{P}_z$ 分别引起的剪应力 τ_y 和 τ_z 进行叠加而求得。但应注意,因 τ_y 与 τ_z 的指向互相垂直,故叠加时是几何叠加,即

$$\tau=\sqrt{\tau_y^2+\tau_z^2}\tag{2-90}$$

2. 梁在斜弯曲情况下的强度条件

在工程设计计算中,通常认为梁在斜弯曲情况下的强度仍是由最大正应力来控制。因横

截面上的最大正应力发生在离中性轴最远处，故要求得最大正应力，必须先确定中性轴的位置。由于在中性轴上的正应力为零，故可用将 $\sigma=0$ 代入式(2-89)的办法得到中性轴的方程并确定它在横截面上的位置。为此，设在中性轴上任一点的坐标为 y_0 和 z_0，代入式(2-89)，则有

$$\sigma=M\left(\frac{\sin\varphi}{I_y}z_0+\frac{\cos\varphi}{I_z}y_0\right)=0$$

或

$$\frac{z_0}{I_y}\sin\varphi+\frac{y_0}{I_z}\cos\varphi=0 \tag{2-91}$$

式(2-91)就是中性轴(图 2-169(b)中的 $n—n$ 线)的方程。不难看出，它是一条通过截面形心($y_0=0, z_0=0$)且穿过二、四象限的直线，故在此直线上，除截面形心外，其他各点的坐标 y_0 和 z_0 的正负号一定相反。中性轴与 z 轴间的夹角 α 见图 2-169(b)，即：

$$\tan\alpha=\left|\frac{y_0}{z_0}\right|=\frac{I_z}{I_y}\tan\varphi \tag{2-92}$$

在一般情况下，$I_y\neq I_z$，故 $\alpha\neq\varphi$，即中性轴不垂直于载荷作用平面。只有当 $\varphi=0°$，$\varphi=90°$ 或 $I_y=I_z$ 时，才有 $\alpha=\varphi$，中性轴才垂直于载荷作用平面。显而易见，$\varphi=0°$ 或 $\varphi=90°$ 的情况就是平面弯曲情况，相应的中性轴就是 z 轴或 y 轴。对于矩形截面梁来说，$I_z=I_y$ 说明梁的横截面是正方形，而通过正方形截面形心的任意坐标轴都是形心主轴，故无论载荷所在平面的方向如何，都只会引起平面弯曲。

梁的最大正应力显然会发生在最大弯矩所在截面上离中性轴最远的点处，例如图 2-169(b)中的 1、2 两点处，且点 1 处的正应力为最大拉应力，点 2 处的正应力为最大压应力。将最大弯矩 $M_{\max}$ 和点 1、点 2 的坐标(y_1, z_1)和(y_2, z_2)代入式(2-89)可以得到

$$\left.\begin{aligned}\sigma_{\max}&=M_{\max}\left(\frac{\sin\varphi}{I_y}z_1+\frac{\cos\varphi}{I_z}y_1\right)\\ \sigma_{\min}&=-M_{\max}\left(\frac{\sin\varphi}{I_y}z_2+\frac{\cos\varphi}{I_z}y_2\right)\end{aligned}\right\} \tag{2-93}$$

对于具有凸角且又有两条对称轴的截面(如矩形、工字形截面等)，因 $|y_1|=|y_2|=y_{\max}$，$|z_1|=|z_2|=z_{\max}$，故 $\sigma_{\max}=|\sigma_{\min}|$。这样，当梁所用材料的抗拉、抗压能力相同时，其强度条件就可写为

$$\begin{aligned}\sigma_{\max}&=\left|M_{\max}\left(\frac{z_{\max}\sin\varphi}{I_y}+\frac{y_{\max}\cos\varphi}{I_z}\right)\right|\\ &=\left|\frac{M_{\max}}{W_z}\left(\cos\varphi+\frac{W_z}{W_y}\sin\varphi\right)\right|\leqslant[\sigma]\end{aligned} \tag{2-94}$$

式中，$W_z=\dfrac{I_z}{y_{\max}}$，$W_y=\dfrac{I_y}{z_{\max}}$。

3. 梁在斜弯曲情况下的变形

梁在斜弯曲情况下的变形，也可根据叠加原理求得。如图 2-169(a)所示悬臂梁在自由端的挠度就等于斜向载荷 $\boldsymbol{P}$ 的分量 $\boldsymbol{P}_y$，$\boldsymbol{P}_z$ 在各自弯曲平面内的挠度的几何叠加，因

$$f_y=\frac{P_y l^3}{3EI_z}=\frac{Pl^3}{3EI_z}\cos\varphi$$

$$f_z=\frac{P_z l^3}{3EI_y}=\frac{Pl^3}{3EI_y}\sin\varphi$$

故梁在自由端的总挠度

$$f=\sqrt{f_y^2+f_z^2} \tag{2-95}$$

总挠度 f 的方向线与 y 轴之间的夹角 β 可由下式求得

$$\tan\beta=\frac{f_z}{f_y}=\frac{I_z\sin\varphi}{I_y\cos\varphi}=\frac{I_z}{I_y}\tan\varphi \tag{2-96}$$

将式(2-96)与式(2-92)比较,可知 $\tan\beta=\tan\alpha$ 或 $\beta=\alpha$。

这就说明,梁在斜弯曲时其总挠度的方向是与中性轴垂直的,即梁的弯曲一般不发生在外力作用平面内,而发生在垂直于中性轴 n—n 的平面内,如图 2-170 所示。

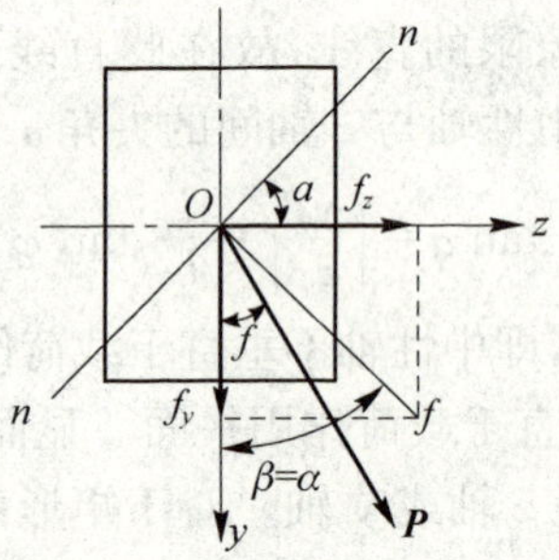

图 2-170　梁在斜弯曲时的挠度

从式(2-96)可以看出,当 $\frac{I_z}{I_y}$ 值很大时(如梁横截面为狭长矩形时),即使载荷作用线与 y 轴间的夹角 φ 非常微小,也会使总挠度 f 对 y 轴发生很大的偏离,这是非常不利的。因此,在较难估计外力作用平面与主轴平面是否能相当准确地重合的情况下,应尽量避免采用 I_z 和 I_y 相差很大的截面,否则就应采用一些结构上的辅助措施,以防止梁在斜弯曲时所发生的侧向变形。

任务实施

解:(1)确定计算简图。屋面的重量是通过檩条传给桁架的。檩条简支在桁架上,其计算跨度等于二桁架间的距离 $l=4$ m,檩条上承受的均布载荷 $q=1.4\times1.5$ kN/m$=2.1$ kN/m,其计算简图如图 2-145(b)、(c)所示。

(2)内力及有关数据的计算。

$$M_{\max}=\frac{ql^2}{8}=\frac{2.1\times10^3\times4^2}{8}=4\ 200\ \text{N}\cdot\text{m}$$

$$=4.2\ \text{kN}\cdot\text{m}(\text{发生在跨中截面})$$

屋面坡度为 1∶2,即 $\tan\varphi=\frac{1}{2}$ 或 $\varphi=26°34'$。故 $\sin\varphi=0.4472$,$\cos\varphi=0.894\ 4$。

另外算出

$$I_z=\frac{bh^3}{12}=\frac{120\times180^3}{12}\ \text{mm}^4=0.583\ 2\times10^8\ \text{mm}^4$$

$$=0.583\ 2\times10^{-4}\ \text{m}^4$$

$$I_y=\frac{hb^3}{12}=\frac{180\times120^3}{12}\ \text{mm}^4=0.259\ 2\times10^8\ \text{mm}^4$$

$$=0.259\ 2\times10^{-4}\ \text{m}^4$$

$$y_{\max}=\frac{h}{2}=90\ \text{mm},z_{\max}=\frac{b}{2}=60\ \text{mm}$$

(3)强度校核。将上列数据代入式(2-94),可得

$$\begin{aligned}\sigma_{\max}&=\left|M_{\max}\left(\frac{z_{\max}}{I_y}\sin\varphi+\frac{y_{\max}}{I_z}\cos\varphi\right)\right|\\&=4\ 200\times\left(\frac{60\times10^{-3}}{0.259\ 2\times10^{-4}}\times0.447\ 2+\frac{90\times10^{-3}}{0.583\ 2\times10^{-4}}\times0.894\ 4\right)\ \text{N/m}^2\\&=10.14\times10^6\ \text{N/m}^2\\&=10.14\ \text{MPa}\end{aligned}$$

$\sigma_{\max}=10.14$ MPa 虽稍大于$[\sigma]=10$ MPa,但所超过的数值小于$[\sigma]$的 5%,故满足强度要求。

(4)刚度校核。最大挠度发生在跨中

$$\begin{aligned}f_y&=\frac{5q\cos\varphi\, l^4}{384EI_z}=\frac{5\times2.1\times10^3\times0.894\ 4\times4^4}{384\times10\times10^9\times0.583\ 2\times10^{-4}}\ \text{m}\\&=0.010\ 7\ \text{m}=10.7\ \text{mm}\\f_z&=\frac{5q\sin\varphi\, l^4}{384EI_y}=\frac{5\times2.1\times10^3\times0.447\ 2\times4^4}{384\times10\times10^9\times0.259\ 2\times10^{-4}}\ \text{m}\\&=0.012\ 1\ \text{m}=12.1\ \text{mm}\end{aligned}$$

总挠度 $f=\sqrt{f_y^2+f_z^2}=\sqrt{10.7^2+12.1^2}=16.2\ \text{mm}<[f]=\frac{4\ 000}{200}=20\ \text{mm}$,满足刚度要求。

思考与练习

一、简答题

1. 什么称为组合变形?

2. 如图 2-172 结构由三段组成,AB 杆为 y 方向,BC 杆为水平 x 方向,CD 为水平 z 方向。三杆在 $\boldsymbol{P}_1$、$\boldsymbol{P}_2$ 共同作用下,试分析各为何种组合变形。

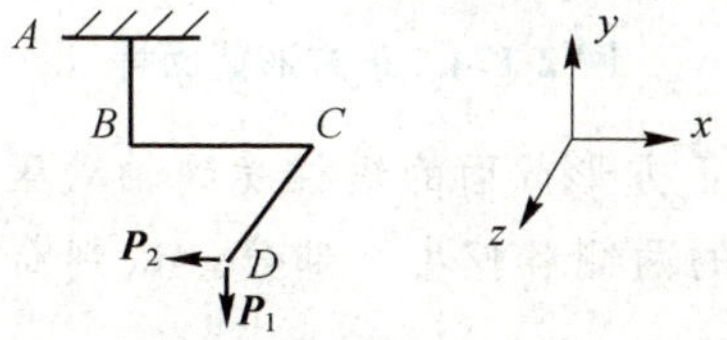

图 2-172　组合变形

3. 圆形截面杆在相互垂直的两个平面内发生平面弯曲,如何计算截面上的合成弯矩?

4. 如图 2-173 所示各梁的横截面上,画出了外力的作用平面 a—a,试指出哪些梁发生平面弯曲,哪些梁发生斜弯曲。

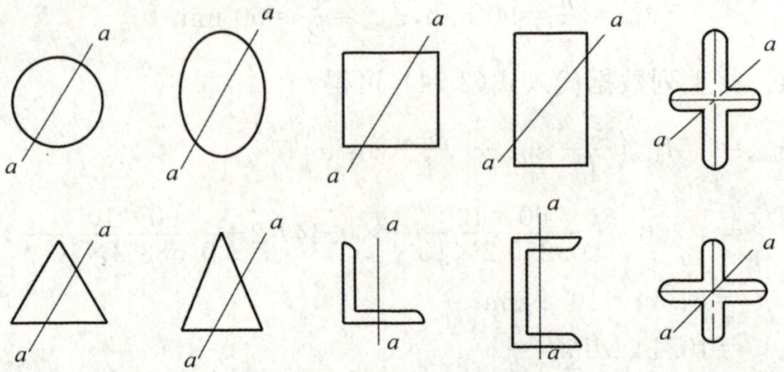

图 2-173 梁的横截面

5. 如图 2-174(a)所示为一正方形截面杆受到轴心拉力 $\boldsymbol{P}$ 作用。若将力 $\boldsymbol{P}$ 沿 OA 线平移到截面边缘中点如图(b)所示，或将力 $\boldsymbol{P}$ 沿对角线 OB 平移到截面角点 B 如图(c)所示，问杆内的应力将怎样变化？

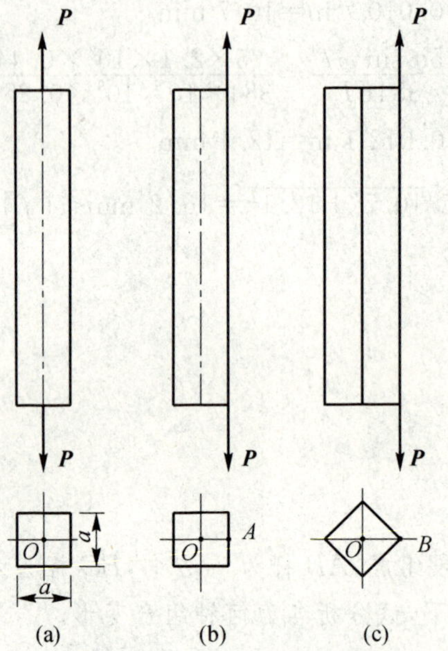

图 2-174 正方形截面杆

6. 如图 2-175(a)所示为一正方形截面的短柱受到轴心压力 $\boldsymbol{P}$ 作用，图(b)表示将柱的一侧挖去一部分，图(c)表示将柱的两侧各挖去一部分。试判断三种情况下短柱中的最大正应力的大小及位置。

7. 什么是截面核心？怎样画出一截面的截面核心？

8. 对处在扭转和弯曲组合变形下的杆，怎样进行应力分析？怎样进行强度校核？

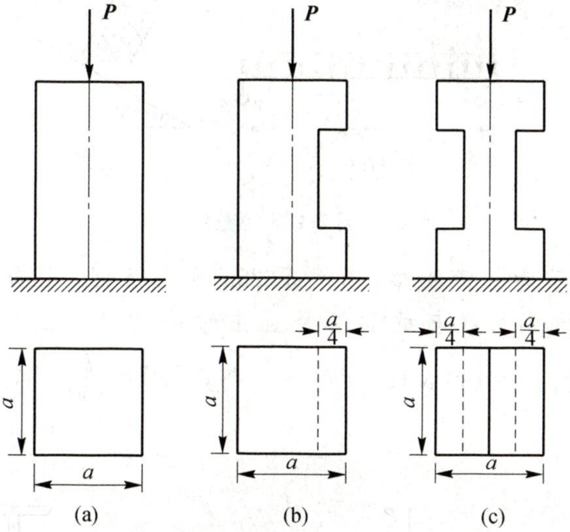

图 2-175 短柱

二、分析计算题

1. 如图 2-176 所示为一木悬臂梁，梁长 $l=2$ m，矩形截面 $b\times h=0.15$ m$\times0.3$ m，集中载荷 $P=800$ N。求：(1)计算 α 为 0°和 90°时的最大拉应力，并指出最大拉应力发生的位置。(2)计算 α 为 45°时的最大拉应力，并指出最大拉应力发生的位置。

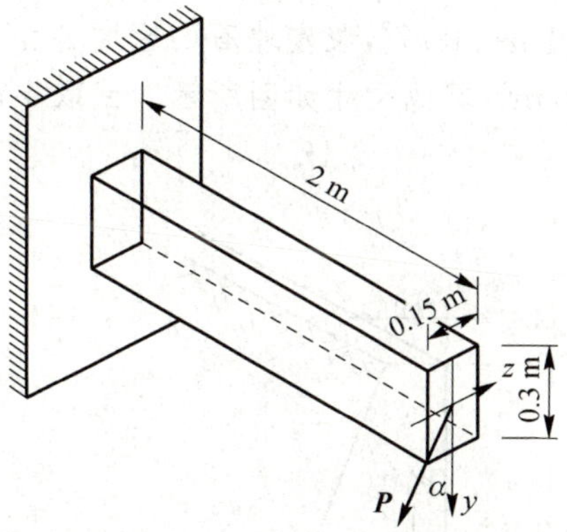

图 2-176 木悬臂梁

2. 试证明对于矩形截面梁，当集中载荷 **P** 沿矩形截面的一对角线作用时，其中性轴将与另一对角线重合。

3. 如图 2-177 所示为一搁置在屋架上的檩条的计算简图。已知檩条的跨度 $l=5$ m，均布载荷 $q=2$ kN/m，矩形截面 $b\times h=0.15$ m$\times0.20$ m，所用松木的弹性模量 $E=10$ GPa，许用应力$[\sigma]=10$ MPa，檩条的许可挠度为$[f]=\dfrac{l}{250}$。试校核檩条的强度和刚度。

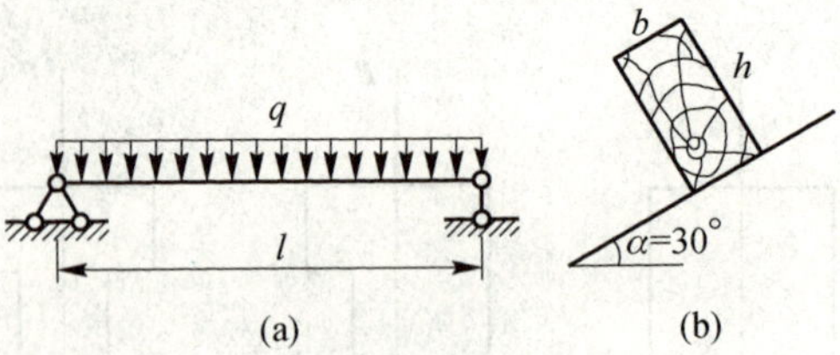

图 2-177 檩条

4. 如图 2-178 所示为一简支梁，选用了 25a 号工字钢。已知作用在跨中的集中载荷 $P=5$ kN，载荷 $\boldsymbol{P}$ 的作用线与截面的竖直主轴间的夹角 $\alpha=30°$，钢材的弹性模量 $E=210$ GPa，许用应力 $[\sigma]=160$ MPa，梁的许可挠度 $[f]=\dfrac{l}{500}$。试对此梁进行强度校核和刚度校核。

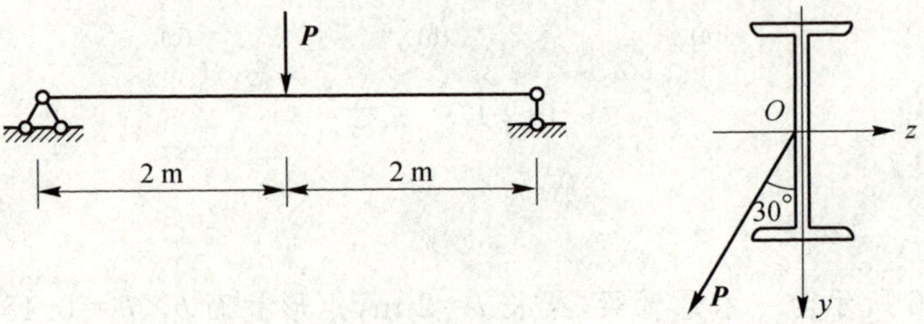

图 2-178 简支梁

5. 如图 2-179 所示为一浆砌块石挡土墙，墙高 4 m。已知墙背承受的土压力 $P_\alpha=137$ kN，且其作用线与竖直线之间的夹角 $\alpha=45.7°$，浆砌块石的密度 $\rho_1=2.345\times10^3$ kg/m³，墙基混凝土的密度 $\rho_2=2.396\times10^3$ kg/m³，其他尺寸如图所示。试取 1 m 长的墙作为计算对象，求墙 A、B、C、D 各点处的正应力。

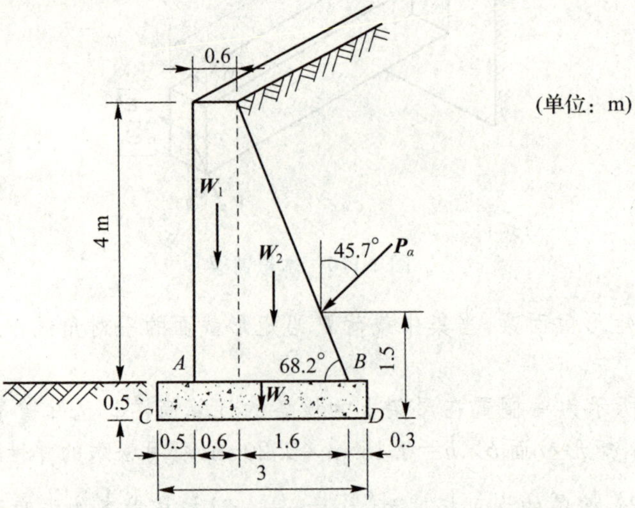

图 2-179 浆砌块石挡土墙

6. 如图 2-180 所示为一渡槽的空心墩。已知：墩上承受的水重 $W_3=2\ 400$ kN，渡槽槽身重 $W_2=2\ 143$ kN，在截面 AB 以上部分墩身的自重 $W_1=5\ 115$ kN，风压力对截面 AB 上 y—y 轴产生的力矩 $M_y=7\ 514$ kN·m，截面 AB 的面积 $A=4.67$ m²，抗弯截面模量 $W_z=6.42$ m³。试求作用在截面 AB 上的最大正应力和最小正应力。

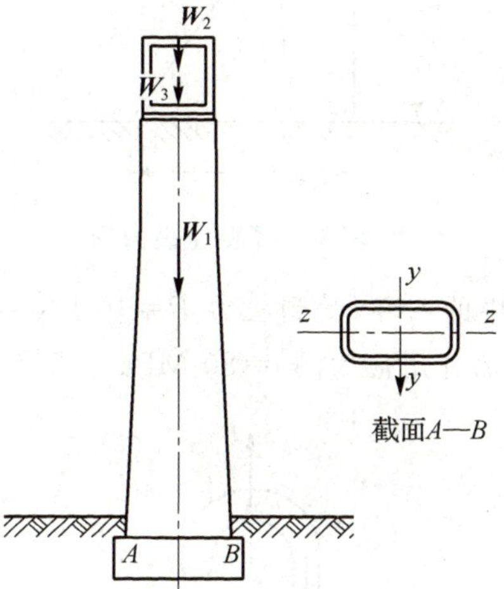

图 2-180 空心墩

7. 如图 2-181 所示为某渡槽刚架的基础。已知：该结构受到由柱子传来的弯矩 $M=110$ kN·m，轴力 $N_1=980$ kN，水平剪力 $Q=60$ kN，基础的自重和基础上土重的总重 $N_2=173$ kN。试作出在基础底面的反力分布图(假定反力是按直线规律分布的)。

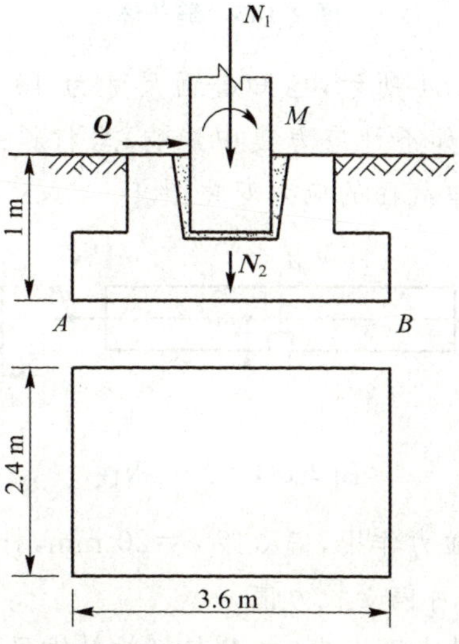

图 2-181 基础

8. 如图 2-182 所示的混凝土重力坝，剖面为三角形，坝高 $h=30$ m，混凝土的密度为 2.396×10^3 kg/m³。若只考虑上游水压力和坝体自重的作用，在坝底截面上不允许出现拉应力，试求所需的坝底宽度 B 和在坝底上产生的最大压应力。

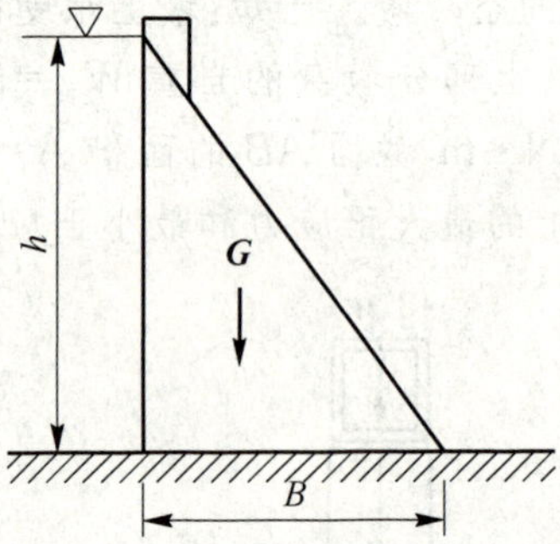

图 2-182　混凝土重力坝

9. 如图 2-183 所示，链条中的一环，受到拉力 $P=10$ kN 的作用。已知链环的横截面为直径 $d=50$ mm 的圆形，材料的许用应力$[\sigma]=80$ MPa。试校核链条的强度。

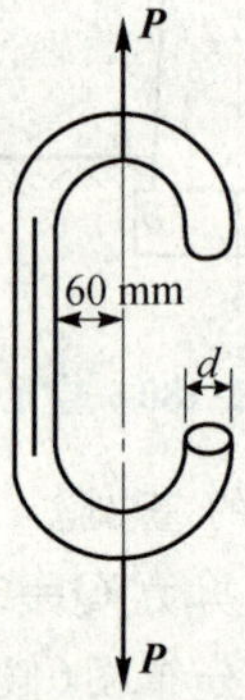

图 2-183　链条环

10. 受拉构件形状如图 2-184 所示，已知截面尺寸为 40 mm×5 mm，通过轴线的拉力 $P=12$ kN。现拉杆开有切口，如不计应力集中影响，当材料的$[\sigma]=100$ MPa 时，试确定切口的最大许可深度，并绘出切口截面的应力变化图。

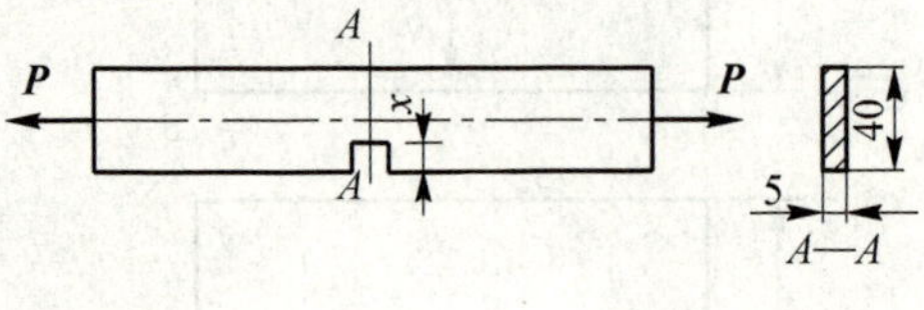

图 2-184　受拉构件

11. 一圆截面直杆受偏心拉力作用，偏心距 $e=20$ mm，杆的直径为 70 mm，许用拉应力$[\sigma]$为 120 MPa，试求此杆的许可偏心拉力值。

12. 求图 2-185 中杆内的最大正应力（力 $\boldsymbol{P}$ 与杆的轴线平行）。

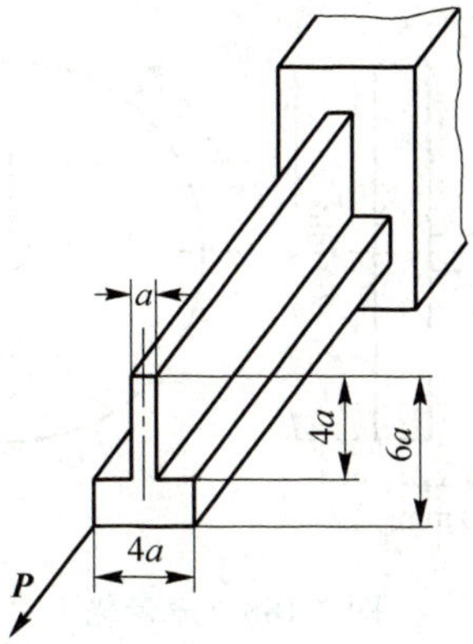

图 2-185 直杆

13. 试画出如图 2-186 所示截面的截面核心。

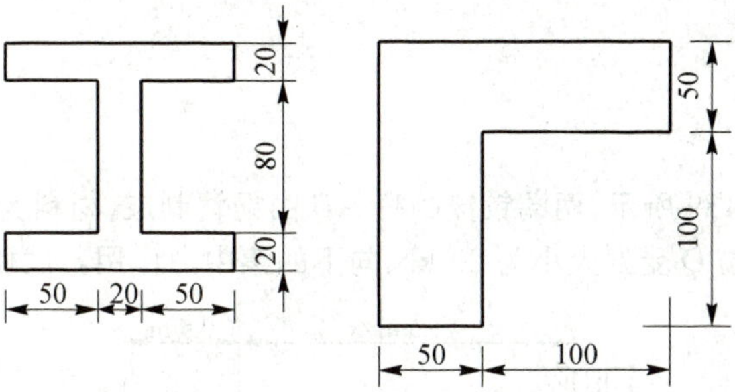

图 2-186 截面核心

14. 如图 2-187 所示为一标志牌，支在外直径为 50 mm、内直径为 40 mm、高为 3 m 的圆管上。若标志牌的尺寸为 1 m×1 m，作用在标志牌上风压的压强为 400 Pa，试求由于风压作用使管底截面在点 A 处产生的主应力和点 B、C 处产生的剪应力。

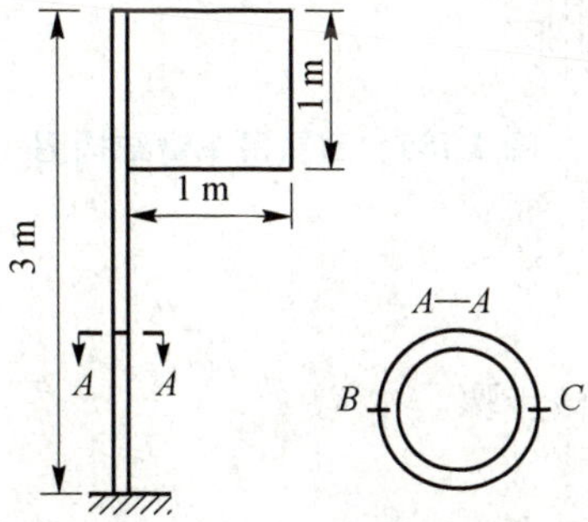

图 2-187 标志牌

15. 如图 2-188 所示，直径为 0.6 m，重量为 2 kN 的皮带轮，随着横截面直径为 50 mm 的圆轴一同转动。已知皮带中的拉力为 8 kN 和 1.5 kN，轴承与皮带轮间的距离为 0.15 m，试计算圆轴在轴承处的主拉应力和最大剪应力。设圆轴材料的许用应力$[\sigma]=160$ MPa，试按最大剪应力理论进行强度校核。

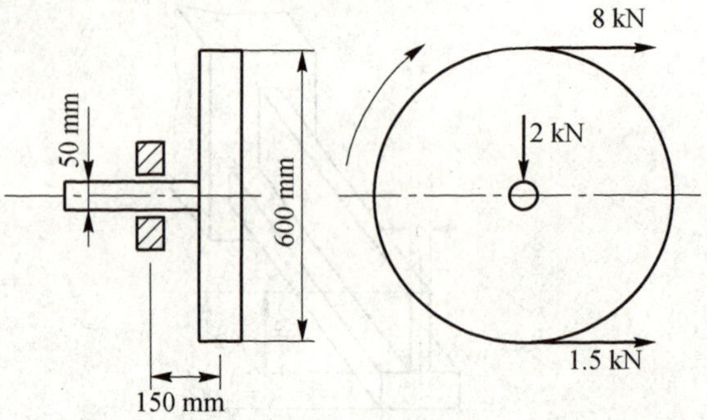

图 2-188 皮带轮

任务六 细长压杆稳定性分析

任务描述

简易吊车臂如图 2-189 所示，两端铰接的杆 AB 由钢管制成，材料为 Q235 钢，其强度许用应力$[\sigma]=140$ MPa，在杆端 D 受到大小为 20 kN 向下的集中力作用。试校核杆 AB 的稳定性。

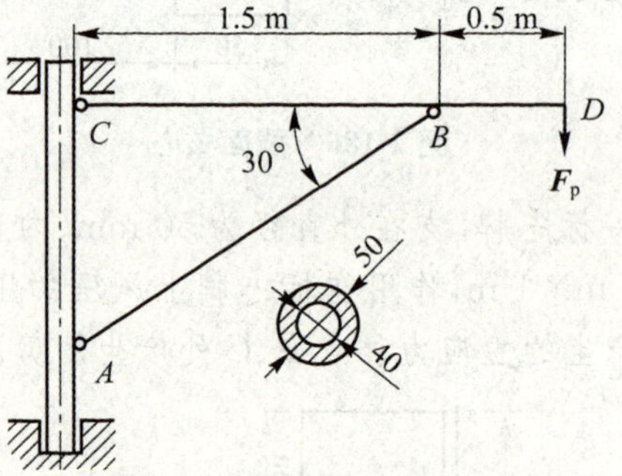

图 2-189 简易吊车臂结构图

任务分析

掌握细长压杆稳定性的校核步骤。

知识准备

一、压杆稳定性和临界力的概念

前面讨论了杆件的强度和刚度问题。在工程实际中，构件除了因强度、刚度不够而不能正常工作之外，还有一种破坏形式就是失稳现象。构件的失稳往往是突然发生的，因而其危害性也较大。

如图 2-190 所示某矩形截面木质细长杆，横截面尺寸为 3×0.5 cm^2，如果其轴向抗压强度为 $\sigma_c = 4$ MPa，承受轴向压力。则将它压坏所需荷载大小 $F_1 = \sigma_c A = 6$ kN，但是根据实验所测，当载荷逐步由零增加到 $F_2 = 27.8$ N 时，杆件就会由原来的直线平衡形式突然产生较大的弯曲变形而丧失工作能力，此时 $F_2 \ll F_1$。这说明细长压杆的承载能力并不取决于其轴向压缩的抗压强度，而是与受压时突然变弯有关。又如受均匀压力的薄圆环，当压力超过一定数值时，圆环将不能保持圆对称的平衡形式，而突然变为非圆对称的平衡形式等。

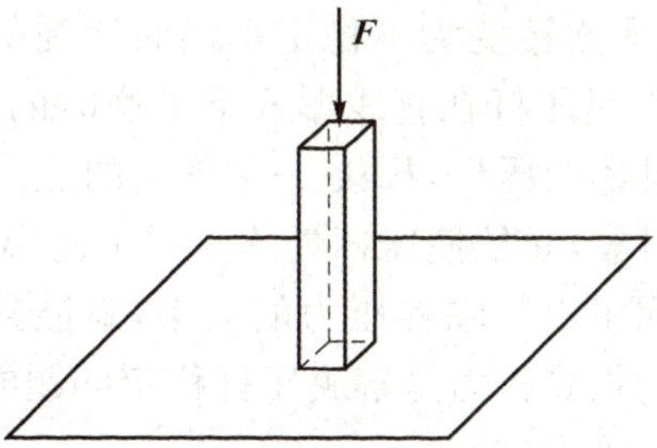

图 2-190 矩形截面细长杆受力失稳现象

视频
压杆稳定性和临界力

工程中各种关于平衡形式的突然变化统称为稳定失效，简称失稳或屈曲。工程中的立柱、桁架中的压杆、薄壳结构及薄壁容器等，在压力过大时都可能发生失稳。对于受压细长杆，其失稳的典型现象是其轴线不能维持原有直线形式的平衡状态而突然变弯。压杆失稳，不仅使压杆本身失去了承载能力，而且会因局部构件的失稳而导致整个结构的破坏。

历史上曾多次发生因构件失稳而引起的重大事故。如 1907 年加拿大劳伦斯河上，跨度为 548 m 的奎拜克大桥，因压杆失稳导致整座大桥倒塌。因此，稳定问题在工程设计中占有重要地位。本任务主要研究中心受压直杆或柱的稳定问题。

1. 平衡的稳定性

稳定和不稳定是对物体的平衡性质而言。任何物体的平衡状态都有稳定和不稳定状态的区别。

例如，图 2-191(a)所示处于凹面的球体，其平衡是稳定的，当球受到微小干扰偏离其平衡位置后，经过几次摆动它会重新回到原来的平衡位置，回到原来的状态，称为稳定平衡。图 2-191(c)所示处于凸面的球体，当球受到微小干扰，它将偏离其平衡位置而不再恢复原位，故该球的平衡是不稳定的称为不稳定平衡。图 2-191(b)所示处于平面上的球体，当球受到微小干扰，它将偏离原来平衡位置，但运动一段距离后会在新的位置上平衡，故该球的平衡是从稳定平衡到不稳定平衡之间的临界状态称为随遇平衡。

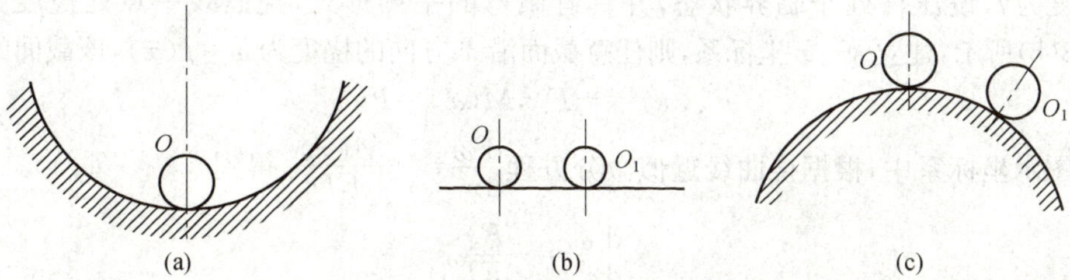

图 2-191 平衡状态分析示例

2. 弹性压杆稳定平衡的临界力

例如，如图 2-192(a)所示下端固定、上端自由的中心受压直杆，外力作用线方向与轴线重合，当压力 F 小于某一临界值 F_{cr} 时，杆件的轴线保持直线，其平衡形式是稳定的。此时杆件若受到某种微小干扰，它将偏离直线平衡位置，当干扰撤除后，杆件又回到原来的直线平衡位置。但当压力 F 超过临界值 F_{cr} 时，撤除干扰后，杆件不再回到直线平衡位置，而在弯曲形式下保持平衡，如图 2-192(b)所示，这表明原有的直线平衡形式是不稳定的。使中心受压直杆的直线平衡形式，由稳定平衡转变为不稳定平衡时所受的轴向压力，称为临界载荷，或称为临界压力，用 $\boldsymbol{F}_{cr}$ 表示。$\boldsymbol{F}_{cr}$ 是压杆在直线形式下平衡时的最大压力，也是微弯状态下平衡时的最小压力。对于一个具体的压杆，F_{cr} 是一个确定的值。

为了保证压杆工作安全可靠，必须使压杆处于直线平衡形式，因而压杆是以临界力作为其极限承载能力的。判断实际压力与临界压力的关系，就能判定该压杆所处的平衡状态是否稳定。可见设法求出压杆的临界压力是解决压杆稳定问题的关键。

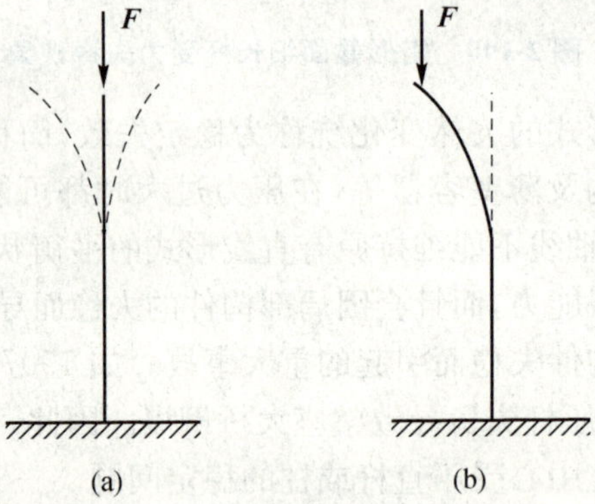

图 2-192　临界压力分析

二、不同支承条件下细长压杆的临界力

1. 两端铰支细长压杆的临界力

实验表明，压杆的临界力与压杆两端的支承情况有关。实际上根据压杆失稳是由直线平衡形式转变为弯曲平衡形式的这一重要概念，可以知道，凡是影响弯曲变形的因素，如截面的抗弯刚度 EI，杆件长度 l 和两端的约束情况，都会影响压杆的临界压力。下面首先以两端铰支压杆为例，求其 F_{cr}。设两端铰支中心受压的等截面细长直杆如图 2-193(a)所示。

长度为 l，设压杆处于临界状态，并具有微弯的平衡形式，挠曲线中点处挠度为 δ。如图 2-193(b)所示，建立 $y—x$ 坐标系，则任意截面沿 x 方向的挠度为 $\omega=f(x)$，该截面的内力

$$F_N(x)=-F_{cr}, M(x)=F_{cr}\omega \tag{2-97}$$

在图示坐标系中，根据挠曲线近似微分方程 $\dfrac{d^2\omega}{dx^2}=-\dfrac{M(x)}{EI}$，得到

$$\frac{d^2\omega}{dx^2}=-\frac{F_{cr}}{EI}\omega \tag{2-98}$$

令 $k^2=\dfrac{F_{cr}}{EI}$，得微分方程

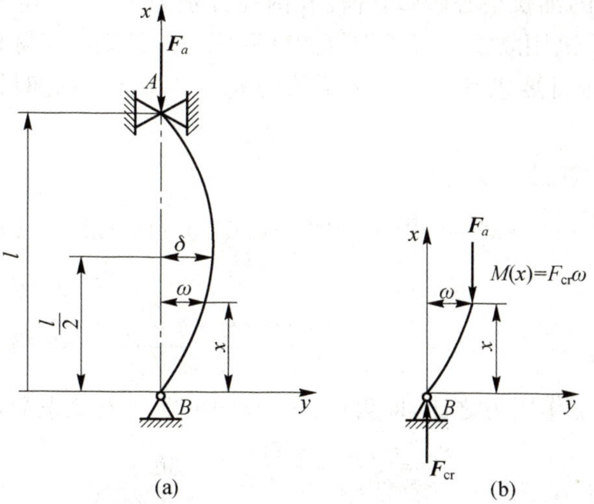

图 2-193　两端铰支中心受压的等截面细长直杆临界状态分析

$$\frac{d^2\omega}{dx^2}+k^2\omega=0 \tag{2-99}$$

此方程的通解为　　$\omega=A\sin kx+B\cos kx$（A、B、k 是 3 个待定常数）　　(2-100)

利用杆端的约束条件，由 $x=0$ 时 $\omega=0$，得 $B=0$，可知压杆的挠曲线为正弦函数

$$\omega=A\sin kx \tag{2-101}$$

由 $x=\frac{l}{2}$ 时 $\omega=\delta$，得

$$A=\frac{\delta}{\sin(kl/2)}$$

最后由 $x=l$ 时 $\omega=0$，得 $\cos(kl/2)=0$，则

$$\frac{kl}{2}=\frac{n\pi}{2}(n=1,3,5,\cdots\cdots)$$

其最小解为 $n=1$ 时的解，故

$$kl=\sqrt{\frac{F_{cr}}{EI}}l=\pi \tag{2-102}$$

故有

$$F_{cr}=\frac{\pi^2 EI}{l^2} \tag{2-103}$$

式(2-103)即为两端铰支等截面细长中心受压杆 F_{cr} 的计算公式，称为欧拉公式。

下面讨论几个主要的问题。

(1)压杆总是在抗弯能力最弱的纵向平面内首先失稳，因此欧拉公式中 I 值应取压杆横截面的 I_{min}。

(2)导出欧拉公式时，用变形以后的位置计算弯矩，这里不再使用原始尺寸，这是稳定问题在处理方法上与以往不同的地方。

(3)在 $\boldsymbol{F}_{cr}$ 作用下，$kl=n\pi$，令 $n=1$，$k=\frac{\pi}{l}$，代入解得 $\omega=\delta\sin\frac{\pi x}{l}$，因此可以看出挠曲线是半波正弦曲线。

例 2-50 一钢制的细长空心圆管，外径和内径分别为 12 mm 和 10 mm，杆长 380 mm，钢材的 $E=210$ GPa。试用欧拉公式求钢管的临界压力。已知在实际使用时，其承受的工作压力 $\boldsymbol{F}=2\ 250$ N，按设计要求其稳定安全系数为 $n_{st}=3$，试校核此时钢管的稳定性(圆管两端约束作铰支考虑)。

解：钢管横截面的惯性矩

$$I=\frac{\pi}{64}(D^4-d^4)=\frac{\pi}{64}(0.012^4-0.01^4)=0.052\ 7\times10^{-8}\ \text{m}^4$$

由欧拉公式有

$$F_{cr}=\frac{\pi^2 EI}{l^2}=\frac{\pi^2\times210\times10^9\times0.052\ 7\times10^{-8}}{(0.38)^2}=7\ 564\ \text{N}$$

临界压力与实际工作压力之比，即为压杆工作时的实际安全系数，故

$$n=\frac{F_{cr}}{F_{min}}=\frac{7\ 564}{2\ 250}=3.36$$

因为规定的安全系数 $n_{st}=3$，而实际工作安全系数 $n=3.36$，所以钢管满足稳定性要求。

2. 其他支承条件下细长压杆的临界力

对于在其他支承条件下的细长压杆，其临界压力也可以仿照上述同样的方法来确定，它们之间的区别只是在于挠曲线的近似微分方程和相应的边界条件的不同。限于篇幅这里不再一一推导。

综合起来，欧拉公式的一般形式为

$$F_{cr}=\frac{\pi^2 EI}{(\mu l)^2} \tag{2-104}$$

式中，μl 称为相当长度(m)。其中 μ 为长度系数，它反映了约束情况对临界载荷的影响。不同的杆端约束情况有不同的长度系数。两端铰支时，$\mu=1$；一端固定、一端铰支时，$\mu\approx0.7$；两端固定时，$\mu=0.5$；一端固定、一端自由时，$\mu=2$。

由此可知，杆端的约束愈强，则 μ 值愈小，压杆的临界压力愈高，压杆就越不易失稳；杆端的约束愈弱，则 μ 值愈大，压杆的临界压力愈低，压杆就越容易失稳。各种支承情况下等截面细长压杆的临界力公式如表 2-5 所示。

表 2-5 各种支承情况下等截面细长压杆的临界力公式

支承情况	两端固定	一端固定一端铰支	两端铰支	一端固定一端自由
杆端支撑情况	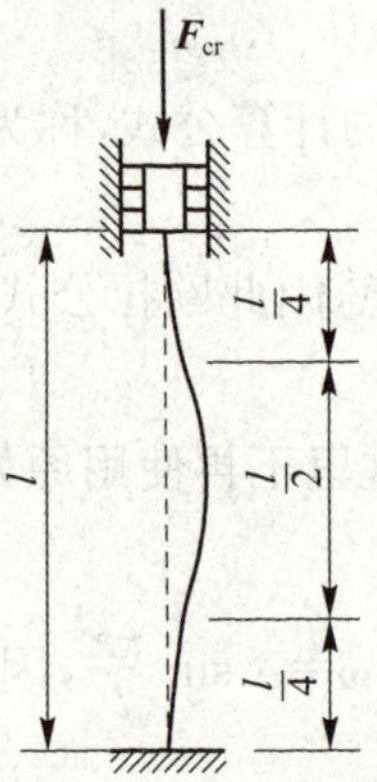	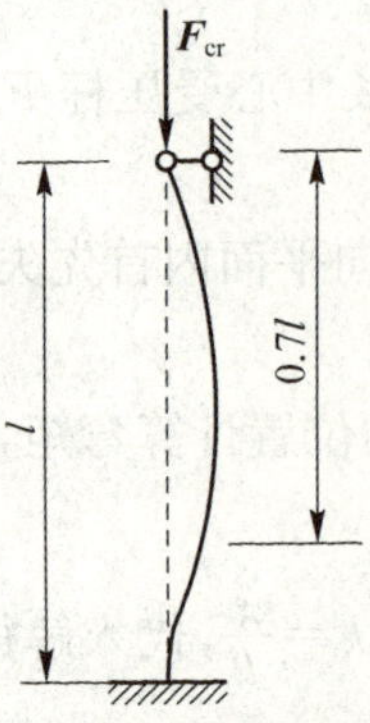	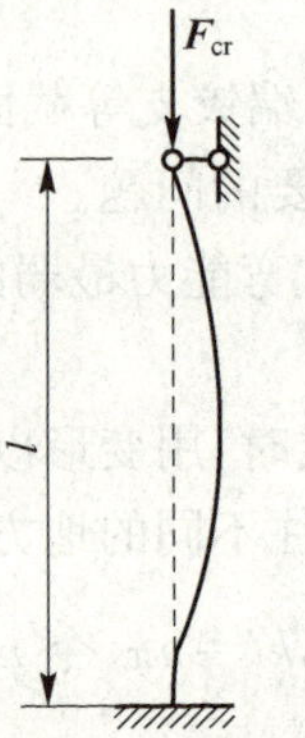	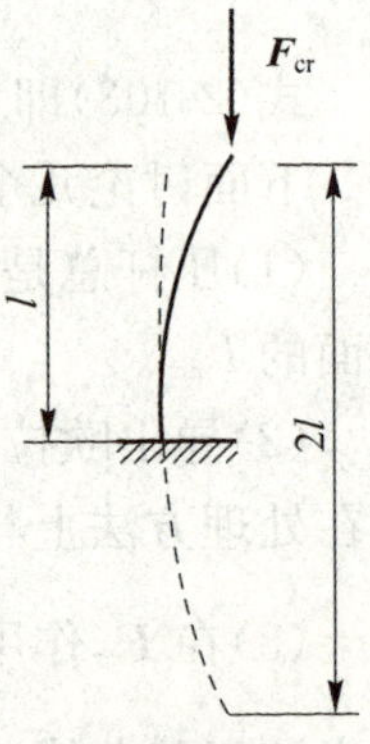

续表

支承情况	两端固定	一端固定一端铰支	两端铰支	一端固定一端自由
临界力 F_{cr}/N	$F_{cr}=\frac{\pi^2 EI}{(0.5l)^2}$	$F_{cr}=\frac{\pi^2 EI}{(0.7l)^2}$	$F_{cr}=\frac{\pi^2 EI}{l^2}$	$F_{cr}=\frac{\pi^2 EI}{(2l)^2}$
相当长度 μl/m	$0.5l$	$0.7l$	l	$2l$
长度系数 μ	0.5	0.7	1	2

由以上可以看出，压杆的临界压力与其挠曲线形状是有联系的，将它们的挠曲线形状与两端铰支压杆的挠曲线形状加以比较，可以求出它们的临界压力，这就是用几何类比的方法求临界压力。需要指出的是，欧拉公式的推导中应用了弹性小挠度微分方程，因此公式只适用于弹性稳定问题。另外上述各种 μ 值都是对理想约束而言的，实际工程中的约束往往是比较复杂的。例如，杆端与其他弹性构件固接的压杆，由于弹性构件也将发生变形，所以，压杆的端截面就是介于固定支座和铰支座之间的弹性支座。此外压杆上的载荷也有多种形式，例如，压力可能沿轴线分布而不是集中于两端。这些情况可用不同的长度系数 μ 来反映，这些系数的值可查阅相关资料。

此外，在各平面内弯曲约束都相同的情况下，失稳必发生在刚度小的平面内。若各平面内弯曲杆的弯曲刚度都相同，失稳必发生在约束最弱的平面内。

三、不同压杆的临界应力计算

1. 临界应力和柔度的概念

实际上，欧拉公式只有在弹性范围内才是适用的。为了判断压杆失稳时是否处于弹性范围，以及超出弹性范围后临界压力的计算问题，引入临界应力及柔度的概念。

微课

临界应力 长细比 临界应力总图

压杆在临界压力作用下，其在直线平衡位置时横截面上的应力称为临界应力，用 σ_{cr} 表示。压杆在弹性范围内失稳时，当压力达到临界压力时压杆横截面上的临界应力为

$$\sigma_{cr}=\frac{F_{cr}}{A}=\frac{\pi^2 E}{(\mu l)^2}\cdot\frac{I}{A} \tag{2-105}$$

如果把压杆横截面的惯性矩 I 写成

$$I=i^2 A$$

式中，i 为压杆横截面对中性轴的惯性半径(m)。于是临界应力可以写成

$$\sigma_{cr}=\frac{\pi^2 E}{(\mu l)^2}\cdot i^2=\frac{\pi^2 E}{\left(\frac{\mu l}{i}\right)^2} \tag{2-106}$$

即

$$\lambda=\frac{\mu l}{i} \tag{2-107}$$

显然 λ 是一个量纲为 1 的数，称其为压杆的长细比(或称柔度)。它集中反映了压杆的长度、约束条件、截面尺寸和形状等因素对临界应力 σ_{cr} 的影响。由于引用了柔度 λ，故临界应力的计算公式可以写成

$$\sigma_{cr}=\frac{\pi^2 E}{\lambda^2} \tag{2-108}$$

比较式(2-106)和式(2-108)，两者只是形式上有不同，并无本质上的差别。

2. 欧拉公式适用范围

由于欧拉公式是由杆件弯曲变形时挠曲线的近似微分方程$\frac{d^2\omega}{dx^2}=-\frac{M(x)}{EI}$导出的，而这个微分方程只有在小变形和材料服从胡克定律的前提下才成立。所以只有当压杆的临界应力 σ_{cr} 小于或等于材料的比例极限 σ_p 时，式(2-106)和式(2-108)才是正确的。即当$\sigma_{cr}\leqslant\sigma_p$ 时，欧拉公式才能适用。于是

$$\sigma_{cr}=\frac{\pi^2 E}{\lambda^2}\leqslant\sigma_p \text{或} \lambda\geqslant\pi\sqrt{\frac{E}{\sigma_p}}$$

引入

$$\lambda_p=\pi\sqrt{\frac{E}{\sigma_p}} \tag{2-109}$$

则欧拉公式的适用条件可写为

$$\lambda\geqslant\lambda_p \tag{2-110}$$

满足 $\lambda\geqslant\lambda_p$ 的压杆称为细长压杆或大柔度压杆。

只有当压杆为大柔度压杆时，用欧拉公式求得的临界力才是适用的。为了直观地表示欧拉公式的适用范围，可以画出临界应力 σ_{cr} 与压杆柔度 λ 的关系曲线，称为欧拉临界应力曲线，如图 2-194 所示，虚线为欧拉公式不适用的范围，实线为欧拉公式适用的范围。

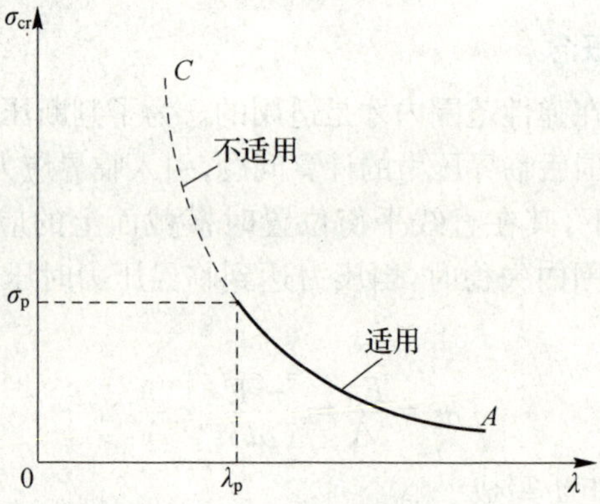

图 2-194 欧拉临界应力曲线

以上介绍的临界应力的欧拉公式仅适用于大柔度杆，接下来讨论中小柔度杆的临界应力计算问题。

3. 超出比例极限时压杆的临界应力

当压杆 $\lambda<\lambda_p$ 时，称为非细长压杆(中小柔度压杆)。此时，欧拉公式不再适用。这时的临界应力 σ_{cr} 就大于材料的比例极限 σ_p，属于临界应力超出比例极限的压杆稳定问题。工程中解决这类压杆问题，主要是使用以试验数据为基础的经验公式，下面介绍直线公式和抛物线公式。

1)直线公式

直线公式，即把临界应力 σ_{cr} 与压杆柔度 λ 表示为以下的直线关系

$$\sigma_{cr}=a-b\lambda \tag{2-111}$$

式中，a、b 是与材料性质有关的常数。例如由 A3 钢制成的压杆，$a=304$ MPa，$b=1.12$ MPa。

当压杆的临界应力 σ_{cr} 大于材料的破坏应力时，压杆就会因强度不足而发生破坏，不存在稳定性问题，只需按压缩强度计算。这样在应用直线公式计算时，柔度 λ 必然有一个最小临界值，对于塑性材料，破坏应力就是屈服极限 σ_s，所以

$$\sigma_{cr}=a-b\lambda\leqslant\sigma_s \tag{2-112}$$

即

$$\lambda\geqslant\frac{a-\sigma_s}{b} \tag{2-113}$$

令

$$\lambda_s=\frac{a-\sigma_s}{b}$$

式中，λ_s 为直线公式中柔度的最小界限值，是与屈服极限相应的柔度值，显然 λ_s 与材料有关。通常把 $\lambda_s<\lambda<\lambda_p$ 的压杆称为中长压杆（或中柔度压杆），$\lambda<\lambda_s$ 的压杆称为粗短压杆（或小柔度压杆），粗短压杆的临界应力 $\sigma_{cr}=\sigma_s$。表 2-6 列出了几种常用材料的 a、b、λ_p 和 λ_s 的数值。

表 2-6　常用材料的 a、b、λ_p 和 λ_s

材　料	a / MPa	b / MPa	λ_p	λ_s
Q235 钢 $\sigma_s=235$ MPa	304	1.12	105	61.4
优质碳钢 $\sigma_s=306$ MPa	460	2.567	100	60
硅钢 $\sigma_s=353$ MPa	578	3.744	100	60
铬钼钢	981	5.296	55	—
灰铸钢	332	1.454	80	—
强铝	373	2.143	50	—
松木	39.2	0.199	59	—

2）抛物线公式

在我国钢结构规范中也有采用抛物线经验公式的，它将临界应力 σ_{cr} 与柔度 λ 表示为以下关系

$$\sigma_{cr}=\sigma_s\left[1-a\left(\frac{\lambda}{\lambda_c}\right)^2\right],\lambda<\lambda_c \tag{2-114}$$

式中，a 是与材料有关的常数，对于 Q215、Q235 钢和 16Mn 钢，$a=0.34$；λ_c 是一个与材料有关的临界柔度值，可以查阅相关的设计规范。

4. 临界应力总图

不同柔度压杆的临界应力与柔度之间的关系曲线称为临界应力总图。如图 2-195(a)和图 2-195(b)分别对应于直线公式和抛物线公式的压杆的临界应力总图，该图表示了临界应力随柔度 λ 的变化规律。

例 2-51　两端球铰支的 20a 号工字钢梁，长 3 m，材料为 Q235 钢，$\lambda_p=100$，承受轴向压力 $F=400$ kN，$E=200$ GPa，$[\sigma]=160$ MPa。问此杆是否安全。

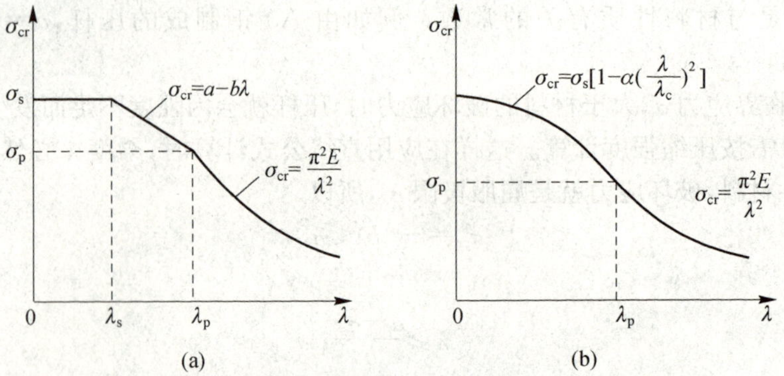

图 2-195　临界应力总图

解:(1)强度计算。由型钢表查得 20a 号工字钢的横截面积 $A=35.5\ \mathrm{cm}^2$,最小惯性半径 $i_{\min}=21.2$ mm。根据强度条件,杆内压应力为

$$\sigma=\frac{F}{A}=\frac{400\times10^3}{35.5\times10^{-4}}\ \mathrm{Pa}=113\ \mathrm{MPa}<[\sigma]$$

因此从强度方面来说,该杆件是安全的。

(2)稳定性计算。由于杆件两端均为铰支,即 $\mu=1$,因而

$$\lambda=\frac{\mu l}{i_{\min}}=\frac{1\times3\times10^3}{21.2}=142$$

已知 Q235 钢 $\lambda_p=100$,故压杆 $\lambda>\lambda_p$,为大柔度杆,由欧拉公式计算临界应力为

$$\sigma_{cr}=\frac{\pi^2E}{\lambda^2}=\frac{\pi^2\times200\times10^3}{(142)^2}\ \mathrm{MPa}=98\ \mathrm{MPa}$$

工作应力大于临界应力,因而压杆将由于失稳而破坏,故此杆不安全。

例 2-52　已知千斤顶最大承重量 $F=150$ kN,丝杠的内径 $d_1=52$ mm,长度 $l=500$ mm,材料为 Q235 钢。丝杠工作时可以认为下端固定、上端自由。试求如图 2-196 所示千斤顶丝杠的工作安全系数。

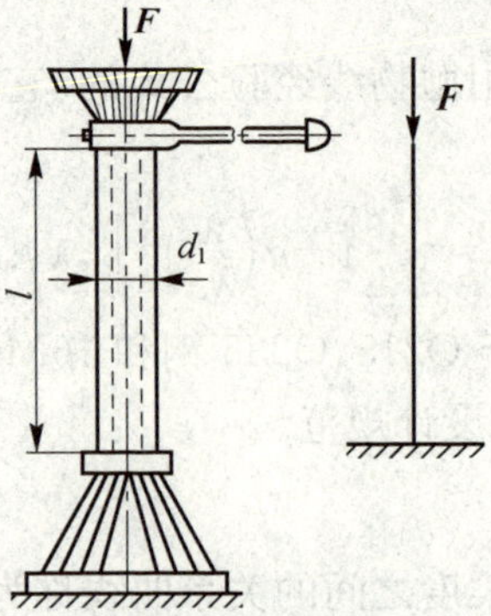

图 2-196　千斤顶受力图

解:由柔度计算公式 $\lambda=\frac{\mu l}{i}$,根据支座条件 $\mu=2$,$i=\frac{d_1}{4}$,得

$$\lambda=\frac{2\times500}{\frac{52}{4}}\approx77$$

Q235 钢的 λ_p 约等于 100，λ_s 约等于 64，由于 $\lambda_s<\lambda<\lambda_P$，故按经验公式计算临界应力。查表 2-6 得

$$\sigma_{cr}=a-b\lambda=304\ \text{MPa}-1.12\times77\ \text{MPa}=218\ \text{MPa}$$

$$F_{cr}=\sigma_{cr}A=218\times\frac{\pi}{4}\times52^2\ \text{N}=463\ \text{kN}$$

故工作安全系数为

$$n=\frac{F_{cr}}{F}=\frac{463}{150}=3.09$$

四、压杆稳定性计算

前面的内容已初步涉及压杆的稳定性计算。下面根据工程上通用的进行压杆稳定计算的两种主要方法再作具体说明。

1. 安全系数法

为了保证压杆能够安全地工作，要求压杆承受的压力 **F** 应满足下面的条件

$$F\leqslant\frac{F_{cr}}{n_{st}} \tag{2-115}$$

将上式两边同时除以横截面面积 A，得到压杆横截面上的应力 σ 应满足的条件

$$\sigma=\frac{F}{A}\leqslant\frac{\sigma_{st}}{n_{st}}=[\sigma_{st}] \tag{2-116}$$

式中，n_{st} 为稳定安全因数；$[\sigma_{st}]$ 为稳定许用应力。

式(2-115)和式(2-116)称为压杆的稳定条件。

稳定安全因数 n_{st} 的取值除考虑在确定强度安全因数时的因素外，还应考虑实际压杆存在杆轴线的初始曲率、压力的偏心和材料的不均匀等因素。这些因素将使压杆的临界应力显著降低，对压杆稳定的影响较大，并且压杆的柔度越大，影响也越大。但是，这些因素对压杆强度的影响就不那么显著。因此，稳定安全因数 n_{st} 的取值一般大于强度安全系数 n，并且随柔度 λ 而变化。例如，钢压杆的强度安全因数 $n=1.4\sim1.7$，而稳定安全因数 $n_{st}=1.8\sim3.0$，甚至更大。常用材料制成的压杆在不同工作条件下的稳定安全因数 n_{st} 的值，可查阅有关的设计手册。表 2-7 给出了几种常见压杆的稳定安全因数。

表 2-7　几种常见压杆的稳定安全因数

实际压杆	金属结构中的压杆	矿冶设备中的压杆	机床丝杠	精密丝杠	水平长丝杠	磨床油缸活塞杆	高速发动机挺杆
n_{st}	1.8～3.0	4～8	2.5～4	>4	>4	2～5	2～5

利用压杆的稳定条件式(2-115)或式(2-116)，可以解决压杆的稳定校核、截面尺寸设计和确定许用载荷等三类稳定计算问题。这样进行压杆稳定计算的方法称为安全系数法。采用安全系数法进行稳定计算，在例 2-50 与例 2-52 中已经接触到了。下面列出其一般具体步骤。

(1)根据压杆的实际尺寸及支承情况，计算出压杆各个弯曲平面的柔度 λ，从而确定 λ_{max}。

(2)根据 λ_{max}，确定计算压杆临界应力的具体公式，并计算出临界应力。

(3)利用上述稳定条件进行稳定计算。

2. 折减系数法

工程中为了简便起见，对压杆的稳定计算还常采用另一种方法——折减系数法。即将材料的许用应力$[\sigma]$乘以一个折减系数φ，作为压杆的许用临界应力$[\sigma_{cr}]$，即

$$[\sigma_{cr}]=\varphi[\sigma] \tag{2-117}$$

式中，φ是一个小于1的系数，称为折减系数，φ随λ而变。几种常用材料的折减系数φ列于表2-8中。对于木材也可以由树种的强度等级计算木制压杆的折减系数。表2-9为树种强度等级分类，表2-10为木制压杆折减系数φ的计算公式。

表 2-8 常用材料的折减系数 φ

$\lambda=\frac{\mu l}{i}$	φ			
	Q235 钢	16Mn 钢	铸铁	木材
0	1.000	1.000	1.00	1.00
10	0.995	0.993	0.97	0.99
20	0.981	0.973	0.91	0.97
30	0.958	0.940	0.81	0.93
40	0.927	0.895	0.69	0.87
50	0.888	0.840	0.57	0.80
60	0.842	0.776	0.44	0.71
70	0.789	0.705	0.34	0.60
80	0.731	0.627	0.26	0.48
90	0.669	0.546	0.20	0.38
100	0.604	0.462	0.16	0.31
110	0.536	0.384	—	0.26
120	0.466	0.325	—	0.22
130	0.401	0.279	—	0.18
140	0.349	0.242	—	0.16
150	0.306	0.213	—	0.14
160	0.272	0.188	—	0.12
170	0.243	0.168	—	0.11
180	0.218	0.151	—	0.10
190	0.197	0.136	—	0.09
200	0.180	0.124	—	0.08

表 2-9 树种强度等级分类

代号	常见树种	抗剪强度/MPa
TC17	柏木、东北落叶松等	17
TC15	红杉、云杉等	15
TC13	红松、马尾松等	13
TC11	西北云杉、冷杉等	11
TB20	栎木、桐木等	20
TB17	水曲柳等	17
TB15	栲木、桦木等	15

表 2-10　木制压杆折减系数 φ 的计算公式

树种强度等级代号	由柔度 λ 分段求 φ 的公式
TC17，TC15，TB20	$\varphi=\begin{cases}\dfrac{1}{1+\left(\dfrac{\lambda}{80}\right)^2} & (\lambda\leqslant 75)\\ \dfrac{3\ 000}{\lambda^2} & (\lambda>75)\end{cases}$
TC13，TC11，TB17，TB15	$\varphi=\begin{cases}\dfrac{1}{1+\left(\dfrac{\lambda}{65}\right)^2} & (\lambda\leqslant 91)\\ \dfrac{2\ 800}{\lambda^2} & (\lambda>91)\end{cases}$

对于柔度为表中两相邻 λ 值之间的 φ，可由直线内插法求得。由于考虑了杆件的初始曲率和载荷偏心的影响，即使对于粗短杆，仍应在许用应力中考虑折减系数 φ。在土建工程中，一般按稳定安全系数法进行稳定计算。

还应指出，在压杆计算中，有时会遇到压杆局部有截面被削弱的情况，如杆上有开孔或切槽等。由于压杆的临界压力是从研究整个压杆的弯曲变形来决定的，局部截面的削弱对整体变形影响较小，故稳定计算中仍用原有的截面几何量。但强度计算是根据危险点的应力进行的，故必须对削弱了的截面进行强度校核，即

$$\sigma=\frac{F}{A_n}\leqslant[\sigma] \tag{2-118}$$

式中，A_n 是横截面的净面积（m^2）。

例 2-53　图 2-197 所示为一用 20a 号工字钢制成的压杆，材料为 Q235 钢，$E=200$ GPa，$\sigma_p=200$ MPa，压杆长度 $l=5$ m，$F=200$ kN。若 $n_{st}=2$，试校核压杆的稳定性。

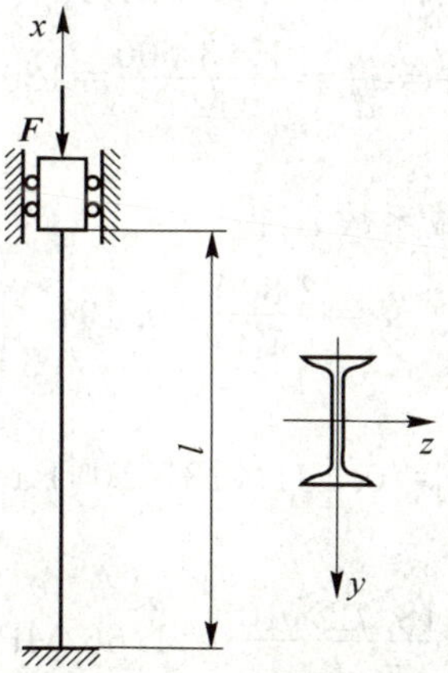

图 2-197　工字钢压杆

解：(1)计算 λ。经查得 $i_y=2.12$ cm，$i_z=8.51$ cm，$A=35.5$ cm²。压杆在 I 最小的纵向平面内抗弯刚度最小，柔度最大，临界应力将最小。因而压杆失稳一定发生在压杆 λ_{max} 的纵向平面内。

$$\lambda_{max}=\frac{\mu l}{i_y}=\frac{0.5\times 5}{2.12\times 10^{-2}}=113.6$$

$$\lambda_p=\pi\sqrt{\frac{E}{\sigma_p}}=\pi\sqrt{\frac{200\times10^9}{100\times10^6}}=99.3$$

因为 $\lambda_{max}>\lambda_p$，此压杆属于细长杆，可以运用欧拉公式计算临界应力。

(2)计算临界应力，校核稳定性。

$$\sigma_{cr}=\frac{\pi^2E}{\lambda_{max}^2}=\frac{\pi^2\times200\times10^3}{117.9^2}\text{ MPa}=142\text{ MPa}$$

$$F_{cr}=A\sigma_{cr}=35.5\times10^{-4}\times142\times10^6\text{ N}=504.1\text{ kN}$$

$$n=\frac{F_{cr}}{F}=\frac{504.1}{200}=2.52>n_{st}$$

所以此压杆稳定。

例 2-54 一木屋架如图 2-198 所示，其中杆 AB 的长度 $l_{AB}=3.6$ m，两端都可以看作铰接，压杆 AB 的轴向压力 $F_N=18.72$ kN，材料为 TC13 红松，其顺纹许用压应力 $[\sigma]=13$ MPa，采用圆木，其平均直径 $d=120$ mm。试校核压杆 AB 的稳定性。

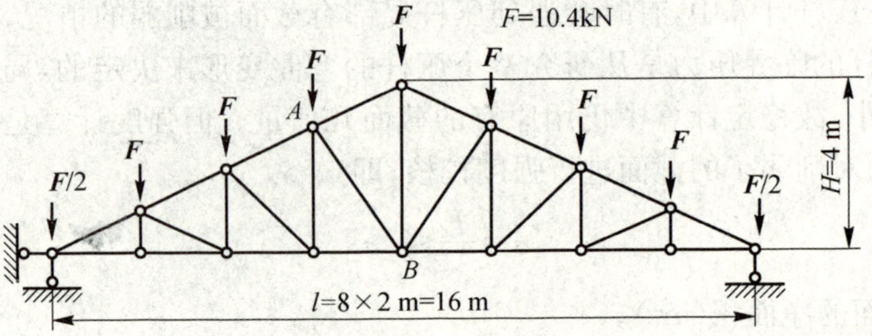

图 2-198 木屋架

解：因杆端可看作两端铰接，则杆 AB 的长细比为

$$\lambda=\frac{\mu l}{i}=\frac{\mu l}{\frac{d}{4}}=\frac{1\times3\,600}{\frac{120}{4}}=120>91$$

由表 2-10 计算 TC13 红松木的折减系数 φ，得

$$\varphi=\frac{2\,800}{\lambda^2}=0.194$$

则稳定许用应力为

$$[\sigma_{cr}]=\varphi[\sigma]=0.194\times13\times10^6\text{ Pa}=2.53\text{ MPa}$$

而 AB 的工作应力为

$$\sigma=\frac{F_N}{A}=\frac{18.72\times10^3}{\frac{\pi}{4}\times120^2}=1.66\text{ MPa}<[\sigma_{cr}]$$

因此 AB 满足稳定条件。

五、提高压杆稳定性的措施

每一根压杆都有一定的临界应力，临界应力越大，表示该压杆越不容易失稳。临界应力取决于压杆长度、截面形状和尺寸、杆端约束及材料的弹性模量等因素。因此为提高压杆稳定性，应从这些方面采取适当的措施。

1. 选择合理的截面形式

由临界应力公式 $\sigma_{cr}=\dfrac{\pi^2 E}{\lambda^2}$ 和经验公式 $\sigma_{cr}=a-b\lambda$ 或 $\sigma_{cr}=c-d\lambda^2$ 都可以看出，柔度越小，临界应力越高。由公式 $\lambda=\dfrac{\mu l}{i}=\mu l\sqrt{\dfrac{A}{I}}$ 来看，在压杆长度、约束以及横截面面积不变的情况下，增大惯性矩 I(或惯性半径 i)就能减小 λ，从而提高临界压力。此外，由于压杆的承载能力取决于最小的惯性矩 I_{min}，当压杆各个方向的约束条件相同时，使截面对两个形心主轴的惯性矩相等且尽可能大，是压杆选择合理截面的基本原则。在截面面积不变的情况下，可采用空心截面杆或采用型钢制成的组合截面杆。工程建筑物中的柱和桥梁桁架中的压杆常用这类截面。但是需要注意，不能过分追求增大 I 值而使空心截面杆壁太薄，这样容易引起局部失稳；也不能使组合截面中各型钢之间距离过大，在此种情况下，各型钢作为独立的压杆，由于存在局部失稳问题，稳定性反而降低。因此在工程中常用数量足够且尺寸较大的连接板(缀条)把分开放置的型钢连成一个整体，这样使局部和整体的稳定性尽可能接近。

2. 减小压杆的长度

减小压杆的长度，可使 λ 降低，从而提高了压杆的临界载荷。工程中为了减小柱子的长度，通常在柱子的中间设置一定形式的撑杆，它们与其他构件连接在一起后，对柱子形成支点，限制了柱子的弯曲变形，起到减小柱长的作用。对于细长杆，若在柱子中设置一个支点，则长度减小一半，而承载能力可增加到原来的 4 倍。

3. 改变压杆的支承条件

改变压杆的支承条件能直接影响临界力的大小。例如将长为 l 两端铰支的细长压杆，在其中点增设一个中间支座或把压杆的两端改为固定端，则相当长度就由原来的 $\mu l=l$ 变为了 $\mu l=l/2$，于是临界压力也由原来的 $F_{cr}=\dfrac{\pi^2 EI}{l^2}$ 变成 $F_{cr}=\dfrac{\pi^2 EI}{(l/2)^2}=\dfrac{4\pi^2 EI}{l^2}$，可见临界压力为原来的 4 倍。一般来说，增加压杆的约束，使压杆更不容易发生弯曲变形，就可以提高压杆的稳定性。

4. 合理选择材料

细长压杆临界应力的欧拉公式还与材料的弹性模量 E 有关。由于各种钢材的 E 值大致相等，所以对于细长压杆选用优质钢材或低碳钢，两者临界应力并无多大差别。对于中等柔度的压杆，无论是根据经验公式或是理论分析，都说明临界应力与材料的强度有关，优质钢材的选用在一定程度上可以提高临界应力的数值。至于柔度很小的粗短压杆，属于强度破坏问题，优质钢材的强度高，因此优质钢材优越性更加明显。

任务实施

解：(1)先求杆 AB 轴向压力。以杆件 CD 为研究对象，作受力图如图 2-199 所示。

由平衡方程有

$$\sum M_c(\boldsymbol{F}_i)=0,F\times 1\,500\times\sin 30°-2\,000F_p=0$$

得 $F=53.5$ kN。

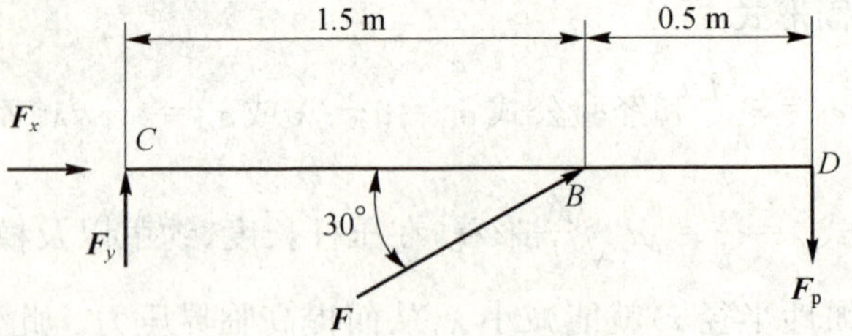

图 2-199 吊车臂杆 CD 受力图

(2)计算λ。

$$\lambda=\frac{\mu l}{i}=\frac{1\times\frac{1\ 500}{\cos 30^\circ}}{16}=108$$

(3)校核稳定性。据λ=108,由表 2-8 得折减系数 $\varphi=0.55$,则稳定许用应力为

$$[\sigma_{st}]=\varphi[\sigma]=0.55\times140\ \text{MPa}=77\ \text{MPa}$$

杆 AB 工作应力

$$\sigma=\frac{F}{A}=\frac{53.3\times10^3\ \text{N}}{\frac{\pi}{4}(50^2-40^2)\times10^{-6}\ \text{m}^2}=75.4\ \text{MPa}<[\sigma_{st}]$$

所以杆 AB 是稳定的。

思考与练习

一、简答题

1. 什么是压杆的稳定失效?
2. 什么是压杆的临界力和临界应力?
3. 常见的压杆杆端约束形式有哪几种?相应的长度系数为多少?
4. 欧拉公式适用于何种情况?
5. 压杆的惯性半径和柔度怎样确定?

二、分析计算题

1. 压杆具有如图 2-200 所示的不同截面形状。各截面面积相同,各杆长度及约束亦均相同,试按欧拉公式判断各杆稳定性的好坏。

2. 如图 2-201 所示三个压杆,其直径和材料皆相同。试判断哪一根能承受的压力最大,哪一根所承受的压力最小,若 $E=210$ GPa,$d=150$ mm。试求各杆的临界力。

3. 一端固定、一端自由的圆截面中心受压铸铁杆件,直径 $d=50$ mm,长度 $l=1$ m。若材料的弹性模量 $E=117$ GPa。试按欧拉公式计算其临界力。

4. 长 $l=1.2$ m,由等边角钢 100×100×10 制成的中心受压杆件,一端固定、一端自由,材料为 Q235 钢。若弹性模量 $E=200$ GPa。试求其临界力。

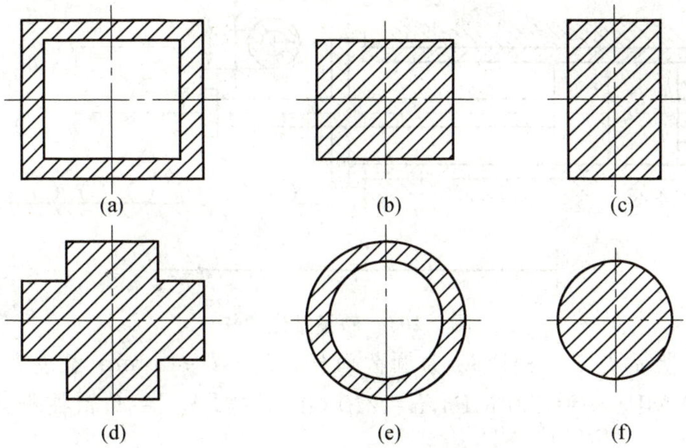

图 2-200　不同截面形状的杆

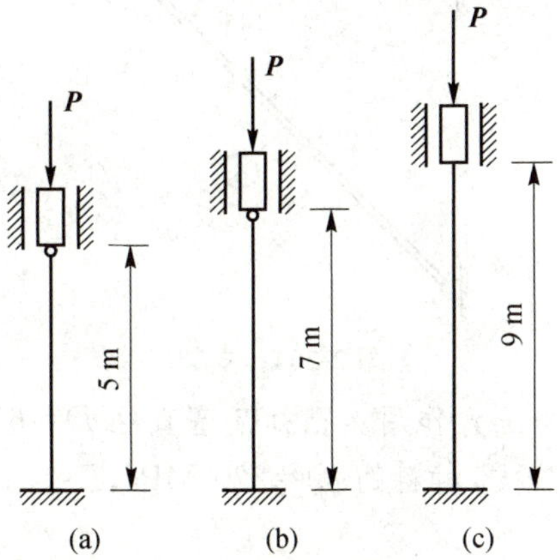

图 2-201　三个压杆

5. 如图 2-202 所示为某型号飞机起落架中承受轴向压力的斜撑杆(两端视为铰支)。杆为空心圆杆,外径 $D=52$ mm,内径 $d=44$ mm,长 $l=950$ mm。材料的 $\sigma_p=1\ 200$ MPa,$E=210$ GPa。试求斜撑杆的临界应力和临界力。

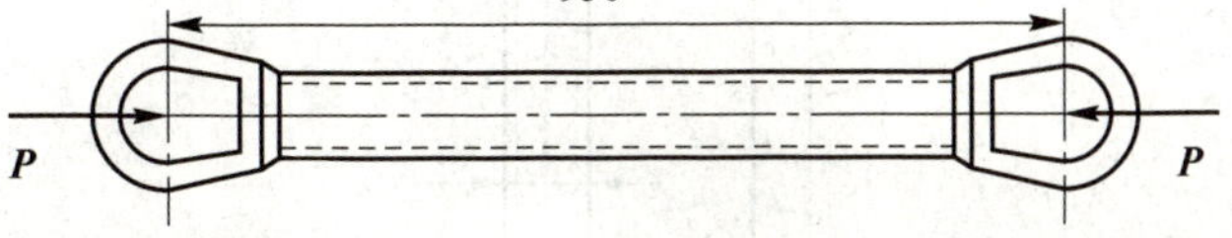

图 2-202　斜撑杆

6. 铸造用砂箱推送机构如图 2-203 所示。气缸内压强 $p=1.6$ MPa,气缸内径 $D_1=100$ mm。活塞杆为空心圆管,外径 $D=50$ mm,内径 $d=40$ mm,长 $l=1$ m。活塞杆材料为 Q275 钢,$\sigma_p=240$ MPa,$E=210$ GPa。若$[n_{st}]=4.5$,试校核活塞杆的稳定性。

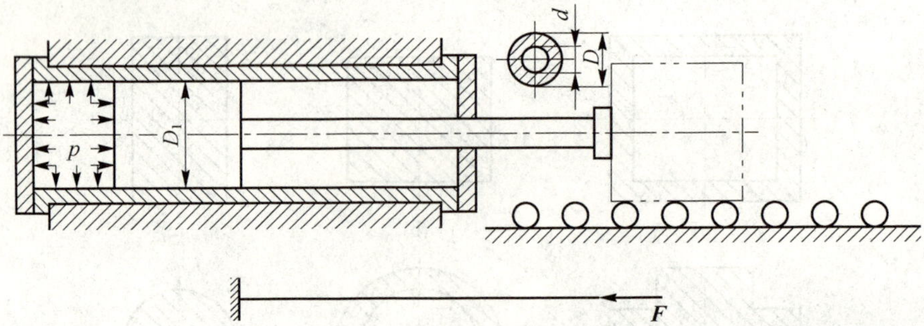

图 2-203　砂箱推送机构

7. 如图 2-204 所示支架，斜杆 BC 为圆截面杆，直径 $d=45$ mm、长度 $l=703$ mm，材料为优质碳钢，$\sigma_s=350$ MPa，$\sigma_p=280$ MPa，$E=210$ GPa。若 $[n_{st}]=4$，试按杆 BC 的稳定性确定支架的许可载荷。

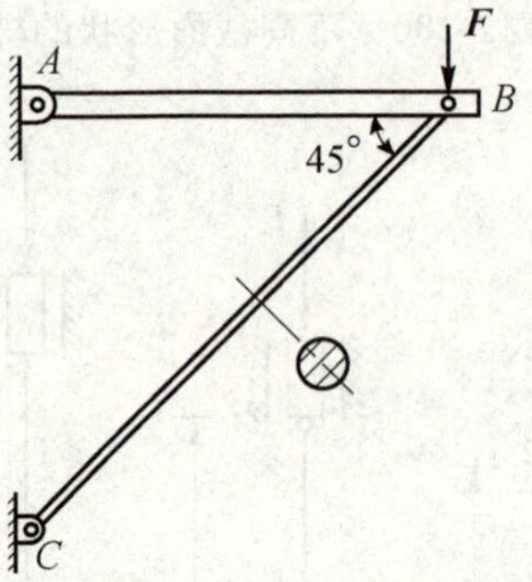

图 2-204　支架

8. 某油缸活塞杆承受轴向压力作用。已知活塞直径 $D=65$ mm，油压 $p=1.2$ MPa，活塞杆长 $l=1.25$ m，两端视为铰支，材料的 $\sigma_p=220$ MPa，$E=210$ GPa。若 $[n_{st}]=6$，试设计活塞杆的直径。

9. 螺旋千斤顶如图 2-205 所示。丝杠内径 $d=52$ mm，长度 $l=0.5$ m。材料为 Q235 钢，千斤顶起重量 $F=100$ kN。若 $[n_{st}]=3.5$，试校核丝杠的稳定性（按抛物线公式）。

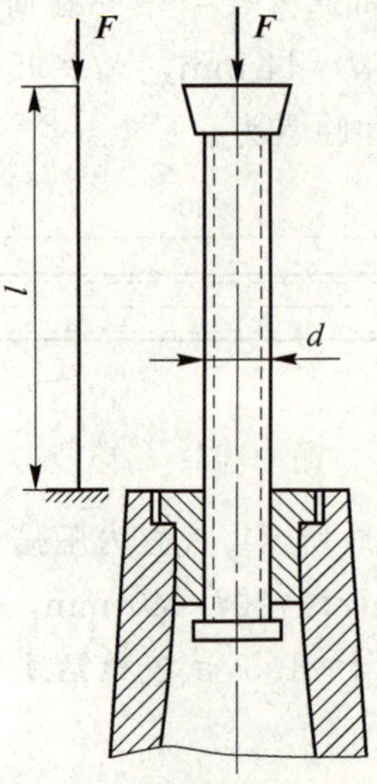

图 2-205　螺旋千斤顶

10. 长 $l=1.06$ m 的硬铝圆管，一端固定、一端铰支，承受的轴向压力 $F=7.6$ kN。材料的 $\sigma_p=270$ MPa，$E=70$ GPa。若 $[n_{st}]=2$，试按外径 D 与壁厚 δ 之比 $D/\delta=25$ 设计铝圆管的外径。

11. 两端铰支的圆截面中心受压杆，直径 $d=60$ mm，长度 $l=1.5$ m。材料为 16 Mn 钢，其强度许用应力 $[\sigma]=200$ MPa。若压杆所承受的轴向压力 $F=160$ kN。试校核该压杆的稳定性。

12. 中心受压杆一端固定、一端铰支，横截面为空心圆截面，外径 $D=200$ mm，内径 $d=100$ mm，长 $l=9$ m。材料为 Q235 钢，其强度许用应力 $[\sigma]=160$ MPa。试求该压杆的许可载荷。

13. 两端铰支的圆截面中心受压杆，长度 $l=2.2$ m，直径 $d=80$ mm，压力 $F=200$ kN，材料为 Q235 钢，其强度许用应力 $[\sigma]=160$ MPa。试求该压杆的稳定安全系数。

14. 如图 2-206 所示铰接杆结构，A 为固定端，B、C 均为铰接。若杆 AB 和杆 BC 可以各自独立发生弯曲变形（互不影响），两杆材料均为 Q235 钢，$\sigma_s=240$ MPa，$\sigma_p=200$ MPa，$E=200$ GPa。已知 $d=80$ mm，$a=70$ mm，$l=3$ m。若 $[n_{st}]=2.5$，试求该结构的最大许可轴向压力。

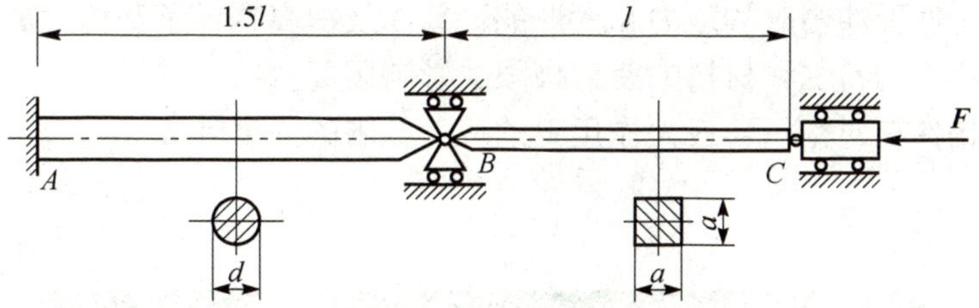

图 2-206 铰接杆

模块三 构件的运动及动力分析

学习目标

理解动载荷、动静法、动应力和疲劳极限的概念；
掌握用动静法求构件动应力的方法；
熟练掌握构件受冲击时的应力和变形的计算以及提高构件承载能力的方法；
掌握交变应力的特性和材料的疲劳极限的影响因素；
熟练掌握构件在对称循环应力作用下的疲劳极限的强度计算。

任务一 构件受冲击时的动力分析

任务描述

如图 3-1 所示，一长度 $l=20$ m 的 16 号工字钢，用横截面积 $A=108\ \text{mm}^2$ 的钢索起吊，以等加速度 $a=15\ \text{m/s}^2$ 上升，若只考虑工字钢的重量而不计吊索的自重，试求吊索的动压力，以及工字钢在危险点处的动应力 σ_{dmax}。欲使工字钢中的动应力最小，吊索的位置应该如何安置？

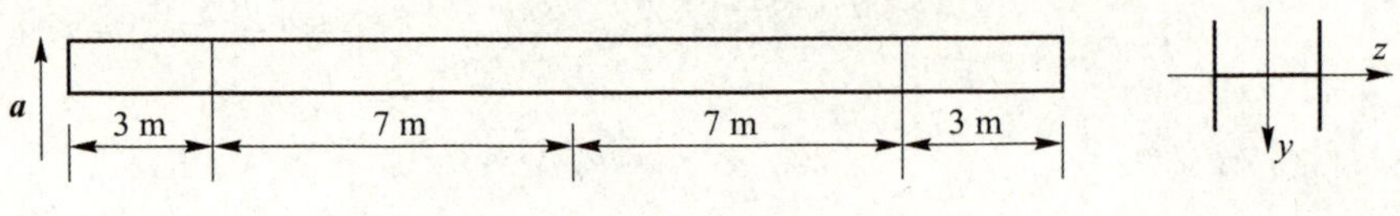

图 3-1 工字钢动力分析

任务分析

了解用动静法和能量法求解动应力的解题步骤。

知识准备

实验表明，在静载荷作用下服从胡克定律的材料，在动载荷作用下，只要动应力不超过材料的比例极限，胡克定律仍然适用，且弹性模量也与静载荷作用下的弹性模量数值相同。因此动载荷作用下的构件的应力和变形的计算，仍然可以采用静载荷下的计算工程，但需要考虑动载荷的效应作相应的修正。

本任务主要讨论采用动静法和能量法求做加速直线运动或者等速转动的构件和受到冲击载荷作用下的构件的动应力和变形的计算。

一、动载荷和动静法的基本概念

前面所讨论的都是构件在静载荷作用下的应力、应变和位移的计算。静载荷是指从零开始缓慢地增加到最终值就不再变化的载荷。在静载荷作用下，构件内各点的加速度很小，可以忽略不计。然而在工程实际问题中，常会遇到动载荷的问题。所谓的动载荷，就是随着时间变化而变化的载荷，以及做加速运动或者转动系统中构件的惯性力。

视频
动载荷及动静法

动静法又称达朗贝尔原理。在惯性参考系 $Oxyz$ 中，设一非自由质点的质量为 m，加速度为 a，在主动力 F、约束力 F_N 作用下运动。根据牛顿第二定律，有

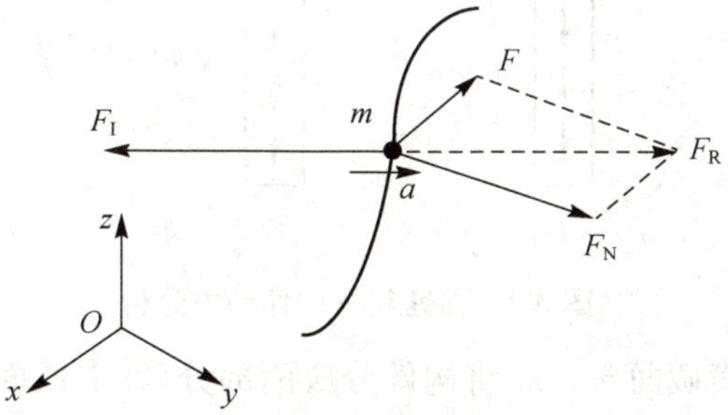

图 3-2 质点的惯性力与达朗贝尔原理

$$ma = F + F_N$$

若将上式左端的 ma 移至右端，则成为

$$F + F_N - ma = 0 \tag{3-1}$$

令

$$F_I = -ma$$

假想 F_I 是一个力，它的大小等于质点的质量与加速度的乘积，方向与质点加速度的方向相反。因其与质点的惯性有关，故称为达朗贝尔惯性力，简称惯性力。

于是，式(3-1)可以改写成

$$F + F_N + F_I = 0 \tag{3-2}$$

这一方程形式上是一静力学平衡方程。可见，由于引入了达朗贝尔惯性力，质点动力学问题转化为形式上的静力学平衡问题。

式(3-2)就是形式上的平衡方程的矢量形式。这表明，假想在运动的质点上加上惯性力 $F_I = -ma$，即可认为作用在质点上的主动力、约束力以及惯性力，在形式上组成平衡力系。

此即达朗贝尔原理，这样处理动力学的方法称为动静法。

应用上述方程时，除了要分析主动力、约束力外，还必须分析惯性力，并假想地加在质点上。其余过程与静力学完全相同。

值得注意的是，惯性力只是为了应用静力学方法求解动力学问题而假设的虚拟力，所谓的平衡方程，仍然反映了真实力与运动之间的关系。

二、用动静法求动应力

1. 构件在等加速直线运动时的应力

如图 3-3(a)所示为一根被加速起吊的构件，设其长度为 l，横截面积为 A，材料密度为 γ，吊索上的拉力为 $\boldsymbol{F}$，起吊时构件的加速度为 $\boldsymbol{a}$，方向向上。

试求：(1)用动静法来研究构件中任一横截面 m—m 上的正应力。

(2)求最大动应力。

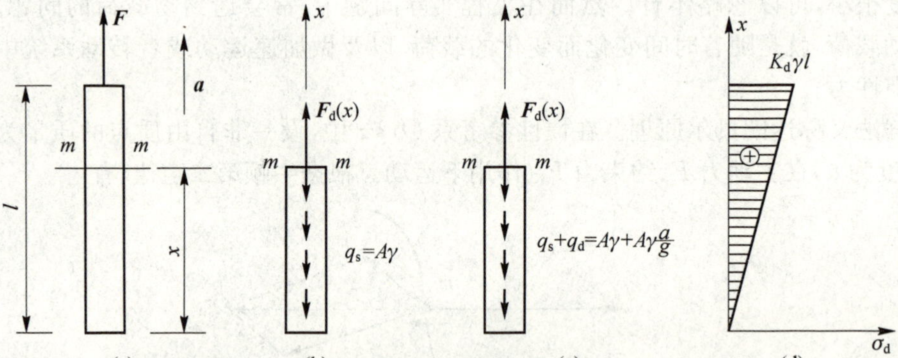

图 3-3　加速起吊构件动力分析

距下端为 x 的假想横截面 m—m 将构件分成两部分，并取截面以下的部分为研究对象，如图 3-3(b)所示。作用于研究对象上的重力沿轴线均匀分布，其集度 $q_s=A\gamma$，作用于横截面 m—m 上的动轴力为 $\boldsymbol{F}_d(x)$。按照动静法，对做等加速直线运动的构件，如再假想地加上惯性力，就可以把动力学问题在形式上转化为静力学问题来处理，如图 3-3(c)所示。惯性力也沿构件轴线均匀分布，其集度为 $q_d=\frac{q_s}{g}a$。这部分构件在重力、动轴力和惯性力共同作用下处于假想的平衡状态。由平衡条件 $\sum F_x=0$，得

$$F_d(x)-(q_s+q_d)x=0 \tag{3-3}$$

故

$$F_d(x)=(q_s+q_d)x=A\gamma x\left(1+\frac{a}{g}\right)=F_s(x)\left(1+\frac{a}{g}\right) \tag{3-4}$$

杆件在轴向拉伸时，横截面上的正应力是均匀分布的，故得动应力 σ_d 的计算公式为

$$\sigma_d(x)=\frac{F_d(x)}{A}=\frac{F_s(x)}{A}\left(1+\frac{a}{g}\right)=\sigma_s(x)\left(1+\frac{a}{g}\right) \tag{3-5}$$

引入量

$$K_d=1+\frac{a}{g} \tag{3-6}$$

K_d 称为动载荷系数。则式(3-4)和式(3-5)可改写为

$$F_d(x)=F_s(x)K_d \tag{3-7}$$

$$\sigma_d(x)=\sigma_s(x)K_d \tag{3-8}$$

式(3-7)和式(3-8)表明动内力和动应力分别等于静载荷作用下的内力和应力乘以动载荷系数。同理,动变形 Δl_d 也可由静变形 Δl_s 乘以动载荷系数 K_d 得到

$$\Delta l_d=\Delta l_s K_d \tag{3-9}$$

由于 $F_s(x)=A\gamma x$,而 $\sigma_s(x)=\dfrac{F_s(x)}{A}=\gamma x$,则 $\sigma_d(x)=\sigma_s(x)K_d=\gamma x K_d$,如图 3-3(d)所示。

当 $x=l$ 时,得最大静应力

$$\sigma_{smax}=\gamma l \tag{3-10}$$

最大动应力

$$\sigma_{dmax}=\sigma_{smax}K_d=\gamma l K_d \tag{3-11}$$

建立强度条件

$$\sigma_{dmax}=\sigma_{smax}K_d\leqslant[\sigma] \tag{3-12}$$

式中,$[\sigma]$是材料在静载荷作用下的许用应力。

例 3-1　一钢索以匀加速度 $\boldsymbol{a}$ 吊起重物 M,如图 3-4 所示。重物 M 的重力为 $\boldsymbol{P}$,钢索的横截面积为 S,其重力忽略不计,求钢索横截面上的动应力。

解:重物惯性力的方向与重力 $\boldsymbol{P}$ 的方向一致,所以其动载荷系数 $K_d=1+\dfrac{a}{g}$。钢索横截面上的静应力 $\sigma_s=\dfrac{P}{S}$,则钢索横截面上的动应力

$$\sigma_d=\sigma_s K_d=\frac{P}{S}\left(1+\frac{a}{g}\right)$$

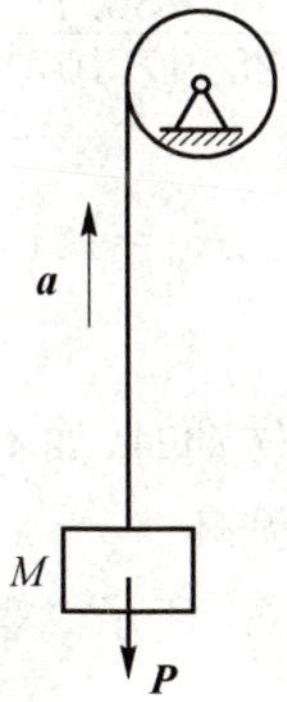

图 3-4　钢索动力分析

例 3-2　如图 3-5 所示的 20 号槽钢以等加速度下降,已知 $l=8$ m,$b=1.5$ m,$q=252.61$ N/m,$W_y=25.9$ m^3,若在 0.3 s 的时间内速度由 2 m/s 降至 0.5 m/s,试求槽钢中最大弯曲正应力。

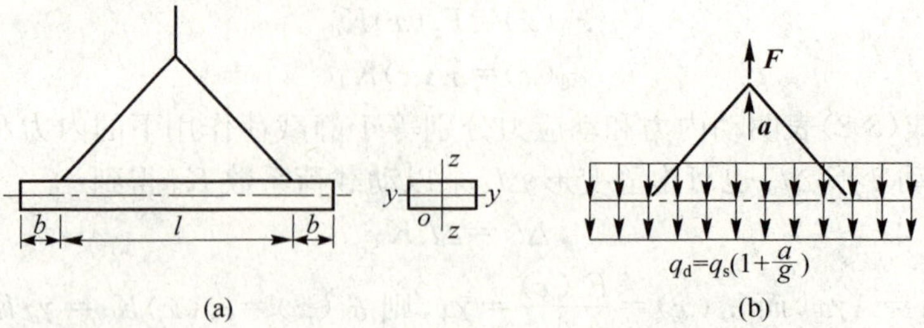

图 3-5 槽钢动力分析

解:(1)求加速度。

$$a=\frac{v_e-v_s}{t}=\frac{0.5-2}{0.3}\ \text{m/s}^2=-5\ \text{m/s}^2$$

负号表示加速度方向与运动方向相反,因槽钢向下运动,故加速度方向向上,而惯性力则向下,如图 3-5(b)所示。

(2)计算动载荷系数 K_d。因为惯性力的方向与静载荷(槽钢自身重力)方向一致,则其动载荷系数为

$$K_d=1+\frac{a}{g}=1+\frac{5}{9.8}=1.51$$

(3)求出槽钢在静载荷作用下的最大弯曲正应力。根据对称性可知,最大弯矩发生在槽钢的中间截面,其值为

$$M_{smax}=\frac{ql^2}{8}-\frac{qb^2}{2}=252.61\times(\frac{8^2}{8}-\frac{1.5^2}{2})\ \text{N}\cdot\text{m}=1\ 736.7\ \text{N}\cdot\text{m}$$

则槽钢中最大弯曲静正应力

$$\sigma_{smax}=\frac{M_{smax}}{W_y}=\frac{1\ 736.7}{25.9\times10^{-6}}=67.05\ \text{MPa}$$

(4)计算槽钢中最大弯曲动正应力。

$$\sigma_{dmax}=\sigma_{smax}K_d=101.25\ \text{MPa}$$

2. 构件匀速转动时的应力

机械中的飞轮、皮带等,当其做匀速转动时,如不计轮辐的质量,可近似地把轮缘看做是绕通过圆心且垂直于环平面的轴转动的圆环。

设圆环以匀角速度 ω 转动,如图 3-6(a)所示。若圆环厚度 δ 远小于平均直径 D,便可近似认为环内各点的向心加速度大小相等,且 $a_n=\frac{D\omega^2}{2}$。试求圆环截面的正应力和圆环的极限转速。

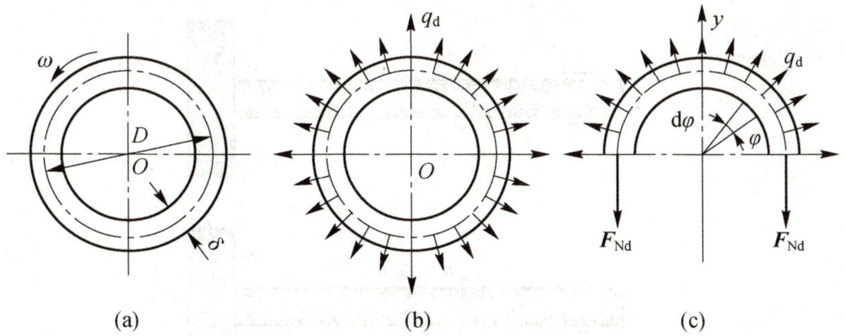

图 3-6 圆环动力分析

以 A 表示圆环横截面面积，γ 表示单位体积内的重量。根据动静法，作用在圆环上的惯性力必然为沿圆环均匀分布的线性力，其集度 $q_d = A\gamma \frac{a_n}{g} = \frac{D}{2}\frac{1\times A\times\gamma}{g}\omega^2 = \frac{AD\gamma\omega^2}{2g}$。其方向背离圆心，如图 3-6(b)所示。将圆环沿其一对称线假想地截为两段，并研究留下的半环的平衡，如图 3-6(c)所示。半环上惯性力沿 y 轴方向的合力

$$F_d = \int_0^{\pi} q_d \frac{D}{2}\sin\varphi d\varphi = \frac{q_d D}{2}\int_0^{\pi}\sin\varphi d\varphi = q_d D = \frac{AD^2\gamma\omega^2}{2g} \tag{3-13}$$

由于圆环壁很薄，可以认为在任意圆环壁截面上各处的正应力是同等的。又由对称关系可知，两侧横截面上的正应力必须组成相等的合力 F_{Nd}。研究半个圆环的平衡，由平衡条件 $\sum F_y = 0$，求 F_{Nd}。

$$F_{Nd} = \frac{AD^2\gamma\omega^2}{4g} \tag{3-14}$$

则圆环横截面上的动应力 σ_d 为

$$\sigma_d = \frac{F_{Nd}}{A} = \frac{D^2\gamma\omega^2}{4g} \tag{3-15}$$

将 $v = \frac{D}{2}\omega$ 代入上式可得

$$\sigma_d = \frac{\gamma v^2}{g} \tag{3-16}$$

式(3-16)表明，圆环内动应力仅与 γ 和 v 有关。当转速较大时，最大动应力发生在圆环的边缘。此时可选用比重小的材料或将圆环的直径做得小一些，以降低动应力值。

为了保证转动圆环的强度，必须限制圆环的转速。根据强度条件 $\sigma_d \leqslant [\sigma]$，由式(3-17)可求出圆环的极限线速度

$$v \leqslant \sqrt{\frac{[\sigma]g}{\gamma}} \tag{3-17}$$

例 3-3 如图 3-7(a)所示直径 d=100 mm 的圆轴，一端有重量 P=500 N，直径 D=500 mm 的飞轮，以均速 n=1 000 r/min 旋转。现在轴的另一端施加制动外力矩 M_d，使其在 0.01 s 停止转动。若轴的质量远远小于飞轮的质量，则可忽略不计，试求轴内的最大动应力。

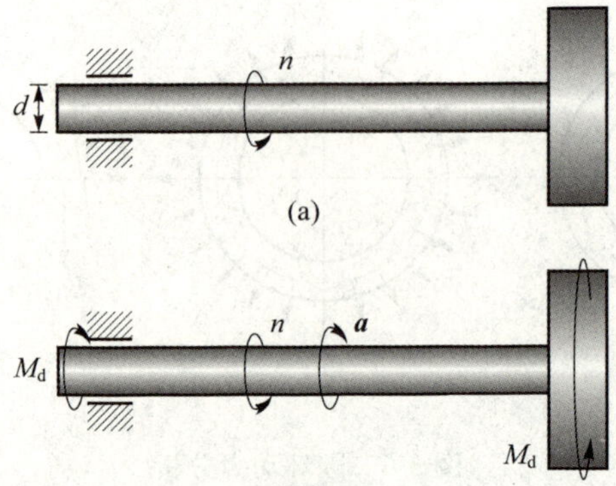

图 3-7　圆轴动力分析

解：由于轴在制动时产生角加速度，故轴的最大动应力应该按照动静法求解。在制动时，若为匀减速旋转，则有角加速度 $a=-\dfrac{\omega}{t}$，而 $\omega=\dfrac{2\pi n}{60}$，故 $a=-\dfrac{\pi n}{30t}$。

由动力学原理可知，若不计轴的质量，则飞轮的惯性力矩

$$M_{\mathrm{d}}=I_a a=I_a\,\frac{\pi n}{30t}$$

式中，I_a 为飞轮的转动惯量。上式仅考虑 M_{d} 的大小，不计其符号。

根据动静法，沿与 $\boldsymbol{a}$ 相反的方向，将惯性力偶矩 M_{d} 作用在轴上，如图 3-7(b)所示。于是便得到一个假想的平衡力偶系。由截面法可得轴横截面上的扭矩

$$T_{\mathrm{d}}=M_{\mathrm{d}}=I_a\,\frac{\pi n}{30t}$$

根据所给数据，可以求出飞轮的转动惯量

$$I_a=\frac{PD^2}{8g}=\frac{500\times(0.5)^2}{8\times 9.8}\ \mathrm{N\cdot m\cdot s^2}=1.594\ \mathrm{N\cdot m\cdot s^2}$$

由圆轴扭转的切应力公式可得轴的最大动切应力为

$$\tau_{\mathrm{d\,max}}=\frac{T_{\mathrm{d}}}{W_{\mathrm{d}}}=\frac{I_a}{\frac{\pi}{16}d^3}\frac{\pi n}{30t}=85.03\ \mathrm{MPa}$$

三、构件受冲击时的应力和变形计算

当运动物体（冲击物）以一定速度作用于静止构件（受冲击物体）上时，运动物体在与静止构件接触的非常短暂的时间内速度发生很大变化，这种现象称为冲击。例如，金属冲压加工、落锤打桩、起重机紧急刹车或突然起吊等均属冲击问题。

冲击物的速度在极短时间内发生很大的变化，甚至降为零，表示冲击物获得很大的负加速度。因此，在冲击物和受冲构件之间必然有很大的作用力和反作用力，将在受冲构件中引起很大的应力和变形。由于冲击持续的时间极短速度改变很快，所以不易精确地测出加速度的大小。这样就难以得出惯性力，也就难以使用动静法。由于工程上需要计算出

的通常只是构件受冲击时应力和变形的最大值，冲击过程中的应力和变形变化规律并不重要。因此在工程上通常采用偏于安全的能量法来计算受冲击构件的最大变形和最大应力。

1. 受自由落体冲击时构件的应力和变形计算

为了简化计算，可对受自由落体冲击作下述假设。

(1)冲击物的变形很小，可将它视为刚体。

(2)受冲击物体的质量很小，可以忽略不计。

(3)冲击物与受冲击物接触后附着在一起运动。

(4)受冲击物体在冲击力作用下变形是线弹性的。

(5)忽略冲击过程中其他能量(如热能)的损失，即认为只有动能和势能的变化。

在上述假设的基础上，根据能量守恒定律，对构件受冲击时的变形和应力进行分析计算。

设一重为 P 的冲击物，自高度为 h 处自由下落到构件的顶端，如图 3-8 所示。若构件的弹性模量为 E，横截面面积为 A，相碰后构件的变形为 Δ_d，则冲击物所做的功

$$W=P(h+\Delta_d) \tag{3-18}$$

在冲击过程中，材料服从胡克定律，所以：

$$\Delta_d=\frac{F_{Nd}h}{EA} \tag{3-19}$$

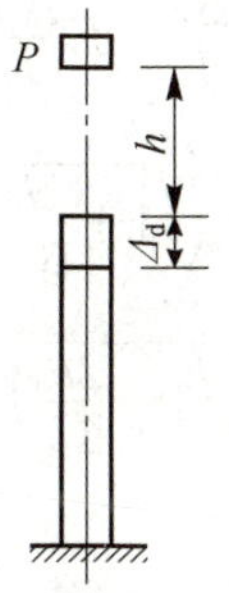

图 3-8　冲击变形和应力分析

式中，F_{Nd} 为构件内的动轴力，它等于冲击载荷 P_d。构件由于被冲击而产生变形，其变形能

$$U_d=\frac{1}{2}F_{Nd}\Delta_d \tag{3-20}$$

不考虑其他能量损失时，根据能量守恒定律，冲击物做的功 W 全部转化为杆件的变形能 U_d，即

$$W=U_d \tag{3-21}$$

将式(3-18)和式(3-20)代入式(3-21)，得

$$P(h+\Delta_d)=\frac{1}{2}F_{Nd}\Delta_d \tag{3-22}$$

将式(3-19)代入式(3-22)可得

$$P(h+\Delta_d)=\frac{EA\Delta_d^2}{2h} \tag{3-23}$$

将上式整理，得

$$\Delta_d^2 - 2\frac{Ph}{EA}\Delta_d - 2h\frac{Ph^2}{EA} = 0 \tag{3-24}$$

将构件在静载荷 $\boldsymbol{P}$ 作用下所引起的变形 $\Delta_{st} = \frac{Ph}{EA}$ 代入上式，得

$$\Delta_d^2 - 2\Delta_d\Delta_{st} - 2h\Delta_{st} = 0 \tag{3-25}$$

解上述方程，得

$$\Delta_d = \Delta_{st} \pm \sqrt{\Delta_{st}^2 + 2h\Delta_{st}} \tag{3-26}$$

若式中取负号，则 $\Delta_d < 0$，没有物理意义，故取正号，即

$$\Delta_d = \Delta_{st} + \sqrt{\Delta_{st}^2 + 2h\Delta_{st}} \tag{3-27}$$

整理上式，得

$$\Delta_d = \Delta_{st}\left(1 + \sqrt{1 + \frac{2h}{\Delta_{st}}}\right) = \Delta_{st}K_d \tag{3-28}$$

式中

$$K_d = 1 + \sqrt{1 + \frac{2h}{\Delta_{st}}} \tag{3-29}$$

K_d 称为构件受自由落体冲击时的动载荷系数。

根据胡克定律，构件的冲击应力

$$\begin{aligned}\sigma_d &= E\varepsilon_d = E\frac{\Delta_d}{L} = E\frac{\Delta_{st}}{L}\left(1 + \sqrt{1 + \frac{2h}{\Delta_{st}}}\right) \\ &= E\varepsilon_{st}\left(1 + \sqrt{1 + \frac{2h}{\Delta_{st}}}\right) \\ &= \sigma_{st}\left(1 + \sqrt{1 + \frac{2h}{\Delta_{st}}}\right) \\ &= \sigma_{st}K_d\end{aligned} \tag{3-30}$$

冲击载荷为

$$P_d = F_{Nd} = \frac{EA}{h}\Delta_d = \frac{EA}{h}\Delta_{st}K_d \tag{3-31}$$

而 $P = \frac{EA}{h}\Delta_{st}$，则

$$P_d = PK_d \tag{3-32}$$

由式(3-28)、式(3-30)和式(3-32)可知，只要求出动载荷系数 K_d，然后以 K_d 分别乘以静变形、静应力和静载荷，就可求出冲击时构件的动变形、动应力和冲击载荷。由此可见冲击问题计算的关键，在于确定相应的冲击动载荷系数。当然，这里的 Δ_d 和 σ_d 是指构件达到最大变形位置、冲击物速度等于零时的瞬时变形和应力。

在实际冲击过程中，不可避免地会有声、热等其他形式的能量损耗，因此被冲击构件内所增加的应变能将小于冲击物所做的功。这说明由能量守恒定律所算出的冲击动载荷系数是偏大的，因此，这种近似计算方法是偏于安全的。

突然加在构件上的载荷，相当于物体自由下落时 $h=0$ 的情况，由式(3-29)可得

$$K_d=1+\sqrt{1+0}=2 \tag{3-33}$$

可见在突然承受载荷时，构件内所引起的动应力为静应力的两倍。

若在冲击开始时，冲击物的速度为 v，根据自由落体下落高度 h 与速度 v 的关系 $v=\sqrt{2gh}$，将式(3-29)中的 h 用 $\frac{v^2}{2g}$ 来代替，则动载荷系数

$$K_d=1+\sqrt{1+\frac{v^2}{g\Delta_{st}}} \tag{3-34}$$

2. 受水平冲击时构件的应力和变形计算

如图 3-9 所示，有一根下端固定、长度为 L 的铅直杆 AB，在 C 点受一个物体 P 沿水平方向冲击。设 C 点到杆下端的距离为 l，物体的重量为 P，物体在与杆接触时的速度为 v。现推导动载荷系数 K_d。

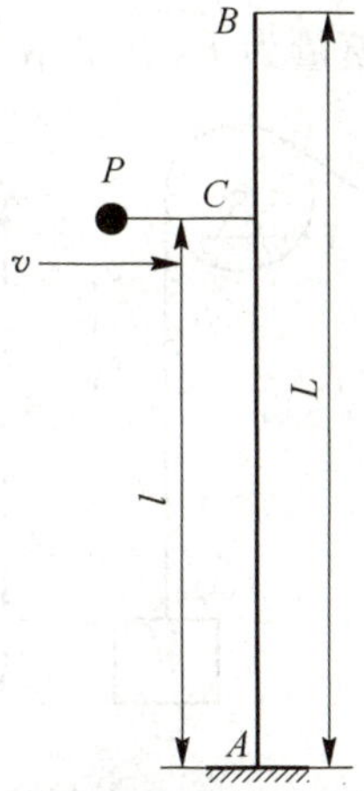

图 3-9 铅直杆动力分析

在冲击过程中，物体的速度由 v 降低为零，所以动能的改变量

$$T=\frac{1}{2}mv^2=\frac{Pv^2}{2g} \tag{3-35}$$

物体沿水平方向进行冲击，其势能没有变化，即 $V=0$。

杆 AB 内的应变能

$$U_d=\frac{1}{2}P_d\Delta_d \tag{3-36}$$

式中，P_d 为冲击载荷；Δ_d 为冲击点 C 处的冲击位移，它与 P_d 的关系为

$$\Delta_d=\frac{P_d l^3}{3EI} \tag{3-37}$$

根据能量守恒定律，可得 $T=U_d$，即

$$\frac{Pv^2}{2g}=\frac{P_d\Delta_d}{2} \tag{3-38}$$

将式(3-37)代入式(3-38),可得

$$P_{\mathrm{d}}=\sqrt{\frac{v^2}{g}\times P\times\frac{3EI}{l^3}} \tag{3-39}$$

将 $\Delta_{\mathrm{st}}=\frac{Pl^3}{3EI}$ 变换为 $\frac{P}{\Delta_{\mathrm{st}}}=\frac{3EI}{l^3}$ 并代入式(3-39),得

$$P_{\mathrm{d}}=\sqrt{\frac{v^2}{g}\times\frac{P}{\Delta_{\mathrm{st}}}\times P}=P\sqrt{\frac{v^2}{g\Delta_{\mathrm{st}}}} \tag{3-40}$$

式中,Δ_{st} 是杆在 C 点受到一个数值等于冲击物重量的水平力作用时,该点的静位移。由式(3-40)即可得在水平冲击时的动载荷系数为

$$K_{\mathrm{d}}=\frac{P_{\mathrm{d}}}{P}=\sqrt{\frac{v^2}{g\Delta_{\mathrm{st}}}} \tag{3-41}$$

3. 起吊重物时构件的应力和变形计算

如图 3-10 所示,起重机吊一匀速下降的重为 P 的物体。当吊索下降 h 时,起重机突然刹车。设吊索的横截面积为 A,弹性模量为 E,试求吊索受到冲击时的动载荷系数。

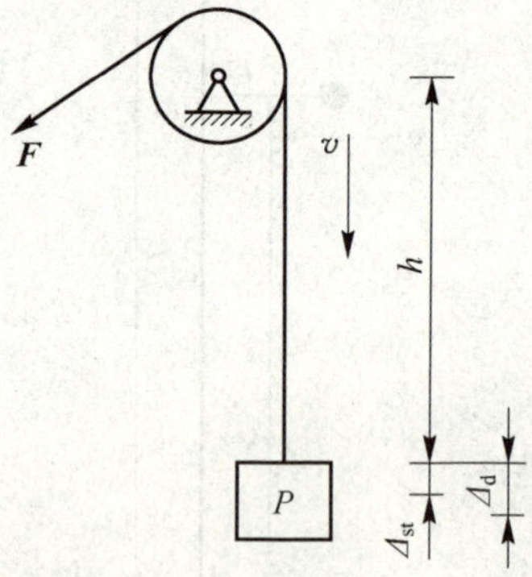

图 3-10 吊索动力分析

在冲击过程中,物体(冲击物)的动能减少了 $T=\frac{Pv^2}{2g}$,势能减少了 $V=P(\Delta_{\mathrm{d}}-\Delta_{\mathrm{st}})$。$\Delta_{\mathrm{d}}=\frac{P_{\mathrm{d}}h}{EA}$ 为起重机突然刹车后,长为 h 的一段吊索(被冲击物)在冲击载荷 P_{d} 作用下的总伸长;Δ_{st} 是这一段吊索在起重机刹车前一瞬间,由物体的重力 P 所引起的静伸长 $\Delta_{\mathrm{st}}=\frac{Ph}{EA}$;而 $\Delta_{\mathrm{d}}-\Delta_{\mathrm{st}}$ 就是物体在冲击过程中多下降的距离。因此,物体在冲击过程中所减少的总能量为

$$T+V=\frac{Pv^2}{2g}+P(\Delta_{\mathrm{d}}-\Delta_{\mathrm{st}}) \tag{3-42}$$

吊索(被冲击物)在起重机刹车前一瞬间,由于有物体的重量 P 的作用,产生了静伸长 Δ_{st} 而储存有应变能 $U_{\mathrm{st}}=\frac{1}{2}P\Delta_{\mathrm{st}}$;起重机突然刹车后,吊索内的应变能则变为 $U_{\mathrm{d}}=\frac{1}{2}P_{\mathrm{d}}\Delta_{\mathrm{d}}$。这样,吊索内增加的应变能即为

$$\Delta U=\frac{1}{2}P_{\mathrm{d}}\Delta_{\mathrm{d}}-\frac{1}{2}P\Delta_{\mathrm{st}} \tag{3-43}$$

根据能量守恒定律，式(3-42)应等于式(3-43)，即

$$\frac{Pv^2}{2g}+P(\Delta_d-\Delta_{st})=\frac{1}{2}P_d\Delta_d-\frac{1}{2}P\Delta_{st} \tag{3-44}$$

将 $P_d=\frac{EA}{h}\Delta_d$，$P=\frac{EA}{h}\Delta_{st}$代入上式并整理，得

$$\Delta_d^2-2\Delta_{st}\Delta_d+\Delta_{st}^2(1-\frac{v^2}{\Delta_{st}g})=0 \tag{3-45}$$

解式(3-45)，得 $\Delta_d=\Delta_{st}(1\pm\sqrt{\frac{v^2}{\Delta_{st}g}})$，因为在冲击载荷作用下 $\Delta_d>\Delta_{st}$，所以括号里应取正号，即

$$\Delta_d=\Delta_{st}(1+\sqrt{\frac{v^2}{\Delta_{st}g}}) \tag{3-46}$$

则起重机突然刹车时，吊索的冲击动载荷系数的表达式为

$$K_d=\frac{\Delta_d}{\Delta_{st}}=1+\sqrt{\frac{v^2}{\Delta_{st}g}} \tag{3-47}$$

受冲击构件的强度条件为

$$\sigma_{d\max}=K_d\sigma_{st\max}\leqslant[\sigma] \tag{3-48}$$

例 3-4 跨长 $l=8$ m 的简支梁由 22a 号工字钢制成，如图 3-11 所示。在中间部分受重量 $P=500$ N 的重物从 $h=0.05$ m 处自由落下的冲击。材料的弹性模量 $E=200$ GPa。求最大冲击应力。

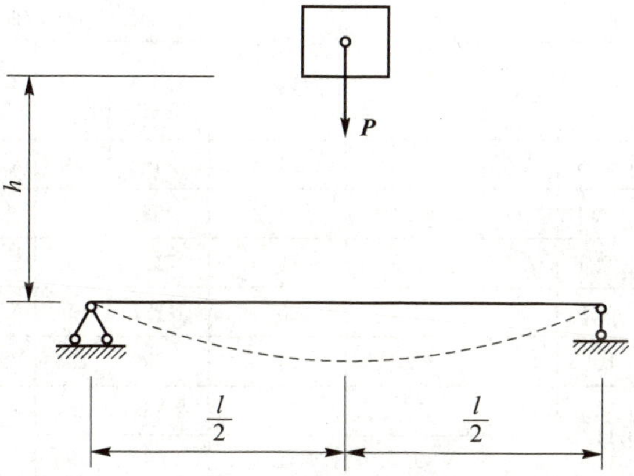

图 3-11 简支梁动力分析

解：(1)计算静载荷挠度 Δ_{st} 和最大静应力 $\sigma_{st\max}$。查型钢表，见表 3-1 得 22a 号工字钢的有关数据为 $I_z=3\ 400\ \text{cm}^4$，$W=309\ \text{cm}^3$。

简支梁在跨中受集中力的作用时跨中的挠度为

$$\Delta_{st}=\frac{Pl^3}{48EI_z}=\frac{500\times(8\times10^3)^3}{48\times200\times10^3\times3\ 400\times10^4}\ \text{mm}=0.78\ \text{mm}$$

最大弯矩为

$$M_{s\max}=\frac{Pl}{4}=\frac{500\times8\times10^3}{4}\ \text{N}\cdot\text{mm}=1.0\times10^6\ \text{N}\cdot\text{mm}$$

最大静应力为

$$\sigma_{stmax}=\frac{M_{smax}}{W_z}=\frac{1.0\times10^6}{309\times10^3}\ \mathrm{N/mm^2}=3.24\ \mathrm{MPa}$$

(2)计算动载荷系数 K_d。

$$K_d=1+\sqrt{1+\frac{2h}{\Delta_{st}}}=1+\sqrt{1+\frac{2\times50}{0.78}}=12.37$$

(3)计算最大冲击应力 σ_d。

$$\sigma_d=K_d\sigma_{stmax}=12.34\times3.24\ \mathrm{MPa}=40.08\ \mathrm{MPa}$$

由此可见,构件受冲击时产生的动应力比静应力大得多。因此在施工中要尽量避免冲击现象,确保安全施工。

表 3-1　型钢规格表(普通工字钢)

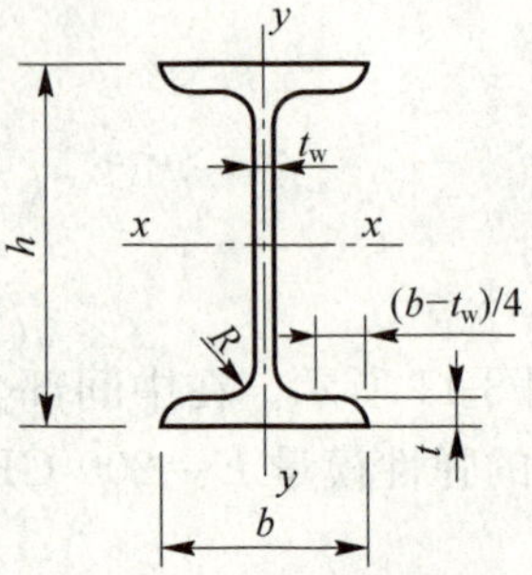

符号:h—高度;
b—宽度;
t_w—腹板厚度;
t—翼缘平均厚度;
I—惯性矩;
W—截面模量;
i—回转半径;
S_x—半截面的面积矩;
长度:型号 10~18,长 5~19 m;
型号 20~63,长 6~19 m。

型号		尺寸/mm					截面面积 /cm²	理论重量 /(kg/m)	x—x 轴				y—y 轴		
		h	b	t_w	t	R			I_x /cm⁴	W_x /cm³	i_x /cm	I_x/S_x /cm	I_y /cm⁴	W_y /cm³	I_y /cm
10		100	68	4.5	7.6	6.5	14.3	11.2	245	49	4.14	8.69	33	9.6	1.51
12.6		126	74	5	8.4	7	18.1	14.2	488	77	5.19	11	47	12.7	1.61
14		140	80	5.5	9.1	7.5	21.5	16.9	712	102	5.75	12.2	64	16.1	1.73
16		160	88	6	9.9	8	26.1	20.5	1 127	141	6.57	13.9	93	21.1	1.89
18		180	94	6.5	10.7	8.5	30.7	24.1	1 699	185	7.37	15.4	123	26.2	2.00
20	a	200	100	7	11.4	9	35.5	27.9	2 369	237	8.16	17.4	158	31.6	2.11
	b		102	9			39.5	31.1	2 502	250	7.95	17.1	169	33.1	2.07
22	a	220	110	7.5	12.3	9.5	42.1	33	3 406	310	8.99	19.2	226	41.1	2.32
	b		112	9.5			46.5	36.5	3 583	326	8.78	18.9	240	42.9	2.27
25	a	250	116	8	13	10	48.5	38.1	5 017	401	10.2	21.7	280	48.4	2.4
	b		118	10			53.5	42	5 278	422	9.93	21.4	297	50.4	2.36
28	a	280	122	8.5	13.7	10.5	55.4	43.5	7 115	508	11.3	24.3	344	56.4	2.49
	b		124	10.5			61	47.9	7 481	534	11.1	24	364	58.7	2.44
32	a	320	130	9.5	15	11.5	67.1	52.7	11 080	692	12.8	27.7	459	70.6	2.62
	b		132	11.5			73.5	57.7	11 626	727	12.6	27.3	484	73.3	2.57
	c		134	13.5			79.9	62.7	12 173	761	12.3	26.9	510	76.1	2.53

续表

型号		尺寸/mm					截面面积 /cm^2	理论重量 /(kg/m)	x—x轴				y—y轴		
		h	b	t_w	t	R			I_x /cm^4	W_x /cm^3	i_x /cm	I_x/S_x /cm	I_y /cm^4	W_y /cm^3	I_y /cm
36	a	360	136	10	15. 8	12	76. 4	60	15 796	878	14. 4	31	555	81. 6	2. 69
	b		138	12			83. 6	65. 6	16 574	921	14. 1	30. 6	584	84. 6	2. 64
	c		140	14			90. 8	71. 3	17 351	964	13. 8	30. 2	614	87. 7	2. 6
40	a	400	142	10. 5	16. 5	12. 5	86. 1	67. 6	21 714	1 086	15. 9	34. 4	660	92. 9	2. 77
	b		144	12. 5			94. 1	73. 8	22 781	1 139	15. 6	33. 9	693	96. 2	2. 71
	c		146	14. 5			102	80. 1	23 847	1 192	15. 3	33. 5	727	99. 7	2. 67
45	a	450	150	11. 5	18	13. 5	102	80. 4	32 241	1 433	17. 7	38. 5	855	114	2. 89
	b		152	13. 5			111	87. 4	33 759	1 500	17. 4	38. 1	895	118	2. 84
	c		154	15. 5			120	94. 5	35 278	1 568	17. 1	37. 6	938	122	2. 79
50	a	500	158	12	20	14	119	93. 6	46 472	1 859	19. 7	42. 9	1 122	142	3. 07
	b		160	14			129	101	48 556	1 942	19. 4	42. 3	1 171	146	3. 01
	c		162	16			139	109	50 639	2 026	19. 1	41. 9	1 224	151	2. 96
56	a	560	166	12. 5	21	14. 5	135	106	65 576	2 342	22	47. 9	1 366	165	3. 18
	b		168	14. 5			147	115	68 503	2 447	21. 6	47. 3	1 424	170	3. 12
	c		170	16. 5			158	124	71 430	2 551	21. 3	46. 8	1 485	175	3. 07
63	a	630	176	13	22	15	155	122	94 004	2 984	24. 7	53. 8	1 702	194	3. 32
	b		178	15			167	131	98 171	3 117	24. 2	53. 2	1 771	199	3. 25
	c		780	17			180	141	102 339	3 249	23. 9	52. 6	1 842	205	3. 2

例 3-5 如图 3-12 所示两根相同的钢梁在中点受同样的自由落体冲击。一根支于刚性支座上，一根支于弹性系数 $K=0.1$ N/mm 的弹簧上。设 $l=4$ m，$h=0.1$ m，$P=1\ 000$ N，钢梁的 $I_z=3\ 400$ cm^4，$W_z=309$ cm^3，弹性模量 $E=200$ GPa。试比较两根钢梁所受的冲击载荷 P_d。

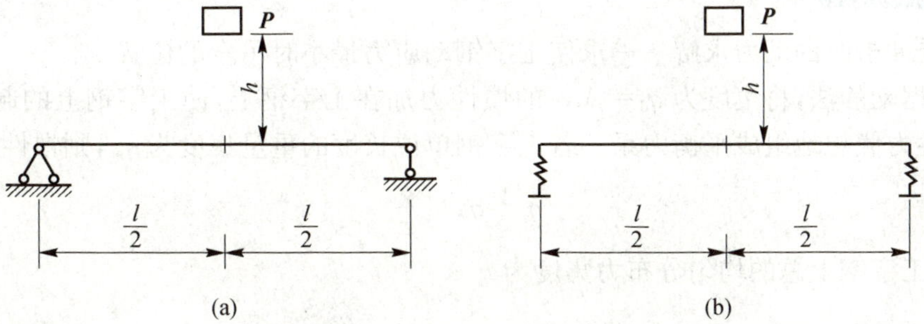

图 3-12 钢杆动力分析

解：(1) 对于图 3-12(a)，梁中点所产生的静挠度为

$$\Delta_{st}=\frac{Pl^3}{48EI_z}=\frac{1\ 000\times(4\times10^3)^3}{48\times200\times10^3\times3\ 400\times10^4}\ \text{mm}=0.20\ \text{mm}$$

动载荷系数为

$$K_d=1+\sqrt{1+\frac{2h}{\Delta_{st}}}=1+\sqrt{1+\frac{2\times 50}{0.20}}=23.38$$

则钢梁所受的冲击载荷为

$$P_d=PK_d=1\ 000\times 23.38\ \text{N}=23.38\ \text{kN}$$

(2) 对于图 3-12(b),梁中点所产生的静位移

$$\Delta_{st}=\frac{Pl^3}{48EI_z}+K\frac{P}{2}=\frac{1\ 000\times(4\times 10^3)^3}{48\times 200\times 10^3\times 3\ 400\times 10^4}\ \text{mm}+0.1\times\frac{1\ 000}{2}\ \text{mm}=50.20\ \text{mm}$$

动载荷系数为

$$K_d=1+\sqrt{1+\frac{2h}{\Delta_{st}}}=1+\sqrt{1+\frac{2\times 50}{50.20}}=2.73$$

则钢梁所受的冲击载荷为

$$P_d=PK_d=1\ 000\times 2.73\ \text{N}=2.73\ \text{kN}$$

由此可见,对于图 3-12(b),由于采用了弹簧支座,减少了系统刚度,增大了静变形,从而使动载荷系数减小,钢梁所受的冲击载荷大大降低。所以增加静变形是提高构件抗冲击能力的有效措施。

四、提高动载荷下构件承载能力的措施

从冲击动载荷系数 $K_d=\frac{\Delta_d}{\Delta_{st}}$ 的表达式可以看出,若能增加静变形 Δ_{st},就可降低动载荷系数 K_d,从而降低冲击载荷和冲击应力。由于静变形 Δ_{st} 与构件的刚度成反比,因此,在工程上常采用降低构件的刚度来增加静变形,从而减弱冲击的影响。

由式 $\sigma_d=\sigma_{st}K_d$ 可知,应尽量做到在不改变静应力的情况下,增大构件的静变形。否则,降低了动载荷系数 K_d,却又增加了静应力,而动应力未必就能降低。在汽车大梁与轮轴之间安装叠板弹簧,在机器底座与基础之间安装橡皮或垫圈等,都可以增大受冲击构件的静变形 Δ_{st},而不增加静应力,从而起缓和冲击作用,且明显减小冲击应力。

任务实施

构件受冲击时的动力求解——求使工字钢动应力最小时吊索的位置。

解:根据动静法,将集度为 $q_d=A\rho a$ 的惯性力加在工字钢上,使工字钢上的起吊力与其重量和惯性力假想地组成平衡力系。若工字钢单位长度的重量集度为 q_{st},则惯性力集度为:

$$q_d=q_{st}\times\frac{a}{g} \tag{1}$$

于是,工字钢上总的均匀分布力集度为

$$q=q_{st}+q_d=q_{st}(1+\frac{a}{g}) \tag{2}$$

引入动载荷因数

$$K_d=1+\frac{a}{g}$$

则式(2)变为

$$q=q_{st}K_d$$

工字钢静载荷计算，乘以动载荷系数 K_d，即得动载荷(考虑惯性力)的内力和应力。

如图 3-13(b)所示，由对称性关系可知，两吊索的轴力 $\boldsymbol{F}_N$ 相等，其值可由其平衡方程式：

$$\sum F_y=0,2F_N-q_{st}l=0$$

求得

$$F_N=\frac{1}{2}q_{st}l$$

吊索的静应力

$$\sigma_{st}=\frac{F_N}{A}=\frac{q_{st}l}{2A}$$

故吊索的动应力

$$\sigma_d=\sigma_{st}K_d=\frac{q_{st}l}{2A}(1+\frac{a}{g}) \tag{3}$$

由型钢表查得 $q_{st}=20.5$ kg/m，将已知数据代入式(3)中，得

$$\sigma_d=\frac{(20.5\times9.8)\times20}{2\times108\times10^{-6}}\times(1+\frac{15}{9.8})\text{ Pa}=47.07\text{ MPa}$$

同理，工字钢危险截面上危险点处的动应力为

$$\sigma_{dmax}=\sigma_{stmax}K_d=\frac{M_{max}}{W_z}(1+\frac{a}{g}) \tag{4}$$

由工字钢的弯矩图 3-13(c)可知，$M_{max}=20q_{st}$，并由型钢表查得 $W_z=21.2\times10^{-6}\text{m}^3$，将已知数据代入式(4)中，得

$$\sigma_{dmax}=\frac{20\times20.5\times9.8}{21.2\times10^{-6}}\times(1+\frac{15}{9.8})\text{ Pa}=479.62\text{ MPa}$$

欲使工字钢的最大弯矩减少，可将吊索向梁中心移动，以增加负弯矩而减少正弯矩，最后使梁在吊索处的负弯矩值和梁中心处的正弯矩相等，即使得工字钢梁的最大弯矩减少至最小时的吊索位置如图 3-13(d)所示。

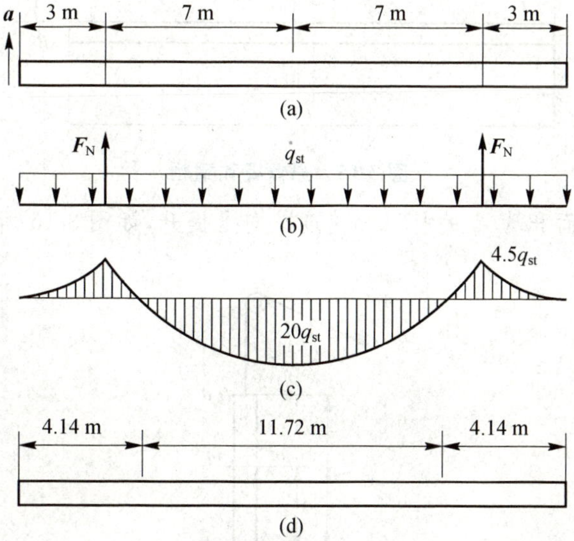

图 3-13 工字钢动力分析

思考与练习

一、简答题

1. 什么是静载荷?
2. 什么是动载荷?
3. 用什么方法求构件的动应力?
4. 如何提高动载荷下构件的承载能力?

二、分析计算题

1. 试在图 3-14 中画出等速运动构件上惯性力沿杆轴线的分布规律。

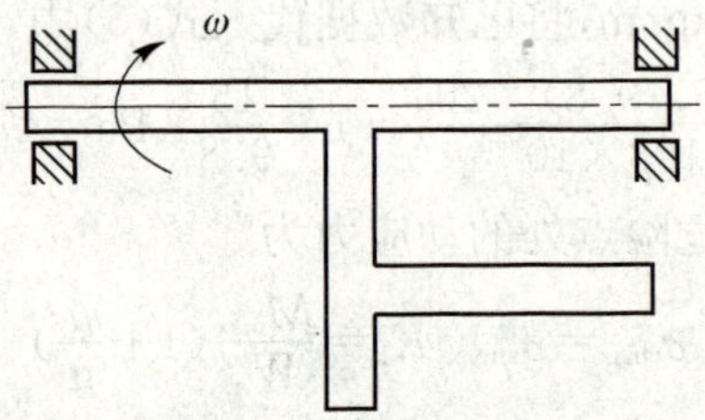

图 3-14　等速运动构件

2. 如图 3-15 所示,先在悬臂梁的截面中点处放上重力为 P 的重物,然后在自由端截面 B 处有一个重力为 $2P$ 的物体自高度为 h 处自由下落,冲击到梁的 B 点处。在此情况下应如何计算梁的动载荷系数?

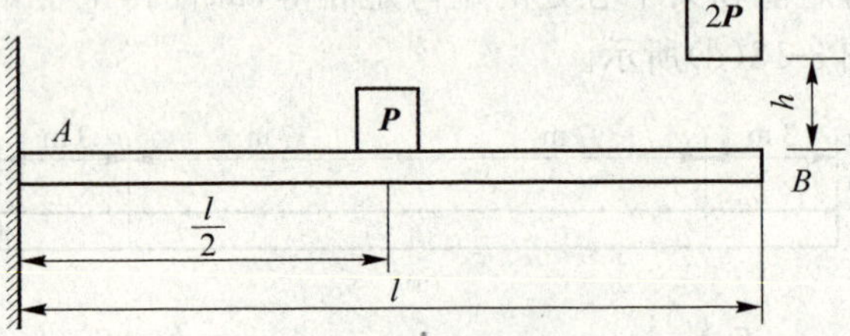

图 3-15　悬臂梁和重物

3. 长为 l、横截面面积为 A 的杆以加速度 a 向上提升,如图 3-16 所示。若杆的密度为 ρ,试求杆内的最大应力。

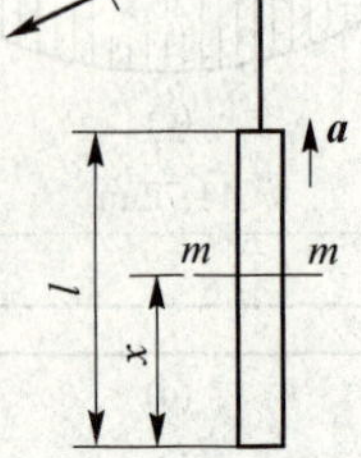

图 3-16　滑轮和杆

4. 桥式起重机上吊起的重物 $G=80$ kN，以匀速度 $v=1.5$ m/s 向前移动(在图 3-17 中移动的方向垂直于纸面)。若起重机突然停止移动，重物将像单摆一样向前摆动。若梁为 14 号工字钢，吊索截面面积 $A=5\times10^{-4}$ m^2，试问当惯性力为最大值时，梁及吊索内的最大应力增加多少。

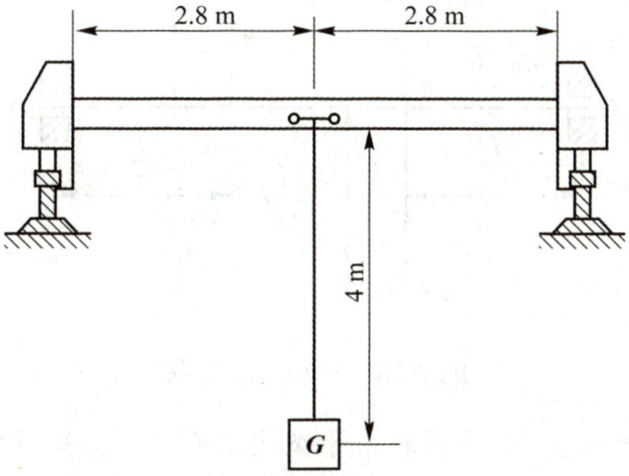

图 3-17 梁和吊索

5. 如图 3-18 所示，轴上装有钢质圆盘，盘上有圆孔。若轴以 $\omega=50$ rad/s 的匀角速度转动，试求轴内因这一圆孔引起的最大正应力。

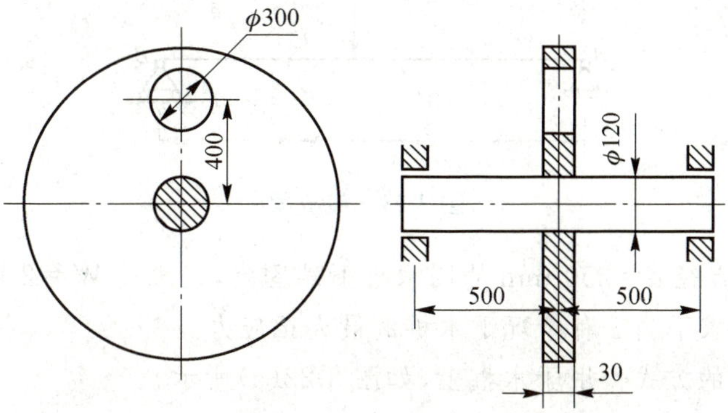

图 3-18 轴和圆盘

6. 如图 3-19 所示，钢轴 AB 的直径为 60 mm，轴上有一直径为 80 mm 钢质杆 CD，CD 与 AB 的轴线垂直。若 AB 以匀角速度 $\omega=30$ rad/s 转动，材料的许用应力$[\sigma]=75$ MPa，密度为 7.8 g/cm³。试校核 AB 轴及 CD 杆的强度。

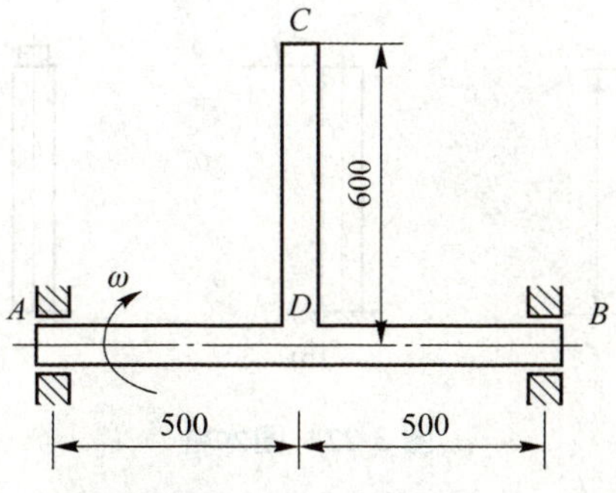

图 3-19 钢轴和钢杆

7. 如图 3-20 所示，AD 轴以匀角速度 w 转动。在轴的纵向对称面内，于轴线的两侧有两个重为 W 的偏心载荷。试求轴内的最大弯矩。

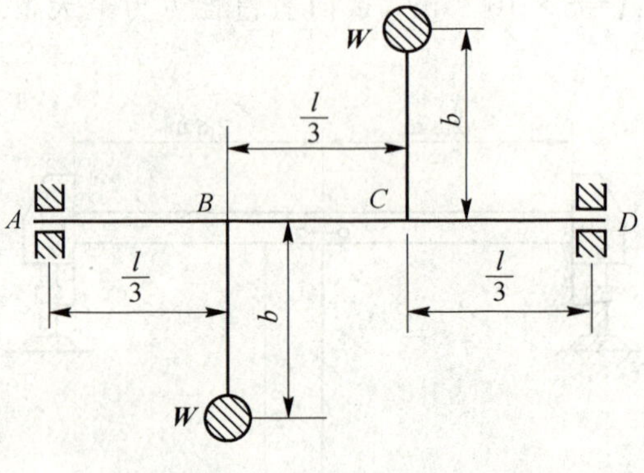

图 3-20　轴和偏心载荷

8. 重量为 Q 的重物自高度 H 下落冲击于梁上的 C 点，已知梁的抗弯刚度 EI 及抗弯截面系数 W，试求梁内最大正应力及跨度中点的挠度。

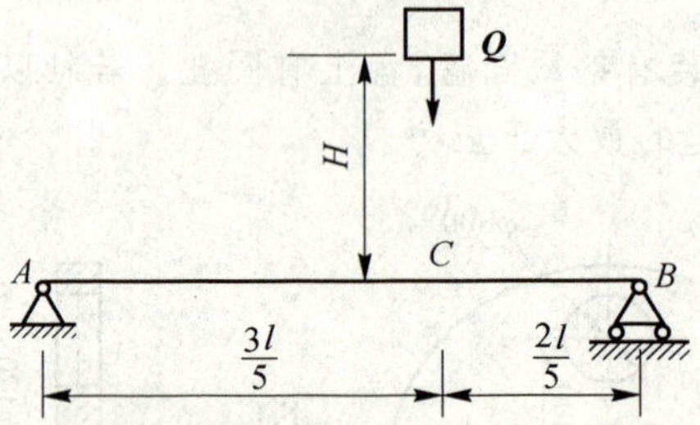

图 3-21　铰支梁

9. 长 $l=10$ m，直径 $d=250$ mm 的圆木桩下端固定，上端受 $W=2$ kN 的重锤作用。木材的 $E_1=10$ GPa。求下列三种情况下木桩的最大正应力。

(1) 重锤以静载的方式作用于木桩上，如图 3-22(a)所示。

(2) 重锤从离桩顶 0.5 m 的高度自由下落，如图 3-22(b)所示。

(3) 在桩顶放置直径为 150 mm，厚为 40 mm，弹性模量为 $E_2=10$ MPa 的橡皮垫。重锤从离橡皮垫顶面 0.5 m 的高度自由下落，如图 3-22(c)所示。

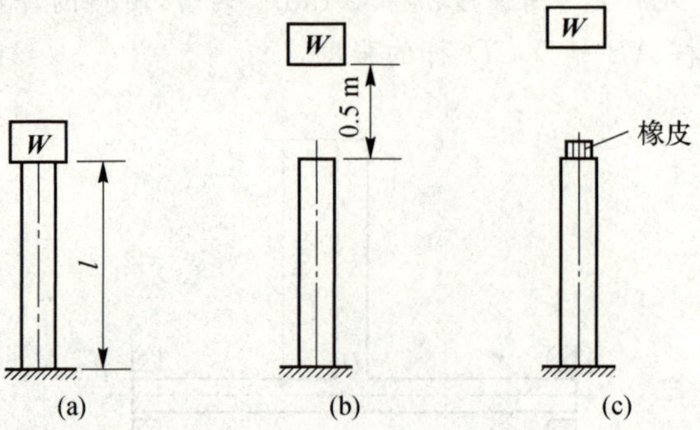

图 3-22　圆木桩

10. 如图 3-23 所示，AB 杆的下端固定、长为 l。在 C 点受沿水平方向运动的物体的冲击，物体的重量为 Q，与杆件接触时的速度为 v。设杆件的 E、I 和 W 皆为已知量，试求 AB 杆的最大应力。

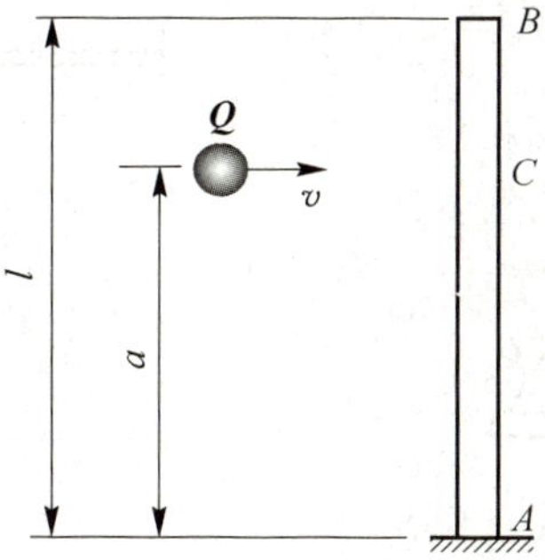

图 3-23 铅直杆

11. 长度相等、材料相同的变截面杆和等截面杆如图 3-24 所示。若两杆最大截面面积相同，变截面杆直径为 d 的部分长为 $3l/5$。在 H 较大的情况下，为便于比较，可把动载荷系数取为 $K_d=1+\sqrt{1+\frac{2H}{\Delta_{st}}}\approx\sqrt{\frac{2H}{\Delta_{st}}}$。试求两根杆件的动应力。

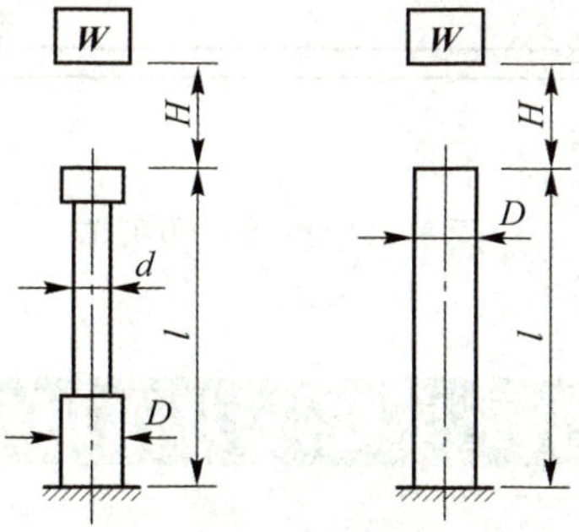

图 3-24 两截面杆

12. 如图 3-25 所示，圆轴直径 $d=60$ mm，长度 $l=2$ m，左端固定，右端有一直径 $D=400$ mm 的鼓轮。轮上绕以绳，绳的端点 A 悬挂吊盘。绳长 $l_1=15$ m，横截面面积 $A=120$ mm^2，$E=200$ GPa。轴的切变模量 $G=80$ GPa。重量为 $Q=800$ N 的物体自 $h=300$ mm 处落于吊盘上，求轴内最大切应力和绳内最大拉应力。

13. 10 号工字钢的 C 端固定，A 端铰支于空心钢管 AB 上，如图 3-26 所示。管的内径和外径分别为 40 mm 和 50 mm。管的 B 端亦为铰支座。梁及钢的 E 同为 200 GPa。当重为 300 N 的重物 Q 落于梁的 A 端时，试校核 AB 杆的稳定性(稳定安全系数规定为 2.5)。

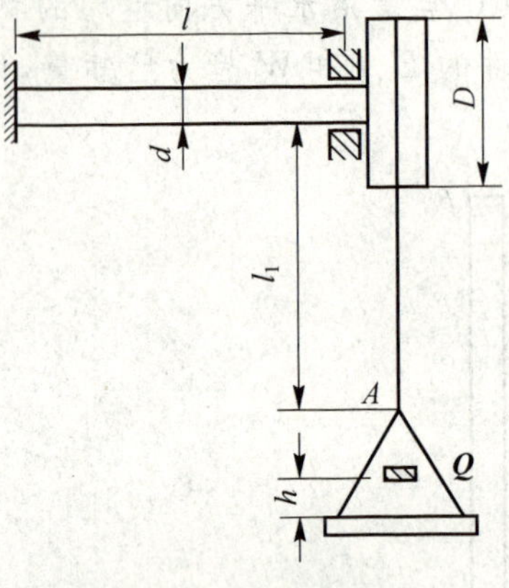

图 3-25　圆轴和鼓轮

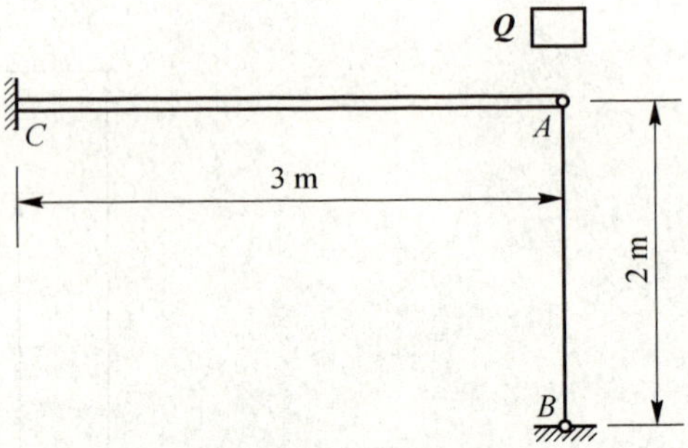

图 3-26　工字钢和钢管

14. 如图 3-27 所示，悬臂梁在自由端安装一吊车，将重为 W 的重物以匀速 v 下落，现在吊车突然制动，求绳中的动应力。已知梁长 L，梁的抗弯刚度为 EI，绳长 a，绳的横截面面积为 A，绳的弹性模量为 E_1。

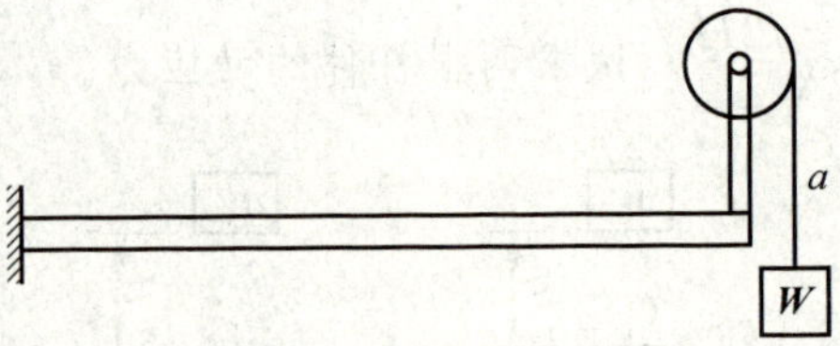

图 3-27　悬臂梁和吊车

任务二　构件受交变应力作用时的动力分析

任务描述

某减速器轴如图 3-27 所示。键槽为端铣加工，A—A 截面上的弯矩 $M=860\ \text{N}\cdot\text{m}$，轴的材料为碳钢，$\sigma_b=520\ \text{MPa}$，$\sigma_{-1}=220\ \text{MPa}$，$K_\sigma=1.65$。若规定安全系数 $n=1.3$，试校核 A—A 截面的强度。

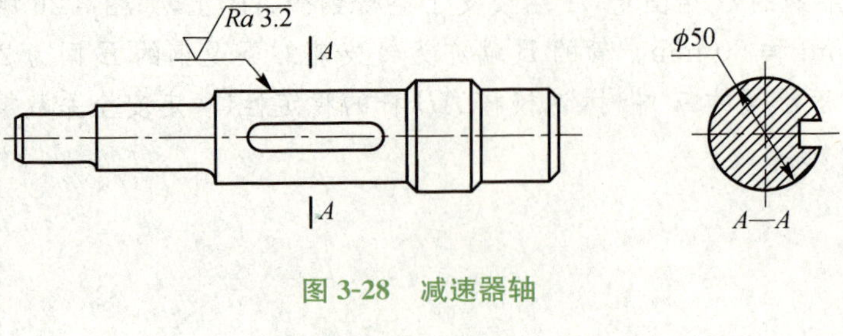

图 3-28　减速器轴

任务分析

构件在交变应力下的疲劳强度校核。

知识准备

疲劳破坏现象出现始于19世纪，工业革命以后，随着蒸汽机车和机动运载工具的发展以及机械设备的广泛应用，运动部件破坏经常发生。破坏往往发生在零部件的截面尺寸突变处，破坏的名义应力不高，低于材料的抗拉强度和屈服点。法国工程师 Poncelet J. V 1939年在巴黎大学讲课时首先使用“疲劳”这一术语来描述材料在循环载荷作用下承载能力逐渐耗尽以致最后突然断裂的现象。

本任务主要讨论构件在交变应力作用下的构件的疲劳破坏和疲劳强度的校核。

一、基本概念

1. 交变应力

微课
交变应力

在工程实际中，很多构件都要承受动载荷作用，因此这些构件内部某点上的应力并不像在静载荷作用下是一个固定值，而是随着时间不断变化，这种应力随时间变化的过程称为应力-时间历程(应力谱)。

应力-时间历程从总体上可以分为两大类。第一类应力随时间的变化是随机的，称为随机性应力-时间历程。第二类应力与时间之间有特定的函数关系，在这种情况下，应力变化遵循一定的规律进行，这种应力-时间历程称为确定性应力-时间历程。在特定情况下，例如匀速转动的偏心轮轮轴上某点的应力和齿轮啮合时某个齿的应力是时间的周期函数，这种确定性应力-时间历程称为周期性应力-时间历程。

在周期性应力-时间历程中，某点的应力状态是一个交替变化的过程，因此把这种随时间不断作周期性变化的应力称为交变应力。

2. 疲劳破坏

实践表明，在交变应力作用下材料的破坏与静应力完全不同。在应力值远低于屈服极限的情况下，经过长时间的交变应力作用，构件会突然发生断裂。即使塑性较好的材料，断裂前也无明显的塑性变形。构件在反复加载下的突然失效，这种现象称为疲劳破坏。下面就以金属材料为例简要介绍一下材料疲劳破坏的主要特征与典型过程。

1)金属材料疲劳破坏的主要特征

(1)在交变应力极值远小于屈服极限甚至比比例极限还要小的情况下金属材料就能发生疲劳破坏。

(2)无论脆性材料还是塑性材料其破坏特征都表现为脆性断裂，即使是塑性很好的材料在破坏前也没有明显的塑性变形。

(3)断裂面明显可以分为光滑区和粗糙区，粗糙区呈颗粒状，如图3-29所示。

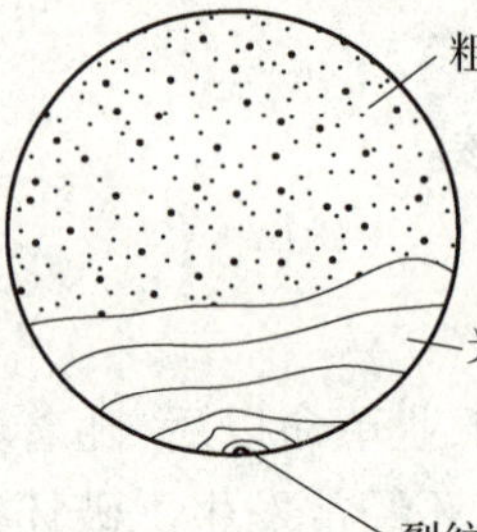

图 3-29　断面图

2)金属材料破坏的典型过程

(1)在较大交变应力作用下,金属材料中位置最不利或者结合最弱的晶体首先沿最大剪应力作用面形成滑移带,进而开裂成微观裂纹,这个阶段被称为裂纹萌生阶段。

(2)在交变应力的继续作用下,先前产生的微观裂纹会缓慢扩展并逐渐相互沟通形成宏观裂纹,宏观裂纹继续扩展并反复摩擦,从而使开裂面不断扩大,这样就形成了断裂面的光滑区,这一阶段被称为裂纹扩展阶段。

(3)裂纹扩展达到某一临界尺寸后会突然加速并且使构件很快断裂,这一过程持续时间极短,被称为断裂阶段。断裂时新形成的断裂面由于没有经历相互摩擦而表现为颗粒状,对应断裂面上的粗糙区。

需要特别说明的是,以上过程是在理想试验条件下的典型过程。实际构件会在一些外形尺寸突变部位(沟槽、切口等)或者表面划伤部位产生较大的应力集中,从而会首先在这些部位产生微观裂纹。另外,材料本身存在的先天内部缺陷(杂质、孔隙、小裂纹等),会形成裂纹源。这些有裂纹源的构件,在交变应力的作用下就只剩下裂纹扩展阶段和断裂阶段。

二、交变应力的特性及材料的疲劳极限

1. 交变应力的特性

假设交变应力按正弦函数规律变化,其 σ-t 关系如图 3-30 所示,则应力值由 a 点经历了变化的全过程又回到相同应力值 b 点的过程称为一个应力循环。完成这样一个应力循环所需要的时间称为应力周期,用 T 表示。一个应力循环中代数值最大的应力称为最大应力,用 $\sigma_{\max}$ 表示。一个应力循环中代数值最小的应力称为最小应力,用 $\sigma_{\min}$ 表示。$\sigma_{\min}$ 和 $\sigma_{\max}$ 的比值称为交变应力的应力比,用 r 表示,即

$$r=\frac{\sigma_{\min}}{\sigma_{\max}}\text{(当}|\sigma_{\min}|\leqslant|\sigma_{\max}|\text{时),或 }r=\frac{\sigma_{\max}}{\sigma_{\min}}\text{(当}|\sigma_{\min}|\geqslant|\sigma_{\max}|\text{时)} \tag{3-49}$$

最大应力与最小应力代数和的平均值称为平均应力,用 σ_m 表示,即

$$\sigma_m=\frac{\sigma_{\max}+\sigma_{\min}}{2} \tag{3-50}$$

由平均应力到最大或者最小应力的变幅称为应力幅,用 σ_a 表示,即

$$\sigma_a=\frac{\sigma_{\max}-\sigma_{\min}}{2} \tag{3-51}$$

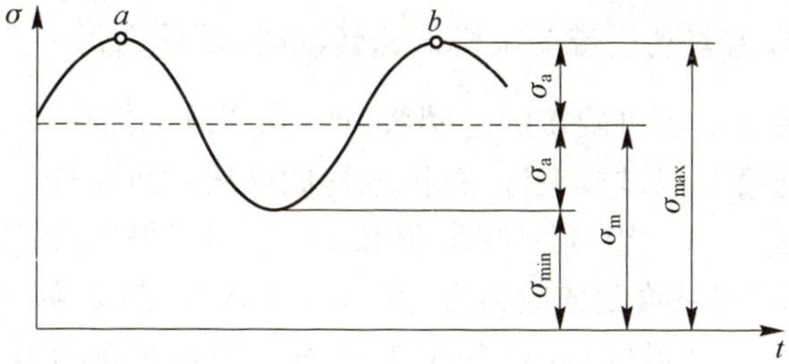

图 3-30 σ-t 曲线

2. 交变应力的分类

在交变应力循环中，如果最大应力 σ_{max} 和最小应力 σ_{min} 大小相等、方向相反，这种情况称为对称循环，此时有

$$\left.\begin{aligned} r&=-1 \\ \sigma_m&=0 \\ \sigma_a&=\sigma_{max} \end{aligned}\right\} \qquad (3\text{-}52)$$

除了对称循环外的其他交变应力统称为非对称循环。在非对称循环中，如果应力是在零与某一应力值之间变化，这种情况称为脉动循环，此时有

$$\left.\begin{aligned} r&=0 \\ \sigma_{min}&=0 \\ \sigma_m&=\sigma_{max}/2 \end{aligned}\right\} \qquad (3\text{-}53)$$

或

$$\left.\begin{aligned} r&=-\infty \\ \sigma_{max}&=0 \\ \sigma_m&=-\sigma_a=\sigma_{max}/2 \end{aligned}\right\} \qquad (3\text{-}54)$$

当最大应力与最小应力相等时，则有

$$\left.\begin{aligned} r&=1 \\ \sigma_a&=0 \\ \sigma_{max}&=\sigma_{min}=\sigma_a \end{aligned}\right\} \qquad (3\text{-}55)$$

此时应力值无变化，即为静应力作用，因此静应力可以看成交变应力作用下的一个特例。

微课

交变应力的特征及材料的疲劳极限

3. 材料的疲劳极限

由于材料在交变应力作用下表现出来的性质与静载时完全不同，因此在静载试验中获得的各种极限值已不能作为交变应力作用下的强度指标，材料的持久极限强度必须进行重新测定。

对称循环下金属材料的持久极限试验比较简单，因而最常被采用。试验时先准备一组材料和尺寸相同的光滑小试样（直径 6～10 cm），试样一端固定在疲劳试验机的夹头内，另一端通过轴承悬挂一重量稍大一点的砝码，此时试样承受弯曲作用，其内部某点最大应力可由 $\sigma_{\max}=\dfrac{M}{W}$ 求得，当电动机带动试样匀速转动时，试件内每一点都经历对称应力循环，试件断裂时计数器记录下电动机旋转的总圈数 N_1，此即该试件在该对称循环应力 $\sigma_{\max 1}$ 作用下的疲劳寿命。然后把第 2 根试样夹好，并把悬挂的砝码的重量减少一点，重复上面的实验过程，就会获得 N_2 和 $\sigma_{\max 2}$。一组试件的 N 值和 $\sigma_{\max}$ 全部获得后，再以 N 值为横坐标、$\sigma_{\max}$ 为纵坐标，用描点法把试验结果绘制成应力寿命曲线，即 S-N 曲线，如图 3-31 所示。

对于低碳钢和铸铁等金属材料，其 S-N 曲线有一条水平渐近线，这条水平渐近线对应的纵坐标就是材料的持久极限 σ_{-1}（-1 表示应力循环的应力比 $r=-1$）。显然当材料内部最大应力值低于该极限值时，材料将不会发生疲劳破坏。

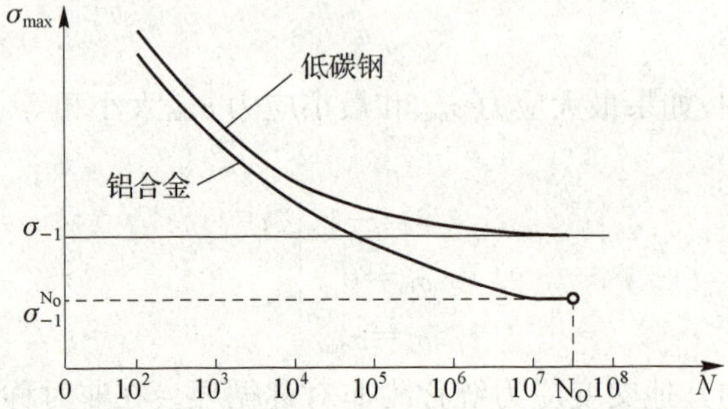

图 3-31　S-N 曲线

需要说明的是，对于有色金属及其合金等材料，其 S-N 曲线没有水平渐近线，因此也就不存在疲劳极限。在这种情况下，一般是根据构件的使用寿命要求，以某一指定寿命 N_0（例如 $10^5\sim10^8$）所对应的应力值 $\sigma_{-1}^{N_0}$ 作为材料的疲劳极限，称为条件疲劳极限。

为了使用方便，以后将持久极限和条件疲劳极限统称为疲劳极限。

三、影响构件疲劳极限的主要因素

材料的疲劳极限是利用标准光滑小试样在理想试验条件下测得的，它与具体构件的疲劳极限并不相同。试验证明，具体构件的疲劳极限除了与所用材料有关外，还与其外形、截面尺寸、表面加工质量以及工作环境等因素密切相关。

1. 构件外形的影响

由于实际构件上可能存在着沟槽、切口、孔洞、轴肩等外形突变部位，这些位置很容易发生应力集中现象，这就更容易使构件在这些部位产生裂纹源并促进其发展，从而使构件的疲劳极限值明显降低。对称循环应力作用下，构件应力集中对疲劳强度的影响用有效应力集中系数 K_σ 和 K_τ 表示，该系数等于光滑小试样的疲劳极限与同材料同尺寸但存在应力集中因素的试样的疲劳极限之比值。

工程上为了使用方便，把集中应力影响系数整理成曲线或表格。图 3-32～图 3-34 就分别给出了阶梯形圆截面钢轴在对称循环轴向拉压、扭转、弯曲作用下的有效应力集中系数。

需要说明的是，上述曲线都是用 $D/d=2$ 且 $d=30\sim50$ mm 的试样测得的，对于 $D/d<2$ 的有效应力集中系数则可由式(3-56)和式(3-57)确定

$$K_{\sigma}=1+\xi(K_{\sigma 0}-1) \tag{3-56}$$

$$K_{\tau}=1+\xi(K_{\tau 0}-1) \tag{3-57}$$

式中，$K_{\sigma 0}$为 $D/d=2$ 时的有效正应力集中影响系数；$K_{\tau 0}$为 $D/d=2$ 时的有效切应力集中影响系数；ξ为修正系数，其值与 D/d 有关，可由图 3-35 查得。

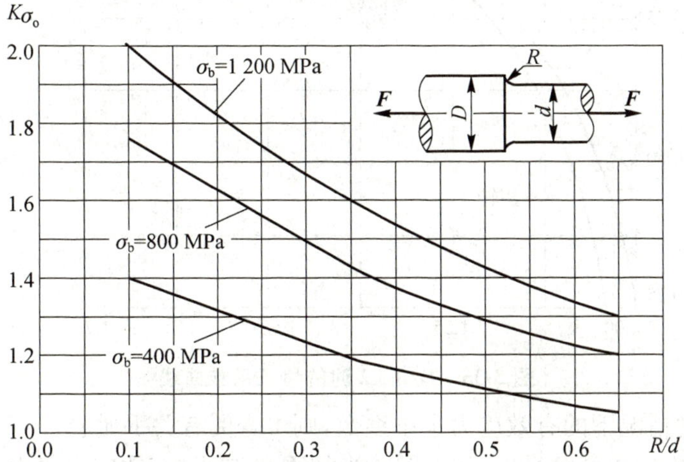

图 3-32 轴向拉压的有效应力集中系数

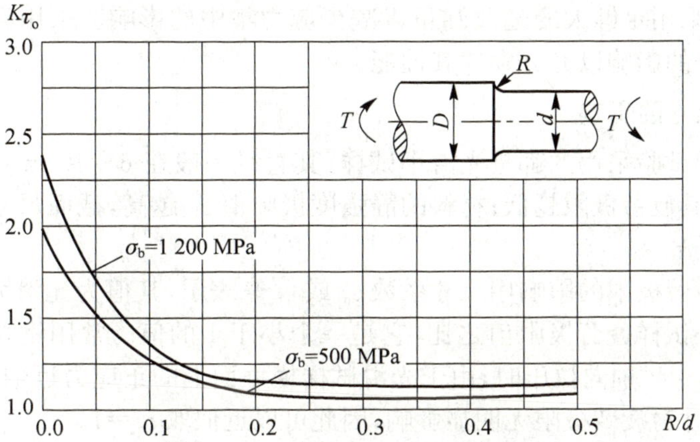

图 3-33 扭转的有效应力集中系数

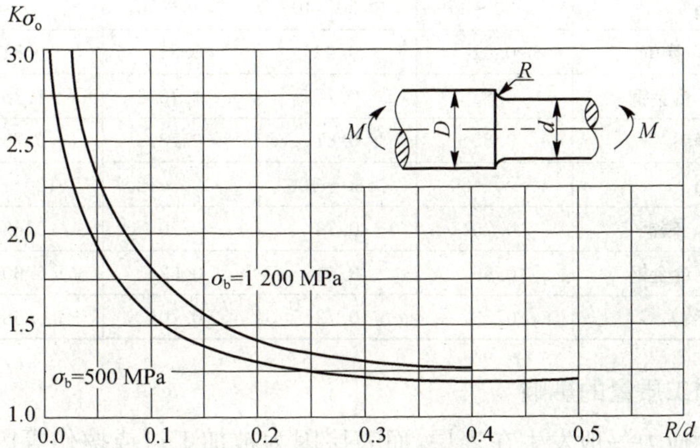

图 3-34 弯曲的有效应力集中系数

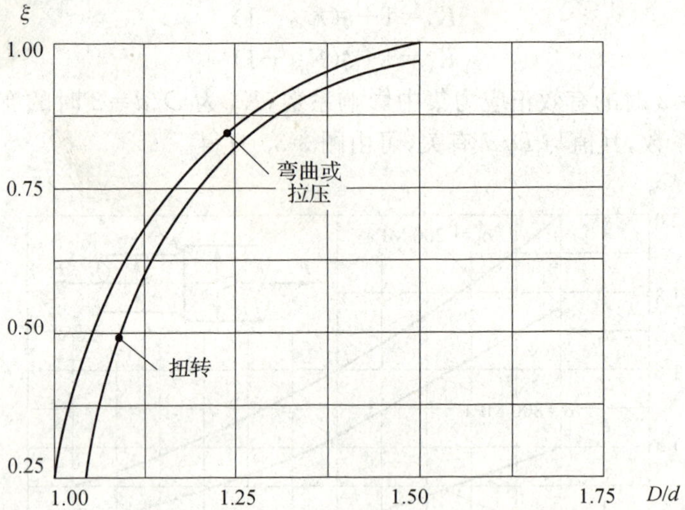

图 3-35　$D/d<2$ 时的修正系数曲线

对于其他情况下的有效应力集中系数,则可查阅有关手册。

从图 3-32～图 3-34 可以看出:随着圆角半径 R 的减小,有效应力集中系数迅速增大;随着材料的静强度极限值 σ_b 的提高,应力集中对材料疲劳强度的影响明显增强。因此在设计变截面构件时,要采用足够大的过渡圆角以减少应力集中的影响。采用高强度材料时更要设法减少应力集中的影响以充分发挥其性能。

2. 构件截面尺寸的影响

标准疲劳极限试验采用的都是光滑小试样,其直径一般在 6～10 mm。实验表明:试样横截面尺寸越大,其疲劳极限越低;材料的静强度极限值 σ_b 越高,截面尺寸的大小对构件疲劳极限的影响越明显。

截面尺寸对疲劳极限的影响用尺寸系数 ε_σ 或 ε_τ 来表示,其值为光滑大试样的疲劳极限值与同材料光滑小试样疲劳极限值之比,它是一个小于 1 的值。常用钢材弯曲和扭转的尺寸系数列于表 3-2 中。轴向拉压时,由于光滑试样横截面上的正应力近似均匀分布,当截面尺寸不太大时,尺寸对疲劳极限无明显影响,因此可以近似取 $\varepsilon_\sigma=1$。

表 3-2　常用钢材弯曲和扭转的尺寸系数

直径 d/mm		>20～30	>30～40	>40～50	>50～60	>60～70
ε_σ(弯曲)	碳钢	0.91	0.88	0.84	0.81	0.78
	合金钢	0.83	0.77	0.73	1.70	0.68
各种钢 ε_τ(扭转)		0.89	0.81	0.78	0.76	0.74
直径 d/mm		>70～80	>80～100	>100～120	>120～150	>150～500
ε_σ(弯曲)	碳钢	0.75	0.73	0.70	0.68	0.60
	合金钢	0.66	0.64	0.62	0.60	0.54
各种钢 ε_σ(扭转)		0.73	0.72	0.70	0.68	0.60

3. 构件表面加工质量的影响

构件内的最大应力一般发生在表层,而表层因为被加工过或擦伤等因素会出现一些缺陷，这些缺陷很容易引起应力集中现象，从而降低构件的疲劳极限，所以构件的表面加工质量对其疲劳极限影响显著。

构件表面加工质量对其疲劳极限的影响可以用表面质量系数β来表示。它表示用某种方法进行过表面加工的构件的疲劳极限与表面磨光的试样的疲劳极限之比值。不同工艺处理过的表面质量系数β值见表3-3。

表3-3　不同工艺处理过的表面质量系数β值

加工方法	表面粗糙度 $Ra/\mu m$	σ_b/ MPa		
		400	800	1 200
磨削	0.1～0.2	1	1	1
车削	1.6～4.3	0.95	0.90	0.80
粗车	3.2～12.5	0.85	0.80	0.65
未加工表面	—	0.75	0.65	0.45

从表3-3中可以看出，表面加工质量越低，疲劳极限降低越大；材料静载强度越高，表面质量对构件疲劳极限的影响越明显。所以对于高强度材料制成的构件也必须要经过高质量的表面处理过程才能充分发挥其性能。

综合考虑以上三种因素影响，可以得出对称循环应力作用下构件的疲劳极限计算公式为

$$\sigma_{-1}^{0}=\frac{\varepsilon_{\sigma}\beta}{K_{\sigma}}\sigma_{-1} \tag{3-58}$$

式中，σ_{-1}^{0}为实际构件轴向拉压或弯曲的疲劳极限；σ_{-1}为光滑小试样轴向拉压或弯曲的疲劳极限。

式(3-58)是针对构件受轴向拉压或弯曲对称循环应力作用时的计算公式。对于受扭转对称循环应力作用时，其疲劳极限计算公式为

$$\tau_{-1}^{0}=\frac{\varepsilon_{\tau}\beta}{K_{\tau}}\tau_{-1} \tag{3-59}$$

式中，τ_{-1}^{0}为实际构件扭转时的疲劳极限；τ_{-1}为光滑小试样扭转时的疲劳极限。

当然影响构件疲劳极限的因素远不止上述三种，构件的工作温度和工作环境等都可能对其疲劳极限产生影响。可以仿照前面的方法，用修正系数来表示这些因素的影响，此处不再详述。

四、对称循环应力下的疲劳强度计算

由式(3-58)可以求得轴向拉压杆和梁在对称循环应力作用下的疲劳极限σ_{-1}^{0}，然后再除以安全系数n就得到许用应力为

$$[\sigma_{-1}]=\frac{\sigma_{-1}^{0}}{n} \tag{3-60}$$

因此构件的强度条件为

$$\sigma_{\max}\leqslant[\sigma_{-1}]=\frac{\sigma_{-1}^{0}}{n} \tag{3-61}$$

式中，$\sigma_{\max}$为构件内危险点的最大工作应力。

在机械设计中，通常把构件的疲劳强度条件写成比较安全的形式，即要求构件对于疲劳破坏的实际安全系数不应小于规定的安全系数，因此轴向拉压或弯曲对称循环应力作用下疲劳强度条件又有如下形式

$$\frac{\sigma_{-1}^{0}}{\sigma_{\max}}=n_{\sigma}\geqslant n \tag{3-62}$$

式中，n_σ 为构件的工作安全系数（构件的疲劳极限与最大工作应力之比）。

将式(3-58)代入上式，则轴向拉压或弯曲对称循环应力作用下的疲劳强度条件可具体为

$$n_{\sigma}=\frac{\sigma_{-1}}{\dfrac{K_{\sigma}}{\varepsilon_{\sigma}\beta}\sigma_{\max}}\geqslant n \tag{3-63}$$

对于扭转对称循环应力，可将上式改写成

$$n_{\tau}=\frac{\tau_{-1}}{\dfrac{K_{\tau}}{\varepsilon_{\tau}\beta}\tau_{\max}}\geqslant n \tag{3-64}$$

例 3-6 如图 3-36 所示阶梯形圆截面轴，由合金钢制成，表面为精车加工。已知其轴径 $D=40$ mm，$d=32$ mm，圆角半径 $R=5$ mm，所用材料强度 $\sigma_b=120$ MPa，其 $\sigma_{-1}=640$ MPa。若该轴承受对称循环弯矩作用，其最大值 $M_{\max}=300$ N·m，并取安全系数为 2.0。试校核该轴的强度。

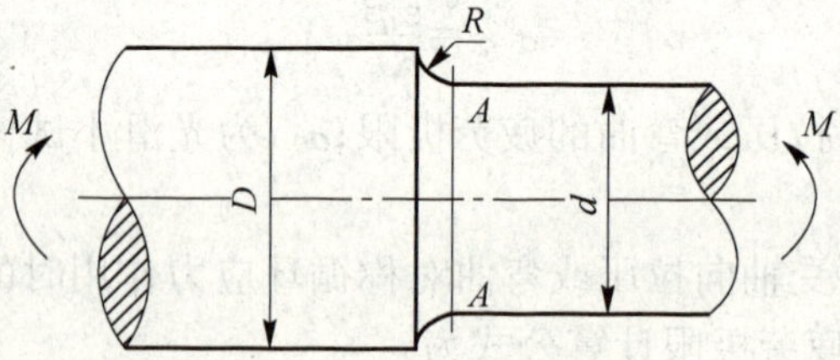

图 3-36 阶梯形圆截面轴

解：该轴工作时，其最大弯曲正应力发生在较小截面区段上，其值为

$$\sigma_{\max}=\frac{M_{\max}}{W}=\frac{32\times M_{\max}}{\pi d^3}=\frac{32\times 350}{\pi\times 0.032^3}\ \text{N/m}^2=108.80\ \text{MPa}$$

该阶梯轴影响疲劳极限的有关几何特征。

$$\frac{R}{d}=\frac{5}{32}=0.156$$

$$\frac{D}{d}=\frac{40}{32}=1.25$$

由图 3-34 和图 3-35 分别查得

$$K_{\sigma_0}=1.48$$

$$\xi=0.86$$

则有效应力集中系数

$$K_{\sigma}=1+\xi(K_{\sigma_0}-1)=1+0.86(1.48-1)=1.41$$

由表 3-2 和表 3-3 分别查得尺寸系数和表面质量系数

$$\varepsilon_{\sigma}=0.77$$

$$\beta=0.80$$

将以上有关数据代入式(3-63)可得

$$n_\sigma=\frac{\varepsilon_\sigma\beta\sigma_{-1}}{K_\sigma\sigma_{\max}}=\frac{0.77\times0.80\times640\times10^6}{1.41\times108.80\times10^6}=2.57>n=2$$

可见该轴满足疲劳强度条件。

五、提高构件疲劳强度的措施

疲劳裂纹的形成主要在应力集中的部位和构件表面。提高疲劳强度应从减缓应力集中和提高表面质量等方面入手。

1. 减缓应力集中

应力集中是产生疲劳破坏的主要因素，构件的局部应力集中区则是疲劳裂纹萌生的发源地。同时，影响疲劳的各种因素，也都和应力集中有关。因此为了提高构件的持久极限，主要措施是尽一切可能消除或改善应力集中。

2. 降低表面粗糙度

构件表面加工质量对疲劳强度影响很大，疲劳强度要求较高的构件，应有较低的表面粗糙度。高强度钢对表面粗糙度更为敏感，只有经过精加工才有利于发挥它的高强度性能。否则将会使持久极限大幅度下降，失去采用高强度钢的意义。在使用中也应尽量避免使构件表面受到机械损伤(如划伤、打印等)或化学损伤(如腐蚀、生锈等)。

3. 增加表层强度

为了强化构件的表层，可采用热处理和化学处理，如表面高频淬火、渗碳及氮化等，皆可使构件疲劳强度有显著提高。但采用这些方法时要严格控制工艺过程，否则将造成表面微细裂纹，反而降低持久极限。也可以用机械的方法强化表层，如滚压和喷丸等，以提高疲劳强度。

任务实施

构件受交变应力作用时动力的求解——校核图 3-28 所示 A—A 截面的强度。

解：计算轴在 A—A 截面上的最大工作应力。若不计键槽对抗弯截面系数的影响，则 A—A 截面的抗弯截面系数

$$W=\frac{\pi d^3}{32}=\frac{\pi}{32}\times0.05^3=12.3\times10^{-6}\ \mathrm{m}^3$$

轴在不变弯矩 M 作用下旋转，故为弯曲变形下的对称循环。

$$\sigma_{\max}=\frac{M}{W}=\frac{860}{12.3\times10^{-6}}\ \mathrm{N/m^2}=70\ \mathrm{MPa}$$

$$\sigma_{\min}=-70\ \mathrm{MPa}$$

$$r=-1$$

现在确定轴在 A—A 截面上的系数 K_σ、ε_σ 和 β。由表 3-2 查得 $\varepsilon_\sigma=0.84$，由表 3-3 运用插值法，求得 $\beta=0.936$。

把以上求得的 $\sigma_{\max}$、K_σ、ε_σ 和 β 代入式(3-63)，求出截面 A—A 处的工作安全系数

$$n_\sigma=\frac{\sigma_{-1}}{\frac{K_\sigma}{\varepsilon_\sigma\beta}\sigma_{\max}}=\frac{220}{\frac{1.65}{0.84\times0.936}\times70}=1.5>n_f=1.3$$

所以满足强度条件，故轴在截面 A—A 处疲劳强度是足够的。

思考与练习

一、简答题

1. 什么是交变应力？
2. 什么是疲劳破坏？
3. 影响构件疲劳极限的主要因素有哪些？
4. 如何提高构件疲劳强度？

二、分析计算题

1. 如图 3-37 所示交变应力，试求其平均应力、应力幅值和循环特征。

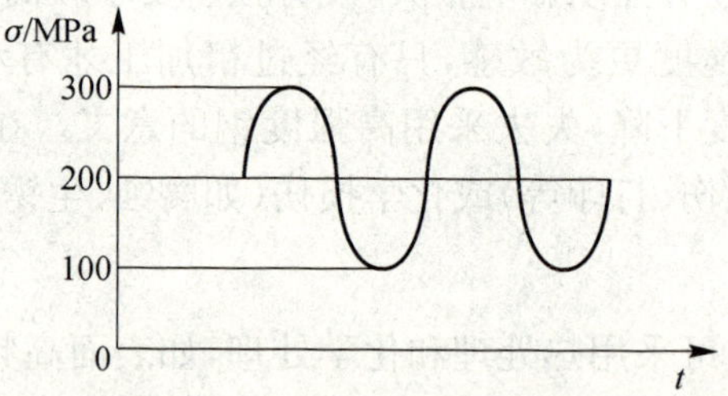

图 3-37　交变应力

2. 如图 3-38 所示滑轮与轴，确定下列两种情况下轴上点 B 的应力循环特征。图 3-38(a) 为轴固定不动，滑轮绕轴转动，滑轮上作用着不变载荷 $\boldsymbol{F}$。图 3-38(b) 为轴与滑轮固结成一体而转动，滑轮上作用着不变载荷 $\boldsymbol{F}$。

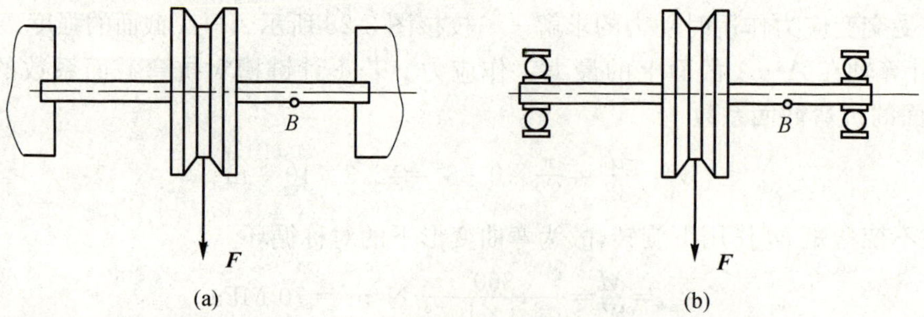

图 3-38　滑轮与轴

3. 如图 3-39 所示旋转轴，同时承受横向载荷 $F_y=500$ N 和轴向拉力 $F_x=2.5$ kN 作用，试求危险截面边缘任一点处的最大应力、最小应力、平均应力，并分析应力幅值和应力循环特征。已知轴径 $d=10$ mm，轴长 $l=100$ mm。

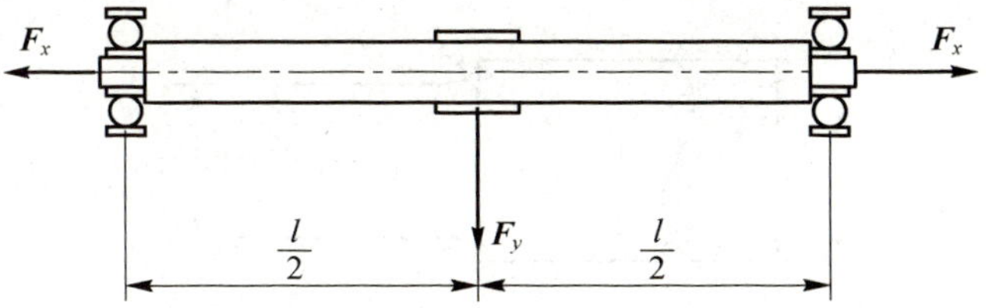

图 3-39　旋转轴

4. 火车轮轴受力情况如图 3-40 所示，$a=500$ mm，$l=1\ 455$ mm，轮轴中段直径 $d=15$ cm。若 $F=50$ kN，试求轮轴中段截面边缘任一点处的最大应力、最小应力、平均应力、应力幅值和应力循环特征，并作出 σ-t 曲线。

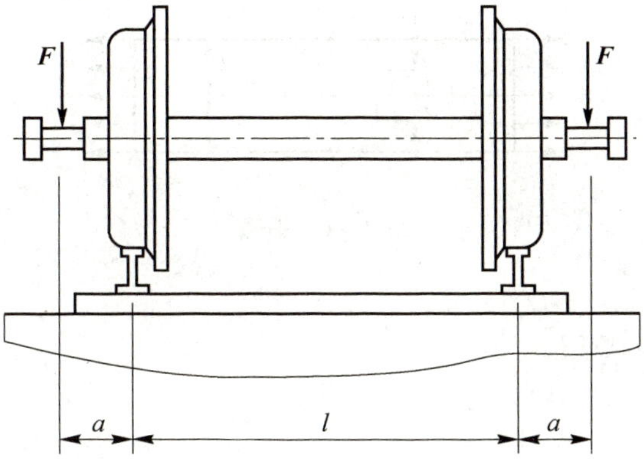

图 3-40　火车轮轴受力情况

5. 如图 3-41 所示阶梯轴，材料为铬镍合金钢，$\sigma_b=920$ MPa，$\sigma_{-1}=425$ MPa，$\tau_{-1}=250$ MPa。轴的尺寸分别为 $d=40$ mm，$D=50$ mm，$R=5$ mm。试确定在交变弯矩与交变扭矩作用时的有效应力集中系数与尺寸系数。

6. 如图 3-42 所示，阶梯形旋转轴上作用有不变弯矩 $M=1$ kN·m。轴的各部分尺寸分别为 $d=50$ mm，$D=70$ mm，$R=3.5$ mm。已知材料为碳素钢，$\sigma_b=600$ MPa，$\sigma_{-1}=255$ MPa，轴表面精车加工，试求轴的工作安全系数。

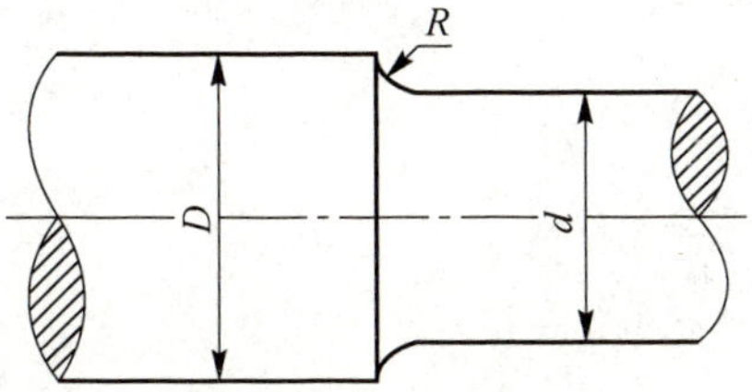

图 3-41　阶梯轴

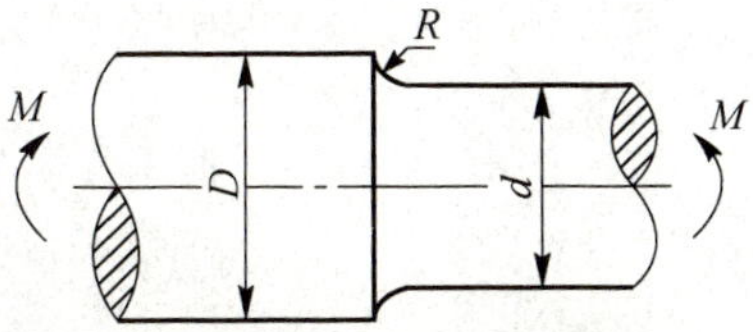

图 3-42　阶梯形旋转轴

7. 如图 3-43 所示传动轴上作用交变扭矩 T_x 为 $-800\sim800$ N·m。轴的尺寸为 $d=50$ mm，$D=60$ mm，$R=3$ mm。材料为碳素钢，$\sigma_b=550$ MPa，$\tau_{-1}=110$ MPa。轴表面磨削加工。若规定安全系数$[n]=1.8$，试校核该轴的疲劳强度。

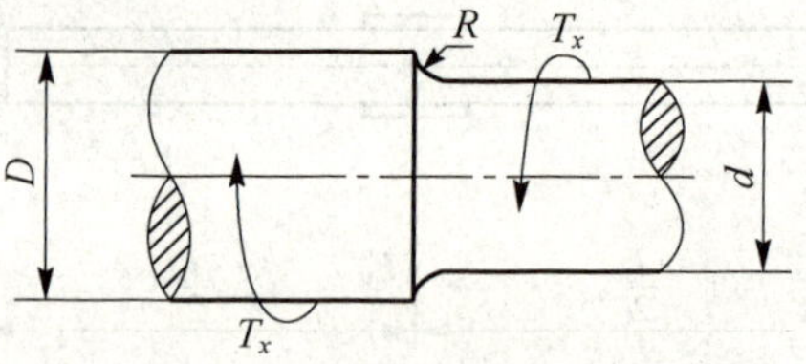

图 3-43　阶梯形传动轴

8. 如图 3-44 所示平板，宽度 $2h=100$ mm，厚度 $b=10$ mm，板中心含一穿透裂纹，其长度 $2a=25$ mm，在远离裂纹处承受拉应力 $\sigma=700$ MPa，板的材料为 30CrMnSiNi2A，$\sigma_s=1\ 500$ MPa，断裂韧度 $K_{\mathrm{Ic}}=85.1\ \mathrm{MPa\cdot m^{1/2}}$，试问板是否会断裂。

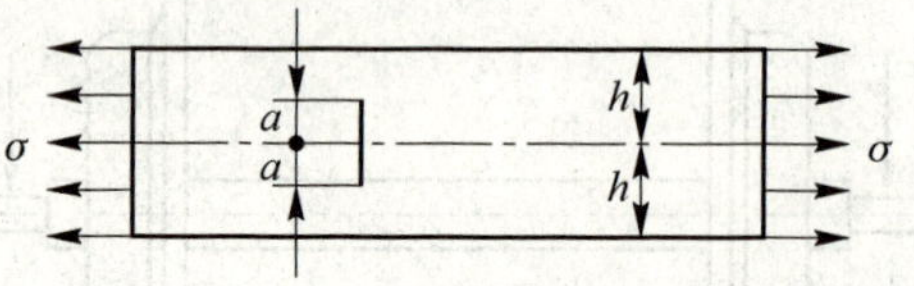

图 3-44　平板

参考文献

[1] 罗迎社，喻小明. 工程力学 [M]. 北京：北京大学出版社，2006.

[2] 同济大学航空航天与力学学院基础力学教学研究部. 理论力学 [M]. 2 版. 上海：同济大学出版社，2012.

[3] 哈尔滨工业大学理论力学教研室. 理论力学（Ⅰ）[M]. 7 版. 北京：高等教育出版社，2009.

[4] 哈尔滨工业大学理论力学教研室. 理论力学（Ⅱ）[M]. 7 版. 北京：高等教育出版社，2009.

[5] 哈尔滨工业大学理论力学教研室. 简明理论力学[M]. 2 版. 北京：高等教育出版社，2010.

[6] 高红，赵启龙，侯倩倩. 理论力学辅导及习题精解：哈工大第 7 版[M]. 延吉：延边大学出版社，2011.

[7] 李俊峰，张雄. 理论力学[M]. 2 版. 北京：清华大学出版社，2010.

[8] 赵诒枢，尹长城，沈勇. 理论力学辅导与习题解答[M]. 武汉：华中科技大学出版社，2008.

[9] 鞠国兴. 理论力学学习指导与习题解析：理科用[M]. 北京：科学出版社，2011.

[10] 王永跃，徐光文. 工程力学[M]. 天津：天津大学出版社，2005.

[11] 赵诒枢，尹长城. 工程力学辅导与习题详解[M]. 武汉：华中科技大学出版社，2009.